物理实验

郭悦韶 吕蓬 廖坤山 主编

清华大学出版社

北 京

内 容 简 介

本书根据教育部颁发的《物理实验课程教学基本要求》，结合高校专业设置特点和实验设备的具体情况，在多年教学实践的基础上编写而成。

本书除绪论外共分6个部分，第1部分系统地介绍了误差理论与数据处理的基础知识；第2～5部分是基础性、综合性和应用性实验，包括力学和热学、电磁学、光学、近代与仿真物理实验的内容；第6部分是设计性实验。实验中增加了物理实验技术与计算机技术相结合的内容，反映了物理实验新技术手段，以适应多层次物理实验课程的新体系的要求。

本书可作为高等院校工科各专业物理实验的教材或参考书。

图书在版编目(CIP)数据

物理实验/郭悦韶，吕蓬，廖坤山主编. —北京：清华大学出版社，2020.8(2023.1重印)
ISBN 978-7-302-55493-6

Ⅰ.①物…　Ⅱ.①郭…②吕…③廖…　Ⅲ.①物理学－实验－高等学校－教材　Ⅳ.①O4-33

中国版本图书馆 CIP 数据核字(2020)第 084938 号

责任编辑：朱红莲
封面设计：常雪影
责任校对：王淑云
责任印制：丛怀宇

出版发行：清华大学出版社
　　　网　　　址：http://www.tup.com.cn，http://www.wqbook.com
　　　地　　　址：北京清华大学学研大厦 A 座　　　邮　　编：100084
　　　社 总 机：010-83470000　　　邮　　购：010-62786544
　　　投稿与读者服务：010-62776969，c-service@tup.tsinghua.edu.cn
　　　质量反馈：010-62772015，zhiliang@tup.tsinghua.edu.cn
印 装 者：大厂回族自治县彩虹印刷有限公司
经　　销：全国新华书店
开　　本：185mm×260mm　　印　张：20　　　字　　数：485 千字
版　　次：2020 年 8 月第 1 版　　　印　　次：2023 年 1 月第 5 次印刷
定　　价：58.00 元

产品编号：084358-01

前　言

　　本实验教材根据教育部颁发的《物理实验课程教学基本要求》，结合高校专业设置特点和实验设备的具体情况，在多年教学实践的基础上编写而成。

　　本书除绪论外共分 6 个部分，第 1 部分系统地介绍了误差理论与数据处理的基础知识；第 2～5 部分是基础性、综合性和应用性实验，注重实践性、应用性、开放性的有机统一，包括力学和热学、电磁学、光学，近代与仿真物理实验的内容；第 6 部分是设计性实验，注重探究性、创新性训练及科学研究能力的培养。实验项目主要参照《新世纪高等教育教改工程》（教高［2000］1 号）文件、《基础课实验教学示范中心建设标准》及《物理实验课程教学基本要求》。实验中增加了物理实验技术与计算机技术相结合的内容，反映了物理实验新技术手段，以适应多层次物理实验课程的新体系的要求。

　　本书由郭悦韶、吕蓬、廖坤山主编。其中，绪论、误差理论与数据处理的基础知识由郭悦韶编写，电磁学实验的预备知识由廖坤山编写。参加实验项目内容编写的教师有郭悦韶、吕蓬、廖坤山、王光清、翟云、潘光武、陈丽梅、林宝卿。

　　本书在编写过程中参阅了其他相关的教材和仪器厂家的说明书，在此表示感谢。由于编者的水平有限，书中难免有缺点和错误，恳请读者批评指正。

编　者

2020 年 5 月

目　录

绪　　论

　　科学实验是科学理论的源泉,是工程技术的基础。物理实验的思想、方法、技术和装置经常应用在科学研究和工程技术中,它体现了大多数科学实验的共性,是科学实验的基础。为从事科学研究和工程技术工作,未来大学生不仅需要掌握丰富的理论知识,而且应具备足够的科学实验能力,才能适应科学技术不断创新和飞速发展的需要。

一、学好物理实验

　　物理实验是高等学校理工科院校一门独立设置的必修的基础课程,是大学生接受系统实验方法和实验技能训练的开端,是大学生后续进行科学实验训练的重要基础。

　　有关误差理论、不确定度分析和数据处理等方面的知识也是从事实际工作所不能欠缺的,在物理实验中,我们将在这方面得到初步训练。

　　物理实验是工程技术和生产部门进行各种专门实验的基础。各种电子学测量仪器和光学仪器等,都是根据物理原理制作的。通过对实验现象的观察、分析和测量来学习物理实验知识,能够加深对物理学原理的理解。在物理实验中,我们可以学到很多直接有用的知识和技能,学到一些处理和解决实际问题的途径和方法。

　　物理实验有助于提高学生的科学实验素养。在实验中,要求学生具备理论联系实际的科学作风,严肃认真的科学态度,主动探索的创新精神,团队合作的意识,尊重事实的科学品德。

　　在实验中培养学生的设计思想、实验方法、开拓意识、创新思维和动手能力,是物理实验教学的重要目标。

二、怎样写实验报告

　　使用实验报告册,分为两部分。

　　第一部分:预习。

　　预习作为正式实验报告册的前面部分,要求在实验课之前,写好以下预习内容。

　　实验目的:说明本实验的目的和实验方法。

　　实验原理:写出实验的主要公式,说明式中各物理量的意义、测试手段、满足公式的实验条件等。画出原理图、电路图或者光路图。在理解的基础上,用简短的文字扼要地阐述实验原理、物理现象或物理过程,切忌整篇照抄,力求做到图文并茂。

　　实验仪器:记录实验所用的主要仪器的型号、编号和规格。记录仪器编号是一个好的工作习惯,便于以后必要时对实验进行复查。记录仪器规格可以使同学逐步地熟悉它,以培养选用仪器的能力。

　　实验步骤:简明扼要,包含操作过程中的注意事项。

　　数据记录表:实验的原始数据先记录在作业纸上(预习中完成表格的设计),后再誊抄到报告册上,经教师评分和签字认可后才有效。内容包括实验内容和现象观测记录。数据记录应做到整洁清晰而有条理,尽量采用列表法。设计表格时,力求简单明了,分类清楚而有条理,便于计算与复核,达到省工省时的目的。在标题栏内要求注明单位。

确实测错而无用的数据,可在上面画"═",如"2.569"。不得任意涂改,以便分析出错原因。

第二部分:数据处理与计算。

此部分在实验后进行,包括以下内容:

作图、计算结果与误差估算:图解法要求使用正式的坐标纸并按作图规则进行。计算时,先将文字、公式化简,再代入数值进行运算。不确定度估算要预先写出其公式,并把数据代入。

结果:按标准形式写出实验的结果。必要时要注明结果的实验条件。

讨论:对实验中出现的问题进行说明和讨论,写出实验心得和建议等。

作业题:完成教师指定的作业题,思考题选做。

实验报告要求书写清晰,字迹端正,数据记录整洁,图表合格,文理通顺,内容简明扼要。手写的实验报告一律用专用的物理实验报告册书写。

实验报告提交形式,分下列三种类型公示在网络与学习园地上:

一类为必选实验,提交传统纸质手写的实验报告,格式参照物理实验报告册,实验报告册中的原始数据需指导教师当场签字。评分重点是预习内容、实验操作与数据处理三个部分,分别为 2+4+4 分。

二类为任选实验,提交 A4 纸计算机打印装订的实验数据处理报告,注明作图软件,附上粘贴的原始数据表格,不写实验目的、实验仪器、实验原理、实验步骤。评分重点是实验操作与数据处理两个部分,分别为 5+5 分。

三类为实验小论文,提交 A4 纸计算机打印装订的小论文,格式参照科技文献,附上粘贴的原始数据表格。评分重点是实验操作与论文两个部分,分别为 6+6 分。

三、遵守实验规则

为了保证实验正常进行,以及培养严肃认真的工作作风和良好的实验工作习惯,特制定下列规则:

(1)学生应在课表规定时间内进行实验,不得无故缺席或迟到,迟到 10 分钟不得进入实验室。穿拖鞋者不得进入实验室。雨伞、饮料不得带入实验室。实验时间若要变动,须经教师同意。

(2)学生在每次实验前对排定要做的实验应进行预习,并在预习的基础上,写好预习报告。

(3)进入实验室后,应主动将预习报告放在桌上由教师检查,并回答教师的提问,经过教师检查认为合格后,才可以进行实验。

(4)实验时,应携带必要的物品,如文具、计算器和草稿纸等。对于需要作图的实验应事先准备坐标纸和铅笔。

(5)进入实验室后,根据仪器清单核对自己使用的仪器有无缺少或损坏。若发现有问题,应向教师或实验管理员提出。未列入清单的仪器,另向管理员借用,实验完毕时归还。

(6)实验前应细心观察仪器构造,操作时动作应谨慎细心,严格遵守各种仪器仪表的操作规则及注意事项,尤其是电学实验,线路接好后,先让教师或实验室工作人员检查,经许可后方可接通电源,以免发生意外。

(7) 实验完毕应将实验数据交给教师检查,实验合格者,教师签字通过。未经教师签字的原始数据无效,抄袭实验数据、实验报告或模仿教师签字者,轻则公开检查,重则交学校严肃处理。

(8) 实验时,应注意保持实验室整洁、安静。实验完毕,学生应切断电源开关,将仪器、桌椅放置整齐,并在学生实验记录本上签字、记录。

(9) 如有损坏仪器,应及时报告教师或实验室工作人员,填写损坏单或书面报告,说明损坏原因,并根据学校赔偿规定处理。

（郭悦韶　编写）

1 误差理论与数据处理的基础知识

1.1 误差的基本概念

1. 测量

物理实验以测量为基础。根据测量方法可分为直接测量与间接测量。可用测量仪器或仪表直接读出测量值的测量,称为**直接测量**。例如用米尺测得物体的长度是 67.35 cm,用毫安表量得电流 1.52 mA 等。但是,有些物理量无法进行直接测量,需要根据待测量与若干个直接测量值的函数关系求出,这样的测量称为**间接测量**。例如,测量铜柱体的密度时,需要先测量铜柱的高度 h、直径 d 和质量 m,然后计算出密度 $\rho = 4m/\pi d^2 h$。

按测量条件测量可分为等精度测量和不等精度测量。

等精度测量:在对某一物理量进行多次重复测量过程中,每次测量条件都相同的一系列测量称为等精度测量。例如,由同一个人在同一仪器上采用同样测量方法对同一待测物理量进行多次测量,每次测量的可靠程度都相同,这些测量是等精度测量。

不等精度测量:在对某一物理量进行多次重复测量时,测量条件完全不同或部分不同,各结果的可靠程度自然也不同的一系列测量称为不等精度测量。例如,在对某一物理量进行测量时,选用的仪器不同,或测量方法不同,或测量人员不同等都属于不等精度测量。

绝大多数实验都采用等精度测量,本教材主要讨论等精度测量。

2. 测量误差

反映物质固有属性的物理量所具有的客观的真实数值称为**真值**。由于测量所使用的仪器不可能尽善尽美,测量所依据的理论公式所要求的条件也是无法绝对保证的,再加上测量技术、环境条件等各种因素的局限,真值一般无法得到。但是,从统计理论可以证明,在条件不变的情况下进行多次测量时,可以用算术平均值作为相对真值。

测量结果与客观存在的真值之间总有一定的差异。我们把测量结果与真值之间的差值叫做**测量误差**,简称**误差**。误差存在于一切测量之中,而且贯穿于整个测量过程。在确定实验方案、选择测量方法或选用测量仪器时,要考虑测量误差。在数据处理时,要估算和分析误差。总之,必须以误差分析的理论指导实验的全过程。

测量误差可以用绝对误差表示,也可以用相对误差表示,还可以用百分误差表示。

$$绝对误差 = 测量值 - 真值$$
$$相对误差 = |绝对误差/真值| \times 100\%$$
$$百分误差 = |(测量最佳值 - 公认值)/公认值| \times 100\%$$

3. 误差的分类

测量误差按原因与性质分为系统误差、随机误差和过失误差三大类。

（1）系统误差

系统误差是指在相同条件下,多次测量同一物理量时,测量值对真值的偏离（大小和方向)总是相同。

系统误差的主要来源有：①仪器误差(如刻度不准,米尺弯曲,零点没调好,砝码未校正)；②环境误差(如温度,压强等的影响)；③个人误差(如读数总是偏大或者偏小等)；④理论和公式的近似性(如用单摆测量重力加速度时所用公式的近似性)等。

增加测量次数并不能减小系统误差,为了减小和消除系统误差,必须针对其来源,逐步具体考虑,或者采用一定的测量方法,或者经过理论分析、数据分析和反复对比的方法找出适当的关系对结果进行修正。

（2）随机误差

随机误差(又称偶然误差)是指在同一条件下多次测量同一物理量,测量结果总是稍许差异且变化不定。

随机误差来源于各种偶然的或不确定的因素：①人们的感官(如听觉、视觉、触觉)的灵敏度的差异和不稳定；②外界环境的干扰(温度的不均匀、振动、气流、噪声等)；③被测对象本身的统计涨落等。

虽然随机误差的存在使每一次测量偏大或偏小是不确定的,但是,当测量次数增加时,它服从一定的统计规律。在一定的条件下,经过多次测量,测量值落在真值附近的某个范围内的概率是一定的,而且偏离真值较小的数据比偏离真值较大的数据出现的概率大,偏离真值很大的数据出现的概率趋于 0。因此,增加测量次数可以减少偶然误差。

系统误差与随机误差的来源、性质不同,处理方法也不同。但是,它们之间也是有联系的。如对某问题从一个角度来看是系统误差,而从另一个角度来看又是偶然误差。因此在误差分析中,往往把两者联系起来对测量结果作总体评定。

（3）过失误差

过失误差是由于观测者不正确地使用仪器、操作错误、读数错误、观察错误、记录错误、估算错误等不正常情况下引起的误差。错误已不属于正常的测量工作范围,应将其剔除。所以,在作误差分析时,要估计的误差通常只有系统误差和随机误差。

4．测量的精密度、准确度和精确度

对于测量结果做总体评定时,一般把系统误差和随机误差联系起来看。精密度、准确度和精确度都是评价测量结果好坏的,但是这些概念的含义不同,使用时应加以区别。

（1）精密度

精密度表示测量结果中的随机误差大小的程度。它是指在一定的条件下进行重复测量时,所得结果的相互接近程度,是描述测量重复性高低的。精密度高,即测量数据的重复性好,随机误差较小。

（2）准确度

准确度表示测量结果中的系统误差大小的程度。它是指测量值或实验所得结果与真值符合的程度,即描述测量值接近真值的程度。准确度高,即测量结果接近真值的程度好,系统误差小。

（3）精确度

精确度是测量结果中系统误差和随机误差的综合。它是指测量结果的重复性及接近真值的程度。对于实验和测量来说,精密度高准确度不一定高,而准确度高精密度也不一定高；只有精密度和准确度都高时,精确度才高。

　　现在以打靶结果为例来形象说明三个"度"之间的区别,见图 1.1。图(a)表示子弹相互之间比较近,但偏离靶心较远,即精密度高准确度较差。图(b)表示子弹相互之间比较分散,但没有明显的固定偏向,故准确度高而精密度较差;图(c)表示子弹相互之间比较集中,且都接近靶心,精密度和准确度都很好,亦即精确度高。

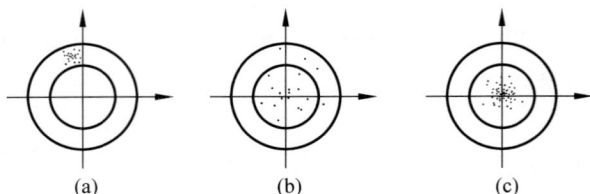

(a)　　　　　　　　　(b)　　　　　　　　　(c)

图 1.1　精密度、准确度和精确度示意图

5. 随机误差的估算

(1) **算术平均值**的普遍表达式为

$$\bar{x} = \frac{1}{n}(x_1 + x_2 + \cdots + x_n) = \frac{1}{n}\sum_{i=1}^{n} x_i$$

这里 x_i 是第 i 次测量值,n 是测量次数。

(2) **残差**:每一次测量值与算术平均值的差值,用 Δx_i 表示。

$$\Delta x_i = x_i - \bar{x}$$

(3) 标准偏差

用残差去估算误差,所得结果为测量值的实验标准偏差,用 σ 表示。

任意一次测量值的实验标准偏差近似为

$$\sigma_x = \sqrt{\frac{\sum_{i=1}^{n} \Delta x_i^2}{n-1}} = \sqrt{\frac{1}{n-1}\sum_{i=1}^{n}(x_i - \bar{x})^2} \tag{1.1}$$

这个公式又称**贝塞尔公式**,它表示如果在相同条件下进行多次测量,其随机误差遵从高斯分布,那么,任意一次测量值误差出现在 $(-\sigma_x, \sigma_x)$ 区间内的概率为 68.3%。

算术平均值的实验标准偏差为

$$\sigma_{\bar{x}} = \frac{\sigma_x}{\sqrt{n}} = \sqrt{\frac{\sum_{i=1}^{n}(x_i - \bar{x})^2}{n(n-1)}} \tag{1.2}$$

它表示如果多次测量的随机误差遵从高斯分布,那么,其值出现在 $(\bar{x} - \sigma_{\bar{x}}, \bar{x} + \sigma_{\bar{x}})$ 区域内的概率为 68.3%。

(4) 误差取位规则

约定:绝对误差一般取一位有效数字,其尾数只进不舍,以免产生估计不足。相对误差一般取两位有效数字。

测量值的有效数字尾数应与绝对误差的尾数取齐,其尾数采用四舍六入五凑偶法则,这种舍入法则的出发点是使尾数舍与入的概率相等。

（5）误差的传递公式

间接测量是由各直接测量值通过函数关系计算得到的,既然直接测量有误差存在,那么间接测量也必有误差,这就是误差的传递。由直接测量值及其误差来计算间接测量值误差之间的关系式称为误差的传递公式。

设间接测量值为 N,它是由各互不相关的直接测量值 A、B、C、$\cdots$ 通过函数关系 f 求得的,即

$$N = f(A,B,C,\cdots)$$

若各个独立的直接测量值的误差分别为 σ_A、σ_B、σ_C、$\cdots$,则间接测量值 N 的误差估算需要用误差的方和根合成。其标准误差

$$\sigma_N = \sqrt{\left(\frac{\partial f}{\partial A}\sigma_A\right)^2 + \left(\frac{\partial f}{\partial B}\sigma_B\right)^2 + \left(\frac{\partial f}{\partial C}\sigma_C\right)^2 + \cdots} \tag{1.3}$$

相对误差

$$\frac{\sigma_N}{N} = \frac{1}{f(A,B,C,\cdots)}\sqrt{\left(\frac{\partial f}{\partial A}\sigma_A\right)^2 + \left(\frac{\partial f}{\partial B}\sigma_B\right)^2 + \left(\frac{\partial f}{\partial C}\sigma_C\right)^2 + \cdots} \tag{1.4}$$

式中,A、B、C、$\cdots$ 是直接测量值,σ_A、σ_B、σ_C、$\cdots$ 是各直接测量值的误差。

对于以加减运算为主的函数关系,一般用式(1.3)先计算标准误差,再求出相对误差;而以乘除运算为主的函数关系,一般先计算相对误差,再计算标准误差,步骤如下:

① 对函数取对数

$$\ln N = \ln f(A,B,C,\cdots)$$

② 求相对误差

$$\frac{\sigma_N}{N} = \sqrt{\left(\frac{\partial \ln f}{\partial A}\sigma_A\right)^2 + \left(\frac{\partial \ln f}{\partial B}\sigma_B\right)^2 + \left(\frac{\partial \ln f}{\partial C}\sigma_C\right)^2 + \cdots} \tag{1.5}$$

③ 求标准误差

$$\sigma_N = N \cdot \frac{\sigma_N}{N}$$

1.2　常用仪器误差简介

仪器误差是指在仪器规定的使用条件下,正确使用仪器时,仪器的指示数和被测量的真值之间可能产生的最大误差。它的数值通常由制造厂家和计量单位使用更精密的仪器,经过检定比较后给出的,其符号可正可负,用 $\Delta_{仪}$ 表示。通常仪器误差既包含系统误差,又包含随机误差,它在很大程度上取决于仪器的精度。一般级别高的仪器和仪表(如 0.2 级精密电表),仪器误差主要是随机误差;级别低的(如 1.0 以下)则主要是系统误差。一般所用的 0.5 级或 1.0 级仪表,则两种误差都可能存在。根据仪器的级别计算仪器误差的公式为

$$\Delta_{仪} = 量程 \times 级别 \%$$

如果没有注明仪器级别,在物理实验教学中,对于一些连续刻度(可估读)的仪器,一般用仪器的最小刻度的一半作为 $\Delta_{仪}$;而对于非连续刻度(不可估读)的仪器,一般用仪器的最小刻度作为 $\Delta_{仪}$。

仪器误差的概率密度函数遵从的是均匀分布,如图 1.2 所示。均匀分布是指其误差在 $[-\Delta_{仪},\Delta_{仪}]$ 区间范围内,误差(不同大小和符号)出现的概率都相同,而区间外的概率为 0,即 $\int_{-\Delta_{仪}}^{+\Delta_{仪}}f(\Delta)\mathrm{d}\Delta=1$。 所以误差服从以下规律分布: $f(\Delta)=1/2\Delta_{仪}$。

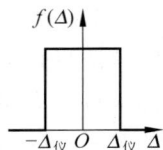

图 1.2　均匀分布曲线

可以证明,服从均匀分布的仪器的最大误差所对应的标准误差为

$$\sigma_{仪}=\frac{\Delta_{仪}}{\sqrt{3}}$$

在物理实验教学中,正确使用仪器时,我们约定仪器的基本误差(或最大误差)如下:

米尺:仪器误差 $\Delta_{仪}=0.5\ \mathrm{mm}$

五十分游标卡尺:仪器误差 $\Delta_{仪}=0.02\ \mathrm{mm}$

螺旋测微器:仪器误差 $\Delta_{仪}=0.005\ \mathrm{mm}$

分光计:仪器误差 $\Delta_{仪}=1'$

读数显微镜:仪器误差 $\Delta_{仪}=0.005\ \mathrm{mm}$

机械秒表:仪器误差 $\Delta_{仪}=0.2\ \mathrm{s}$

电表:仪器误差 $\Delta_{仪}=$(量程 $M\times\varepsilon\%$)[单位],ε 为仪器精度等级值

电阻箱:仪器误差 $\Delta_{仪}=(\varepsilon\%R+0.002m)\ \Omega$,$m$ 是总转盘数

1.3　不确定度的基本概念

不确定度和误差是两个不同的概念,它们之间既有联系,又有本质区别。误差是指测量值与真值之差,由于真值一般不可能准确地知道,因此测量误差也不可能确切获知。而不确定度是指误差可能存在的范围,这一范围的大小能够用数值表达。因此,不确定度实质上是误差的估计值。

1. 不确定度的概念

由于测量误差的存在而对被测量值不能肯定的程度称为**不确定度**。它是表征对被测量的真值所处的量值范围的评定。例如,测得一单摆的周期为

$$T=(2.163\pm0.002)\mathrm{s},\quad P=68.3\%$$

其中 0.002 为不确定度,$P=68.3\%$ 表示置信概率。这样表示的意义为:被测单摆周期的真值,落在 $(2.163-0.002,2.163+0.002)$ 范围内的可能性有 68.3%。因此不确定度是测量结果表述中的一个重要参数,它能合理地说明测量值的分散程度和真值所在范围的可靠程度。不确定度亦可理解为一定置信概率下误差限的绝对值,记为 Δ。

不确定度的定量表述就是给出所需置信概率,用标准误差倍数表示置信区间。例如用"不确定度(σ)"时,则置信概率为 68.3%,置信区间为 $(-\sigma,\sigma)$;用"不确定度(3σ)"时,则置信概率为 99.7%,置信区间为 $(-3\sigma,3\sigma)$。因此只要对测量结果给出不确定度,即给出置信区间和置信概率,就表达了测量结果的精确度。

判断异常数据的方法一般采用(3σ)准则。当"不确定度超过(3σ)"时,测量偏差的绝对值大于 3σ 的置信概率仅为 0.3%,这种可能性微乎其微,该测量值视为坏值而将其

剔除。

2. 不确定度的分类

测量不确定度由几个分量构成。通常，按不确定度值的计算方法分为 A 类不确定度和 B 类不确定度，或 A 类分量和 B 类分量。

A 类分量是在一系列重复测量中，用统计学方法计算的分量：

$$\Delta_A = \sigma_{\bar{x}} = \sqrt{\frac{\sum_{i=1}^{n}(x_i - \bar{x})^2}{n(n-1)}} \tag{1.6}$$

B 类分量是用其他方法（非统计学方法）评定的分量：

$$\Delta_B = \sigma_{仪} = \Delta_{仪}/C$$

在物理实验教学中，为简化处理，A 类分量 Δ_A 指标准误差，B 类分量 Δ_B 仅考虑仪器标准误差，并约定式中 $C = \sqrt{3}$（假定仪器误差满足均匀分布）。将 A 类和 B 类分量采用方和根合成，得到**合成不确定度**表达式为

$$\Delta = \sqrt{\Delta_A^2 + \Delta_B^2} \tag{1.7}$$

注：式中忽略置信因子 t_P（测量次数 n 取 6～10 次）。

测量结果的标准式为

$$x = \bar{x} \pm \Delta \text{（单位）} \tag{1.8}$$

不确定度取位规则：在物理实验中，绝对不确定度一般取一位有效数字，其尾数采用只进不舍法则。相对不确定度取两位有效数字，尾数只进不舍。

测量值有效数字取位规则：测量值的尾数应与绝对不确定度的尾数取齐，其尾数的进位采用四舍六入五凑偶法则。

例 1.1 用米尺（$\Delta_{仪} = 0.5$ mm）测一钢丝长度，6 次测量值分别为 $x_1 = 14.0, x_2 = 14.4, x_3 = 14.9, x_4 = 14.2, x_5 = 14.1, x_6 = 14.8$ mm。试写出它的测量结果，并用不确定度 $\bar{X} \pm \Delta$ 表示。

解：① 计算算术平均值

$$\bar{X} = \frac{1}{6}\sum X_i$$

$$= \frac{14.0 + 14.4 + 14.9 + 14.2 + 14.1 + 14.8}{6} \text{ mm}$$

$$= 14.4 \text{ mm}$$

② 计算 A 类不确定度

$$\Delta_A = \sqrt{\frac{\sum_{i=1}^{6}(X_i - \bar{X})^2}{6 \times (6-1)}}$$

$$= \sqrt{\frac{1}{5 \times 6}(0.4^2 + 0.0^2 + 0.5^2 + 0.2^2 + 0.3^2 + 0.4^2)} \text{ mm}$$

$$\approx 0.153 \text{ mm} \approx 0.2 \text{ mm}$$

③ 计算 B 类不确定度

$$\Delta_B = \frac{\Delta_{仪}}{\sqrt{3}} \approx 0.3\,\mathrm{mm}$$

④ 合成不确定度

$$\Delta = \sqrt{\Delta_A^2 + \Delta_B^2} = \sqrt{0.2^2 + 0.3^2}\,\mathrm{mm} \approx 0.4\,\mathrm{mm}$$

⑤ 测量结果

$$X = (14.4 \pm 0.4)\,\mathrm{mm}, \quad \frac{\Delta}{\overline{X}} = 2.8\%$$

3. 不确定度与误差

不确定度是在误差理论的基础上发展起来的,不确定度 A 类分量的估算用到了标准误差的计算公式。

误差用于定性描述实验测量的有关理论和概念,不确定度用于实验结果的定量分析和运算等。用测量不确定度代替误差评定测量结果,具有方便性、合理性和实用性。

我们可讲“误差分析、误差合成、不确定度分析、不确定度合成”和“误差理论”,但却不提倡使用“不确定度理论”这一术语。误差可正可负,而不确定度永远是正的。

误差是不确定度的基础,不确定度是对经典误差理论的一个补充,是现代误差理论的内容之一,它还有待进一步的研究、完善和发展。

注:计算 A 类不确定度,要求使用函数计算器直接得出结果,不必按示例中代入数据,否则易产生额外误差。示例中,计算结果严格执行不确定度取位规则和测量值有效数字取位规则,计算过程的数据可多取几位有效数字,避免产生额外误差。书写时用 Δ_m 表示 m 的不确定度,书写时不确定度符号 Δ 字体向右倾斜,m 写成下角标;用 Δm 表示 m 的增量,符号 Δ 字体不倾斜,m 字体同高。

1.4 直接测量结果与不确定度的估算

在物理实验中,直接测量主要有单次测量和多次测量。由于不确定度评定方法的复杂性,只能采用简化的、具有一定近似性的估算方法。

1. 单次测量

单次测量的结果表示式为

$$x = x_{测} \pm \Delta_{仪}(单位)$$

其中 $x_{测}$ 是单次测量值,也称为单次测量最佳值。不确定度取仪器基本误差 $\Delta_{仪}$,仪器基本误差可在仪器说明书或某些技术标准中查到,或通过估算获得。

2. 多次测量

多次测量的结果表示为

$$x = \overline{x} \pm \Delta\,(单位)$$

其中 $\overline{x}$ 是一列测量数据(即测量列)的算术平均值(即测量列的最佳值);Δ 是合成不确定度。参考《测量不确定度表示指南 ISO 1993(E)》,物理实验的测量结果表示中,合成不确定

度 Δ 从估计方法上分为 A 类分量和 B 类分量,并按方和根合成,即

$$\Delta = \sqrt{\Delta_A^2 + \Delta_B^2}\ (单位)$$

例 1.2 用螺旋测微计($\Delta_仪 = 0.005$ mm)测量某一铁板的厚度:① 单次测量值为 3.779 mm;② 8 次测量的数据为 3.784,3.779,3.786,3.781,3.778,3.782,3.780,3.778 mm。试分别写出它的测量结果。

解: ① 单次直接测量结果为

$$d = (3.779 \pm 0.005)\ \text{mm}$$

② 多次直接测量情况

$$\bar{d} = \frac{1}{8} \sum d_i$$

$$= \frac{3.784 + 3.779 + 3.786 + 3.781 + 3.778 + 3.782 + 3.780 + 3.778}{8}\ \text{mm}$$

$$= 3.781\ \text{mm}$$

$$\Delta_A = \sigma_{\bar{d}} = \sqrt{\frac{\sum\limits_{i=1}^{8}(d_i - \bar{d})^2}{8 \times (8-1)}} \approx 0.002\ \text{mm}$$

$$\Delta_B = \sigma_仪 = \frac{\Delta_仪}{\sqrt{3}} = \frac{0.005}{\sqrt{3}}\ \text{mm} \approx 0.003\ \text{mm}$$

$$\Delta = \sqrt{\Delta_A^2 + \Delta_B^2} = 0.004\ \text{mm}$$

则多次直接测量结果表示为

$$d = (3.781 \pm 0.004)\ \text{mm}$$

1.5　间接测量结果与不确定度的估算

1. 不确定度传递公式

设间接测量值为 $N = f(A, B, C, \cdots)$,其中 A、B、C、$\cdots$ 为直接测量值。若各测量值的不确定度分别为 Δ_A、Δ_B、Δ_C、$\cdots$,则间接测量值的不确定度传递公式按方和根合成。函数关系归类为和差、积商两种形式。

以和差形式的函数关系,先求绝对不确定度,再求出相对不确定度,步骤如下:

① 先写出绝对不确定度传递公式

$$\Delta_N = \sqrt{\left(\frac{\partial f}{\partial A}\Delta_A\right)^2 + \left(\frac{\partial f}{\partial B}\Delta_B\right)^2 + \left(\frac{\partial f}{\partial C}\Delta_C\right)^2 + \cdots} \tag{1.9}$$

式中,系数 $\dfrac{\partial f}{\partial A}$、$\dfrac{\partial f}{\partial B}$、$\dfrac{\partial f}{\partial C}$、$\cdots$ 表示直接求偏导数。

② 再求相对不确定度 $\dfrac{\Delta_N}{N}$,用百分数表示。

以积商形式的函数关系,先求相对不确定度,再求出绝对不确定度,步骤如下:

① 对函数取对数

$$\ln N = \ln f(A, B, C, \cdots)$$

② 先写出相对不确定度传递公式

$$\frac{\Delta_N}{N} = \sqrt{\left(\frac{\partial \ln f}{\partial A}\Delta_A\right)^2 + \left(\frac{\partial \ln f}{\partial B}\Delta_B\right)^2 + \left(\frac{\partial \ln f}{\partial C}\Delta_C\right)^2 + \cdots} \tag{1.10}$$

式中,系数 $\dfrac{\partial \ln f}{\partial A}$、$\dfrac{\partial \ln f}{\partial B}$、$\dfrac{\partial \ln f}{\partial C}$、$\cdots$ 表示先对原函数取对数后求偏导数。

③ 再求绝对不确定度 Δ_N。

表 1.1 中列举了几种常用函数的不确定度传递公式。

表 1.1　几种常用函数的不确定度传递公式

函 数 关 系	不确定度传递公式
$N = A + B$　或　$N = A - B$	$\Delta = \sqrt{\Delta_A^2 + \Delta_B^2}$
$N = AB$　或　$N = A/B$	$\dfrac{\Delta_N}{N} = \sqrt{\left(\dfrac{\Delta_A}{A}\right)^2 + \left(\dfrac{\Delta_B}{B}\right)^2}$
$N = kA$	$\Delta_N = \lvert k \rvert \Delta_A$
$N = \dfrac{A^p B^q}{C^r}$	$\dfrac{\Delta_N}{N} = \sqrt{\left(\dfrac{p\Delta_A}{A}\right)^2 + \left(\dfrac{q\Delta_B}{B}\right)^2 + \left(\dfrac{r\Delta_C}{C}\right)^2}$
$N = \sqrt[p]{A}$	$\dfrac{\Delta_N}{N} = \dfrac{1}{p}\dfrac{\Delta_A}{A}$
$N = \sin A$	$\Delta_N = \lvert \cos A \rvert \Delta_A$
$N = \ln A$	$\Delta_N = \dfrac{1}{A}\Delta_A$

注：在实际应用中必须严格按照不确定度取位规则、测量值有效数字取位规则(1.3 节已述)。书写时用 Δ_N 表示不确定度,用 ΔN 表示增量。

例 1.3　利用游标卡尺测量空心圆柱体体积 $V = \dfrac{\pi}{4}(D_1^2 - D_2^2)L$,求相对不确定度传递公式 $\dfrac{\Delta_V}{V}$。

解法 1：取对数　$\ln V = \ln\dfrac{\pi}{4} + \ln(D_1 + D_2) + \ln(D_1 - D_2) + \ln L$

求偏导数

$$\frac{\partial \ln V}{\partial D_1} = \frac{1}{D_1 + D_2} + \frac{1}{D_1 - D_2} = \frac{2D_1}{D_1^2 - D_2^2}$$

$$\frac{\partial \ln V}{\partial D_2} = \frac{1}{D_1 + D_2} - \frac{1}{D_1 - D_2} = -\frac{2D_2}{D_1^2 - D_2^2}$$

$$\frac{\partial \ln V}{\partial L} = \frac{1}{L}$$

按方和根合成

$$\frac{\Delta_V}{V} = \sqrt{\left(\frac{\partial \ln V}{\partial D_1}\Delta_{D_1}\right)^2 + \left(\frac{\partial \ln V}{\partial D_2}\Delta_{D_2}\right)^2 + \left(\frac{\partial \ln V}{\partial L}\Delta_L\right)^2}$$

$$= \left[\left(\frac{2D_1}{D_1^2 - D_2^2}\Delta_{D_1}\right)^2 + \left(\frac{2D_2}{D_1^2 - D_2^2}\Delta_{D_2}\right)^2 + \left(\frac{1}{L}\Delta_L\right)^2\right]^{\frac{1}{2}}$$

解法 2：取对数 $\ln V = \ln \dfrac{\pi}{4} + \ln(D_1 + D_2) + \ln(D_1 - D_2) + \ln L$

全微分

$$\frac{\mathrm{d}V}{V} = \frac{\mathrm{d}(D_1 + D_2)}{D_1 + D_2} + \frac{\mathrm{d}(D_1 - D_2)}{D_1 - D_2} + \frac{\mathrm{d}L}{L}$$

各项归并

$$\frac{\mathrm{d}V}{V} = \frac{2D_1}{D_1^2 - D_2^2}\mathrm{d}D_1 - \frac{2D_2}{D_1^2 - D_2^2}\mathrm{d}D_2 + \frac{1}{L}\mathrm{d}L$$

按方和根合成

$$\frac{\Delta_V}{V} = \sqrt{\left(\frac{2D_1}{D_1^2 - D_2^2}\Delta_{D_1}\right)^2 + \left(\frac{2D_2}{D_1^2 - D_2^2}\Delta_{D_2}\right)^2 + \left(\frac{1}{L}\Delta_L\right)^2}$$

例 1.4   用流体静力称衡法测固体密度的公式为 $\rho = \dfrac{m}{m - m_1}\rho_0$，若测得 $m = (29.05 \pm 0.03)$ g，$m_1 = (19.07 \pm 0.03)$ g，$\rho_0 = (0.9998 \pm 0.0002)$ g/cm^3，分别计算出 ρ 和 Δ_ρ。

解：① 计算

$$\rho = \frac{m}{m - m_1}\rho_0 = \frac{29.05}{29.05 - 19.07} \times 0.9998 \ \mathrm{g/cm^3} = \frac{29.05 \times 0.9998}{9.98} \ \mathrm{g/cm^3} = 2.91 \ \mathrm{g/cm^3}$$

② 求不确定度传递公式

$$\ln \rho = \ln m - \ln(m - m_1) + \ln \rho_0$$

$$\frac{\partial \ln \rho}{\partial m} = \frac{1}{m} - \frac{1}{m - m_1} = -\frac{m_1}{m(m - m_1)}$$

$$\frac{\partial \ln \rho}{\partial m_1} = \frac{1}{m - m_1}$$

$$\frac{\partial \ln \rho}{\partial \rho_0} = \frac{1}{\rho_0}$$

$$\frac{\Delta_\rho}{\rho} = \sqrt{\frac{m_1^2}{m^2(m - m_1)^2}\Delta_m^2 + \frac{1}{(m - m_1)^2}\Delta_{m_1}^2 + \frac{1}{\rho_0^2}\Delta_{\rho_0}^2}$$

③ 将 $\Delta_m = 0.03$ g，$\Delta_{m_1} = 0.03$ g，$\Delta_{\rho_0} = 0.0002$ g/cm^3 代入不确定度传递公式，得

$$\frac{\Delta_\rho}{\rho} = \sqrt{\frac{m_1^2}{m^2(m - m_1)^2}\Delta_m^2 + \frac{1}{(m - m_1)^2}\Delta_{m1}^2 + \frac{1}{\rho_0^2}\Delta_{\rho_0}^2} = 0.34\%$$

$$\Delta_\rho = 0.01 \ \mathrm{g/cm^3}$$

$$\rho = \rho \pm \Delta_\rho = (2.91 \pm 0.01) \ \mathrm{g/cm^3}$$

2. 不确定度的分配与仪器的合理选配

不确定度传递公式还可以用来分析各直接测量值的不确定度对间接测量结果不确定度影响的大小，为合理选用测量仪器和实验方法提供依据。

均分原则：假定各部分不确定度对总不确定度的影响相等，由此得各直接测量量的不确定度，最后确定测量各个直接测量量应选用的仪器。

若要求

$$\frac{\Delta_Y}{Y} = \sqrt{\left(\frac{\partial \ln f}{\partial X_1} \Delta_{X_1}\right)^2 + \left(\frac{\partial \ln f}{\partial X_2} \Delta_{X_2}\right)^2 + \cdots + \left(\frac{\partial \ln f}{\partial X_m} \Delta_{X_m}\right)^2} \leqslant \eta\%$$

令

$$\left(\frac{\partial \ln f}{\partial X_1} \Delta_{X_1}\right)^2 = \left(\frac{\partial \ln f}{\partial X_2} \Delta_{X_2}\right)^2 = \cdots = \left(\frac{\partial \ln f}{\partial X_m} \Delta_{X_m}\right)^2 \leqslant \frac{(\eta\%)^2}{m}$$

则

$$\left|\frac{\partial \ln f}{\partial X_1} \Delta_{X_1}\right| = \left|\frac{\partial \ln f}{\partial X_2} \Delta_{X_2}\right| = \cdots = \left|\frac{\partial \ln f}{\partial X_m} \Delta_{X_m}\right| \leqslant \frac{\eta\%}{\sqrt{m}}$$

计算出 Δ_{X_1}、Δ_{X_2}、$\cdots$、Δ_{X_m} 后，从最经济角度考虑合适的仪器。

1.6　有效数字及其计算

测量值是含有误差的数值，其尾数不能任意取舍，应反映出测量值的精确度。在记录数据、计算和书写测量结果时，究竟应写出几位数字，要根据测量误差或不确定度来确定。

1. 有效数字的定义

我们把测量结果中可靠的几位数字加上可疑的一位数字统称为测量结果的**有效数字**。例如，用一个最小分度值为 1 mm 的米尺去测量一个物体的长度，由尺上读出物体的长度为 72.5 mm，其中"7"和"2"是准确读得的，称为**可靠数字**，而最后一位"5"是估读出来的，称为**可疑数字**，即有误差的数字。有效数字中的最后一位虽然是可疑的，即有误差，但它还是在一定的程度上反映了客观实际，因此，它也是有效数字，不能去掉。例如，2.05 cm 的有效数字是三位，36 291.60 s 的有效数字是七位。

2. 有效数字在实际中的应用

（1）有效数字与仪器的关系

测量值的有效数字一方面反映被测物理量的大小，另一方面它又反映所用仪器的测量精度。例如测量某一物体长度，若分别选用米尺、游标尺和千分尺测量，设分别为 9.9 mm、9.98 mm 和 9.982 mm，可见测量仪器的精度越高，所得结果的有效数字位数越多。而对于表头，读数误差可能小于仪表误差，要通过计算仪表相应量程的误差来确定可疑位。实验要求按有效数字记录数据。

（2）"0"在数字中的作用

"0"的位置不同，其性质不同。若"0"前面有非"0"数码时，此"0"为有效数字；若"0"前面都是"0"数码，此"0"不是有效数字。如 0.310 m、0.031 m 和 0.003 010 m 分别为三位、二位和四位有效数字。

（3）误差的取位和结果的表示

误差决定有效数字。在物理实验中，一般情况下绝对误差只取一位有效数字，其尾数采用只进不舍的法则。测量值的尾数应与绝对误差所在位取齐，其尾数采用四舍六入五凑偶的法则。如处理数据时不应出现下列表示：（9.804±0.034）cm、（9.804±0.03）cm，它们应分别改为(9.80±0.04) cm、(9.80±0.03) cm。

有效数字的多少直接反映实验测量的准确度。有效数字位数越多,则相对误差就越小,反之亦然。选择不同精度的量具测量同一物体的厚度,其相对误差也不同。例如(1.00±0.01)cm 有效数字是三位,相对误差为1%;(1.0000±0.0001)cm,有效数字是五位,相对误差为0.01%,可见有效数字与相对误差也是密切相关的。相对误差的有效数字一般只取到两位。

（4）科学表示法

为表示方便,特别是对较大或较小的数值,测量结果常用科学表示法。科学表示法是把数字写成 10 的幂次方形式,通常小数点前只写一位非零数字。如 2989 s,(0.084 56±0.000 03)m,用科学表达式写作 2.989×10^3 s,$(8.456 \pm 0.003) \times 10^{-2}$ m。

（5）换算单位

在十进制换算单位中,测量结果的单位变换不影响有效数字位数。如 1.2 kg=1.2×10^3 g,1200 g=1.200 kg 切不可写为"1.2 kg=1200 g,1200 g=1.2 kg"。

非十进制的单位中,测量结果的变换单位,还要用误差来定有效数字的位数。如 $t=$(1.8±0.1)min =(108±6)s。

3. 有效数字的运算规则

有效数字的正确运算关系到实验结果的精确表达,由于运算条件不一样,运算规则也不一样。以下分别介绍四则运算法、简算法和由不确定度决定有效数字的方法。

（1）四则运算法 *（参阅,不作考试要求）

四则运算法的运算规则为：①参加运算的各数字可以认为仅最后一位数码是可疑位,其他的数码是可靠位;②可疑数与可疑数的四则运算结果仍为可疑数;③可疑数与可靠数的四则运算结果是可疑数;④可靠数与可靠数的运算结果为可靠数;⑤进位和借位一般都算是可靠数。最后结果按四舍六入五凑偶法则,仅保留一位可疑位。

下面用实例来说明（数字下面的"_"是指误差所在位的数码）。

例 1.5 用四则运算法计算 6.325+72.2 和 69.68−51.845。

解：

$$
\begin{array}{r}
6.325 \\
+72.2 \\
\hline
78.525
\end{array}
\qquad
\begin{array}{r}
69.68 \\
-51.845 \\
\hline
17.835
\end{array}
$$

所以,6.325+72.2=78.5,69.68−51.845=17.84。

例 1.6 某矩形的长 $L=12.385$ cm,宽 $W=1.1$ cm,求其面积 S。

解：$S=LW=12.385$ cm×1.1 cm=14 cm^2

列算式计算如下：

$$
\begin{array}{r}
12.385 \\
\times \quad 1.1 \\
\hline
12385 \\
12385 \\
\hline
13.6235
\end{array}
$$

例 1.7 某物体的质量 $m=93.504$ g,体积为 $V=12$ cm^3,试求其密度 ρ。

解：根据密度的定义,

$$\rho = \frac{m}{V} = \frac{93.504 \text{ g}}{12 \text{ cm}^3} = 7.8 \text{ g/cm}^3$$

列算式计算如下：

```
        7.792
    ┌─────────
12 │ 93.504
      84
    ──────
       9 5
       8 4
      ──────
       1 10
       1 08
      ──────
         24
         24
        ────
          0
```

例 1.8　按四舍六入五凑偶的法则，将下列数据舍入到小数点后第二位：8.0260，7.0445，6.0656，5.6351，4.2055。

解：8.0260→8.03

　　　7.0445→7.04

　　　6.0656→6.06

　　　5.6351→5.64

　　　4.2055→4.20

（2）简算法

简算法的运算规则为：

① 加减法运算规则。几个数相加减时，仍然按正常运算进行；计算结果的可疑位与各数值中最高的可疑位对齐。

如 $3.14 + 1056.73 + 103 - 9.862 = 1153$，参加运算的各项数值中最高的可疑位是 103 的个位，其计算结果的最后一位就保留在个位上。

② 乘除法运算规则。几个数相乘除时，计算结果的有效数字位数与各数值中有效数字位数最少的一个相同（或最多再保留一位）。

如 $\dfrac{48 \times 3.2345}{1.73^2} = 52$，参加运算的 48 有效数字是两位，为最少，计算结果也就取两位。

这一规则在绝大多数情况下都成立，极少数情况下，由于借位或进位可能多一位或少一位。如 $0.98 \times 1.1 = 1.08$ 就多一位。

当位数最少的数字首位是 9 或 8 时，其积或商的有效数字可多取一位，如 $0.98 \times 1.1 = 1.08$；当运算结果的第一位是 1、2、3 时，可多保留一位，如 $2.3 \times 4.4 = 10.1$。

例 1.9　用简算法计算 $203.3 + 25.561 - 1.752$。

解：$203.3 + 25.561 - 1.752 = 227.1$

例 1.10　用简算法计算 1.1111×1.11。

解：用计算器计算 $1.1111 \times 1.11 = 1.233\,321$。

各数值中 1.11 的有效数字位数最少（为三位），因此计算结果为三位有效数字。所以，

$1.111\underline{1}\times1.1\underline{1}=1.2\underline{3}$。

③ 乘方、开方的有效数字与其底数的有效数字相同或多取一位。

④ 三角函数的有效数字与角度的有效数字相同。

⑤ 对于自然对数或常用对数：某数 x 的自然对数 $\ln x$，其小数部分的位数取与该数的有效数字位数相同；某数 x 的常用对数 $\lg x$，其小数部分的位数取与该数的有效数字位数相同或多取一位。

实际上③～⑤的简算法非常粗略，仅供参考。严格讲它们的计算结果必须按照下面的不确定度规则处理。

（3）由不确定度决定有效数字的原则

函数运算不像四则运算那样简单，而要根据不确定度传递公式计算出函数的不确定度，然后，根据测量结果最后一位数字与不确定度对齐的原则来决定有效数字，称**不确定度法**。

例 1.11　$A=3000\pm2$，求 $N=\ln A$。

解：先计算 $N=\ln A=\ln 3000=$"8.006 367 6"（计算器显示），函数 $N=\ln A$ 中只有一个自变量 A，其不确定度为已知。然后计算不确定度

$$\Delta_N=\frac{\partial N}{\partial A}\Delta_A=\frac{\Delta_A}{A}=\frac{2}{3000}=0.0007$$

结果

$$N=\ln A=8.0064\pm0.0007$$

$$\frac{\Delta_N}{N}=0.0088\%$$

注：示例中双引号中的内容，表示中间过程，而不是最后结果。应多取几位有效数字参与运算，避免产生额外误差。

例 1.12　$\theta=60.00°\pm0.03°$，求 $x=\sin\theta$。

解：先计算 $x=\sin\theta=\sin 60.00°=$"0.866 025 4"，然后计算不确定度

$$\Delta_x=\frac{\partial x}{\partial\theta}\Delta_\theta=|\cos\theta|\Delta_\theta=0.5\times\left(0.03\times\frac{2\pi}{360}\right)=0.0003$$

结果

$$x=0.8660\pm0.0003,\qquad\frac{\Delta_x}{x}=0.035\%$$

例 1.13　已知 $x=56.7$，$y=\ln x$，求 y。

解：因直接测量值 x 没有标明不确定度，故在直接测量值的最后一位数上取 1 作为不确定度，即 $\Delta_x\approx0.1$（至少估计值）。$\Delta_y=\frac{1}{x}\Delta_x=\frac{0.1}{56.7}\approx0.002$，说明 y 的不确定度位在千分位上，故 $y=\ln 56.7=4.038$。

例 1.14　$x=9°24'$，求 $y=\cos x$。

解：取 $\Delta_x\approx1'\approx0.000\,29$，得 $\Delta_y=\sin x\Delta_x=0.000\,045\,7\approx0.000\,05$，结果

$$y=\cos 9°24'=0.986\,57$$

注：在例 1.13 和例 1.14 中，因为 x 的不确定度为未知，Δ_y 为估约值，因此测量结果不能写成 $y=4.038\pm0.002$，$y=0.986\,57\pm0.000\,05$。

以上介绍了三种有效数字的计算方法——四则运算法、简算法和不确定度法,实际中根据要求选择运用。

例 1.15 用米尺、二十分游标卡尺和螺旋测微计分别测得长方体的三个边长分别为 $A=(13.79\pm0.02)$ cm, $B=(3.635\pm0.005)$ cm, $C=(0.4915\pm0.0005)$ cm,试用下面的方法计算其体积 V:①用简算法;②用不确定度传递公式。

解:① 用简算法

$$V=ABC=13.79\times3.635\times0.4915 \text{ cm}^3=24.64 \text{ cm}^3$$

② 用不确定度传递公式

$$V=ABC=13.79\times3.635\times0.4915 \text{ cm}^3=24.6372 \text{ cm}^3$$

$$\frac{\Delta_V}{V}=\sqrt{\left(\frac{\Delta_A}{A}\right)^2+\left(\frac{\Delta_B}{B}\right)^2+\left(\frac{\Delta_C}{C}\right)^2}$$

$$=\sqrt{\left(\frac{0.02}{13.79}\right)^2+\left(\frac{0.005}{3.635}\right)^2+\left(\frac{0.0005}{0.4915}\right)^2}\approx0.23\%$$

$$\Delta_V=0.06 \text{ cm}^3$$

$$V=(24.64\pm0.06) \text{ cm}^3, \qquad \frac{\Delta_V}{V}=0.23\%$$

1.7 常用实验数据的处理方法

在物理实验中,常用实验数据的处理方法有列表法、作图法和逐差法等。

1. 列表法

在记录和处理实验测量数据时,经常把数据列成表格。因为表格可以简单而明确地表示有关物理量之间的对应关系,便于随时检查测量结果是否正确合理,及时发现问题,便于计算和分析误差,并在必要时对数据随时查对。通过列表法可有助于找出有关物理量之间的规律性,得出定量的结论或经验公式等。

列表要求如下:

① 简单明了,便于看出有关物理量之间的关系,便于处理数据。

② 写出标题,标明表中物理量的名称和单位。

③ 表格中数据要正确反映出有效数字。

④ 必要时应对某些项目加以说明,并计算出平均值、标准误差和相对误差。

列表法是工程技术人员经常使用的一种方法,要求熟练掌握。

2. 作图法

物理实验中所得到的一系列测量数据,也可以用图线直观地表示出来。作图法就是在坐标纸上描绘出一系列数据间对应关系的图线。它是研究物理量之间变化规律,找出对应的函数关系,求经验公式的常用方法之一。通过作图,可以求出待测的物理量及修正曲线和校准曲线等。

(1) 作图的规则

① 作图一定要使用坐标纸和铅笔,图的大小位置要合理,要根据测量的有效数字的多少和结果的需要正确选择单位、比例和原点(坐标轴的起点不一定从变量的"0"开始)。

② 写出图纸名称,标明轴名及单位,轴上按选定的比例标出若干等距离的整齐的数值标度,标度的数值的位数可与实验有效数字位数一致。

③ 用铅笔以"＋"标出实验数据点,不同曲线可以用不同符号,如"⊙""△""×"等。重要点的坐标要写出,如计算斜率时所选取两点的坐标。

④ 连线要用直尺(直线、折线)或曲线尺(光滑曲线),要使数据点在线的两侧合理分布。用铅笔连线要细而清晰、光滑和完整。

⑤ 最后写明实验者姓名和实验日期,并将图纸贴在实验报告的适当位置。

作好一张正确、美观的图是实验技能训练中的一项重要的基本功,要求掌握。

(2) 直线图解法简介

① 取点

在直线上任取两点 $A(x_1, y_1)$,$B(x_2, y_2)$,用"△"符号表示所取的点,注明两点坐标值以与实验点相区别。一般不要取原实验点。所取两点在实验范围内应尽量彼此分开一些,以减小误差。

② 求斜率 k

在坐标纸的适当空白的位置,由直线方程 $y = kx + b$,写出斜率的计算公式 $k = (y_2 - y_1)/(x_2 - x_1)$,将两点坐标值代入上式,写出计算结果。

③ 求截距 b

如果横坐标的起点为零,其截距 b 为 $x = 0$ 时 y 的值,其直线的截距即由图上直接读出。

如果起点不为零,可由式 $b = \dfrac{x_2 y_1 - x_1 y_2}{x_2 - x_1}$ 求出截距。

3. 逐差法

逐差法是对等间距测量的有序数据,进行逐项或相等间隔项相减得到结果。它具有以下优点:①充分利用测量数据,具有对数据取平均的效果;②可以绕过一些具有定值的未知量而求出所需要的实验结果。它是物理实验中常用的一种数据处理方法。

(1) 逐差法的使用条件

① 自变量 x 是等间距变化的;

② 函数可以写成 x 的多项式形式,即 $y = \sum\limits_{m=0}^{M} a_m x^m$。

(2) 逐差法的应用

下面以拉伸法测弹簧的倔强系数为例,设实验中等间隔地在弹簧下加砝码(如每次加 1 g),共加 9 次,分别记下对应的弹簧下端点的位置 L_0、L_1、L_2、…、L_9,则可用逐差法进行以下处理。

① 验证函数形式是线性关系

把所测的数据逐项相减,即

$$\Delta L_1 = L_1 - L_0$$
$$\Delta L_2 = L_2 - L_1$$
$$\vdots$$
$$\Delta L_9 = L_9 - L_8$$

看 ΔL_1、ΔL_2、$\cdots$、ΔL_9 是否基本相等。而当 ΔL_i 均基本相等时，就验证了外力与弹簧的伸长量之间的函数关系是线性的，即

$$F = -k\Delta L$$

用此法可检查测量结果是否正确，但要注意的是必须逐项逐差。

② 求物理量数值

现计算每加 1 g 砝码时弹簧的平均伸长量，若采用逐项逐差得

$$\overline{\Delta L} = \frac{\Delta L_1 + \Delta L_2 + \Delta L_3 + \cdots + \Delta L_9}{9}$$

$$= \frac{(L_1 - L_0) + (L_2 - L_1) + (L_3 - L_2) + \cdots + (L_9 - L_8)}{9}$$

$$= \frac{L_9 - L_0}{9}$$

从上式看出，中间的测量值全部抵消了，只有始末二次测量值起作用，与一次加 9 g 砝码的测量完全等价。

为了保证多次测量的优点，需要在数据处理方法上作一些组合，来达到通过多次测量减小误差的目的。所使用逐差法应用方法如下：

① 把等间隔所测量的值分成前后两组。

前一组为　　　　　　　　　　　　L_0, L_1, L_2, L_3, L_4

后一组为　　　　　　　　　　　　L_5, L_6, L_7, L_8, L_9

② 将前后两组的对应项相减为

$$\Delta L'_1 = L_5 - L_0$$
$$\Delta L'_2 = L_6 - L_1$$
$$\vdots$$
$$\Delta L'_5 = L_9 - L_4$$

③ 取平均值

$$\overline{\Delta L'} = \frac{(L_5 - L_0) + (L_6 - L_1) + \cdots + (L_9 - L_4)}{5}$$

由此可见，与上面一般求平均值方法不同，这里每个数据都用上了。但应注意，这里的 $\overline{\Delta L'}$ 是增加 5 g 砝码时弹簧的平均伸长量。故对应项逐差可以充分利用测量数据，具有对数据取平均和减小误差的效果。

习　　题

1. 写出下列一次测量结果表达式 $x = x_测 \pm \Delta_仪$（单位）：

(1) 用米尺测得 74.63 cm

(2) 用 50 分游标卡尺测某物体长度，示值为"7 cm"

(3) 用停表测量 42.6 s

(4) 用温度计测得 27.6℃（$\Delta_仪 = 0.2$℃）

2. 指出下列各量有几位有效数字:

(1) $L = 0.0010$ cm   (2) $c = 2.998\,003$ (3) $g = 9.8403$ m/s^2

(4) $\pi = 3.141\,59$ (5) $m = 2.0000$ kg   (6) $E = 2.7 \times 10^{25}$

3. 将下列测量值写成科学表示法:

(1) $299\,300, 983 \pm 4, 0.004\,521 \pm 0.000\,001, 32\,476 \times 10^5, 0.004\,00$

(2) 15.48 g = _____ mg = _____ kg

(3) $m = (312.670 \pm 0.002)$ kg = (_____ $\pm$ _____)g = (_____ $\pm$ _____)mg

(4) $t = (17.9 \pm 0.1)$ s = (_____ $\pm$ _____)min

4. 按照误差理论和有效数字运算规则,改正下列错误:

(1) $d = (10.800 \pm 0.2)$ cm

(2) 0.2870 有五位有效数字

(3) 28 cm = 280 mm, 280 mm = 28 cm

(4) $L = (38\,000 \pm 2000)$ mm

(5) $0.0221 \times 0.0221 = 0.000\,488\,41$

5. 求下列各组的 $\bar{x}$、Δ_x、E_x 值,结果用不确定度表示 $\bar{x} \pm \Delta_x$:

(1) $4.113, 4.198, 4.152, 4.147, 4.166, 4.154, 4.132, 4.170$ (cm)

(2) $2.904, 2.902, 2.900, 2.903, 2.900, 2.904$ (cm)

(3) $2.010, 2.010, 2.011, 2.012, 2.009, 1.980$ (cm)

6. 写出下列函数的不确定度传递公式:

(1) $N = \dfrac{AB}{C}$ (2) $P = \dfrac{U^2}{R}$

(3) $f = \dfrac{UV}{U-V}$ (4) $N = mgrRT^2 / 4\pi^2 l$,其中 g、π 为常量

7. 一个铅圆柱体,测得直径 $d = (2.04 \pm 0.01)$ cm,高度 $h = (4.12 \pm 0.01)$ cm,质量 $m = (149.18 \pm 0.05)$ g。求铅的密度 ρ,用不确定度评定测量结果。

8. 用米尺测得正方形某一边长为 $a_1 = 2.01$ cm,$a_2 = 2.00$ cm,$a_3 = 2.04$ cm,$a_4 = 1.98$ cm,$a_5 = 1.97$ cm,求正方形面积与周长。

9. 试用有效数字运算规则计算下列各式。

四则运算法:

(1) $478.2 + 3.462$ (2) $49.27 - 3.4$

(3) 834.5×23.9 (4) $2569.4 \div 19.5$

简算法:

(5) 7.325^2 (6) $\sqrt{32.8}$

(7) $\lg 7.357$ (8) $2.0 \times 10^{-5} + 2345$

(9) $\dfrac{76.000}{40.00 - 2.0}$ (10) $2.00 \times 10^5 + 2345$

(11) $\dfrac{100.0 \times (5.6 + 4.412)}{(98.00 - 77.0) \times 10.000} + 110.0$ (12) $\dfrac{89.046\,78 \times (3.0811 - 1.98)}{3}$

10. 由不确定度传递公式计算下列函数：

(1) $x=3.14, e^x=?$　　　　　　　　(2) $x=3\times10^{-5}, 10^x=?$

(3) $x=5.48, \sqrt{x}=?$　　　　　　　　(4) $x=9.80, \ln x=?$

(5) $x=0.5376, \sin x=?$ $\tan x=?$

11. 用伏安法测电阻数据如下，试用直角坐标纸作图，并求出 R 值。

U/V	1.00	2.00	3.00	4.00	5.00	6.00	7.00	8.00
I/mA	2.00	4.01	6.05	7.85	9.70	11.83	13.75	16.02

（郭悦韶　编写）

2 力学和热学实验

实验 1　基本长度的测量

【实验目的】

1. 学习游标卡尺、螺旋测微器(千分尺)的原理及正确使用方法。
2. 学习误差理论及有效数字的基本概念,掌握直接和间接测量不确定度的计算方法。

【实验仪器】

游标卡尺(量程 $0\sim15$ cm,分度值 0.02 mm),外径千分尺(量程 $0\sim25$ mm,分度值 0.01 mm),各种待测体(小钢球,空心圆柱体,漆包线)。

【实验原理及仪器介绍】

长度是最基本的物理量之一,许多测量仪器(如温度计、气压计、电流计、电压表等)的长度或角度等读数部分常常都是用米尺刻度或根据游标、螺旋测微原理制成。所以,长度测量是一切测量的基础。

1. 游标卡尺(游标尺)

为了使米尺测得更准一些,在米尺上附加一个能够滑动的有刻度的小尺,叫做游标。利用它可以把米尺估读的那位数值准确地读出来。游标也常常装在各种仪器上,除了长度游标尺以外,常用的还有角游标。

游标尺主要由两部分组成,如图 2.1 所示。

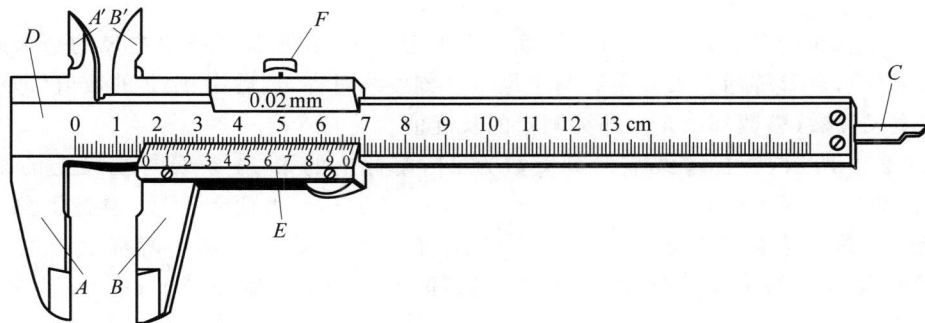

图 2.1　游标卡尺
AB,$A'B'$—量爪;C—深度尺;D—主尺;E—游标;F—固定螺钉

一部分是与量爪 A、A' 相连的主尺 D(主尺按米尺刻度),另一部分是与量爪 B、B' 及深度尺 C 相连的游标 E,游标可紧贴着主尺滑动。量爪 AB 用来测量厚度和外径(又叫外卡

钳),量爪 $A'B'$ 用来测量内径,深度尺 C 用来测量槽的深度。它们的读数值都是由游标的零线与主尺的零线之间的距离表示出来的。F 为固定螺钉。

下面介绍游标尺的读数原理。

游标尺在构造上的主要特点是:游标上 p 个分格的总长与主尺上 $p-1$ 个分格的总长相等,设 y 代表主尺上一个分格的长度,x 代表游标上一个分格的长度。则有

$$px = (p-1)y$$

写成

$$x = y - \frac{y}{p}$$

若主尺与游标最小分度差用 Δx 表示,则有

$$\Delta x = y - x = \frac{y}{p}$$

Δx 是游标尺能准确读数的最小单位,叫做游标尺的分度值,以 $p=50$(称为"五十分游标")的游标尺为例,主尺上一分格长度 $y=1$ mm,其游标尺分度值 $\Delta x = \frac{1}{50}$ mm $=0.02$ mm。在图 2.2 中,当量爪 AB 合拢时,游标上的"0"线与主尺的"0"线重合。由于游标上一分格的长度 $x = y - \Delta x = 0.98$ mm,因此,游标上第一刻度线在主尺第一刻度线左边 0.02 mm 处,游标上第二条刻度线在主尺第二条刻度线左边 0.04 mm 处,……,依次类推。如果在量爪 AB 间放进一张厚度为 0.02 mm 的纸片,那么与量爪 B 相连的游标就要向右移动 0.02 mm,这时游标的第一条刻度线就与主尺的第一条刻度线相重合,而游标上所有其他各刻度线都不与主尺上任何一条刻度线相重合。据此,我们能准确地读出纸片的厚度是 0.02 mm。如果纸片厚 0.04 mm,游标的第二条刻度线与主尺的第二条刻度线相重合,……,依次类推。从游标上能够读出测量长度的读数分别是 0.02 mm,0.04 mm,0.06 mm,……,所以说五十分游标尺的分度值是 0.02 mm。

$p=10$ 的游标称为"十分游标",$\Delta x = \frac{1}{10}$ mm $=0.1$ mm。

$p=20$ 的游标称为"二十分游标",$\Delta x = \frac{1}{20}$ mm $=0.05$ mm。

综上所述,无论多少分游标,游标尺读数规则为:先读出游标零线前主尺的毫米刻度数(即整数部分),再看游标上第 n 条线与主尺某一刻度线对齐,然后用 $n\Delta x$ 的数值(即小数部分)加在主尺读数(整数部分)上,即为测量的长度值。

如图 2.3 所示,游标零线前的刻度数为 21,游标上的第 24 条线与主尺上的某线对齐,所以,测量长度为 $(21+24\times0.02)$ mm $=21.48$ mm。为便于读数,游标上刻有 0~9 几个数字,这样小数部分也可直接读出,而不必计算 $n\Delta x$。上例中游标上与主尺对齐的是"4"刻度线后的第 4 条分度线,因此小数部分可直接读成 0.48 mm。

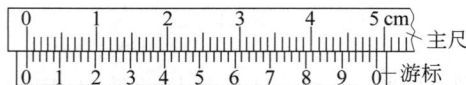

图 2.2　游标卡尺的主尺与游标尺

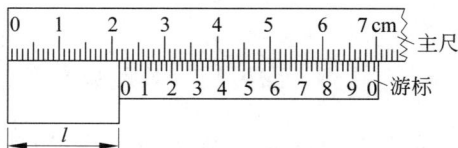

图 2.3　游标卡尺读数方法

使用游标尺应注意的事项：

（1）游标尺测量之前，应先把量爪 AB 合拢，检查游标的"0"线和主尺的"0"线是否对齐，一般情况下是对齐的。如不对齐，应读出游标的零点读数 L_0。注意 L_0 的正负，当游标的"0"线在主尺"0"线右边时 L_0 为正，反之则为负。待测量 $L=L_1-L_0$。L_1 为被测物体未作修正时的读数。

（2）游标卡尺的读数是不连读的，例如五十分游标尺，最后一位只能是 0.02 mm，0.04 mm，0.06 mm，其仪器误差为 0.02 mm（最小分度值）。

（3）测量时，待测物体要卡正，卡得松紧要适当，切忌把夹紧的物体在卡口挪动。测量内、外径时应量在直径口最大值处。

（4）游标尺使用后，卡口应留有一定的空隙，然后放回盒内。

2. 螺旋测微器

（1）螺旋测微器的构造、原理

螺旋测微器也叫千分尺，是比游标尺更精密的长度测量仪器，常见的一种如图 2.4 所示。它的量程是 25 mm，分度值是 0.01 mm。它的主要结构是一个微动螺旋杆，螺距是 0.5 mm，因此，当螺旋杆旋转一圈时，它沿轴线方向前进 0.5 mm。螺旋杆是和螺旋柄连着的。在螺旋柄上附有沿圆周的刻度叫做微分筒，一周等分为五十分格，如微分筒转过一分格，则螺旋杆沿轴线方向前进或后退 $\frac{1}{50}\times0.5$ mm$=0.01$ mm，因此微分筒上的最小分度为 0.01 mm，可估读到 0.001 mm，千分尺即由此得名。这就是所谓机械放大原理。千分尺是连续读数的仪器，一次测量的误差取它的最小分度值的一半，即 0.005 mm。

（2）千分尺的读数规则

千分尺读数时，从固定套管上的标尺（每格 0.5 mm）上，用微分筒的前沿作为读数准线。找出整格数 0.5 mm 以下的读数，则以固定标尺上的横线作为圆周分度的读数准线，由螺旋杆圆周上刻度读出，要估读一位，即读到 0.001 mm 这一位上，如图 2.5(a)、(b)所示，其读数分别为 6.454 mm 和 6.954 mm。

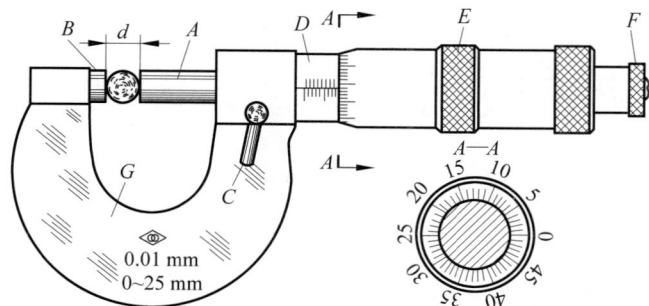

图 2.4　螺旋测微器

A—测微螺旋杆；B—测砧；C—锁紧装置；
D—固定套管；E—微分筒；F—棘轮旋柄；G—尺架

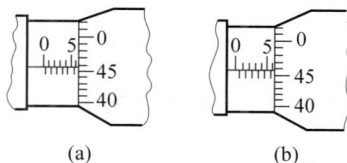

图 2.5　螺旋测微器读数示意图

（3）千分尺使用方法和注意事项

① 使用螺旋测微器测量前要检查零点读数。轻轻旋转棘轮旋柄，当听到"咯咯"两声后

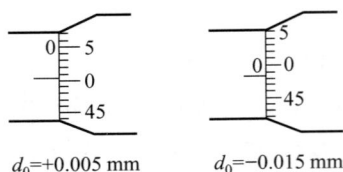

$d_0=+0.005\ mm$ $d_0=-0.015\ mm$

图 2.6 螺旋测微器零点读数示意图

就停止转动,记录零点读数 d_0。

② 对测量读数进行修正。零点读数 d_0 就是当两测量面接触时千分尺的读数,如图 2.6 所示。修正时注意 d_0 的正负,均是测量读数 d_1 减去零点读数 d_0,即 $d=d_1-d_0$。

③ 测量时,应逆时针方向转动微分筒,使测微螺旋杆退出,再把待测物体放到两测量面之间,然后轻轻旋转棘轮旋柄。当听到"咔咔"的声音时,说明待测物刚好被夹住,就停止旋转,进行读数。

④ 用毕后使两测量面之间留一间隙,以免热胀而破坏螺纹。

【数据记录与处理】

用游标卡尺测量空心圆柱体的外径、内径和长度,如表 2.1 所示。

表 2.1 用游标卡尺测量空心圆柱体的外径、内径和长度

零点 $D_0=$ _____ mm,测量值＝测量读数－零点读数   mm

测量值 项目 次数	外径 D_1	$|D_i-\overline{D}_1|$	内径 D_2	$|D_i-\overline{D}_2|$	长度 L	$|L_i-\overline{L}|$
1						
2						
3						
4						
5						
平均值	$\overline{D}_1=$	$\Delta_1=$	$\overline{D}_2=$	$\Delta_2=$	$\overline{L}=$	$\Delta_3=$

以下要求列式计算:

计算 A 类分量 $\left(提示:\Delta_A=\sqrt{\dfrac{\sum\limits_{i=1}^{n}(x_i-\overline{x})^2}{n(n-1)}}\right)$

$\Delta_{A1}=$ _____ mm; $\Delta_{A2}=$ _____ mm; $\Delta_{A3}=$ _____ mm

计算 B 类分量 $\left(提示:\Delta_B=\dfrac{\Delta_仪}{\sqrt{3}}\right)$

$\Delta_{B1}=$ _____ mm; $\Delta_{B2}=$ _____ mm; $\Delta_{B3}=$ _____ mm

合成不确定度

$\Delta_1=$ _____ mm; $\Delta_2=$ _____ mm; $\Delta_3=$ _____ mm

$\overline{D}_1\pm\Delta_1=($ _____ $\pm$ _____ $)$ mm

$\overline{D}_2\pm\Delta_2=($ _____ $\pm$ _____ $)$ mm

$\overline{L}\pm\Delta_3=($ _____ $\pm$ _____ $)$ mm

$$V = \frac{1}{4}\pi(D_1^2 - D_2^2) \cdot L = \underline{\hspace{2cm}} \text{mm}^3$$

$$\frac{\Delta_V}{V} = \sqrt{\left(\frac{2D_2}{D_2^2 - D_1^2} \cdot \Delta_1\right)^2 + \left(\frac{2D_1}{D_2^2 - D_1^2} \cdot \Delta_2\right)^2 + \left(\frac{1}{L} \cdot \Delta_3\right)^2}$$

$$\Delta_V = \underline{\hspace{2cm}} \text{mm}^3$$

$$V = (\underline{\hspace{2cm}} \pm \underline{\hspace{2cm}}) \text{mm}^3$$

用千分尺测量漆包线直径如表 2.2 所示。

表 2.2　用千分尺测量漆包线直径

零点读数 $d_0 = \underline{\hspace{2cm}}$ mm　　　　　　　　　　　　　　　　　　　mm

次数＼项目	测量读数 d_1	漆包线直径 $d = d_1 - d_0$	$\lvert d_i - \bar{d} \rvert$
1			
2			
3			
4			
5			
平均值		$\bar{d} =$	$\Delta_4 =$

$\Delta_{A4} = \underline{\hspace{2cm}}$ mm；$\Delta_{B4} = \underline{\hspace{2cm}}$ mm；$\Delta_4 = \underline{\hspace{2cm}}$ mm

$\bar{d} \pm \Delta_4 = (\underline{\hspace{2cm}} \pm \underline{\hspace{2cm}})$ mm

$$s = \frac{1}{4}\pi d^2 = \underline{\hspace{2cm}} \text{mm}^2$$

$$\frac{\Delta_s}{s} = \frac{2\Delta_4}{d} = \underline{\hspace{2cm}}, \Delta_s = \underline{\hspace{2cm}} \text{mm}^2$$

$$s = (\underline{\hspace{2cm}} \pm \underline{\hspace{2cm}}) \text{mm}^2$$

用千分尺测量小钢球的直径如表 2.3 所示。

表 2.3　用千分尺测量小钢球的直径

零点读数 $\varphi_0 = \underline{\hspace{2cm}}$ mm　　　　　　　　　　　　　　　　　　　mm

次数＼项目	测量读数 φ_1	小钢球直径 $\varphi = \varphi_1 - \varphi_0$	$\lvert \varphi_i - \bar{\varphi} \rvert$
1			
2			
3			
4			
5			
平均值		$\bar{\varphi} =$	$\Delta_5 =$

$$\overline{\varphi} \pm \Delta_5 = (\underline{\hspace{2cm}} \pm \underline{\hspace{2cm}}) \text{ mm}$$

$$V = \frac{1}{6} \pi \varphi^3 = \underline{\hspace{2cm}} \text{ mm}^3$$

$$\frac{\Delta_V}{V} = \frac{3}{\varphi} \cdot \Delta_5 = \underline{\hspace{2cm}}, \Delta_V = \underline{\hspace{2cm}} \text{ mm}^3$$

$$V = (\underline{\hspace{2cm}} \pm \underline{\hspace{2cm}}) \text{ mm}^3$$

【思考与讨论】

1. 游标卡尺的分度值取决于下述哪一项或哪几项？

①游标分格数的多少；②游标每个分格数值的大小；③主尺每个分格数值的大小。

2. 如果有一具螺旋测微器，它的螺距是 1 mm，微分筒上的刻度数是每圈 50 格，问这个螺旋测微器的分度值是多少？

3. 为什么进行千分尺的零点修正时绝不能用旋转微分筒去凑整零点？

4. 用游标卡尺测量空心圆柱体体积：外径 $D_1 = 15.92$、15.90、15.92、15.88、15.90 mm；内径 $D_2 = 11.92$、11.96、11.96、11.98、11.94 mm；长度 $L = 30.00$、29.98、29.98、30.02、29.98 mm；请列表计算体积，用不确定度表示结果。

5. 要测量一块尺寸约为 $100 \text{ mm} \times 6 \text{ mm} \times 3 \text{ mm}$ 的金属片的体积，其长、宽、高进行单次测量，要求测量的相对误差小于 1.5%，请自选适当的测量仪器。

6. 某游标卡尺，其游标有 50 分格，总长等于主尺 49 格长度，即 49 mm。问：这种卡尺的分度值是多少？当游标的第 17 条线与主尺某条刻度线对齐时，小于 1 mm 的读数是多少？

（林宝卿　编写）

实验 2　固体密度的测量（一）

【实验目的】

1. 了解物理天平的称衡原理，熟悉使用物理天平。
2. 掌握用流体静力称衡法和比重瓶法测固体密度的原理和方法。
3. 学习不确定度的计算方法。

【实验仪器】

物理天平及配套砝码，比重瓶，铜柱体，小铅块，镊子，玻璃棒，蒸馏水，烧杯，吸水纸或毛巾，细线，温度计。

【实验原理】

密度表示物质单位体积内所具有的质量。不同的物质由于成分或组织结构不同而具有不同的密度，相同的物质由于所处的状态不同也具有不同的密度。物质通常有三态：固态、液态和气态。对不同的状态，我们选择不同的测量方法测其密度。

若物体的质量为 m，所占有的体积为 V，则该物质的密度为

$$\rho = \frac{m}{V} \tag{2.1}$$

可见,测出物质质量 m 和体积 V 后,便可间接测得物质的密度。质量 m 可用天平测量,对于规则的固体,可测出它的外形尺寸,通过数学计算得到其体积。但是对于外形不规则的固体,因为计算它的体积比较困难,所以需采用其他方法测其密度。

1. 流体静力称衡法测量不规则固体密度

根据阿基米德原理:物体在液体中所受到的浮力等于物体排开液体的重量。取待测固体(比如一铜柱),用天平称量,在空气中称得天平相应砝码质量为 m,物体完全浸入但悬浮在水中,称得相应砝码质量为 m_1,根据阿基米德原理:

$$mg - m_1 g = \rho_0 V g \tag{2.2}$$

式中,ρ_0 为水的密度;V 为物体的体积即排开水的体积。

将式(2.2)代入式(2.1)可得

$$\rho = \frac{m}{m - m_1} \rho_0 \tag{2.3}$$

2. 比重瓶法测量小块固体的密度

设一定数量的小块固体的质量为 m,体积为 V。确定 V 可采用如下方法:依次称出小块固体在空气中的质量为 m,装满纯水的比重瓶和纯水的总质量为 m_1,以及装满水的瓶内投入小块固体后(必排出体积为 V 的水——见仪器介绍),瓶+小块固体+剩余纯水的总质量 m_2,显然被排出的水的质量为

$$m_0 = (m + m_1) - m_2$$

其体积

$$V = \frac{m_0}{\rho_0} = \frac{(m + m_1) - m_2}{\rho_0} \tag{2.4}$$

于是,小块固体的密度

$$\rho = \frac{m}{V} = \frac{m}{m + m_1 - m_2} \rho_0 \tag{2.5}$$

【仪器介绍】

1. 物理天平

(1) 仪器描述

物理天平的构造如图 2.7 所示,天平的横梁上装有三个刀口,中间刀口安置在支柱顶端的玛瑙刀垫上,作为横梁的支点,两侧刀口上各悬挂着一托盘,横梁下面装有一读数指针。当横梁摆动时,指针尖端就在支柱下方的标尺前摆动。支柱下端的制动旋钮可以使横梁上升或下降,横梁下降时,制动架就会把它托住,以保护刀口。横梁两端的两个平衡螺母是天平空载时调平衡所用。

每台物理天平都配有一套砝码,因为 1 g 以下的砝码太小,用起来很不方便,所以在横梁上附有可以移动的游码。支柱左边的托盘 15 可以托住不被称衡的物体。

(2) 物理天平的操作步骤

① 调水平。调整天平的底脚螺丝,使底盘上圆形水准器的气泡处于中心位置(有的天

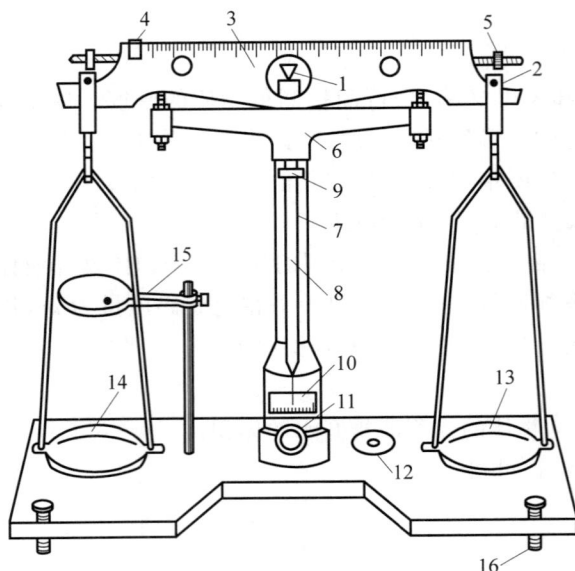

图 2.7　物理天平

1—主刀口；2—边刀；3—横梁；4—游码；5—平衡螺母；6—制动架；7—支柱；8—指针；9—重心调节螺丝；10—标尺；11—制动旋钮；12—水准器；13—砝码托盘；14—载物托盘；15—托盘；16—底脚螺丝

平是使铅锤和底盘上的准钉正对），以保证天平的支柱垂直，刀垫水平。

② 调零点。先观察各部位是否正确，例如托盘是否挂在刀口上，然后才调准零点。先将游码置于横梁左端零线处，启动天平（即支起横梁），观察指针是否停在零位处（或左右小幅度摆动不超过一分格时是否等偏）。若不平衡，先制动天平，调节平衡螺母，反复数次，直至平衡，然后制动待用。

③ 称衡。将待测物体放在左盘，用镊子取砝码放在右盘，增减砝码（包括游码），使天平平衡。

④ 将制动旋钮向左旋动，制动天平，记下砝码和游码读数，把待测物从盘中取出，砝码放回盒中，游码放回零位，最后把称盘的吊挂摘离刀口，将天平完全复原。

（3）使用物理天平必须遵守的规则

① 天平的负载不能超过其最大称量。

② 在调节天平、取放物体、取放砝码（包括游码）以及不用天平时，都必须将天平制动，以免损坏刀口。只有在判断天平是否平衡时才能启动天平。天平启动、制动时动作要轻，制动时最好在天平指针接近标尺中线刻度时进行。

③ 待测物体和砝码要放在托盘正中，砝码不许用手直接拿取，只准用镊子夹取。称量完毕，砝码必须放回盒内原位置，不得随意乱放。

④ 称衡后，一定要检查横梁是否落下，两托盘的吊挂是否摘离刀口，挂于横梁刀口内侧，砝码是否按顺序放回原处。

2. 比重瓶

比重瓶是容积固定的玻璃瓶，其形状如图 2.8 所示。瓶塞的中间有一个毛细管，当比重瓶装满水后，塞紧瓶塞，多余的水便会从毛细管溢出，

图 2.8　比重瓶

从而保证瓶内容积固定不变。

注意事项：在称衡前，应用玻璃棒轻轻搅拌，驱去水中的气泡，并用吸水纸(或毛巾)把瓶外以及瓶口与瓶塞间的水擦干。

【实验内容和步骤】

1. 调整物理天平(操作步骤见仪器介绍)

(1) 调水平。

(2) 检查天平制动情况。

(3) 调零点。

2. 用流体静力称衡法测量铜柱体密度

(1) 将待测铜柱用细线悬挂在天平左方的小钩上，测量其质量 m。

(2) 玻璃杯中盛水，放在天平的托盘 15 上，将用细线悬挂的待测铜柱轻轻放入玻璃杯中，调节托盘的上下位置，使物体全部浸没在水中，并用玻璃棒驱去附在待测铜柱上的气泡，进行称衡，相应的砝码质量为 m_1。

(3) 用温度计测量水温，并从附录表 2.4 中查出该温度下水的密度 ρ_0。

(4) 由式(2.3)计算待测铜柱的密度并计算其相对误差。

(5) 注意待测铜柱悬挂在水中称衡时，切勿与杯壁或杯底相接触，也不允许局部露出水面。

3. 用比重瓶法测量小铅块的密度

(1) 比重瓶中盛满水，将瓶塞盖紧后，用吸水纸(或毛巾)将溢出瓶外的水擦干，然后放在天平的左盘进行称衡，相应的砝码质量为 m_1。

(2) 取待测小铅块(15 粒左右)放在天平的左盘进行称衡，相应的砝码质量为 m。

(3) 将待测小铅块全部投入盛满水的比重瓶中，在盖紧瓶塞并擦干溢出瓶外的水后，进行称衡，相应的砝码质量为 m_2。

(4) 用温度计测量水温，并从表 2.4 中查出该温度下水的密度 ρ_0。

(5) 由式(2.5)计算待测铅块的密度并计算其相对误差。

【数据记录与处理】

1. 用流体静力称衡法测量铜柱体密度

铜柱体在空气中的质量　　$m = ($＿＿＿＿＿＿ $\pm$ ＿＿＿＿＿＿$)$ g

(单次测量的不确定度近似取仪器基本误差 $\Delta_仪$)

铜柱体在水中的质量　　$m_1 = ($＿＿＿＿＿＿ $\pm$ ＿＿＿＿＿＿$)$ g

水温 $t =$ ＿＿＿＿＿＿ ℃　　查表 2.4 得 $\rho_0 =$ ＿＿＿＿＿＿ g/cm^3

铜柱体密度　　　　　　　$\rho = \dfrac{m}{m - m_1}\rho_0 =$ ＿＿＿＿＿＿ g/cm^3

$$\frac{\Delta_\rho}{\rho} = \sqrt{\frac{m_1^2}{m^2(m-m_1)^2}\Delta_m^2 + \frac{1}{(m-m_1)^2}\Delta_{m_1}^2} = \underline{\hspace{2cm}}$$

$$\Delta_\rho = \underline{\hspace{2cm}} \text{ g/cm}^3$$

$$\rho = (\underline{\hspace{2cm}} \pm \underline{\hspace{2cm}})\text{g/cm}^3$$

2. 比重瓶法测量小铅块的密度

比重瓶和水的总质量　　　　　$m_1 = (\underline{\hspace{2cm}} \pm \underline{\hspace{1.5cm}})\text{g}$

小铅块质量　　　　　　　　　$m = (\underline{\hspace{2cm}} \pm \underline{\hspace{1.5cm}})\text{g}$

比重瓶、小铅块和剩余水的总质量　$m_2 = (\underline{\hspace{2cm}} \pm \underline{\hspace{1.5cm}})\text{g}$

水温　$t = \underline{\hspace{2cm}}$　℃　　查表 2.4 得 $\rho_0 = \underline{\hspace{2cm}}$　g/cm^3

小铅块的密度　　　　$\rho = \dfrac{m}{m+m_1-m_2}\rho_0 = \underline{\hspace{2cm}}$　g/cm^3

$$\frac{\Delta_\rho}{\rho} = \sqrt{\left(\frac{1}{m}-\frac{1}{m+m_1-m_2}\right)^2\Delta_m^2 + \left(\frac{1}{m+m_1-m_2}\right)^2\Delta_{m_1}^2 + \left(\frac{1}{m+m_1-m_2}\right)^2\Delta_{m_2}^2} = \underline{\hspace{2cm}}$$

$\Delta_\rho = \underline{\hspace{2cm}}$　g/cm^3

$\rho = (\underline{\hspace{2cm}} \pm \underline{\hspace{2cm}})\text{g/cm}^3$

【思考与讨论】

1. 取放物体、加减砝码、拨动游码、调节平衡螺母之前,以及使用完毕之后,必须制动天平,使横梁静放在制动架左右两个立柱上,否则会产生哪些影响?

2. 如何削除天平的不等臂误差?

3. 若待测物体的密度小于水的密度,如何用流体静力秤衡法测量此物体的密度?

4. 用流体静力秤衡法测量物体密度的实验中,在称衡该物体浸入水中的质量时,若被测物体与杯侧或杯底接触,实验结果将有何影响?

5. 分析水中气泡对静力称衡法和比重瓶法的影响。

【附　录】

表 2.4　不同温度下水的密度

温度/℃	密度/(g/cm³)	温度/℃	密度/(g/cm³)	温度/℃	密度/(g/cm³)
0	0.999 87	12	0.999 52	24	0.997 32
1	0.999 93	13	0.999 40	25	0.997 07
2	0.999 97	14	0.999 27	26	0.996 81
3	0.999 99	15	0.999 13	27	0.996 54
4	1.000 00	16	0.998 97	28	0.996 26
5	0.999 99	17	0.998 80	29	0.995 97
6	0.999 97	18	0.998 62	30	0.995 67
7	0.999 93	19	0.998 43	31	0.995 37
8	0.999 88	20	0.998 23	32	0.995 05
9	0.999 81	21	0.998 02	33	0.994 72
10	0.999 73	22	0.997 80	34	0.994 40
11	0.999 63	23	0.997 57	35	0.994 06

（郭悦韶　编写）

实验 3　固体密度的测量(二)

【实验目的】

1. 掌握游标卡尺的原理和使用方法。
2. 了解天平的称衡原理,学习使用物理天平。
3. 测量规则物体的密度。
4. 巩固有关误差、实验结果不确定度和有效数字的知识,熟悉数据记录、处理及测量结果表示的方法。

【实验仪器】

物理天平及配套砝码,游标卡尺,圆柱体铜块(或铝块、塑料块)。

【实验原理】

根据密度公式 $\rho = \dfrac{m}{V}$,通过测定物体的质量和体积就可以求出物体的密度,其不确定度可利用不确定度的传递公式计算。质量可通过天平称量。而体积分为两种情况:形状规则的物体和形状不规则的物体。对形状不规则的物体采用流体静力称衡法和比重法间接测量。对形状规则的物体可根据体积测量精度要求,选用相应的测量长度的仪器,比如游标卡尺,测出几何尺寸后计算。本次实验测量对象是实心圆柱体物块,若用游标卡尺分别测出该物块的高 h 与圆形截面直径 d,就可表达出体积:

$$V = \frac{1}{4}\pi d^2 h \tag{2.6}$$

再用物理天平称量出它的质量 m,利用下面的公式计算该物块的密度

$$\rho = \frac{4m}{\pi d^2 h} \tag{2.7}$$

【实验内容和步骤】

1. 物块尺寸的测量

(1) 按游标卡尺的使用方法,将两量爪合拢,读出零点数据 D_0。

(2) 在物块不同位置重复测量直径 d 与高度 h,分别测量五次,按该方式处理:测量值＝测量读数－零点读数 D_0,记录于表 2.5。

2. 物块质量的测量

(1) 调整物理天平(操作步骤见仪器介绍)。

(2) 按天平使用操作方法称量物块质量 m(单次测量即可)。

3. 物块尺寸 h 与 d 取平均值,代入公式(2.7)计算待测铜柱的密度并进行不确定度的分析计算,表达出最终密度的处理结果。

【数据记录与处理】

1. 数据记录

表 2.5　测量圆柱体的外径和高度及质量

零点 $D_0=$ _____ mm,测量值=测量读数-零点读数

质量 m/g						
直径 d/mm	d_1	d_2	d_3	d_4	d_5	$\bar{d}$
高 h/mm	h_1	h_2	h_3	h_4	h_5	$\bar{h}$

2. 数据处理

密度计算:$\bar{\rho}=\dfrac{m}{V}=\dfrac{4m}{\pi\bar{d}^2\bar{h}}=$ _____ = _____

质量的不确定度:$\Delta_m=\Delta_仪=$ _____(单次测量)

计算直径 d 的不确定度:

$$\Delta_{dA}=\sqrt{\frac{\sum\limits_{i=1}^{5}(d_i-\bar{d})^2}{5(5-1)}}=\underline{\hspace{4cm}}=\underline{\hspace{2cm}}$$

$$\Delta_{dB}=\frac{\Delta_仪}{\sqrt{3}}=\frac{0.02}{\sqrt{3}}\,\text{mm}=0.0115\,\text{mm}\approx0.02\,\text{mm}$$

$$\Delta_d=\sqrt{\Delta_{dA}^2+\Delta_{dB}^2}=\underline{\hspace{4cm}}=\underline{\hspace{2cm}}$$

故 $d=\bar{d}\pm\Delta_d=$ _____

计算直径 h 的不确定度:

$$\Delta_{hA}=\sqrt{\frac{\sum\limits_{i=1}^{5}(h_i-\bar{h})^2}{5(5-1)}}=\underline{\hspace{4cm}}=\underline{\hspace{2cm}}$$

$$\Delta_{hB}=\frac{\Delta_仪}{\sqrt{3}}=\frac{0.02}{\sqrt{3}}\,\text{mm}=0.0115\,\text{mm}\approx0.02\,\text{mm}$$

$$\Delta_h=\sqrt{\Delta_{hA}^2+\Delta_{hB}^2}=\underline{\hspace{4cm}}=\underline{\hspace{2cm}}$$

故:$h=\bar{h}\pm\Delta_h=$ _____

计算密度 ρ 的不确定度:

$$E=\frac{\Delta_\rho}{\bar{\rho}}=\sqrt{\left(\frac{\Delta_m}{m}\right)^2+\left(2\,\frac{\Delta_d}{\bar{d}}\right)^2+\left(\frac{\Delta_h}{\bar{h}}\right)^2}=\underline{\hspace{4cm}}=\underline{\hspace{2cm}}$$

$$\Delta_\rho=E\cdot\bar{\rho}=\underline{\hspace{4cm}}=\underline{\hspace{2cm}}$$

故密度测量结果:

$$\rho=\bar{\rho}\pm\Delta_\rho=\underline{\hspace{2cm}}$$

相对不确定度 $E=$ _____

(以上绝对不确定度,A、B 类不确定度只取一位有效数字,只进不舍;相对不确定度 E 取两位有效数字,只进不舍,用百分数表示,$\bar{\rho}$ 小数点后面取几位由 Δ_ρ 来决定。)

【思考与讨论】

1. 天平使用前进行零点调节时,无论怎么调平衡螺母天平都无法平衡,分析可能是哪些原因造成的?有什么针对性的办法来实现零点平衡的调整?
2. 五十分制、二十分制及十分制的游标卡尺的仪器误差分别是多少?如何分析理解?
3. 该实验中的物块密度是间接测量结果,试分析其密度值的误差是如何产生的?
4. 为了安全使用物理天平,在操作过程中要注意哪些问题?

(吕 蓬 编写)

实验 4 测定物体的转动惯量(一)

转动惯量是刚体转动时惯性大小的量度,是表明刚体特性的一个物理量。它与刚体的质量、质量分布(即刚体的形状、大小和各部分的密度)和转轴的位置有关。它是研究、设计、控制转动物体运动规律的重要参数,如设计机械零件、电动机转子、电风扇的风叶、钟表摆轮、精密电动线圈、枪炮弹丸等。对于形状简单而又有规则的物体,可以用数学方法计算出它绕特定轴的转动惯量。但是,对于形状不规则而又复杂的物体,计算将极为复杂,故大都采用实验的方法来测定。因此,学会物体转动惯量的测定方法,具有重要的实际意义。

测定物体转动惯量的方法很多,如三线摆、扭摆、转动惯量仪等。转动惯量的测量,一般都是使刚体以一定的形式运动,通过表征这种运动特征的物理量与转动惯量的关系,进行转换测量。本实验是使物体作扭转摆动,由摆动周期及其他参数的测定计算出物体的转动惯量。本实验可以测定有规则的几何物体(圆柱体、圆筒、球、细杆)的转动惯量,也可以测量任何形状物体的转动惯量值。

【实验目的】

1. 用扭摆测定几种不同形状物体的转动惯量和弹簧扭转常数,并与理论值进行比较。
2. 验证转动惯量平行轴定理。

【实验仪器】

1. 扭摆、金属载物圆盘、实心塑料圆柱体、空心金属圆筒、实心塑料球体、金属细杆、滑块两个。
2. 数字式计时仪,型号 TH-1,测时精度 0.01 s。
3. 数字式电子秤,型号 YP1200,称量 1200 g,分度值 0.1 g。
4. 游标卡尺、钢皮尺(记录仪器误差,游标卡尺 $\Delta_{仪}=0.02$ mm,钢皮尺 $\Delta_{仪}=0.5$ mm)。

【实验原理】

扭摆的构造如图 2.9 所示,在其垂直轴 1 上装有一根薄片状的螺旋弹簧 2,用以产生恢复力矩。在轴的上方可以装上各种待测物体。垂直轴与支座间装有轴承,使摩擦力尽可能降低。3 为水平仪,用来调整系统平衡。

物体在水平面内转过一角度 θ 后,在弹簧的恢复力矩作用下,物体开始绕垂直轴作往返扭转运动。根据胡克定律,弹簧受扭转而产生的恢复力矩 M 与所转过的角度成正比,即

$$M = -K\theta \qquad (2.8)$$

式中,K 为弹簧的扭转常数。转动定律为

$$M = I\beta$$

式中,M 为合外力矩;I 为物体绕转轴的转动惯量;β 为角加速度,由上式得

$$\beta = \frac{M}{I} \qquad (2.9)$$

令 $\omega^2 = \dfrac{K}{I}$,且忽略轴承的摩擦阻力矩,由式(2.8)与式(2.9)得

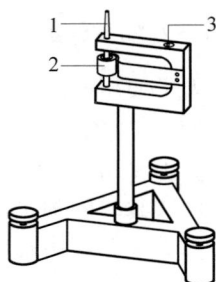

图 2.9　扭摆

1—垂直轴；2—螺旋弹簧；3—水平仪

$$\beta = \frac{\mathrm{d}^2\theta}{\mathrm{d}t^2} = -\omega^2\theta = -\frac{K}{I}\theta$$

上述方程表示扭摆运动具有角简谐振动的特性,角加速度与角位移成正比,且方向相反。此方程的解为

$$\theta = A\cos(\omega t + \psi)$$

式中,A 为简谐振动的角振幅;ψ 为初相位角;ω 为角速度。此简谐振动的周期为

$$T = \frac{2\pi}{\omega} = 2\pi\sqrt{\frac{I}{K}} \qquad (2.10)$$

利用式(2.10)测得扭摆的摆动周期后,由 I 和 K 中任何一个已知量即可计算出另一个量。由式(2.10)可得出

$$\frac{T_0}{T_1} = \frac{\sqrt{I_0}}{\sqrt{I_0 + I_1'}} \quad \text{或} \quad \frac{I_0}{I_1'} = \frac{T_0^2}{T_1^2 - T_0^2} \qquad (2.11)$$

式中,I_0 为金属载物圆盘绕转轴的转动惯量;I_1' 为另一物体(如塑料圆柱体)的转动惯量理论值;T_0 为金属载物圆盘的摆动周期;T_1 为金属载物圆盘与另一物体一起的摆动周期。由式(2.10)、式(2.11)得弹簧扭转常数为

$$K = 4\pi^2 \frac{I_1'}{T_1^2 - T_0^2} \qquad (2.12)$$

本实验方法为:先用一个几何形状规则的物体(塑料圆柱体)作为样件,根据理论公式 $I_1' = \dfrac{1}{8}m_1 D_1^2$ 直接计算其理论值。再通过测量摆动周期 T_0 和 T_1,便可由式(2.12)计算出弹簧扭转常数 K 值$\left(\text{或计算} \dfrac{K}{4\pi^2}\right)$。由此,若要测定其他形状物体的转动惯量,只需将待测物体安放在金属载物盘上或用夹具固定在本仪器顶部,测定其摆动周期,由式(2.10)即可计算出该物体绕转动轴的转动惯量。

理论分析证明:若质量为 m 的物体绕通过质心轴的转动惯量为 I_0 时,当转轴平行移动距离 x 时,则此物体对新轴线的转动惯量变为 $I_0 + mx^2$,这称为转动惯量的平行轴定理。

【实验内容】

1. 熟悉扭摆的构造、使用方法,掌握数字式计时仪正确使用要领。

2. 测定扭摆的仪器常数(弹簧的扭转常数)K。

3. 测定实心塑料圆柱、空心金属圆筒、实心球体与金属细杆的转动惯量,与理论计算值比较,并求百分差。

【实验步骤】

1. 用游标卡尺分别测量圆柱体的外径,金属圆筒的内、外径,用钢皮尺测量金属细杆长度(以上各测量 3 次)。将数据(球体直径见标签)记录在表 2.6 中,并注意表格中的数据要正确反映测量值的有效数字(由误差位确定有效数字尾数)。

表 2.6　各种物体的数据记录

物体	质量/kg	几何尺寸/10^{-3} m	周期/s	转动惯量理论值/$(kg \cdot m^2)$	实验值/$(kg \cdot m^2)$	百分差 $\eta/\%$
金属载物盘	空	空	$10T_0$ $\overline{T}_0$	空	$I_0 = \dfrac{I_1' \overline{T}_0^2}{\overline{T}_1^2 - \overline{T}_0^2}$	空
塑料圆柱	$m_1 =$	D_1 $\overline{D}_1$	$10T_1$ $\overline{T}_1$	$I_1' = \dfrac{1}{8} m_1 \overline{D}_1^2$	$I_1 = \dfrac{K\overline{T}_1^2}{4\pi^2} - I_0$	
金属圆筒	$m_2 =$	$D_外$ $\overline{D}_外$ $D_内$ $\overline{D}_内$	$10T_2$ $\overline{T}_2$	$I_2' = \dfrac{1}{8} m_2 (\overline{D}_外^2 + \overline{D}_内^2)$	$I_2 = \dfrac{K\overline{T}_2^2}{4\pi^2} - I_0$	
实心球	$m_3 =$	$\overline{D}_3$	$10T_3$ $\overline{T}_3$	$I_3' = \dfrac{1}{10} m_3 \overline{D}_3^2$	$I_3 = \dfrac{K}{4\pi^2} \overline{T}_3^2 - I_支$ (见附录)	
金属细杆	$m_4 =$	L $\overline{L}$	$10T_4$ $\overline{T}_4$	$I_4' = \dfrac{1}{12} m_4 \overline{L}^2$	$I_4 = \dfrac{K}{4\pi^2} \overline{T}_4^2 - I_夹$ (见附录)	

2. 测量上述物体的质量,记录在表 2.6 中。

3. 调整扭摆机座底脚螺丝,使水平仪内气泡居中。

4. 装上金属载物盘,其支架必须全部套入扭摆主轴,并注意旋紧各个螺丝,保护弹簧。把光电探头放置在挡光杆的平衡位置处,使挡光杆能遮住发射、接收红外光线的小孔,但二者不能相接触。控制摆角在 $60°$ 左右,测量摆动 10 次所需时间 $10T_0$,各 3 次,计算其摆动周期 $\overline{T}_0$。

5. 把塑料圆柱体垂直放入载物盘上(必须套入,不能倾斜,并旋紧挡光杆),测量并计算摆动周期 $\overline{T}_1$。

6. 用金属圆筒代替塑料圆柱体,测量并计算摆动周期 $\overline{T}_2$。

7. 取下金属载物盘,装上实心球(注意旋紧球支座螺丝),测量并计算摆动周期 $\overline{T}_3$。

$$\frac{K}{4\pi^2} = \frac{I_1'}{\overline{T}_1^2 - \overline{T}_0^2} = \underline{\qquad} \text{ N·m}$$

8. 取下实心球,装上金属细杆(金属细杆中心必须与转轴重合,细杆夹具要旋紧),测量并计算它的摆动周期 $\overline{T}_4$。

9. 将滑块对称地放置在细杆两边的凹槽内(使滑块质心与转轴的距离 x 分别为 5.00,10.00,15.00,20.00,25.00 cm),控制摆角在 $90°$ 左右,测量摆动 5 次所需时间 $5T_5$,各 3 次,计算其摆动周期 $\overline{T}$,记录在表 2.7 中。计算转动惯量的实验值,与理论值作比较,以验证转动惯量平行轴定理(用简算法确定有效数字)。

10. 将测出的各项有关数据输入到计算机内,考核实验数据是否合格。

表 2.7　验证转动惯量平行轴定理数据记录

滑块质量 $m_{滑} = (\underline{\qquad} \pm \underline{\qquad})$g,长 $L_1 = (\underline{\qquad} \pm \underline{\qquad})$mm
(单次测量)$d_{外} = (\underline{\qquad} \pm \underline{\qquad})$mm,$d_{内} = (\underline{\qquad} \pm \underline{\qquad})$mm

滑块质心与转轴的距离 $x/10^{-2}$ m	5.00	10.00	15.00	20.00	25.00
5 次摆动周期 $5T_5$/s					
摆动周期 $\overline{T}_5$/s					
实验值/(kg·m²) $I_5 = \dfrac{K}{4\pi^2}\overline{T}_5^2$					
理论值/(kg·m²) $I_5' = I_4' + 2mx^2 + I_6'$					
百分差 $E_0 = \dfrac{\mid I_5' - I_5 \mid}{I_5'} \times 100\%$					

【附 录】

为方便教学,简化计算,我们约定忽略球支座和细杆夹具转动惯量的实验值。

球支座转动惯量实验值:

$$I_{支} = \frac{K}{4\pi^2}T_{支}^2 = \frac{3.040 \times 10^{-2}}{4\pi^2} \times 0.152^2 \text{ kg} \cdot \text{m}^2 = 0.178 \times 10^{-4} \text{ kg} \cdot \text{m}^2$$

细杆夹具转动惯量实验值：

$$I_{夹} = \frac{K}{4\pi^2}T_{夹}^2 = \frac{3.040 \times 10^{-2}}{4\pi^2} \times 0.173^2 \text{ kg} \cdot \text{m}^2 = 0.230 \times 10^{-4} \text{ kg} \cdot \text{m}^2$$

两滑块绕质心轴的转动惯量理论值：

$$I_6' = 2\left[\frac{1}{16}m_{滑}(d_{外}^2 + d_{内}^2) + \frac{1}{12}m_{滑}L_1^2\right]$$

$$= 2\left[\frac{1}{16} \times 0.2397 \times (3.500^2 + 0.600^2) \times 10^{-4} + \frac{1}{12} \times 0.2397 \times 3.300^2 \times 10^{-4}\right] \text{ kg} \cdot \text{m}^2$$

$$= 0.812 \times 10^{-4} \text{ kg} \cdot \text{m}^2$$

【仪器使用】

数字式计时仪由主机和光电探头两部分组成。用光电探头来检测挡光杆是否挡光，根据挡光次数自动判断是否已达到所设定的周期数。周期数可设定为 5 次或 10 次。

光电探头采用红外发射管和红外接收管，人眼无法直接观察仪器工作是否正常。但可用纸片遮挡光电探头间隙部位，检查计时器是否开始计时和达到预定次数时是否停止计数，以及按下"复位"钮时是否显示为"0000"。为防止过强光线对光电探头的影响，光电探头不能放置在强光下。实验时采用窗帘遮光，确保计时准确。

YP1200 型数字式电子台秤，是利用数字电路和压力传感器组成的一种台秤。其量程为 1200 g，分度值为 0.1 g，使用前应检查零读数是否为"0"。将物体放在秤盘上即可从显示窗上直接读出其重量（近似看作质量 m），最后一位出现 ±1 的跳动属正常现象。

【注意事项】

1. 弹簧的扭转常数 K 值不是固定常数，它与摆动角度略有关系，摆角在 40°～90°间基本相同。弹簧有一定的使用寿命和强度，千万不可随意玩弄弹簧，实验时摆动角度不要太大（60°之内足够）。

2. 机座应保持水平状态。光电探头宜放置在挡光杆的平衡位置处，挡光杆不能和它相接触，以免增大摩擦力矩。

3. 在安装待测物体时，其支架必须全部套入扭摆主轴。若发现摆动时有响声或摆动数次后摆角明显减小或停下，应将止动螺丝旋紧。

4. 在测量金属细长杆与球体的质量时，必须将支架取下，否则会带来较大误差。实心球体质量与直径见球体标签。

5. 在验证转动平行轴定理时，若时间许可（理科实验时），两个滑块除对称放置外，还可以不对称放置（即 5.00 与 10.00，10.00 与 15.00，15.00 与 20.00，20.00 与 25.00 cm），这样采用图解法验证此定理时效果更佳。

【思考与讨论】

1. 为什么质量相同的物体其转动惯量并不相同？根据转动惯量的定义，它的大小取决于哪些因素?

2. 在什么条件下,才能把扭摆运动看成是简谐振动? 实验中如何满足条件?

3. 为什么测量摆动周期 T 时要测量 $10T$?

4. 在摆动过程中,振幅越来越小,分析其原因。周期如何变化?

5. 扭摆放上待测物体后,摆动周期是否一定增大?

6. 如何测定任意形状物体绕特定轴的转动惯量?

(郭悦韶　编写)

实验 5　测定物体的转动惯量(二)

实验目的、实验原理、实验内容、实验步骤、数据表格请参阅实验 4　测定物体的转动惯量(一)。

【实验仪器】

DH0301 型转动惯量实验架,由扭摆、金属载物圆盘、实心塑料圆柱体、空心金属圆筒、木球、金属细杆、两个金属滑块组成。

DHTC-1A 型智能转动惯量测试仪,由通用计数器和光电传感器(光电门)两部分组成。

其他工具:电子天平、卷尺、游标卡尺。

【实验仪器简介】

扭摆的结构图如图 2.10 所示,在垂直轴 A 上装有一根薄片状的螺旋弹簧 C,用以产生恢复力矩。在轴的上方可以装上各种待测物体。垂直轴与底座 D 间装有轴承,以降低摩擦力矩。B 为水平仪(水准泡),通过调节平衡螺母 E 来调整系统平衡。

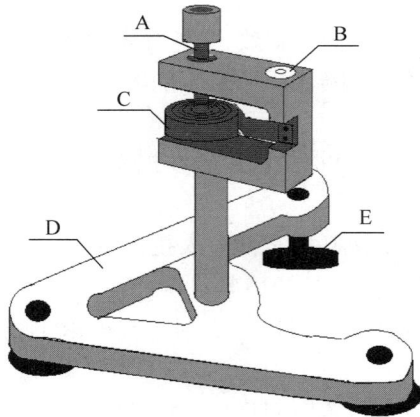

图 2.10　扭摆结构图

图 2.11 为通用计数器,用于测量物体转动和摆动的周期,能自动记录、存贮多组实验数据并能够精确地计算实验数据的平均值。该通用计数器采用液晶显示器,带菜单操作功能,可以拓展瞬时速度测量、脉宽测量、自由落体运动以及秒表功能等实验。

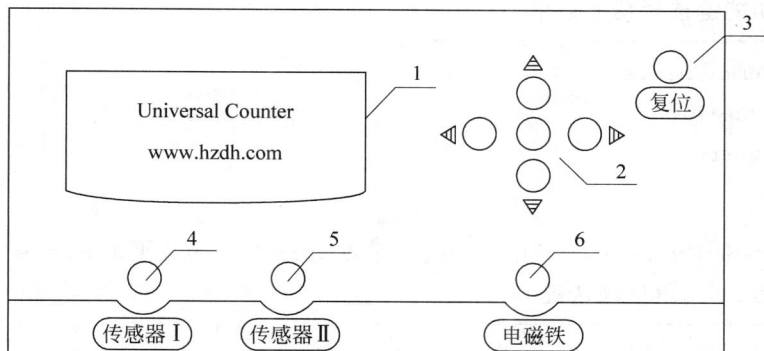

图 2.11　DHTC-1A 型智能转动惯量测试仪面板图

1—液晶显示器；2—功能键盘(含上键、下键、左键、右键和确认键)；3—系统复位键；4—传感器Ⅰ接口
(光电门Ⅰ)；5—传感器Ⅱ接口(光电门Ⅱ)；6—电磁铁输出接口(控制电压 DC9V)

光电传感器主要由激光器和光电接收管组成,将光信号转换为脉冲电信号,送入计数器。激光光电门采用高速光电二极管,响应速度快,测试准确度可以达到 μs 级。

通用计数器操作方法如下:

1. 开机或按复位键后,进入欢迎界面:

```
Universal Counter
www. hzdh. com
```

2. 欢迎界面下,按任意键进入如下菜单界面:

```
＞Period          (周期测量功能)
 Pulse width     (脉宽测量功能)
 Stopwatch       (秒表功能)
 Free fall       (自由落体实验)
```

按上、下功能键选择功能菜单:

```
 Period
 Pulse width
＞Stopwatch
 Free fall
```

3. 周期测量功能菜单(备注:实验时测试仪外接传感器Ⅰ(光电门Ⅰ))

① 选择周期测量 Period 功能后,按确认键后进入如下菜单:

```
＞Set Period n：xx        (周期设定)
 Start measure           (开始测量)
 Data query              (数据查询)
 Return                  (选择 Return,按确认键返回上一级)
```

按上、下功能键选择功能菜单

```
   Set Period n：xx
 ＞Start measure
   Data query
   Return
```

② 选择"＞Set Period n：xx"后,按左、右键改变 xx 来设定周期数 n,n 最大可以设置为 99,所设即所得,不用再按确认键。

```
 ＞Set Period n：10
   Start measure
   Data query
   Return
```

③ 选择"＞Start measure",按确认键进入测试,显示如下界面：

```
 Period n：10        (周期 n＝10)
 Measuring…         (正在测量……)
    xxx             (挡光杆过光电门次数)
```

xxx 为 0～2n,动态显示；挡光杆每经过一次光电门,xxx 自动＋1,直到 xxx 为 2n＋1 时直接显示测试结果界面如下：

```
 Period n：10
 t：xxx,xxx,xxx us         (10 个周期总时间)
 T：xxx,xxx,xxx us         (单周期平均时间)
 Save      Return         (保存      返回)
```

按左、右键切换 Save 和 Return 功能,按确认键选择相应功能：

```
 Period n：10
 t：xxx,xxx,xxx us
 T：xxx,xxx,xxx us
 Save      Return
```

选择 Return 按确认键返回上级,选择 Save 按确认键进入如下界面：

```
 Save data to
    Group    xx          (xx 为 0～30 之间,每次测量后 xx 自动加 1)
```

数据保存成功后显示：

```
 Data saved to group xx   (1 秒后自动返回周期测量菜单)
```

④ 选择"＞Data query"功能进入如下界面：

```
Group x        Return          （数据组 x        返回）
Period n：10                   （数据组 x 对应的周期数）
t：xxx，xxx，xxx us            （数据组 x 对应的 n 个周期总时间）
T：xxx，xxx，xxx us            （数据组 x 对应的单周期平均时间）
```

在该界面上按确认键返回周期测量菜单，按下、上键翻看数据组 x±1：

```
Group   x±1        Return
Period n：10
t：xxx，xxx，xxx us
T：xxx，xxx，xxx us
```

4. 脉宽测量功能菜单（备注：实验时测试仪外接传感器Ⅰ（光电门Ⅰ））

① 选择"＞Pulse width"功能后，按确认键进入脉宽测量功能菜单：

```
＞Set  n：  xx            （设定测量次数）
   Start measure          （开始测量）
   Data query             （数据查询）
   Return                 （按此键返回上级菜单）
```

按上、下键在菜单中进行切换。

② 选择"＞SET n"功能，按左、右键改变 xx，1～50 变化，如：

```
＞Set  n：  20
   Start measure
   Data query
   Return
```

③ 选择"＞Start measure"功能，按确认键后，进入如下界面：

```
Set  n：  20
Measuring...
       x
```

x 为 0～n，x 动态显示，挡光杆经过一次光电门，x 自动＋1，直到 x＝n 时直接显示测试结果，界面如下：

```
  Set  n：20
t1：xxx，xxx，xxx us        （t1 的脉宽时间）
t2：xxx，xxx，xxx us        （t2 的脉宽时间）
Save          Return
```

在该界面下，按上、下键翻看数据如下：

```
Set　n：20
t3：xxx，xxx，xxx us
t4：xxx，xxx，xxx us
Save　　　　　　Return
```

在该界面下,按左、右键选择 Save 或者 Return 功能。

选择 Save 后,按确认键进入如下界面:

```
Save data to
　　Group　　xx　　　　（xx 为 0～30 之间,每次测量后 xx 自动加 1）
```

数据保存成功后显示如下界面:

```
Data saved to group xx　　　　（1 秒后自动返回到脉宽测量菜单）
```

④ 选择"＞Data query"进入如下界面:

```
Group1　　　　Return　　　　（数据组 1　　　返回）
Set　n：xx
t1：xxx，xxx，xxx us
t2：xxx，xxx，xxx us
```

在该界面上按左、右键改变数据组 group x,按上、下键翻看该组中对应的数据如下:

```
Group3　　　　Return　　　　（查看数据组 3 数据）
Set　n：20　　　　　　　　　（每组中 n 可能不一样）
t6：xxx，xxx，xxx us　　　　（第 3 组中的第 6 个数据）
t7：xxx，xxx，xxx us　　　　（第 3 组中的第 7 个数据）
```

在该界面中,按确认键将返回到脉宽测量功能菜单。

5. 秒表测量功能菜单

① 选择"Stop watch"功能后,按确认键进入如下菜单:

```
Reset　　Start　　Return　　　　（复位　　开始　　返回）
　　000，000 ms　　　　　　　　（起始时间）
```

按左、右键选择功能,按确认键进入功能。

② 选择"Start",按确认键开始测量:

```
Reset　　End　　Return　　　　（复位　　停止　　返回）
　　000，xxx ms　　　　　　　　（动态计时中……）
```

③ 选择"End",按确认键后显示测得的时间:

```
Reset　　Start　　Return
　　123，456 ms　　　　　　　　（计时结束）
```

在上界面中,选择 Reset,按确认键后,测试时间值复位;不选择 Reset,直接选择 Start 并按确认键后,将在原来计时基础上继续计时。

6.自由落体实验功能菜单

① 选择">Free fall"功能,进入如下菜单:

Free fall	（自由落体实验）
>Function 1	（功能 1,单光电门模式）
Function 2	（功能 2,双光电门模式）
Return	（按 Return 键返回上级菜单）

按上、下键选择功能,按确认键进入功能。

②选择>Function 1 后,按确认键进入如下菜单:

Start	Data query	Return	（开始	数据查询	返回）
○ Gate 1			（光电门 1）（此时电磁铁开启,吸引钢球）		

左、右键选择功能,按确认键确认该功能;在上界面中选择 Start 并按确认键后显示如下界面:

Start	Data query	Return
	○ Gate 1	
Measuring...		（电磁铁释放,定时开始）

当小球经过光电门 1 后,测量完毕并显示:

Save	Data query	Return	（保存	数据查询	返回）
	● Gate 1		（触发光电门 1,灯亮,计时完成）		
t: xxx,xxx,xxx us			（自由落体计时时间）		

选择 Save 后,按确认键显示:

Save data to No. xx	（xx 为 0～30 之间,每次测量后 xx 自动加 1）

数据保存成功后显示如下界面:

Data saved to No. xx	（1 秒后自动返回 Function 1 实验界面）

③ 在>Function 1 菜单中选择 Data query 并按确认键后显示:

Start	Data query	Return
	○ Gate 1	
No. 1	xxx,xxx,xxx us	
No. 2	xxx,xxx,xxx us	

此时按上、下键盘切换显示存储的数据,数据以行为单位上移或下移:

Start	Data query	Return
	○ Gate 1	
No. 7	xxx,xxx,xxx us	
No. 8	xxx,xxx,xxx us	

④ 在＞Function 2 菜单中,按确认键进入如下菜单:

Start	Data query	Return	（开始　数据查询　返回）
○ Gate 1	○ Gate 2		（光电门 1,光电门 2）
			（此时电磁铁开启,吸引钢球）

左、右键选择功能,确认键确认。

选择 Start 并确认后显示如下界面:

Start	Data query	Return	
○ Gate 1	○ Gate 2		
Measuring...			（电磁铁释放,测试中……）

测量过程中钢球先通过上端光电门Ⅱ(gate2)时,计时开始;

当钢球通过下端光电门Ⅰ(gate1)时,计时完毕,显示如下;

Save	Data query	Return	
● Gate 1	●Gate 2		（计时结束）
t: xxx,xxx,xxx us			

选择 Save 并按确认键后显示:

Save data to No. xx

数据保存成功后显示如下界面:

Data saved to No. xx　　　（1 秒后自动返回 Function2 实验界面）

⑤ 在 Function2 实验界面中选择 Data query 并按确认键后显示:

Start	Data query	Return
○ Gate 1	○ Gate 2	
No. 1	xxx,xxx,xxx us	
No. 2	xxx,xxx,xxx us	

按上、下键盘切换显示存储的数据,数据以行为单位上移或下移:

```
Start   Data query    Return
  ○ Gate 1     ○ Gate 2
No. 7   xxx,xxx,xxx us
No. 8   xxx,xxx,xxx us
```

（郭悦韶　编写）

实验 6　测定工程材料的杨氏模量

杨氏模量是工程材料的一个重要物理参数，它标志着材料抵抗弹性形变的能力。常用测定杨氏模量的方法有静态测量法、动态测量法和波速测量法等。本实验介绍动态法中的"悬丝耦合弯曲共振法"。其基本方法是：将一根截面均匀的试样（棒）悬挂在两只传感器（一只激振，一只拾振）下面，在两端自由的条件下，使之作自由振动。实验时测量出试样振动时的固有频率，并根据试样的几何尺寸、质量和密度等参数，计算出试样材料的杨氏模量。

【实验目的】

1. 用动态悬挂法测定金属材料的杨氏模量。
2. 培养学生综合运用仪器的能力。
3. 设计性扩展实验，培养学生勇于探索的科学精神。

【实验仪器】

YM-2 型动态杨氏模量测试台、YM-2 型信号发生器、示波器、试样材料、天平、游标卡尺、螺旋测微计、加热炉（选用）。

【实验原理】

棒的横振动方程为

$$\frac{\partial^4 y}{\partial x^4} + \frac{\rho S}{EJ}\frac{\partial^2 y}{\partial t^2} = 0 \tag{2.13}$$

式中，ρ 为棒的密度；S 为棒的横截面面积；J 为惯量矩 $\left(J = \int y^2 \mathrm{d}S\right)$；$E$ 为棒材料的杨氏模量。求解该方程，对圆形棒得

$$E = 1.6067\frac{l^3 m}{d^4}f^2 \tag{2.14}$$

对宽为 b，厚为 h 的矩形棒得

$$E = 0.9464\frac{l^3 m}{bh^3}f^2$$

式中，l 为棒长；d 为棒的直径；m 为棒的质量；f 为温度 t℃时棒的固有频率。由式（2.14）

即可计算出试样在不同温度时的杨氏模量 E,单位为 N/m^2。

说明:①试件的固有频率和共振频率是两个不同的概念,但从理论上可以证明,在本实验中二者相差极小,因此固有频率在数值上可以用试样的共振频率替代;②在推导上述两个公式时是根据最低级次(基频)的对称形振动的波形导出的。试样在作基频振动时,存在两个节点,分别在 $0.224l$ 和 $0.776l$ 处(见附录)。并且,在节点位置是不振动的,实验时不能将悬丝吊扎在节点上。

【仪器简介】

1. 实验装置如图 2.12 所示。

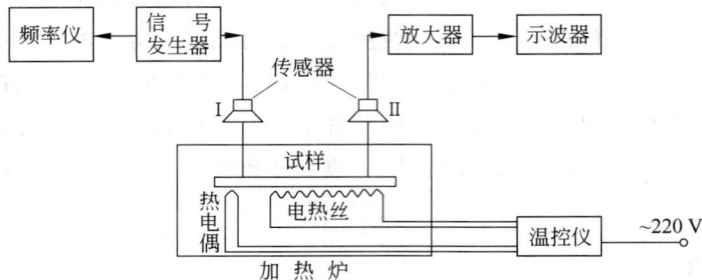

图 2.12　实验装置图

由信号发生器输出的等幅正弦波信号,加在传感器Ⅰ(激振)上。通过传感器Ⅰ把电信号转变成机械振动,再由悬线把机械振动传给试样,使试样受迫作横向振动。试样另一端的悬线把试样的振动传给传感器Ⅱ(拾振),这时机械振动又转变成电信号。该信号经放大后送到示波器中显示。

当信号发生器的频率不等于试样的共振频率时,试样不发生共振,示波器上几乎没有信号波形或波形很小。当信号发生器的频率等于试样的共振频率时,试样发生共振。这时示波器上的波形突然增大,读出的频率,就是试样在该温度下的共振频率。根据式(2.14),即可计算出该温度下的杨氏模量。不断改变加热炉的温度,可以测出在不同温度时的杨氏模量。

注:用悬挂法吊扎必须牢靠,两根悬丝必须在通过试样直径的铅垂面上。测试时应尽可能采用较弱的信号激发,避免出现假共振峰。

2. YM-2 型信号发生器的前面板如图 2.13 所示。

电压调节:通过调节幅度调节钮改变输出电压幅值。

频率选择:分三挡,500 Hz~1 kHz,1~1.5 kHz,1.5~2 kHz。

频率调节和频率微调:频率调节为频率粗调,频率微调为频率细调,实验时两者必须配合使用。频率值由五位数码管显示。YM-2 型信号发生器的频率细调仅为 ±0.1 Hz。

输出 1、输出 2:两路并联输出,可用随机提供的专用导线与传感器、示波器等连接。

信号放大器输入、输出挡:如果使用的示波器灵敏度过低,本信号发生器附有信号放大器,可通过后面板上的插座(图 2.14),用随机提供的专用导线将拾振传感器输出的信号,经放大后与示波器连接。

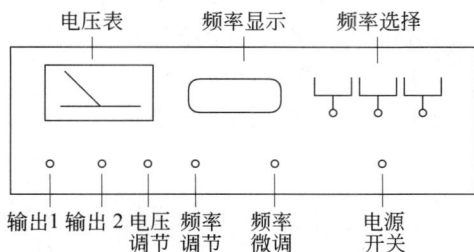

图 2.13 YM-2 型信号发生器前面板

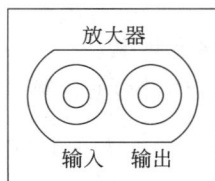

图 2.14 信号发生器后面板上的插座

【实验内容】

1. 测定试样在常温下的杨氏模量。

测量记录试样的长度 l、直径 d 和质量 m。

(1) 连接实验装置。

(2) 先估算出共振频率 f，以便寻找共振点。在室温下不锈钢和铜的杨氏模量约为 2×10^{11} N/m^2 和 1.2×10^{11} N/m^2。

(3) 调节频率粗调和细调旋钮，寻找并记录试样端面附近的共振点频率 f。

(4) 计算在常温下的杨氏模量。

注：因试样共振状态的建立需要有一个过程，且共振峰十分尖锐，因此在共振点附近调节信号频率时，必须十分缓慢地进行。

2. 用内插测量法测定在试样节点处的共振频率 f。

x 表示试样端面至吊扎点的距离，激振电压是指获得相同幅值的共振峰时的电压值。

改变悬丝吊扎点的位置，逐点测出试样的共振频率 f，记录在表 2.8 中。用作图法（见图 2.15）求出在试样节点 $\left(\dfrac{x}{l}=0.224\right)$ 处的共振频率 f。

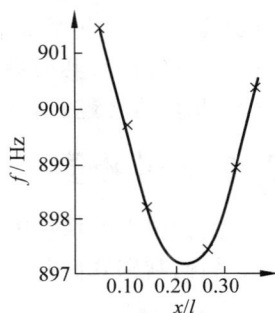

图 2.15 棒的共振频率曲线

实验 6.1（选做）

1. 测定不同温度下材料的杨氏模量。

利用加热炉或低温槽，测出不同温度下的共振频率 f，求出杨氏模量 E，作出杨氏模量 E 和温度 t 的关系曲线（参考温度 $10\sim800℃$，高温度测到约 $600℃$）。

2. 探讨：相同温度和试样，不同悬丝材料（棉、线、铜丝、镍铬丝等）对共振频率的影响（设计一简易表格，自备坐标纸）。

3. 探讨：相同温度和材料，不同直径对共振频率的影响（设计一简易表格，自备坐标纸）。

【数据及结果】

1. 测定试样（_____圆棒）在常温下的杨氏模量。

实测棒长　　　　$l = ($＿＿＿＿＿$\pm$＿＿＿＿＿$)$ mm　　（单次测量结果）

直径　　　　　　$d = ($＿＿＿＿＿$\pm$＿＿＿＿＿$)$ mm　　（多次测量结果）

质量　　　　　　$m = ($＿＿＿＿＿$\pm$＿＿＿＿＿$)$ g　　（单次测量结果）

端面共振点频率　$f = ($＿＿＿＿＿$\pm$＿＿＿＿＿$)$ Hz　　（多次测量结果）

对圆形试样（棒）的计算公式

$$E = 1.6067 \frac{l^3 m}{d^4} f^2 = \underline{\qquad} = \underline{\qquad} \text{ N/m}^2$$

2. 用内插测量法测定在试样节点处的共振频率 f（见表 2.8）。

表 2.8　不同吊扎点位置的共振频率

x/mm	7.5	15.0	22.5	30.0	37.5	45.0	52.0
$\dfrac{x}{l}$							
f/Hz							
激振电压/V							

试样节点处的共振频率 $f =$ ＿＿＿＿＿ Hz。

3. 根据实验观察与分析,回答下列问题:

(1) 温度升高,试样材料的共振频率＿＿＿＿＿,杨氏模量＿＿＿＿＿。

(2) 记录最佳共振状态下的李萨如图形。

(3) 悬丝越硬,共振频率＿＿＿＿＿。

(4) 悬丝直径越粗,共振频率＿＿＿＿＿。

【思 考 与 讨 论】

1. 实验中需要保证哪些实验条件?

2. 如何判别真假共振峰?

【附 录】

棒的横振动方程为

$$\frac{\partial^4 y}{\partial x^4} + \frac{\rho S}{EJ} \frac{\partial^2 y}{\partial t^2} = 0 \tag{2.15}$$

式中,ρ 为棒的密度;S 为棒的横截面积;E 为杨氏模量;J 为惯量矩 $\left(J = \int y^2 \mathrm{d}S \right)$。

用分离变量法解该方程。令

$$y(x,t) = X(x) + T(t) \tag{2.16}$$

代入方程(2.15)得

$$\frac{1}{X} \frac{\mathrm{d}^4 X}{\mathrm{d}x^4} = -\frac{\rho S}{EJ} \frac{1}{T} \frac{\mathrm{d}^2 T}{\mathrm{d}t^2}$$

等式两边分别是 x 和 t 的函数,这只有都等于一个任意常数时才有可能,设为 K^4,得

$$\frac{\mathrm{d}^4 X}{\mathrm{d}x^4} - K^4 X = 0$$

$$\frac{\mathrm{d}^2 T}{\mathrm{d}t^2} + \frac{K^4 EJ}{\rho S} T = 0$$

这两个线性常微分方程的通解分别为

$$X(x) = B_1 \mathrm{ch}\, Kx + B_2 \mathrm{sh}\, Kx + B_3 \cos Kx + B_4 \sin Kx$$

$$T(t) = A\cos(\omega t + \varphi)$$

于是横振动方程式的通解为

$$y = (x, t) = (B_1 \mathrm{ch}\, Kx + B_2 \mathrm{sh}\, Kx + B_3 \cos Kx + B_4 \sin Kx) A\cos(\omega t + \varphi)$$

式中

$$\omega = \left(\frac{K^4 EJ}{\rho S}\right)^{\frac{1}{2}} \tag{2.17}$$

称为频率公式。对任意形状的截面,不同边界条件的试样都是成立的。我们只要用特定的边界条件定出常数 K 代入特定截面的惯量矩 J,就可以得到具体条件下的计算公式了。

如果悬线悬挂在试样的节点附近,则其边界条件为自由端横向作用力

$$F = -\frac{\partial M}{\partial x} = -EJ\, \frac{\partial^3 y}{\partial x^3} = 0$$

弯矩

$$M = EJ\, \frac{\partial^2 y}{\partial x^2} = 0$$

即

$$\frac{\mathrm{d}^3 X}{\mathrm{d}x^3}\bigg|_{x=0} = 0 \qquad \frac{\mathrm{d}^3 X}{\mathrm{d}x^3}\bigg|_{x=l} = 0$$

$$\frac{\mathrm{d}^2 X}{\mathrm{d}x^2}\bigg|_{x=0} = 0 \qquad \frac{\mathrm{d}^2 X}{\mathrm{d}x^2}\bigg|_{x=l} = 0$$

将通解代入边界条件,得到

$$\cos Kl \cdot \mathrm{ch}\, Kl = 1$$

用数值解法求得本征值 K 和棒长 l 应满足

$$Kl = 0、4.730、7.853、10.996、14.137、\cdots$$

由于其中一个根"0"相应于静态情况,故将第二个根作为第一个根记作 $K_1 l$。一般将 $K_1 l$ 所对应的频率称为基频频率。在上述 $K_m l$ 值中,第 1、3、5、$\cdots$ 个数值对应着"对称形振动",第 2、4、6、$\cdots$ 个数值对应着"反对称形振动"。最低级次的对称形和反对称形振动的波形如图 2.16 所示。

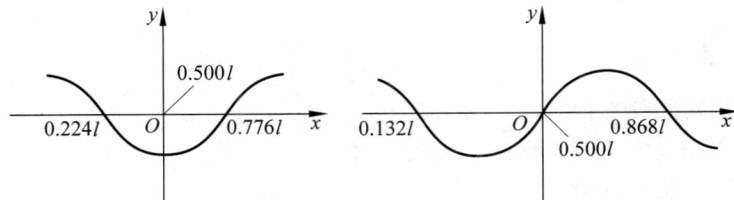

图 2.16 棒的振动波形

可见试样在作基频振动时,存在两个节点,它们的位置距离端面分别为 $0.224l$ 处和 $0.776l$ 处。

将第一本征值 $K = \dfrac{4.730}{l}$ 代入式(2.17),得到自由振动的固有圆频率(基频):

$$\omega = \left(\frac{4.730^4 EJ}{\rho l^4 S}\right)^{\frac{1}{2}}$$

解出杨氏模量

$$E = 1.9978 \times 10^{-3} \frac{\rho l^4 S}{J} \omega^2$$

$$= 7.8870 \times 10^{-2} \frac{l^3 m}{J} f^2 \tag{2.18}$$

对于直径为 d 的圆棒

$$J = \int y^2 \mathrm{d}S = S\left(\frac{d}{4}\right)^2$$

代入式(2.18),得到

$$E = 1.6067 \frac{l^3 m}{d^4} f^2 \tag{2.19a}$$

对于棒宽为 b、棒厚为 h 的矩形棒

$$J = \frac{bh^3}{12}$$

代入式(2.18),得到

$$E = 0.9464 \frac{l^3 m}{bh^3} f^2 \tag{2.19b}$$

式(2.19a)即为本实验的计算公式(2.14)。

(郭悦韶　编写)

实验 7　用光杠杆放大法测定金属丝的杨氏模量

杨氏模量是工程材料的重要参数,它反映了材料弹性形变与内应力的关系,它只与材料性质有关,是选择工程材料的重要依据之一。放大法是一种应用十分广泛的测量技术。如螺旋测微计通过机械放大而提高测量精度;示波器通过将电子信号放大后进行观测。本实验采用的光杠杆放大法属于光放大技术。光杠杆放大原理被广泛地用于许多高灵敏度仪表中,如光电反射式检流计、冲击电流计等。

【实验目的】

1. 学会测量杨氏弹性模量的一种方法。
2. 掌握光杠杆放大法测量微小长度的原理。
3. 学会用逐差法处理数据。

【实验仪器】

NKY-D 型杠杆放大杨氏模量测定仪,200.00 g 砝码 9 个,螺旋测微计,钢卷尺,游标卡尺。

【实验原理】

设长为 L，截面积为 S 的均匀金属丝，在外力 F 作用下伸长 ΔL。实验表明，在弹性范围内，单位面积上的垂直作用力 F/S（正应力）与金属丝的相对伸长 $\Delta L/L$（线应变）成正比，其比例系数就称为杨氏模量，用 Y 表示，即

$$Y = \frac{F/S}{\Delta L/L} = \frac{FL}{S\Delta L} \tag{2.20}$$

式中，F、L 和 S 都易于测量，ΔL 属微小变量，将用光杠杆放大法测量。

放大法的核心是将微小变化量输入一"放大器"，经放大后再作精确测量。设微小变化量用 ΔL 表示，放大后的测量值为 N，则放大器的放大倍数为

$$A = \frac{N}{\Delta L}$$

测定仪上安装待测金属丝，金属丝上、下两端用钻头夹具夹紧，上端固定于双立柱的横梁上，下端钻头卡的连接拉杆穿过固定平台中间的套孔与一拉力盒相连，盒内装置有 1:10 的杠杆加力系统。

若在砝码托盘上加 100.00 g 的力，将对金属丝产生 1000.00 g 的拉力。在本实验中每个砝码为 200.00 g，钢丝相当于受到 2000.00 g 的拉力，在实验中若用逐差法计算时，特别要注意公式中的拉力 F 所代表的拉力大小。

1. 测量杨氏弹性模量的原理公式

设金属丝的直径为 d，将 $S = \dfrac{\pi d^2}{4}$ 代入式（2.20）得

$$Y = \frac{4FL}{\pi d^2 \Delta L} \tag{2.21}$$

2. 光杠杆放大原理

图 2.17(a) 为新型光杠杆的结构示意图。A、B、C 三个螺钉构成等腰三角形，底边连线上的两个螺钉 B 和 C 称为前足尖，顶点上的螺钉 A 称为后足尖，2 为光杠杆倾角调节架，3 为光杠杆反射镜。调节架可使反射镜作水平转动和俯仰角调节。测量标尺在反射镜的侧面并与反射镜在同一平面上，如图 2.17(b) 所示。

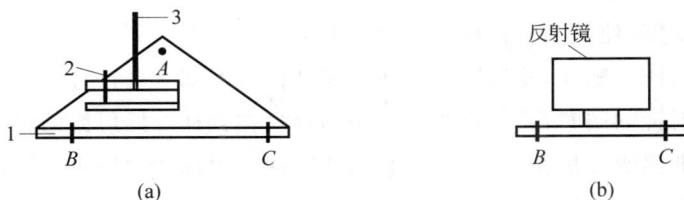

图 2.17 新型光杠杆

测量时两个前足尖放在杨氏模量测定仪的固定平台上，后足尖则放在待测金属丝的测量端面上，该测量端面就是与金属丝下端夹头相固定连接的水平托板。当金属丝受力后，产生微小伸长，后足尖便随测量端面一起作微小移动，并使光杠杆绕前足尖转动一微小角度，从而带动光杠杆反射镜转动相应的微小角度，这样标尺的像在光杠杆反射镜和调节反射镜之间反射，便把这一微小角位移放大成较大的线位移。这就是光杠杆产生光放大的基本原理。

下面导出本实验的测量原理公式。

图 2.18 为 NKY-09B 型光杠杆放大原理示意图。标尺和观察者在两侧,如图 2.18(b)所示。开始时光杠杆反射镜与标尺在同一平面,在望远镜上读到的标尺读数为 P_0,当光杠杆反射镜的后足尖下降 ΔL 时,产生一个微小偏转角 θ,在望远镜上读到标尺读数 P_1,P_1-P_0 即为放大后的钢丝伸长量 N,常称作视伸长。由图 2.18 可知

$$\Delta L = b\tan\theta \approx b\theta$$
$$N = P_1 - P_0 = 2D\tan 2\theta \approx 4D\theta$$

所以它的放大倍数为 $A_0 = \dfrac{N}{\Delta L} = \dfrac{P_1-P_0}{\Delta L} = \dfrac{4D}{b}$,代入式(2.21)可得

$$Y = \frac{16FLD}{\pi d^2 bN} \tag{2.22}$$

式中,b 称为光杠杆常数或光杠杆腿长,为光杠杆后足尖 A 到两前足尖 BC 连线的垂直距离,如图 2.19 所示,D 为调节反射镜到标尺(即光杠杆反射镜 A)之间的垂直距离。

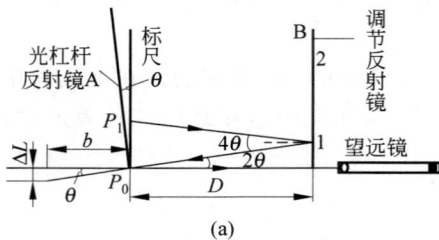

图 2.18　NKY-09B 型光杠杆放大原理示意图　　图 2.19　光杠杆常数

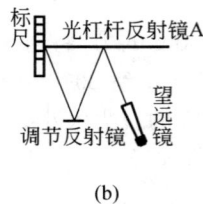

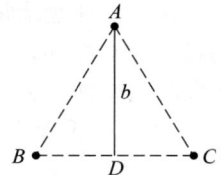

【实验步骤】

1. 预调

将光杠杆放置好,两前足尖 B、C 置于两个小孔内,后足尖 A 置于与钢丝固定的圆形托盘上,并使光杠杆反射镜平面与照明标尺基本在一个平面上。调节光杠杆平面镜的倾角螺丝,使平面镜与平台面基本垂直。

调节望远镜高度,使其与光杠杆基本处于等高位置。

调节反射镜的倾角螺丝,使反射镜镜面与光杠杆镜面基本平行。

转动调节反射镜的同时,通过目测观察照明标尺在光杠杆反射镜的二次反射像。

将望远镜对准照明标尺在光杠杆上的像,然后调节望远镜的目镜和物镜焦距,看清叉丝平面的三条准线和光杠杆反射回的标尺像并无视差。上述步骤属于光路调节,认真领会光路调节中的"等高同轴要领"的含义。

2. 测量

加、减载过程记录标尺读数(表 2.9)。每加载一个砝码(200.00 g)记录相应的标尺读数,再依次减载一个砝码(200.00 g)记录标尺读数。为了减少弛豫现象的影响,每测取一组数据,请停留 15 s 左右。

重复上述步骤,完成两组实验数据。

测量 D、L、b、d 值，其中 D、L、b 只测一次。d 用千分尺在金属丝的上、中、下不同位置测量 6 次。自行设计表格，记录 D、L、b、d 测量值。

测量光杠杆常数 b 的方法是将三个足尖压印在硬纸板上，作等腰三角形，从后足尖至两前足尖连线的垂直距离即为 b。

3. 操作要点

调节好光路是本实验的基础，为此必须充分理解光杠杆的放大原理。调节好照明标尺-调节反射镜-光杠杆反射镜-望远镜光路系统，使照明标尺在光杠杆反射镜中的反射像能进入望远镜；调节望远镜的目镜和物镜焦距，确保在望远镜中能清晰且无视差地看到叉丝平面的三条准线和标尺像的刻度线。弄清光杠杆调节和反射镜调节俯仰角的方法，操作时动作要轻，要精细准确。

【注意事项】

1. 由于钢丝不直或钻头夹具夹得不紧将出现假伸长，为此，必须用力将钻头卡夹夹紧钢丝。同时，在测量前应将金属丝拉直并施加适当的预拉力。

2. 由于钢丝在加外力后，要经过一段时间才能达到稳定的伸长量，这种现象称为滞后效应，这段时间称为弛豫时间。为此每次加力后应等到显示数据稳定后再进行测读数据。

3. 砝码的误差。本实验所用的砝码是按国家 M1 级标准做的，其精度为 ± 0.01 g，200 g 的砝码的正确表达是 (200.00 ± 0.01) g。

【数据记录与处理】

表 2.9 记录标尺读数

次数	拉力示值 /kg	两组标尺读数/mm						逐差值/mm		
		加载 1	减载 1	平均 1	加载 1	减载 2	平均 2	逐差法	逐差 1	逐差 2
0	2.0000							$N_1 = \lvert P_5 - P_0 \rvert$		
1	4.0000							$N_2 = \lvert P_6 - P_1 \rvert$		
2	6.0000							$N_3 = \lvert P_7 - P_2 \rvert$		
3	8.0000							$N_4 = \lvert P_8 - P_3 \rvert$		
4	10.0000							$N_5 = \lvert P_9 - P_4 \rvert$		
5	12.0000							每组平均值		
6	14.0000							总平均值 $\overline{N}$		
7	16.0000									
8	18.0000									
9	20.0000									

推导 $Y = \dfrac{16FLD}{\pi d^2 bN}$ 相对不确定度传导公式,用不确定度表示测量结果。Y 的单位为 N/mm^2。

【思考与讨论】

1. 本实验用逐差法进行数据处理,试用作图法进行数据处理。

2. 根据误差分析,要使 Y 的实验结果理想,关键应抓住什么量进行测量?为什么不同的长度量(共几个)要用不同仪器进行测量(有哪几种)?

3. 用光杠杆放大法测量微小长度变化有什么优点?怎样提高光杠杆放大系统的放大倍数?

4. 试证明:若测量前光杠杆反射镜与调节反射镜不平行,不会影响测量结果。

5. 怎样才能又快又好地调节光路,试画出光路图并说明其原理。

(廖坤山 编写)

实验 8 金属丝杨氏模量的测定

【实验目的】

1. 掌握用拉伸法测定钢丝的杨氏模量。
2. 理解用光杠杆测量微小伸长量的原理。
3. 掌握用逐差法处理数据。

【实验仪器】

杨氏模量仪,光杠杆,读数望远镜,螺旋测微计,卷尺,标尺,钢丝,大砝码 8 个(每个砝码质量为 0.36 kg)。

【实验原理】

在外力作用下,固体所发生的形状变化称为形变。形变分为弹性形变和范性形变。如果加在物体上的外力撤去后,物体能完全恢复原状的形变称为弹性形变;如果加在物体上的外力撤去后,物体不能完全恢复原状的形变,称为范性形变。

弹性形变中,最简单的形变是棒状物体受到外力后的伸长或缩短。设一物体长为 L,截面积为 S,两端受拉力(或压力)F 后,物体伸长(或缩短)ΔL。比值 F/S 是加在物体单位面积上的作用力,称为应力;比值 $\Delta L/L$ 是物体的相对伸长,称为应变。根据胡克定律,在弹性限度内,应力与应变成正比,即

$$\frac{F}{S} = Y\frac{\Delta L}{L} \tag{2.23}$$

比例系数 Y 称为杨氏弹性模量,简称杨氏模量。实验证明,杨氏模量与外力 F、物体的长度 L 和截面积 S 的大小无关,而只决定于物体的材料。杨氏模量是表征固体材料性质的一个重要物理量,是选定机械构件材料的依据之一。

由式(2.23)得

$$Y = \frac{FL}{S \cdot \Delta L} \tag{2.24}$$

在国际单位制(SI)中,Y 的单位为 $N \cdot m^{-2}$。只要测出 F、L、S 和 ΔL,就能求得 Y。通常 ΔL 量值很小,直接测量很难得出准确数值,故实验中,要用光杠杆将 ΔL 予以放大,以便于测量。

【仪器简介】

实验装置如图 2.20 所示。主要由下述三部分组成:

(1) 杨氏模量仪

杨氏模量仪如图 2.20(b)所示。在一较重的三脚底座上固定有两根立柱,在两立柱上装有可沿立柱上、下移动的横梁和平台,被测金属丝的上端夹紧在横梁夹子 1 中,下端夹紧在夹子 2 中,夹子 2 能在平台 4 的圆孔内上下自由运动。其下面有砝码托 5,用以放置拉伸金属丝的砝码,当砝码托上增加或减少砝码时,金属丝将伸长或缩短 ΔL,夹子 2 也跟着下降或上升 ΔL,光杠杆 3 放在平台 4 上。

(2) 光杠杆

光杠杆是利用放大法测量微小长度变化的常用仪器,有很高的灵敏度。结构如图 2.21(a)

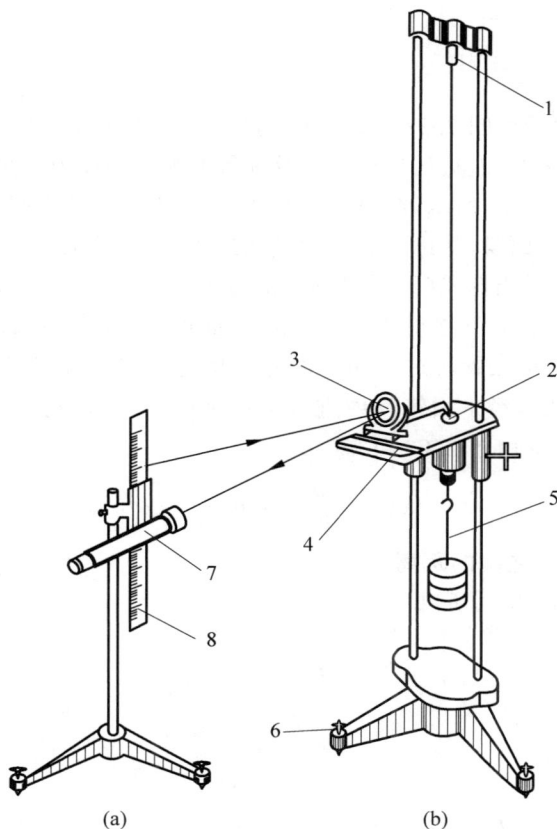

图 2.20　杨氏模量仪和光杠杆

1—横梁夹子;2—夹子;3—光杠杆;4—平台;5—砝码托;6—水平调节螺旋;7—望远镜;8—标尺

所示,平面镜垂直装置在 T 形架上,T 形架由构成等腰三角形的三个足尖 A、B、C 支撑,A 足到 B、C 两足之间的垂直距离 K 可以调节,如图 2.21(b)所示。

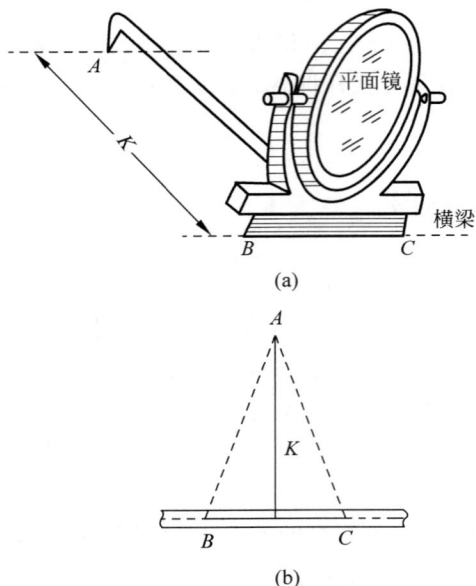

图 2.21　光杠杆

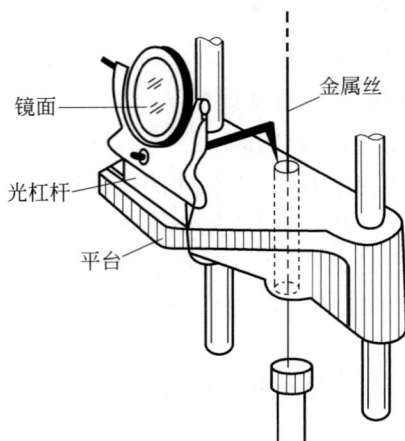

图 2.22　光杠杆的放置

　　测量时光杠杆的放置如图 2.22 所示,将两前足 B、C 放在固定平台 4 前沿槽内,后足尖 A 搁在夹子 2 上,用图 2.20 左边的望远镜 7 及标尺 8 测量平面镜的角偏移就能求出金属丝的伸长量。其原理如图 2.23 所示,金属丝没有伸长时,平面镜垂直于平台,其法线为水平直线,望远镜水平地对准平面镜,从标尺 r_0 处发出的光线经平面镜反射进入望远镜中,并与望远镜中的叉丝横线对准。当砝码托上加码后,金属丝受力而伸长 ΔL,夹子 2 跟着向下移动 ΔL,光杠杆足尖 A 也跟着向下移动 ΔL。这样,平面镜将以 BC 为轴、K 为半径转过一个角度 α,镜面的法线也由水平位置转过 α 角。由光的反射定律可知,这时从标尺 r_1 处发出的光线(与水平线夹角为 2α)经平面镜反射进入望远镜中,并与叉丝横线对准,望远镜中两次读数之差 $l = |r_1 - r_0|$,由图 2.23 可得

$$\tan\alpha = \frac{\Delta L}{K} \quad \tan 2\alpha = \frac{l}{D}$$

式中,D 为标尺与平面镜之间的距离。

　　实际测量过程中,α 很小,所以

$$\alpha = \frac{\Delta L}{K} \quad 2\alpha = \frac{l}{D}$$

消去 α,得

$$\Delta L = \frac{Kl}{2D} \tag{2.25}$$

　　这样,通过平面镜的旋转和反射光线的变化就把微小位移 ΔL 转化为容易观测的大位移 l,这与机械杠杆类似,所以把这种装置称为光杠杆。

　　将式(2.25)代入式(2.24),得

$$Y = \frac{2DFL}{SKl} \qquad (2.26)$$

本实验就是根据式(2.26)求出钢丝的杨氏模量 Y。

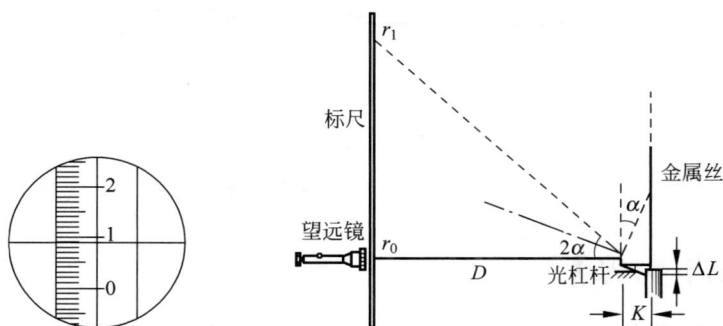

图 2.23　目镜观察像和光杠杆测量微小伸长的原理

（3）读数望远镜及标尺

读数望远镜结构及标尺装置如图 2.24 所示。

望远镜的构造如图 2.25 所示，主要由物镜、内调焦透镜、目镜和叉丝组成。物镜将物体发出的光线会聚成像，叉丝用作读数的标准，目镜用来观察像和叉丝，并对像和叉丝起放大作用。调节图 2.24 的目镜旋钮 3，改变目镜与叉丝之间的距离，可使叉丝成像清晰。调节安装在望远镜筒侧面的内调焦手轮 4，改变内调焦透镜与物镜之间的距离，可使标尺成像清晰。

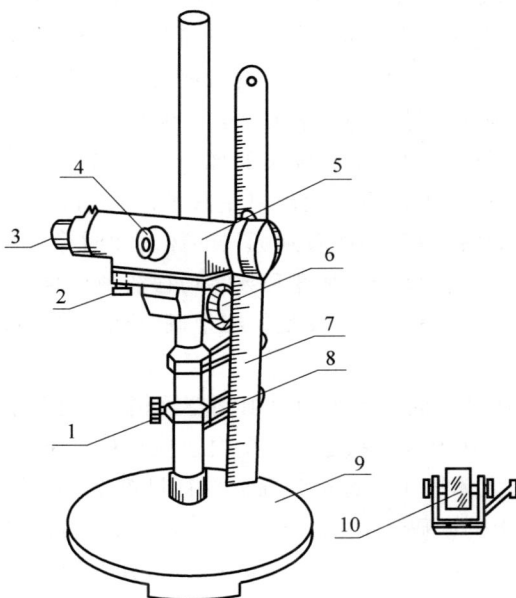

图 2.24　读数望远镜结构及标尺

1—标尺支架锁紧旋钮；2—仰角微调螺钉；3—目镜旋钮；4—内调焦手轮；5—望远镜；6—望远镜锁紧手柄；
7—毫米钢直尺；8—毫米尺支架；9—底座；10—光杠杆反射镜

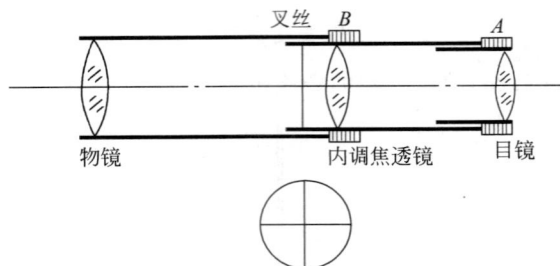

图 2.25　读数望远镜内部结构及十字叉丝

【实验内容与步骤】

1. 把光杠杆放在纸上,使足尖 B、足尖 C 和足尖 A 在纸上压出印痕,用细铅笔连接足尖 B 和足尖 C,作 A 到 BC 的垂线,用游标卡尺量出 A 到 BC 的距离 K。

2. 观察杨氏模量仪平台上所附的水准仪,仔细调节杨氏模量仪底座上的水平调节螺旋 6,使平台处于水平状态(即令水准仪上的气泡处于正中央),以免夹子 2 在下降(或上升)时与外框发生摩擦,保证砝码的重力完全用来拉伸钢丝。然后在砝码托上加 1 个砝码,将钢丝拉直,用卷尺测出横梁夹子 1 上的紧固螺钉的下边缘与夹子 2 的上表面之间的钢丝长度,这就是钢丝的原长度 L;再用螺旋测微计在钢丝的不同部位、不同方向测量 5 次直径 d,求其平均值和截面积 S。

3. 把光杠杆放在平台上,转动平面镜,用目测初调节,使镜面与平台垂直。

4. 移动望远镜,使标尺与光杠杆平面镜之间的距离约为 100 cm。

5. 调节望远镜,使其光轴成水平状态,并使镜筒与平面镜等高。然后仔细调节望远镜和平面镜的方向,使得标尺经过平面镜反射后的像刚好处于望远镜的视场中。这一点初学者不易做到,下面介绍一种简便易行的调节方法:可令眼在望远镜目镜附近,不经过望远镜而直接观察平面镜,如在平面镜内看不到标尺的像,可稍微转动一下平面镜,使镜面法线严格成水平状态,倘仍观察不到,可将望远镜镜架左右稍微移动一下,总之应先用肉眼看到标尺的像,然后通过望远镜观察,一般均能看到标尺的像。此时像可能不太清晰,无法读数,可调节望远镜筒上的螺旋 B,待标尺上的刻度和数字均很清晰后再调节螺旋 A,使叉丝的像也很清晰,这时标尺的像可能又较模糊,应反复仔细地调节螺旋 A、B,使标尺和叉丝的像同时清晰。

6. 为了保证标尺的像被平面镜水平地反射到望远镜中,应调整望远镜下面的螺旋以调节望远镜筒的倾角,使镜筒处于水平状态。必要时还应稍微转动一下小平面镜,使落在横叉丝上的标尺像的刻度 r_0,大体等于望远镜镜筒处的标尺刻度,记下 r_0。

7. 逐渐增加砝码托上的砝码(加减砝码时应轻放轻取),每次增加 1 个砝码,共加 8 次,记下望远镜中横叉丝处标尺像的刻度数 r_1、r_2、$\cdots$、r_8,共 8 个读数;然后每次减去 1 个砝码,记下对应的刻度数 r'_7、r'_3、$\cdots$、r'_1,求出两组对应读数的平均值 $\bar{r}_1$、$\bar{r}_2$、$\cdots$、$\bar{r}_7$ 连同 r_8,共得 8 个数据。下角标对应于砝码个数。

8. 采用逐差法处理数据:为使每个测量值都起作用,将 $\bar{r}_1$、$\bar{r}_2$、$\bar{r}_3$、$\bar{r}_4$ 为一组,$\bar{r}_5$、$\bar{r}_6$、$\bar{r}_7$、$\bar{r}_8$ 为一组,求出 $l_1 = \bar{r}_5 - \bar{r}_1$,$l_2 = \bar{r}_6 - \bar{r}_2$,$l_3 = \bar{r}_7 - \bar{r}_3$,$l_4 = \bar{r}_8 - \bar{r}_4$,它们是拉力变化

$\Delta F = 4 \times 0.36 \times 9.8$ N$= 14.11$ N 时相应的标尺读数之差,求出它们的平均值。

9. 用卷尺测出平面镜与标尺之间的距离 D,测量时应注意使卷尺保持水平伸直状态。

【数据记录与处理】

表 2.10　钢丝的直径 d

次　数	1	2	3	4	5
d/mm					

表 2.11　望远镜中的读数及 $\Delta F = 14.11$ N 的读数差

次　数	F/N	望远镜中的读数/cm			$\Delta F = 14.11$N 的读数差/cm
		加砝码	减砝码	平均值	
1		$r_1 =$	$r_1' =$	$\bar{r}_1 =$	$l_1 = \bar{r}_5 - \bar{r}_1 =$
2		$r_2 =$	$r_2' =$	$\bar{r}_2 =$	$l_2 = \bar{r}_6 - \bar{r}_2 =$
3		$r_3 =$	$r_3' =$	$\bar{r}_3 =$	$l_3 = \bar{r}_7 - \bar{r}_3 =$
4		$r_4 =$	$r_4' =$	$\bar{r}_4 =$	$l_4 = \bar{r}_8 - \bar{r}_4 =$
5		$r_5 =$	$r_5' =$	$\bar{r}_5 =$	
6		$r_6 =$	$r_6' =$	$\bar{r}_6 =$	$\bar{l} = \frac{1}{4}(l_1 + l_2 + l_3 + l_4) =$
7		$r_7 =$	$r_7' =$	$\bar{r}_7 =$	
8		$r_8 =$			

将所有数据全部化为国际单位。

钢丝直径:$\bar{d} = $ _____ m;截面积:$S = \frac{1}{4}\pi \bar{d}^2 = $ _____ m^2;

钢丝原长:$L = $ _____ cm$= $ _____ m;光杠杆常数:$K = $ _____ m;

标尺与光杠杆镜面间距离:$D = $ _____ m;

计算杨氏模量:(简算法取位)

$$Y = \frac{2DL \cdot \Delta F}{SK \cdot \bar{l}} = \underline{\hspace{4cm}} = \underline{\hspace{3cm}} \text{N} \cdot \text{m}^{-2}.$$

【思考与讨论】

1. 由式(2.25)得 $\frac{l}{\Delta L} = \frac{2D}{K}$,$\frac{l}{\Delta L}$ 称为光杠杆的放大率。将你测的 K、D 值代入,求出光杠杆的放大率,进一步定量地理解光杠杆对微小长度 ΔL 的放大作用。

2. 材料相同,粗细、长度不同的两根钢丝,它们的杨氏模量是否相同?

3. 根据胡克定律,r_1 和 r_1' 应该有什么关系?当每次加减砝码的重量相同时,读数 r_1 与 r_1' 应有什么规律? 如何判断你的实验数据是否合理?

4. 杨氏模量和弹性系数有什么区别?

5. 能否设计出用光杠杆测量纸张厚度的实验?

（吕　蓬　编写）

实验 9　　用波耳共振仪研究受迫振动

在机械制造和建筑工程等科技领域中,受迫振动所导致的共振现象既有破坏作用,也有许多实用价值。众多电声器件,是运用共振原理设计制作的。此外,在微观科学研究中"共振"也是一种重要研究手段,例如利用核磁共振和顺磁共振研究物质结构等。

表征受迫振动性质的是受迫振动的振幅-频率特性和相位-频率特性(简称幅频和相频特性)。

本实验采用波耳共振仪定量测定机械受迫振动的幅频特性和相频特性,并利用频闪方法来测定动态的物理量——相位差。

【实验目的】

1. 研究波耳共振仪中弹性摆轮受迫振动的幅频特性和相频特性,观察共振现象。
2. 研究不同阻尼力矩对受迫振动的影响。
3. 学习用频闪法测定运动物体的某些量。

【实验仪器】

BG-2 型波耳共振仪。

【实验原理】

物体在周期外力的持续作用下发生的振动称为受迫振动,这种周期性的外力称为强迫力。如果外力是按简谐振动规律变化,那么稳定状态时的受迫振动也是简谐振动,此时振幅保持恒定,振幅的大小与强迫力的频率和原振动系统无阻尼时的固有振动频率以及阻尼系数有关。在受迫振动状态下,系统除了受到强迫力的作用外,同时还受到回复力和阻尼力的作用。所以在稳定状态时物体的位移、速度变化与强迫力变化不是同相位的,存在一个相位差。当强迫力频率与系统的固有频率相同时产生共振,此时振幅最大,相位差为 90°。

实验采用摆轮在弹性力矩作用下自由摆动,在电磁阻尼力矩作用下作受迫振动来研究受迫振动特性,可直接地显示机构振动中的一些物理现象。

实验所采用的波耳共振仪的外形结构如图 2.28 所示。当摆轮受到周期性强迫力矩 $M = M_0 \cos \omega t$ 的作用,并在有空气阻尼和电磁阻尼的媒质中运动时$\left(\text{阻尼力矩为} -b \dfrac{d\theta}{dt}\right)$,其运动方程为

$$J \frac{d^2 \theta}{dt^2} = -k\theta - b\frac{d\theta}{dt} + M_0 \cos \omega t \tag{2.27}$$

式中,J 为摆轮的转动惯量;k 为弹簧的劲度系数;$-k\theta$ 为弹性力矩;M_0 为强迫力矩的幅值;ω 为强迫力的圆频率。令

$$\omega_0^2 = \frac{k}{J}, \quad 2\beta = \frac{b}{J}, \quad m = \frac{M_0}{J}$$

则式(2.27)变为

$$\frac{\mathrm{d}^2\theta}{\mathrm{d}t^2} + 2\beta\frac{\mathrm{d}\theta}{\mathrm{d}t} + \omega_0^2\theta = m\cos\omega t \qquad (2.28)$$

当 $m\cos\omega t = 0$ 时,式(2.28)即为阻尼振动方程。

当 $\beta = 0$,即在无阻尼情况时式(2.28)变为简谐振动方程,ω_0 即为系统无阻尼时自由振动的固有频率。

方程(2.28)的通解为

$$\theta = \theta_1 e^{-\beta t}\cos(\omega_1 t + \alpha) + \theta_2\cos(\omega t + \varphi_0) \qquad (2.29)$$

由式(2.29)可见,受迫振动可分成两部分:

第一部分 $\theta_1 e^{-\beta t}\cos(\omega_1 t + \alpha)$ 表示阻尼振动,经过一定时间后衰减消失。

第二部分 $\theta_2\cos(\omega t + \varphi_0)$ 说明强迫力矩对摆轮做功,向振动体传送能量,最后达到一个稳定的振动状态。

振幅

$$\theta_2 = \frac{m}{\sqrt{(\omega_0^2 - \omega^2)^2 + 4\beta^2\omega^2}} \qquad (2.30)$$

它与强迫力矩之间的相位差 φ 为

$$\varphi = \arctan\frac{2\beta\omega}{\omega_0^2 - \omega^2} = \arctan\frac{\beta T T_0^2}{\pi(T^2 - T_0^2)} \qquad (2.31)$$

由式(2.30)和式(2.31)可以看出,振幅 θ_2 与相位差 φ 的数值取决于强迫力矩 m、频率 ω、系统的固有频率 ω_0 和阻尼系数 β 四个因素,而与振动起始状态无关。

由 $\frac{\partial}{\partial\omega}[(\omega_0^2 - \omega^2)^2 + 4\beta^2\omega^2] = 0$ 极值条件可得出,当强迫力的圆频率 $\omega = \sqrt{\omega_0^2 - 2\beta^2}$ 时,产生共振,θ 有极大值,若共振时圆频率和振幅分别用 ω_r,θ_r 表示,则

$$\omega_r = \sqrt{\omega_0^2 - 2\beta^2} \qquad (2.32)$$

$$\theta_r = \frac{m}{2\beta\sqrt{\omega_0^2 - \beta^2}} \qquad (2.33)$$

式(2.32)、式(2.33)表明,阻尼系数 β 越小,共振时圆频率越接近于系统固有频率,振幅 θ_r 也越大。图 2.26 和图 2.27 表示在不同 β 时受迫振动的幅频特性和相频特性。

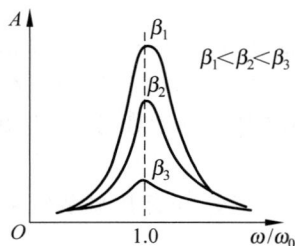

图 2.26 幅频特性曲线

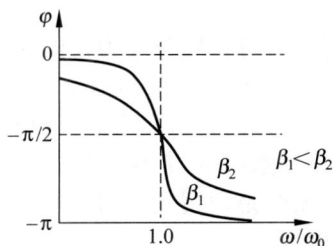

图 2.27 相频特性曲线

【仪器简介】

BG-2 型波耳共振仪由振动仪与电气控制箱两部分组成。振动仪部分如图 2.28 所示，由铜质圆形摆轮 4 安装在机架上，弹簧 6 的一端与摆轮 4 的轴相连，另一端可以固定在机架支柱上，在弹簧弹性力的作用下，摆轮可绕轴自由往复摆动。在摆轮的外围有一圈槽型缺口，其中一个长形凹槽 2 比其他凹槽 3 长出许多。在机架上对准长型缺口处有一个光电门 1，它与电气控制箱相连接，用来测量摆轮的振幅（角度值）和摆轮的振动周期。在机架下方有一对带有铁芯的线圈 8，摆轮 4 恰巧嵌在铁芯的空隙。利用电磁感应原理，当线圈中通过电流后，摆轮受到一个电磁阻尼力的作用，改变电流的数值即可使阻尼大小相应变化。为使摆轮 4 作受迫振动，在电动机轴上装有偏心轮，通过连杆机构 9 带动摆轮 4，在电动机轴上装有带刻线的有机玻璃转盘 13，它随电机一起转动。由它可以从角度读数盘 12 中读出相位差 φ（0°～180°）。调节控制箱上的 10 圈电机转速调节旋钮，可以精确改变加于电机上的电压，使电机的转速在实验范围（35～45 r/min）内连续可调，由于电路中采用特殊稳速装置、电动机采用惯性很小的带有测速发电机的特种电机，所以转速极为稳定。电机的有机玻璃转盘 13 上装有两个挡光片。在角度读数盘 12 中央上方（90°处）也装有光电门 11（强迫力矩信号），并与控制箱相连，以测量强迫力矩的周期。

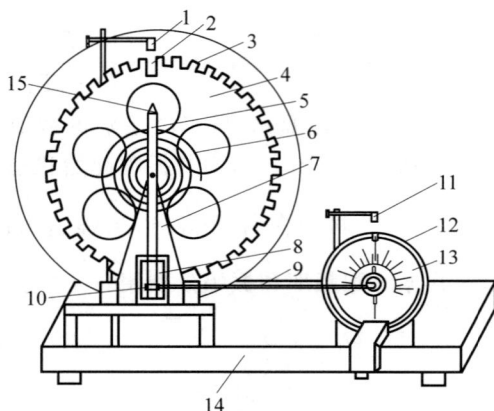

图 2.28　振动仪

1—光电门；2—长形凹槽；3—凹槽；4—铜质圆形摆轮；5—摇杆；6—弹簧；7—支承架；8—线圈；9—连杆；10—摇杆调节螺钉；12—角度读数盘；13—有机玻璃转盘；14—底座；15—外端夹持螺钉

受迫振动时摆轮与外力矩的相位差利用小型闪光灯来测量。闪光灯受摆轮信号光电门 1 控制，每当摆轮上长形凹槽 2 通过平衡位置时，光电门 1 被挡光，引起闪光。在稳定情况时，由闪光灯照射下可以看到有机玻璃指针好像一直"停在"某一刻度处，这一现象称为频闪现象，相位差数值从角度读数盘上读出，误差不大于 2°。

摆轮振幅是利用光电门 1 测出摆轮 4 处圈上凹形缺口个数，并有数显装置直接显示出此值，精度为 2°。

波耳共振仪电气控制箱的前面板和后面板分别如图 2.29 和图 2.30 所示。

左面 3 位数字显示摆轮 4 的振幅，右面 5 位数字显示时间，计时精度为 10^{-3} s。利用面板上"摆轮，强迫力"和"周期选择"开关，可分别测量摆轮或强迫力矩（即电动机）的单次和

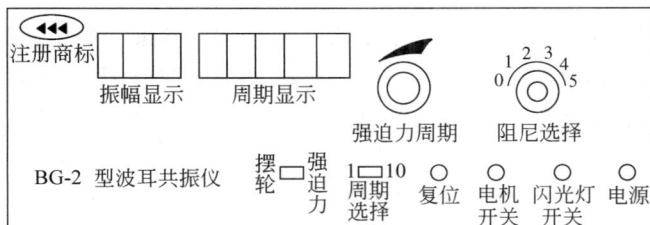

图 2.29　前面板

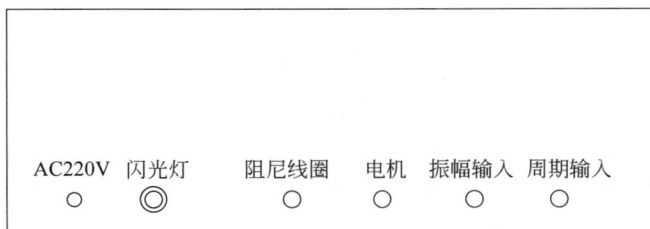

图 2.30　后面板

10 次周期所需时间。复位按钮仅在 10 个周期时起作用,测单次周期时会自动复位。

电机转速调节旋钮为带有刻度的 10 圈电位器,调节此旋钮时可以精确改变电机转速,即改变强迫力矩的周期,刻度仅供实验时作参考,以便大致确定强迫力矩周期值在多圈电位器上的相应位置。

阻尼电流选择开关可以改变通过阻尼线圈内直流电流的大小,以改变摆轮系统的阻尼系数。选择开关可分 6 挡,"0"处阻尼电流为零,"1"处阻尼电流最小,约为 0.3 A,"5"处阻尼电流最大,约为 0.6 A,阻尼电流采用 15 V 稳压装置提供,实验时选用位置根据情况而定(可先选择在"2"处,若共振时振幅太小则可改用"1",切不可放在"0"处),振幅不大于 150°。

闪光灯开关用来控制闪光与否,当开关扳向接通位置时,摆轮长缺口通过平衡位置时便产生闪光,由于频闪现象,可从相位差读数盘上看到刻度线似乎静止不动的读数(实际上有机玻璃转盘 13 上刻度线一直在匀速转动),从而读出相位差数值,为使闪光灯管不易损坏,平时将此开关扳向"关"处,仅在测量相位差时才扳向接通。

电机开关用来控制电机是否转动,在测定阻尼系数和摆轮固有频率 ω_0 与振幅关系时,必须将电机关断。

电气控制箱与闪光灯和波耳共振仪之间通过各种专用电缆相连接,不会产生接线错误之弊病。

【实验内容】

1. 测定阻尼系数 β

接通电源,开关置于"摆轮",将阻尼选择开关扳向实验时位置(通常选取"2"或"1"处)。注意,阻尼开关位置选定后,在实验过程中不能任意改变,或将整机电源切断,否则由于电磁铁剩磁现象将引起 β 值变化,只有在某一阻尼系数 β 的所有实验数据测试完毕,要改变 β 值时才允许拨动此开关,这点是至关重要的。

将有机玻璃转盘 13 的指针放在 0°位置,用手逆时针方向扳动摆轮使振幅约 140°,此时松手由大到小依次记录振幅值 θ_1、θ_2、$\cdots$、θ_{10},并记录 10 个周期值,数据填入表 2.12 中。注意:进行本实验内容时,电机电源必须切断,θ_0 通常选取在 130°~150°。利用式(2.34)用逐差法计算 β 值。

$$\ln \frac{\theta_0 e^{-\beta t}}{\theta_0 e^{-\beta(t+nT)}} = n\beta T = \ln \frac{\theta_0}{\theta_n} \tag{2.34}$$

式中,n 为阻尼振动的周期次数;θ_n 为第 n 次振动时的振幅;T 为阻尼振动周期的平均值,此值可以测出摆轮振动 10 个周期值。

表 2.12 测定阻尼系数 β

阻尼开关位置为"_____",周期选择"_____"

振幅/(°)		振幅/(°)		$\ln \dfrac{\theta_i}{\theta_{i+5}}$
θ_1		θ_6		
θ_2		θ_7		
θ_3		θ_8		
θ_4		θ_9		
θ_5		θ_{10}		
—		—		平均值

2. 测定受迫振动的幅频特性和相频特性曲线

开关置于"强迫力",保持阻尼选择开关在原位置,打开电机开关,摆轮作受迫振动。改变电动机的转速,即改变强迫力矩频率 ω。当受迫振动稳定后,读取摆轮的振幅值 $\theta(°)$,按复位按钮后读取强迫力矩周期 $10T(s)$。并利用闪光灯测定受迫振动位移与强迫力间的相位差 φ。参考:φ 值从 30°~150°,$\Delta\varphi$ 控制在 10°左右。将上述 $10T$,θ 和 φ 测量值填入表 2.13 中。

注:在共振点附近由于曲线变化较大,因此在共振点附近测量数据要相对密集些。电机转速旋钮上的读数是一参考值(如转速 5.54 是一粗略值),建议在不同 ω 时都记下电机转速刻度盘值,以便实验中快速寻找,供重新测量时参考。只有在测量相位差时才开启闪光灯开关,读完数据后迅即关闭。

3. 摆轮振幅与周期 T_0 关系

振幅与共振频率 ω_0 相对应值可采用如下方法:

将电机电源切断,阻尼开关扳向"0"位置,周期选择开关放在"1"处,开关置于"摆轮",角度盘指针放在 0°位置。用手将摆轮拨到较大处(140°~150°),然后放手,此时摆轮作衰减振动,读出每次振幅值 θ_i 相应的摆动周期 T_0 即可。若二人配合,则一人读数,另一人记录,且只记录后面二位。重复几组测量,直至对应振幅 θ 的周期 T_0 全部测出,将待测的弹簧固有周期 T_0 值填入表 2.13 中。

表 2.13 幅频特性和相频特性测量

阻尼开关位置为"_____",周期选择"_____"

强迫力矩周期 $10T$ /s	振幅 $\theta/(°)$	弹簧对应固有周期 T_0/s	测量值 $\varphi/(°)$	计算值 $\varphi = \arctan \dfrac{\beta T T_0^2}{\pi(T^2 - T_0^2)}$	$\dfrac{\omega}{\omega_0} = \dfrac{T_0}{T}$	$\left(\dfrac{\theta}{\theta_0}\right)^2$
⋮	⋮		⋮			

【数据处理】

1. 阻尼系数 β 的计算

利用式(2.34)对所测数据按逐差法处理,求出 β 值。

摆轮振动 10 个周期值

$$10T = \underline{\hspace{2cm}} \text{ s}, \quad T = \underline{\hspace{2cm}} \text{ s}$$

$$5\beta T = \ln \frac{\theta_i}{\theta_{i+5}} \tag{2.35}$$

用式(2.35),求出 β 值,$\beta = \underline{\hspace{2cm}} \text{ s}^{-1}$。

2. 幅频特性和相频特性测量

作幅频特性 $\left(\dfrac{\theta}{\theta_r}\right)^2$-$\omega$ 曲线求 β 值。在阻尼系数较小(满足 $\beta^2 \ll \omega_0^2$)和共振位置附近($\omega = \omega_0$),由于 $\omega_0 + \omega = 2\omega_0$,从式(2.30)和式(2.33)可得出

$$\left(\frac{\theta}{\theta_r}\right)^2 = \frac{4\beta^2 \omega_0^2}{4\omega_0^2(\omega - \omega_0)^2 + 4\beta^2 \omega_0^2} = \frac{\beta^2}{(\omega - \omega_0)^2 + \beta^2}$$

当 $\theta = \dfrac{1}{\sqrt{2}}\theta_r$,即 $\left(\dfrac{\theta}{\theta_r}\right)^2 = \dfrac{1}{2}$ 时,由上式可得

$$\omega - \omega_0 = \pm\beta$$

此 ω 对应于图 $\left(\dfrac{\theta}{\theta_r}\right)^2 = \dfrac{1}{2}$ 处两个值 ω_1, ω_2。由此得出

$$\beta = \frac{\omega_2 - \omega_1}{2}$$

将此法与逐差法求得之 β 值作一比较并讨论。

误差分析:因为本仪器中采用石英晶体作为计时部件,所以测量周期(圆频率)的误差

可以忽略不计,误差主要来自阻尼系数 β 的测定和无阻尼振动时系统的固有振动频率 ω_0 的确定。且后者对实验结果影响较大。

在前面的原理部分中我们认为弹簧的弹性系数 k 为常数,它与扭转的角度无关。实际上由于制造工艺及材料性能的影响,k 值随着角度的改变而略有微小的变化(3%左右),因而造成在不同振幅时系统的固有频率 ω_0 有变化。如果取 ω_0 的平均值,则将在共振点附近使相位差的理论值与实验值相差很大。为此可测出振幅与固有频率 ω_0 的相应数值。

在 $\varphi = \arctan \dfrac{\beta T T_0^2}{\pi(T^2 - T_0^2)}$ 公式中 T_0 采用对应于某个振幅的数值代入,这样可使系统误差明显减小。

3. 摆轮振幅与周期 T_0 关系

将摆轮振幅 θ 与周期 T_0 的相应数值记录在表 2.14 中,计算固有频率 ω_0。

表 2.14　振幅与 T_0、ω_0 的关系

阻尼开关位置为"0",周期选择"_____"

振幅 $\theta/(°)$								…
固有周期 T_0/s								…
固有频率 ω_0/s^{-1}								

注意:当阻尼开关扳向位置"0"处,不允许接通电机,为什么?

【思考与讨论】

1. 如何判断受迫振动已处于稳定状态?
2. 如何判断实验已达到共振?共振频率是多少?

(郭悦韶　编写)

实验 10　音叉的受迫振动与共振

【实验目的】

1. 研究音叉振动系统在驱动力作用下振幅与驱动力频率的关系,测量并绘制它们的关系曲线,求出共振频率和振动系统振动的锐度。

2. 通过对音叉双臂振动与对称双臂质量关系的测量,研究音叉共振频率与附在音叉双臂一定位置上相同物块质量的关系。

3. 通过测量共振频率的方法,测量附在音叉上的一对物块的未知质量。

4. 在音叉增加阻尼力情况下,测量音叉共振频率及锐度,并与阻尼力小的情况进行对比。

【实验仪器】

FD-VR-A 型受迫振动与共振实验仪(包括主机和音叉振动装置)、加载质量块(成对)、阻尼片、电子天平(共用)、示波器(选做用)。

【实验原理】

一、实验装置及工作简述

FD-VR-A 型受迫振动与共振实验仪主要由电磁激振驱动线圈、音叉、电磁探测线圈传感器、支架、低频信号发生器、交流数字电压表(0~1.999 V)等部件组成(见图 2.31)。

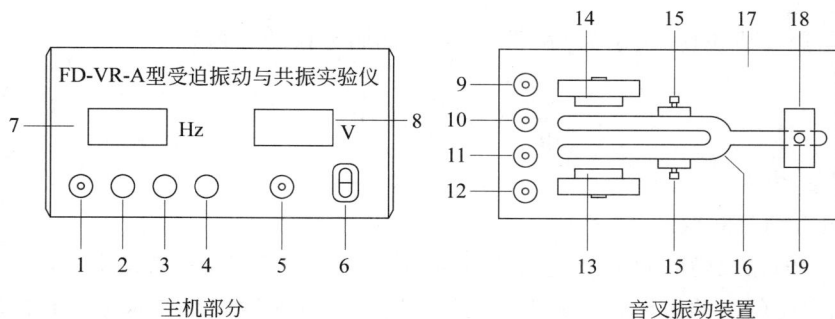

图 2.31　FD-VR-A 型受迫振动与共振实验仪装置图

1—低频信号输出接口；2—输出幅度调节钮；3—频率调节钮；4—频率微调钮；5—电压输入接口；6—电源开关；7—信号发生器频率显示窗；8—交流数字电压表显示窗；9—电压输出接口；10—示波器接口 Y；11—示波器接口 X；12—低频信号输入接口；13—电磁激振驱动线圈；14—电磁探测线圈传感器；15—质量块；16—音叉；17—底座；18—支架；19— 固定螺丝

在音叉的两双臂外侧两端对称地放置两个激振线圈,其中一端激振线圈在由低频信号发生器供给的正弦交变电流作用下产生交变磁场激振音叉,使之产生正弦振动。当线圈中的电流最大时,吸力最大；电流为零时磁场消失,吸力为零,音叉被释放,因此音叉产生的振动频率与激振线圈中的电流有关。频率越高,磁场交变越快,音叉振动的频率越大；反之则小。另一端线圈因为变化的磁场 B 产生感应电流,输出到交流数字电压表中。因为 $I = dB/dt$,而 dB/dt 取决于音叉振动中的速度 v,速度越快,磁场变化越快,产生的电流越大,电压表显示的数值越大,即电压值和速度振幅成正比,因此可用电压表的示数代替速度振幅。由此可知,将探测线圈产生的电信号输入交流数字电压表,可研究音叉受迫振动系统在周期外力作用下振幅与驱动力频率的关系及其锐度,以及在增加音叉阻尼力的情况下,振幅与驱动力频率的关系及其锐度。

二、实验原理

1. 简谐振动与阻尼振动

许多振动系统如弹簧振子的振动、单摆的振动、扭摆的振动等,在振幅较小而且在空气阻尼可以忽视的情况下,都可当作简谐振动处理,即此类振动满足简谐振动方程

$$\frac{d^2 x}{dt^2} + \omega_0^2 x = 0 \tag{2.36}$$

式(2.36)的解为

$$x = A\cos(\omega_0 t + \varphi) \tag{2.37}$$

对弹簧振子振动圆频率 $\omega_0 = \sqrt{\dfrac{K}{m+m_0}}$，$K$ 为弹簧劲度系数，m 为振子的质量，m_0 为弹簧的等效质量。弹簧振子的周期 T 满足

$$T^2 = \frac{4\pi^2}{K}(m+m_0) \tag{2.38}$$

但实际的振动系统存在各种阻尼因素，因此式（2.36）左边须增加阻尼项。在小阻尼情况下，阻尼与速度成正比，表示为 $2\beta\dfrac{\mathrm{d}x}{\mathrm{d}t}$，则相应的阻尼振动方程为

$$\frac{\mathrm{d}^2 x}{\mathrm{d}t^2} + 2\beta\frac{\mathrm{d}x}{\mathrm{d}t} + \omega_0^2 x = 0 \tag{2.39}$$

式中 β 为阻尼系数。

2. 受迫振动与共振

阻尼振动的振幅随时间会衰减，最后会停止振动。为了使振动持续下去，外界必须给系统一个周期变化的驱动力。一般采用的是随时间作正弦函数或余弦函数变化的驱动力，在驱动力作用下，振动系统的运动满足下列方程

$$\frac{\mathrm{d}^2 x}{\mathrm{d}t^2} + 2\beta\frac{\mathrm{d}x}{\mathrm{d}t} + \omega_0^2 x = \frac{F}{m'}\cos\omega t \tag{2.40}$$

式中，$m' = m + m_0$ 为振动系统的质量；F 为驱动力的振幅；ω 为驱动力的圆频率。

式（2.40）为振动系统作受迫振动的方程，它的解包括两项，第一项为瞬态振动，由于阻尼存在，振动开始后振幅不断衰减，最后较快地到零；而后一项为稳态振动的解，为

$$x = A\cos(\omega t + \varphi)$$

式中

$$A = \frac{\dfrac{F}{m'}}{\sqrt{(\omega_0^2 - \omega^2)^2 + 4\beta^2\omega^2}}$$

当驱动力的圆频率 $\omega = \sqrt{\omega_0^2 - 2\beta^2} \approx \omega_0$ 时，振幅 A 出现极大值，此时称为共振。显然 β 越小，x-ω 关系曲线的极值越大。描述这种曲线陡峭程度的物理量称为锐度，其值等于品质因数

$$Q = \frac{\omega_0}{\omega_2 - \omega_1} = \frac{f_0}{f_2 - f_1}$$

式中，f_0 表示共振频率；f_1、f_2 表示半功率点的频率，也就是对应振幅为振幅最大值的 $\dfrac{1}{\sqrt{2}}$ 倍的频率。

3. 可调频率音叉的振动周期

一个可调频率音叉一旦起振，它将以某一基频振动而无谐频振动。音叉的两臂是对称的，以至两臂的振动是完全反向的，从而在任一瞬间对中心杆都有等值反向的作用力。中心杆的净受力为零而不振动，紧紧握住它是不会引起振动衰减的。同样的道理，音叉的两臂不能同向运动，因为同向运动将对中心杆产生振荡力，这个力将使振动很快衰减掉。

可以通过将相同质量的物块对称地加在两臂上来减小音叉的基频(音叉两臂所载的物块必须对称)。对于这种加载的音叉的振动周期 T 由下式给出,与式(2.38)相似

$$T^2 = B(m + m_0) \tag{2.41}$$

式中,B 为常数,它依赖于音叉材料的力学性质、大小及形状;m_0 为与每个振动臂的有效质量有关的常数。利用式(2.41)可以制成各种音叉传感器,如液体密度传感器、液位传感器等,通过测量音叉的共振频率可求得音叉管内液体密度或液位高度。这类音叉传感器在石油、化工工业等领域进行实时测量和监控中发挥着重要作用。

【实验内容】

1. 仪器接线用屏蔽导线把低频信号发生器输出端与激振线圈的信号(电压)输入端相接;用另一根屏蔽线将电磁激振线圈的信号(电压)输出端与交流数字电压表的输入端连接。

2. 接通电子仪器的电源,将输出幅度调节钮 2 逆时针调到最小,使仪器预热 15 min。

3. 测定共振频率 f_0 和振幅 A_r。

在音叉臂空载,空气阻尼很小的情况下,将低频信号发生器的输出信号频率调节钮 3 由低到高缓慢调节(参考值为 250 Hz 左右),仔细观察交流数字电压表的读数,当交流电压表读数达最大值时,记录音叉共振时的频率 f_0 和共振时交流电压表的读数 A_r。

4. 测量共振频率 f_0 附近的数据。

在信号发生器输出幅度保持不变的情况下,频率由低到高,测量数字电压表示值 A 与驱动力的频率 f_i 之间的关系。注意:应在共振频率附近,通过调节频率微调钮 4 多测几个点。总共须测 20~26 个数据,记录在表 2.15 中。

5. 在音叉一臂上(近激振线圈)用小磁钢将一块阻尼片吸在臂上,用电磁力驱动音叉。在增加空气阻尼的情况下,按照步骤 3、4 测量音叉的共振频率,记录音叉振动频率 f_i 与交流电压表的读数 A,填在表 2.16 中。

6. 在电子天平上称出不同质量块(5 对)的质量值,记录在表 2.17 中。

7. 将不同质量块分别加到音叉双臂指定的位置上,并用螺丝旋紧。测出音叉双臂对称加相同质量物块时相对应的共振频率。记录 f_0-m 关系数据于表 2.17 中。

8. 用一对未知质量的物块 m_x 替代已知质量物块,测出音叉的共振频率 f_x,求出未知质量物块的质量 m_x。

实验 10.1(选做)

用示波器观测激振线圈的输入信号和电磁线圈传感器的输出信号,测量它们的相位关系。

【数据记录及处理】

1. 共振频率 f_0 和共振点振幅 A_r 的关系

(1) 在音叉臂空载空气阻尼很小的情况下,记录音叉振动的频率 f_i 与交流电压表的读数 A,数据记录在表 2.15 中。

表 2.15　空气阻尼很小时频率 f_i 和振幅 A 的关系

f_i/Hz									
A/V									
f_i/Hz									
A/V									

（2）根据表 2.15 的数据绘制 A-f_i 关系曲线，测出共振频率，求出两个半功率点 f_2 和 f_1，计算音叉的锐度（Q 值）。

（3）在音叉臂上加薄片，增加空气阻尼时，记录音叉振动的频率 f_i 与交流电压表的读数 A，数据记录在表 2.16 中，绘制 A-f_i 关系曲线，测出共振频率，计算音叉的锐度（Q 值），并与阻尼小的情况（表 2.15）进行比较说明。

表 2.16　阻尼较大时频率 f_i 和振幅 A 的关系

f_i/Hz									
A/V									
f_i/Hz									
A/V									

2. 音叉的共振频率与双臂质量的关系

（1）将逐次加载的质量块 m 与音叉的共振频率 f_0 记录在表 2.17 中。

（2）根据表 2.17 的数据绘制 T^2-m 关系曲线，取两点坐标，利用式（2.41）计算 B 值和 m_0 值。

表 2.17　共振频率 f_0 与双臂质量 m 的关系

m/g								
f_0/Hz								
$T^2\times10^{-5}/\text{s}^2$								

（3）用音叉共振法测物块质量

测得共振频率 $f_0=$ _____ Hz，利用 T^2-m 关系曲线测得未知物块质量 $m_x=$ _____ g。

【注意事项】

1. 本实验所绘制的曲线是在驱动力力幅恒定的条件下进行的，所以当低频信号发生器的输出电压一经确定之后，在整个实验过程中都要保持这个电压不变，而且要及时核对、调节。

2. 注意信号源的输出不要短路，以防止烧坏仪器。

3. 请勿随意用工具将固定螺丝拧松，以避免电磁线圈引线断裂。

4. 传感器部位是敏感部位,外面有保护罩防护,使用者不可以将保护罩拆去,或用工具伸入保护罩,以免损坏电磁线圈传感器及引线。

5. 适当调节幅度调节钮,使信号发生器输出电压不宜过大,避免共振时因输出振幅过大而超出数字电压表量程,或造成音叉响度过大,给人耳带来不适。

6. 绘制共振曲线时,坐标比例要选取适当。

【思考与讨论】

1. 在测量振动频率与振幅间关系的过程中,为什么低频信号发生器输出幅度要保持不变?

2. 从实验所绘制的共振曲线来看,在驱动力力幅不变的情况下,欲降低振动系统的共振幅度应采取什么措施?有何实际价值?

3. 举例说明共振现象在实际生活中的应用。

【附录】 技术指标

1. 音叉及支架座:双臂不加负载时振动频率约为 252 Hz。

2. 低频信号发生器:频率可调范围 200~300 Hz。

3. 数字频率计:0~999.9 Hz,分辨率 0.1 Hz。

4. 交流数字电压:量程 0~1.999 V,分辨率 0.001 V。

5. 不锈钢阻尼板尺寸:50 mm×40 mm×0.5 mm,用小磁钢与音叉固定。

6. 配对质量块 6 对:30 g,25 g,20 g,15 g 等 6 对(质量参考,需自己测量)。

7. 音叉驱动线圈及电磁线圈传感器,外有有机玻璃防护罩。

8. 引线采用屏蔽隔离导线。

(吕　蓬　编写)

实验 11　用弦音仪研究振动现象

【实验目的】

1. 了解固定均匀弦振动的传播规律,加深振动与波和干涉的概念。

2. 了解固定均匀弦振动形成驻波的波形,加深对干涉的特殊形式——驻波的认识。

3. 了解固定均匀弦振动的固有频率,测量均匀弦线上横波的传播速度及均匀弦线的线密度。

4. 了解声音与频率之间的关系。

【实验仪器】

ZCXS—A 型弦音实验仪。

【仪器简介】

实验装置如图 2.32 所示。

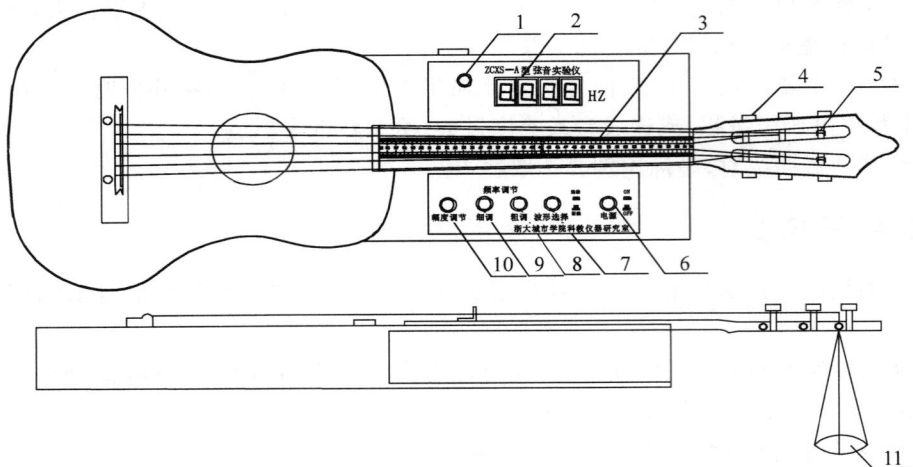

图 2.32 试验装置示意图

1—接线柱插孔；2—频率显示；3—钢质弦线；4—张力调节旋钮；5—弦线导轮；6—电源开关；7—连续、断续波选择开关；8—频段选择开关；9—频率微调旋钮；10—幅度调节旋钮；11—砝码盘

ZCXS—A 型弦音实验仪上有四根钢制弦线，中间两根用来测定弦线张力，旁边两根用来测定弦线的线密度。实验时，弦线 3 与音频信号源接通，通有正弦交变电流的弦线在磁场中就受到周期性的安培力的激励。根据需要，可以调节频率选择开关和频率微调旋钮，从显示器上读出频率，通过调节幅度旋钮来改变正弦波的发射强度。移动劈尖位置，可以改变弦线长度，并可适当移动磁钢的位置，把弦振动调整到最佳状态。

根据实验要求，挂有砝码的弦线可用来间接测定弦线线密度或横波在弦线上的传播速度；利用安装在张力调节旋钮上的弦线，可间接测定弦线的张力。

通过实验了解弦振动的传播规律，观察弦振动形成驻波时的波形，测量弦线上横波的传播速度及弦线的线密度和张力间的关系，聆听相关频率的声音。

【实验原理】

如图 2.32 所示，实验时，将弦线 3（钢丝）绕过弦线导轮 5 与砝码盘 11 连接，并通过接线柱插孔 1 接通正弦信号源。在磁场中，通有电流的金属弦线会受到磁场力（称为安培力）的作用，若弦线上接通正弦交变电流时，则它在磁场中所受的与磁场方向和电流方向均为垂直的安培力，也随之发生正弦变化，移动劈尖改变弦长，当弦长是半波长的整倍数时，弦线上便会形成驻波。移动磁钢的位置，将弦线振动调整到最佳状态，使弦线形成明显的驻波。此时我们认为磁钢所在处对应的弦为振源，振动向两边传播，在劈尖与吉它骑码两处反射后又沿各自相反的方向传播，最终形成稳定的驻波。

考察与张力调节旋钮相连时的弦线 3 时，可调节张力调节旋钮改变张力，使驻波的长度产生变化。

为了研究问题的方便，当弦线上最终形成稳定的驻波时，我们可以认为波动是从骑码端发出的，沿弦线朝劈尖端方向传播，称为入射波，再由劈尖端反射沿弦线朝骑码端传播，称为反射波。入射波与反射波在同一条弦线上沿相反方向传播时将相互干涉，移动劈尖到适合位

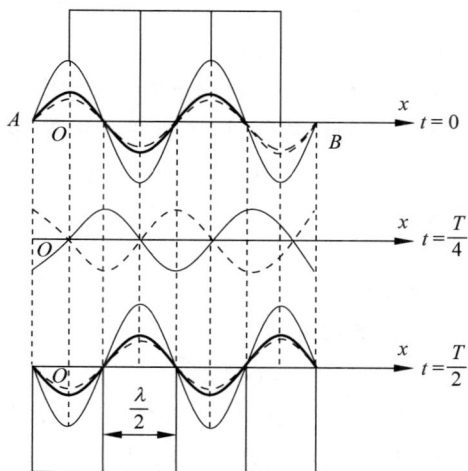

图 2.33 波形示意图

置,弦线上就会形成驻波。这时,弦线上的波被分成几段,形成波节和波腹,如图 2.33 所示。

设图中的两列波是沿 x 轴相向传播的振幅相等、频率相同、振动方向一致的简谐波。向右传播的用细实线表示,向左传播的用细虚线表示,当传至弦线上相应点时,位相差恒定时,它们就合成驻波用粗实线表示。由图 2.33 可见,两个波腹或波节间的距离都等于半个波长,这可从波动方程推导出来。

下面用简谐波表达式对驻波进行定量描述。设沿 x 轴正方向传播的波为入射波,沿 x 轴负方向传播的波为反射波,取它们振动相位始终相同的点作坐标原点"O",且在 $x=0$ 处,振动质点向上达最大位移时开始计时,则它们的波动方程分别为

$$Y1 = A\cos 2\pi(ft - x/\lambda)$$
$$Y2 = A\cos 2\pi(ft + x/\lambda)$$

式中 A 为简谐波的振幅,f 为频率,λ 为波长,x 为弦线上质点的坐标位置。两波叠加后的合成波为驻波,其方程为

$$Y1 + Y2 = 2A\cos 2\pi(x/\lambda)\cos 2\pi ft$$

由此可见,入射波与反射波合成后,弦上各点都在以同一频率作简谐振动,它们的振幅为 $|2A\cos 2\pi(x/\lambda)|$,只与质点的位置 x 有关,与时间无关。

由于波节处振幅为零,即 $|\cos 2\pi(x/\lambda)| = 0$

$$2\pi x/\lambda = (2k + 1)\pi/2 \quad (k = 0, 1, 2, 3, \cdots)$$

可得波节的位置为

$$x = (2K + 1)\lambda/4$$

而相邻两波节之间的距离为

$$x_{K+1} - x_K = [2(K + 1) + 1]\lambda/4 - (2K + 1)\lambda/4 = \lambda/2$$

又因为波腹处的质点振幅为最大,即 $|\cos 2\pi(x/\lambda)| = 1$

$$2\pi X x/\lambda = K\pi \quad (K = 0, 1, 2, 3, \cdots)$$

可得波腹的位置为

$$x = K\lambda/2 = 2k\lambda/4$$

这样相邻的波腹间的距离也是半个波长。因此,在驻波实验中,只要测得相邻两波节(或相邻两波腹)间的距离,就能确定该波的波长。

在本实验中,由于弦的两端是固定的,故两端点为波节,所以,只有当均匀弦线的两个固定端之间的距离(弦长)等于半波长的整数倍时,才能形成驻波,其数学表达式为

$$L = n\lambda/2 \quad (n = 1,2,3,\cdots)$$

由此可得沿弦线传播的横波波长为

$$\lambda = 2L/n \tag{2.42}$$

式中 n 为弦线上驻波的段数,即半波数。

根据波动理论,弦线横波的传播速度为

$$v = (T/\rho)^{1/2} \tag{2.43}$$

即 $T = \rho v^2$。式中 T 为弦线中张力,ρ 为弦线单位长度的质量,即线密度。

根据波速、上面频率及波长的普遍关系式 $v = f\lambda$,将式(2.42)代入可得

$$v = 2Lf/n \tag{2.44}$$

再由式(2.43)、(2.44)可得

$$\rho = T(n/2Lf)^2 \quad (n = 1,2,3,\cdots) \tag{2.45}$$

即 $T = \rho(2Lf/n)^2, n = 1,2,3,\cdots$。

由式(2.45)可知,当给定 T、ρ、L,频率 f 只有满足该式关系才能在弦线上形成驻波。

当金属弦线在周期性的安培力激励下发生共振干涉形成驻波时,通过骑码的振动激励共鸣箱的薄板振动,薄板的振动引起吉他音箱的声振动,经过释音孔释放,我们能听到相应频率的声音,当用间歇脉冲激励时尤为明显。

常见的音阶由 7 个基本的音组成,用唱名表示即:do,re,mi,fa,so,la,si,用 7 个音以及比它们高一个或几个八度的音、低一个或几个八度的音构成各种组合就成为"曲调"。

振动的强弱(能量的大小)体现为声音的大小,不同物体的振动体现为声音音色的不同,而振动的频率 f 则体现声音的音调。$f = 261.63$ Hz 的音在音乐里用字母 C^1 表示。其相应的音阶表示为:C,D,E,F,G,A,B,在将 C 音唱成"do"时定为 C 调。人声及器乐中最富有表现力的频率范围为 60～1000 Hz。C 调中 7 个基本音的频率,以"do"音的频率 $f = 261.63$ Hz 为基准,其他各音的频率为其倍数,其倍数值如表 2.18 所示。

表 2.18　各音阶对应频率倍数

音名	C	D	E	F	G	A	B	C
频率倍数	1	$(\sqrt[12]{2})^2$	$(\sqrt[12]{2})^4$	$(\sqrt[12]{2})^5$	$(\sqrt[12]{2})^7$	$(\sqrt[12]{2})^9$	$(\sqrt[12]{2})^{11}$	2

【实验内容】

1. 频率 f 一定,测量两种弦线的线密度 ρ 和弦线上横波传播速度(弦线 a,a'为同一种规格,b,b'为另一种规格)

测弦线 a'的线密度:波形选择开关 7 选择连续波位置,将信号发生器输出插孔 1 与弦线 a'接通。选取频率 $f = 300$ Hz,张力 T 由挂在弦线一端的砝码及砝码钩产生,以 150 g 砝码为起点逐渐增加至 450 g 为止。在各张力的作用下调节弦长 L,使弦线上出现 $n = 2$,

$n=3$ 个稳定且明显的驻波段。记录相应的 f、n、L 的值,由公式 $\rho=T(n/2Lf)^2$ 计算弦线的线密度 ρ。

弦线上横波传播速度 $v=2Lf/n$。

*作 $T\sim\bar{v}^2$ 拟合直线,由直线的斜率亦可求得弦线的线密度。($T=\rho v^2$)

弦线 b' 线密度的测定:将信号发生器输出插孔 1 与弦线 b' 接通,选取频率 $f=200$ Hz。方法同 a'。

2. 张力 T 一定,测量弦线的线密度 ρ 和弦线上横波传播速度 v

在张力 T 一定的条件下,改变频率 f 分别为 200 Hz、250 Hz、300 Hz、…,移动劈尖,调节弦长 L,仍使弦线上出现 $n=2$,$n=3$ 个稳定且明显的驻波段。记录相应的 f、n、L 的值于表 2.20 中,由公式(2.44)可间接测量出弦线上横波的传播速度 v。

*3. 测量弦线张力 T

选择与张力调节旋钮 4 相连的弦线 a 或者 b,与信号发生器输出插孔 1 连接,调节频率 $f=300$ Hz 左右,适当调节张力调节旋钮,同时移动劈尖改变弦长 L,使弦线上出现明显驻波。记录相应的 f、n、L 的值于表 2.21 中,可间接测量出这时弦线的张力:$T=\rho(2Lf/n)^2$。

*4. 聆听音阶高低

将驱动频率设置为表 2.19 中的值,由弦振动的理论可知,通过调节弦线的张力和长度,形成驻波,就能听到与音阶对应的频率了(当然,这时候的环境噪声要小些)。这样做的特点是能产生准确的音调,有助于我们对音阶的判断和理解。

聆听声音时可将波形选择开关选择断续或者连续位置,而断续波的作用则是模拟弹奏发出的声音。在频率较低情况下形成驻波时,波形选择开关 7 由连续调节至断续位置,聆听其音;然后在频率较高情况下形成驻波时,波形选择开关 7 由连续调节至断续位置,聆听其音阶。

【数据记录及处理】

砝码钩的质量 $m=$ _____ kg,重力加速度 $g=9.8$ m/s^2。

1. 频率 $f=$ _____ Hz,测弦线的线密度 ρ 和弦线上横波传播速度 v。

表 2.19 弦线 a' 线密度的测定

$T/9.8$N	0.150＋m		0.200＋m		0.250＋m		0.300＋m		…	
驻波段数 n	2	3	2	3	2	3	2	3	2	3
弦线长 $L/10^{-2}$m										
线密度 $\rho=T(n/2Lf)^2$/kg·m^{-1}										
平均线密度 $\bar{\rho}$/kg·m^{-1}										
传播速度 $v=2Lf\cdot n^{-1}$/m·s^{-1}										
平均传播速度 $\bar{v}$/m·s^{-1}										
$\bar{v}^2$/(m·s^{-1})^2										

*作 $T\sim\bar{v}^2$ 拟合直线,由直线的斜率 $\Delta(\bar{v}^2)/\Delta T$,求弦线的线密度。($T=\rho v^2$)

弦线 b' 线密度的测定:$f=200$ Hz,数据记录表格同 a'。

2. 张力 $T=(0.150+m)\times9.8\text{N}$,测量弦线的线密度 ρ 和弦线上横波传播速度 v。

表 2.20　张力 $T=(0.150+m)\times9.8\text{ N}$,测量弦线的线密度$\rho$和弦线上横波传播速度$v$

频率 f/Hz	200		250		300		350		...	
驻波段数 n	2	3	2	3	2	3	2	3	2	3
弦线长 $L/10^{-2}$ m										
横波速度 $v=2Lf\cdot n^{-1}/\text{m}\cdot\text{s}^{-1}$										

平均横波速 $\overline{v}=$ ＿＿＿＿＿ m/s, $\overline{v}^2=$ ＿＿＿＿＿ $(\text{m/s})^2$,

线密度 $\rho=T/\overline{v}^2=$ ＿＿＿＿＿ kg/m。

* 3. 测量弦线张力 T。

表 2.21　测量弦线张力 T

f/Hz	驻波段数 n	弦线长 $L/10^{-2}$m	弦线张力 T/N
			$T=\rho\left(\dfrac{2Lf}{n}\right)^2=$

【注意事项】

1. 在线柱 4 与弦线连接时应避免与相邻弦线短路。
2. 改变挂在弦线一端的砝码后,要使砝码稳定后再测量。
3. 磁钢不能处于正波节下方位置。要等波稳定后,再记录数据。

(陈丽梅　编写)

实验 12　测定空气的比热容比

【实验目的】

1. 学习用绝热膨胀法测定空气比热容比。
2. 实地考察热力学系统状态变化过程的特征。
3. 学习用传感器精确测定气体压强和温度的原理与方法。

【引言】

　　一般地说,同种物质可以有不同的比热容,不仅物质的比热容与其温度有强烈的依赖关系,而且还取决于外界对物质本身所施加的约束。当压力恒定时可得物质的比定压热容 c_p,体积一定时可得物质的比定容热容 c_V。二者都是热力学过程中的重要参量。当然, c_p 及 c_V 一般也是温度的函数,但当实际过程所涉及的温度范围不大时,二者均近似地视为常数。

　　由于固体的热膨胀系数很小,因膨胀而对外界所做的功一般可忽略不计,所以,不必区分其比定压或比定容热容;液体的热膨胀比固体大得多,所以其 c_p 与 c_V 已相差较大;对气体而言,二者就必须严格加以区别。对于理想气体,二者之间满足如下关系: $c_p-c_V=$

R/μ。由此式立即可以得出一个热力学中的重要物理量：

$$\gamma = \frac{c_p}{c_V} = 1 + \frac{R}{\mu c_V} \tag{2.46}$$

式中，R 为气体普适常数；μ 为气体的摩尔质量；γ 称为气体的比热容比，它在绝热或近于绝热的过程中有许多应用。例如，气体的突然膨胀或压缩以及声音在气体中的传播都与该比值有关。此外，气体的比定容热容一般不易用实验的方法直接测量，但若用实验测得了 γ 及 c_p，那么 c_V 也就易于求得了。

本实验用克列曼-迭索尔姆(Clement-Desarmes)方法测定空气的 γ。由于所研究的过程并非准静态过程，所以，由该实验所测得的结果比较粗糙，但其方法简单，而且有助于加深对热力学过程中状态变化的了解。同时，通过本实验还可以学习用传感器精确测定气体压强和温度的原理与方法。

【实验仪器】

FD-NCD 空气比热容比测定仪，6 V 直流电源，5 kΩ 标准电阻，环境温度计及气压计等。

实验装置如图 2.34 所示。橡胶塞 F 将容器的磨口长颈瓶 V 密封，其上连接着玻璃进气活塞 A、放气活塞 B、电流型集成温度传感器 AD590(T)及扩散硅压力传感器探头。进气活塞 A 通过橡皮管与血压计相连，用于向长颈瓶 V 内压入适量气体，其压强与大气压强之差，可由压力传感器配合三位半数字电压表(1)测量。气体状态变化过程中的温度由温度传感器配合四位半数字电压表(2)测量。

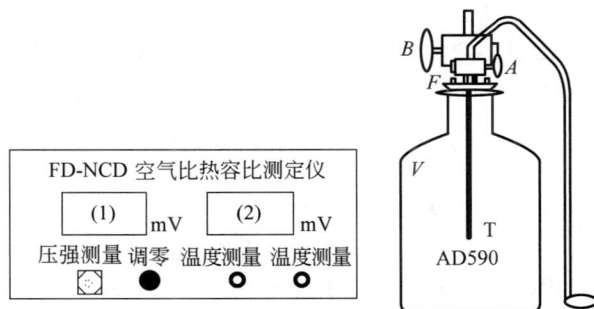

图 2.34　FD-NCD 空气比热容比测定仪及实验装置

本装置中，扩散硅压力传感器探头由同轴电缆输出信号，与电子仪器内的放大器及三位半数字电压表(1)连接时，压强测量范围高于环境气压 0～10 kPa，灵敏度为 20 mV/kPa。因此，当待测压强为环境气压时，数字电压表(1)指示应调节至 0 mV，而当待测压强高于环境气压 10 kPa 时，表(1)指示应为 200 mV，最小可读至 5 Pa；半导体温度传感器 AD590 测温灵敏度高，线性良好，测温范围为 -50～150℃。AD590 与 6 V 直流电源组成稳流源(图 2.37)，因其灵敏度为 1 μA · K^{-1}，所以在 5 kΩ 电阻上可产生 5 mV · K^{-1} 的电压信号，用量程 0～2 V 的四位半数字电压表(2)即可检测到 0.02 K 的微弱温度变化，因此，可以用于本实验观测容器内气体状态 Ⅰ → Ⅱ → Ⅲ 过程中温度的变化。

【实验原理】

图 2.35 为 p-V 变化曲线,设 p_a 为实验环境的大气压强,T_e 为室温。以比大气压强 p_a 稍高的压强 p_1 向玻璃容器压入适量空气,并以外部环境温度 T_e 相等之时单位质量的气体体积(称为比体积或比容)作为 V_1,用图 2.35 中的 $I(p_1, V_1, T_e)$ 表示这一状态。而后,急速打开放气活塞 B,亦即使其绝热膨胀,降至大气压强 p_a,并以状态 $II(p_a, V_2, T_2)$ 表示。由于是绝热膨胀,所以 $T_2 < T_e$,若再迅速关闭活塞 B 并放置一段时间,系统则将从外界吸收热量,且温度重新升高至 T_e;因为吸热过程中体积 V_2 不变,所以压力将随之增加为 p_2,即系统又变至状态 $III(p_2, V_2, T_e)$。

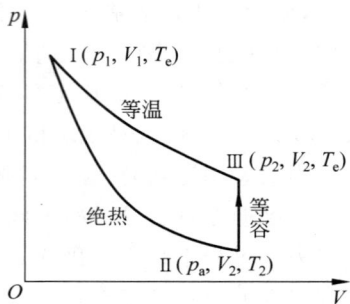

图 2.35 p-V 变化曲线

瓶内气体状态变化经历了三个过程,图 2.36 为三种气体状态示意图。

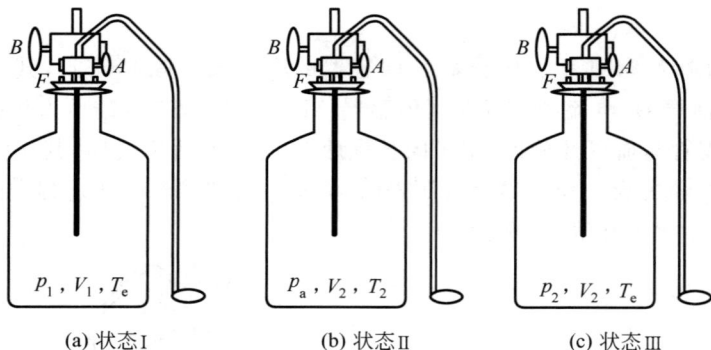

(a) 状态 I   (b) 状态 II   (c) 状态 III

图 2.36 三种气体状态示意图

因状态 I → II 是绝热膨胀过程,故满足泊松公式

$$p_1 V_1^\gamma = p_a V_2^\gamma \tag{2.47}$$

而状态 III → I 是等温过程,所以,由玻意耳定律得

$$p_1 V_1 = p_2 V_2 \tag{2.48}$$

由式(2.47)及式(2.48)消去 V_1,V_2,并求解得

$$\gamma = \frac{\ln p_1 - \ln p_a}{\ln p_1 - \ln p_2} = \frac{\ln(p_1/p_a)}{\ln(p_1/p_2)} \tag{2.49}$$

可见,只要测得压强 p_1,p_a 及 p_2,就可求出 γ。

另外,还可以用经验公式计算 γ,推导如下。

用 p'_1 和 p'_2 分别表示对应 p_1 及 p_2 与 p_a 的压力差,则有

$$
\begin{aligned}
p_1 &= p_a + p'_1 \\
p_2 &= p_a + p'_2
\end{aligned}
\tag{2.50}
$$

将式(2.50)代入式(2.49),并考虑到 $p_a \gg p'_1$,$p_a \gg p'_2$,则

$$\ln p_1 - \ln p_a = \ln \frac{p_1}{p_a} = \ln\left(1 + \frac{p'_1}{p_a}\right) \approx \frac{p'_1}{p_a}$$

及

$$\ln p_1 - \ln p_2 \approx (p'_1 - p'_2)/p_a$$

所以

$$\gamma' = \frac{p'_1}{p'_1 - p'_2} \tag{2.51}$$

可见,只要测得 p'_1 及 p'_2,即可通过式(2.51)求出空气的比热容比。本实验要求按式(2.49)计算。

【实验内容】

1. 按图 2.37 正确连接仪器电路。注意,AD590 正负极切勿接错。测定环境气压 p_a 及环境温度 T_e。开启电子仪器部分的电源,预热 20 min,调节电压表(1)至 0 mV。熟悉实验装置,正确使用活塞 A、B 及用压力传感器测定容器内外之压力差;同时进行粗测,以寻求状态 Ⅰ→Ⅱ 的过程进行的时间(即放气时间),并注意观察物理现象。

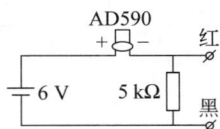

图 2.37 测温外接电路

2. 顺序完成 Ⅰ→Ⅲ 的状态变化过程。把活塞 A 打开,活塞 B 关闭,平稳地向瓶内压入适量气体后关闭进气活塞 A,待瓶内气体温度降至与室温 T_e 相同,且压强稳定后记录状态 Ⅰ,即 p'_1 与 T_1 值;之后,迅速打开活塞 B 放气,待贮气瓶内空气压强降低至环境大气压强时(喷气声音停止),立刻关闭活塞 B;当瓶内气体温度上升至 T_e,且压强稳定后记录状态Ⅲ,即 p'_2 与 T_2 值。

3. 在 p'_1 数值大致相同的条件下重复实验数次,分别代入式(2.51),求出 γ_i 的平均值和不确定度。

实验 12.1(选做)

1. 将活塞 B 打开,待瓶内气体的温度与环境相同时,用水银温度计测量瓶外环境温度 T_e。根据此时数字电压表的读数(测量 5.00 kΩ)及 AD590 的灵敏度,求得该集成温度传感器在 0℃时,数字电压表的读数值 U_0。并计算出 0℃时通过 50 kΩ 电阻上的电流 I_0。

2. 在瓶内温度与环境温度相等的情况下,测量集成温度传感器的输出电流 I 和作用在它上面的电压 U 之间的关系曲线,求出该传感器线性温度工作范围的最小工作电压 U_r。

【注意事项】

1. 注意系统密封性,检查是否漏气。

2. 旋转活塞时不可动作过猛,以防折断活塞。

3. 压入气体时要平稳,不要使表(1)超量程。

4. 严格掌握放气活塞从打开到关闭的时间,否则会给实验结果带来较大的不确定度。

5. 注意掌握实验进程,防止实验周期过长、环境温度发生较大变化对实验造成的影响,因此实验过程中应少走动,尽量避免室内空气对流。

6. 实验完毕将仪器复原,并注意将放气活塞 B 打开,使容器与大气相通。

【数据处理】

$T_e =$ _____℃$; p_a =$ _____$\times 10^5$ Pa

1. 将实测数据及计算结果填入表 2.22。

表 2.22　空气比热容比的测定

次数 i ＼ 物理量	测量 p_1'/mV	测量 T_1/mV	测量 p_2'/mV	测量 T_2/mV	计算 p_1/Pa	计算 p_2/Pa	计 算 γ
1							
2							
3							
4							
5							
6							
平　均　值							

2. 以 γ_i 作为原始数据求 γ 的平均值和不确定度,写出 γ 的结果表达式。

3. 将测出的 γ 值与理论值 $\gamma_0 = 1.402$ 进行比较,计算百分差 η。

【思考题】

1. 泊松公式成立的条件是什么? 为什么说由本实验测得的结果比较粗糙?

2. 说明打气过程中,以及系统在 Ⅰ → Ⅱ → Ⅲ 诸过程中活塞 A、B 所处的位置。

3. 怎样做才能在 6～10 次的重复测量中保证 p_1' 的数值大致相同? 这样做有何好处? 若很不相同,对实验有无影响?

4. 如果从停止打气到读取 p_1',以及从停止放气到读取 p_2' 的时间都很短,分别对测量结果带来什么影响? 若都很长,对测量结果有影响吗? 为什么?

(郭悦韶　编写)

实验 13　声速的测定

【实验目的】

1. 掌握用电声换能器(即压电陶瓷换能器)进行电声转换的测量方法。

2. 学会用驻波法和相位比较法测量超声波速度。

【仪器用具】

声速测定仪、函数信号发生器、示波器、电子管毫伏表。

【实验原理】

声波是一种在弹性媒质中传播的机械波,其振动方向与传播方向一致(声波是纵波)。由于超声波具有波长短,易于定向发射等优点,因而在超声波段进行声速测量较为方便。声波在空气中传播速度的理论值可利用式(2.52)计算：

$$v_t = v_0 \sqrt{1 + \frac{t}{273.15}} \quad (\text{m/s}) \tag{2.52}$$

式中，v_0 为 0℃时的声速，$v_0 = 331.4$ m/s；t 是温度；v_t 是 t℃时的声速。

声波的传播速度 v 与其声源振动频率 f 及波长 λ 的关系为

$$v = f\lambda \tag{2.53}$$

因而测得频率 f 及波长 λ 便可计算出速度 v，其中频率 f 可通过函数发生器测量。以下介绍相位比较法(行波法)和共振干涉法(驻波法)测波长的方法。

1. 超声波的获得——压电换能器

压电陶瓷超声波换能器是由压电陶瓷和两块轻量金属组成。压电陶瓷片是由一种多晶结构的压电材料组成，在一定温度下经极化处理后具有压电效应。当压电陶瓷处于一交变电场时，压电体产生机械振动，而在空气中激出声波。同样压电陶瓷片也可以使声压转化为电压，用来接收信号。由于它发出的波长短，定向发射性能强，故发射的波平面性好。

2. 相位比较法

实验装置如图 2.38 所示，信号发生器输出的信号同时接 S_1 换能器和示波器的 X 轴输入，S_2 接示波器 Y 轴输入。从超声波发生器 S_1 发出的超声波通过媒介到达接收器 S_2，由此产生的声波振动的相位差为

图 2.38 实验装置图

$$\Delta\varphi = \varphi_2 - \varphi_1 = 2\pi l/\lambda = 2\pi fl/v \tag{2.54}$$

式中，l 为 S_1、S_2 之间的距离，由式(2.54)通过测量 $\Delta\varphi$ 可以求得声速 v。

$\Delta\varphi$ 的测定可用互相垂直振动合成的李萨如图形来进行。设 X 轴输入的入射波振动方程为

$$x = A_1 \cos(\omega t + \varphi_1)$$

Y 轴输入的是由 S_2 接收到的波，其振动方程为

$$y = A_2 \cos(\omega t + \varphi_2)$$

上两式中，A_1，A_2 分别为 x，y 方向振动的振幅；ω 为角频率；φ_1，φ_2 分别为 x，y 方向振动的初相位，则合成振动方程为

$$\frac{x^2}{A_1^2} + \frac{y^2}{A_2^2} - \frac{2xy}{A_1 A_2} \cos(\varphi_2 - \varphi_1) = \sin^2(\varphi_2 - \varphi_1) \tag{2.55}$$

此方程轨迹为椭圆，椭圆长短轴和方位由相位差 $\Delta\varphi = \varphi_2 - \varphi_1$ 决定。当 $\Delta\varphi = 0$ 时，由式(2.55)得 $y = \dfrac{A_2}{A_1} x$，即轨迹为处于第一和第三象限的一条直线，如图 2.39(a)所示。若 $\Delta\varphi = \dfrac{\pi}{2}$，由式(2.55)得 $\dfrac{x^2}{A_1^2} + \dfrac{y^2}{A_2^2} = 1$，则轨迹为以坐标轴为主轴的椭圆，如图 2.39(b)所示。若 $\Delta\varphi = \pi$，得 $y = -\dfrac{A_2}{A_1} x$，则轨迹为处于第二和第四象限的一条直线，如图 2.39(c)所示。改变 S_2 和 S_1 之间的距离 l，相当于改变了发射波和接收波之间的相位差，荧光屏上的图形也随 l 不断变化，显然，每改变半个波长的距离 $\Delta S = \lambda/2$，则 $\Delta\varphi = \pi$ 随着振动的相位差从 $0 \sim \pi$ 的变化，李萨如图形从斜率为正的直线变为椭圆，再变为斜率为负的直线。因此，每移动半

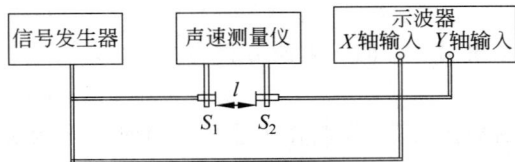

个波长,就会重复出现斜率符号相反的直线,测得了波长 λ 和频率 f,据式(2.53)即可计算出室温下声音在媒质中传播的速度。

3. 共振干涉法(驻波法)

实验装置如图 2.40 所示。图中超声波发生器 S_1 发射出一平面超声波,声波传至接收器面 S_2 上时被反射。当 S_1 和 S_2 的表面互相平行时,声波就在两个平面间往返反射,相互干涉,当 S_1、S_2 距离满足一定条件时,可出现驻波共振现象。

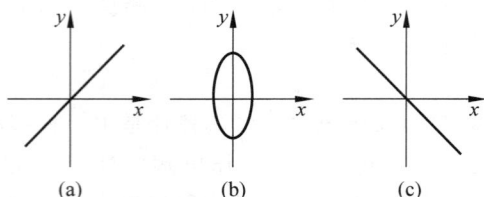

图 2.39　三种合振动轨迹

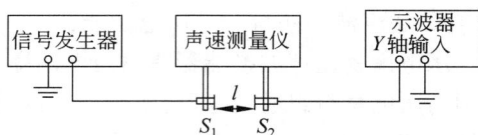

图 2.40　共振干涉法实验装置图

设沿 l 方向入射波方程为

$$y_1 = A\cos(\omega t - 2\pi l/\lambda)$$

反射波方程为(设波在传播和反射时均无能量损失)

$$y_2 = A\cos(\omega t + 2\pi l/\lambda)$$

入射波与反射波干涉时,在空间某点的合振动方程为

$$y = y_1 + y_2 = (2A\cos 2\pi l/\lambda)\cos \omega t \qquad (2.56)$$

式(2.56)为驻波方程。在 $l = n\dfrac{\lambda}{2}$ $(n=0,1,2,\cdots)$ 的位置上,驻波干涉加强,合振动振幅最大,称为波腹;在 $l = (2n-1)\dfrac{\lambda}{4}$ $(n=1,2,\cdots)$ 位置上,驻波干涉减弱,合振动振幅最小,称为波节。

由上述可知:相邻两波腹(或波节)之间距离为 $\dfrac{\lambda}{2}$。

在图 2.40 装置条件下,S_1、S_2 均为自由端,出现驻波时端面必定是驻波波腹,当 S_1 和 S_2 之间距离 l 等于半波长整数倍时,即

$$l = n \cdot \frac{\lambda}{2} \quad (n=1,2,3,\cdots) \qquad (2.57)$$

时,形成驻波,信号接收器接收到的信号幅度达到最大,即驻波共振,对某一特定波长,可以有不同的 l 值满足式(2.57),所以在移动过程中可以观察到一系列共振状态,在任意两个相邻共振状态之间的距离 $\Delta S = l_{n+1} - l_n = \lambda/2$,如图 2.41 所示。图中各相邻极大值对应的 S_2 位置之间的距离均为 $\dfrac{\lambda}{2}$,由于衍射和其他损耗,各极大值的峰值随距离增大而逐渐减小。

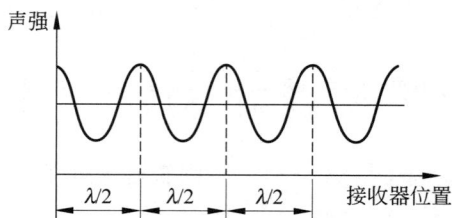

图 2.41　不同位置时的共振波形

【实验内容】

1. 连接及仪器调整

(1) 按图 2.38 接好线路,调好每个仪器。

(2) 根据实验室给出的压电陶瓷换能器谐振频率 f,将信号发生器输出频率调至 f 附近,缓慢移动 S_2,可在示波器上看到正弦波振幅的变化,移到第二次振幅较大处(两个传感器相距 3~4 mm),固定 S_2,再仔细微调信号发生器的输出频率,使示波器上图形振幅达到最大。此时产生了共振,记下共振频率。

2. 相位比较法测声速

(1) 如图 2.38 所示将示波器扫描开关开到 X-Y 处。

(2) 在共振频率 f 下,使 S_2 先接近 S_1 然后慢慢离开 S_1,当示波器上出现第一次斜线时,记下表示 S_2 位置的导轨上标尺的读数 l_1。

(3) 继续移动 S_2,记下示波器上的斜线图形变为图 2.39(c) 时,标尺的读数 l_2 和由图 2.39(c) 再变为图 2.39(a) 时标尺读数 l_3,如此共测 12 次(记录 f 和 l 于表 2.23 中)。

表 2.23　在共振频率下出现直线的传感器之间的距离

谐振频率 $f=$ ____ kHz　　　　　　　　　　　　　　　　　　　　　　　　mm

标尺	读数	标尺	读数	计算 $l_{n+6} - l_n$	计算 $\|(l_{n+6} - l_n) - (\overline{l_{n+6} - l_n})\|$
l_1		l_7			
l_2		l_8			
l_3		l_9			
l_4		l_{10}			
l_5		l_{11}			
l_6		l_{12}			
平均值				Δ_l	

3. 共振干涉法测声速

按图 2.40 连接好电路,将示波器扫描开关(或毫伏表量程)置于合适的位置,在共振频率 f 下,使 S_2 先靠近 S_1 后再慢慢离开 S_1,依次记下示波器显示波形振幅达到最大时或毫伏表的电压达到极大值时 S_2 的位置,共测 12 组数据(记录 f 和 l,表格与表 2.23 同)。

4. 记录实验时的室温 t

计算波长的平均值与不确定度,计算声速的平均值与不确定度,计算声速的百分差。

【注意事项】

1. 两个传感器不能相碰,以防止损坏传感器。

2. 示波器的调节和使用参见实验 12“示波器的使用”。

3. 信号发生器的幅度应视具体情况调节。

4. 测量时应缓慢向同一方向转动读数鼓轮,否则含有空程差。

5. 在实验过程中监视信号发生器的频率变化情况,并随时校准。

【数据处理】

　　用逐差法计算出两种实验方法所测得的波长 λ，然后求出声速 v，同时用式(2.33)计算出室温 t 时的 v_t 值，并加以比较，计算不确定度和百分差。

【复习思考题】

　　1. 为什么在实验过程中要保持 S_1 与 S_2 的表面平行？

　　2. 结合实验结果分析产生误差的可能原因。

　　3. 是否可以利用本实验中的方法测定超声波在其他媒介(如液体或固体)中的传播速度？

(廖坤山　编写)

3 电磁学实验

电磁学实验的预备知识

这里介绍电磁学实验中常用的一些仪器,如直流电源、电表(包括电流表和电压表)、变阻器及电阻箱、开关等,还将讲到电磁学实验中一般应遵循的操作规则。

【操作规则】

(1) 接电路时,必须有规整的电路图,对电路的各部分作用明确,对电路中电源、仪器、电表及其他器具的规格应预先定好。

(2) 选择出适用的仪器及器具,参照电路图将它们分布到实验台上,注意安全并能很方便地进行观察、操作和读数。

(3) 对多功能、多量程的仪表,要调到合适的功能状态和量限,对灵敏度可调的仪器要先调到灵敏度最低的状态。

(4) 连线时,应将电路分为主回路和支路,从电源一端开始沿主回路顺序进行,其次为支路。主回路中必须有开关(先断开),导线最好有几种颜色,主、支回路分别用不同颜色。

(5) 往接线柱上接导线时,应按顺时针方向缠上。

(6) 电路连接后,必须认真检查,可请指导教师检查,但是要确信自己所连电路是正确的,绝对不允许未经仔细检查电路就通电试试看。

(7) 实验中途换仪器、仪器换挡、改变量程,都要先切断电源。

(8) 实验仪器显示任何不正常,都要先切断电源。

(9) 实验结束后,将仪器调到最安全的状态后再切断电源,如果时间允许应审查记录,看是否有漏测或错误,最后拆除连线,整理仪器和导线,放回原来位置。

【常用仪器的工作原理、基本性能和使用方法】

1. 电源

电源分交流电源和直流电源两种。

(1) 我们常用的电网电源就是交流电源,用符号"AC"或"～"表示。例如"AC220"表示电压为 220 V 的交流电源。常用的交流电压有 380 V 和 220 V 两种,频率为 50 Hz。较高或较低的电压由变压器来获得。

(2) 直流电源

用符号"DC"或"—"表示。常用的直流电源有干电池、蓄电池和晶体管稳压电源等。晶体管稳压电源电压稳定,内阻小,使用方便,其输出电压有固定的,也有连续可调的。干电池电压稳定,内阻也小,但其容量有限,要注意更换。直流稳流电源在一定负载内能给出一定的恒定电流,电流大小连续可调。

选用电源时除了应注意它的输出电压外,还要注意取用的电流或负载电阻是否在电源的额定值内,如果电流过大,超过其额定值,电源将急剧发热而损坏,使用时要特别注意防止短路。

2. 电表

(1) 直流电表(表头)

常用的直流电表大多数是磁电式电表,它利用永久磁铁对通电线圈作用的原理制成,其内部结构如图 3.1 所示。

在马蹄形永久磁铁的两个磁极中间有一个圆柱形的铁芯,在两极空隙间装有用漆包线绕成的线圈,它连接在转轴上,可绕转轴转动,待测电流从其中通过。转轴上附有指针。轴的两端各连有一盘游丝,它们绕向相反,所以在未通入电流时,线圈处于平衡位置,这时指针应指零点。指针位置可通过零点调整螺钉来调节。

当有待测电流通过时,磁场就给线圈一个力矩,使它转动。这个力矩大小和待测电流强度成正比。线圈转动时,游丝发生形变,产生反方向的恢复力矩,阻止线圈继续转动。线圈偏转的角度越大,游丝的形变就越大,恢复力矩就越大。当恢复力矩增大到和电磁力矩相等时,线圈就停止转动。这时指针指示的偏转角度反映出待测电流的大小。这就是磁电式电表(表头)的基本原理。

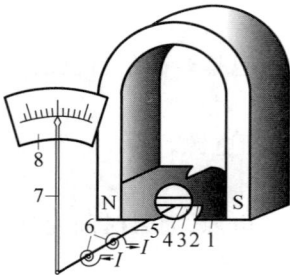

图 3.1　电表表头内部结构图

1—马蹄形永久磁形;2—间隙;3—铁芯;
4—线圈;5—转轴;6,7—指针;8—表盘

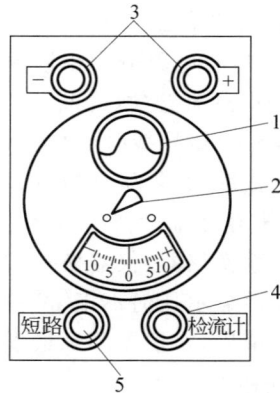

图 3.2　AC5/4 直流指针式检流计面板图

1—零点调节器;2—线圈锁扣;3—接线
柱;4—开关按钮;5—短路控制

(2) 检流计

指针式检流计主要用于检测微小电流,它具有较高的灵敏度,分为指针式和光点反射式两类。其特点是指针零点在刻度盘中央,便于测出不同方向的电流,常用于指示电路平衡。

图 3.2 为 AC5/4 直流指针式检流计面板图,线圈锁扣 2 拨向红点(即图中位置),由于机械作用,线圈被锁住不能转动。锁扣拨向白点时,指针可朝两个方向转动。使用有锁扣的检流计,检测时应将锁扣松开。移动检流计或检流计用过后,锁扣应锁住。旋钮 1 为零点调节器,检测前,应旋转旋钮,使指针指在零线上。旋转时,应轻、缓,因指针的转动滞后于旋钮

的转动。3 为接线柱,用于将检流计接入检测的电路中。按钮 4 相当于检流计开关,按下按钮 4,检测电路接通。按钮向上弹起时,检测电路不通。若需要长时间接通检测电路,在按下旋钮后再旋转一下按钮,松手后按钮不再弹起。按钮 5 是一个阻尼开关,它与检流计线圈并联。按下按钮 5,检流计线圈被短路,指针因受到电磁阻尼而停止摆动。适时地按下它,可使指针迅速停在零点处,以节省实验时间。

检流计一般只能测量很小的电流,约 $100~\mu A$。为防止通过检流计的电流过大,必要时可在检测电路上串联一个保护电阻。保护电阻本身再并联一个短路开关,以便根据需要给检流计加上或去掉保护电阻。

它的主要指标有:

① 检流计常数:指针每偏转一小格时,流过偏转线圈的电流强度,通常用(μA/小格)作单位。检流计常数越小,灵敏度越高。

② 内阻:检流计内阻是指内部直流电阻,以 R_g 表示。

(3) 直流电压表(伏特表)

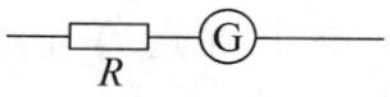

它由磁电式电表(表头)串联电阻组成(见图 3.3),用于测量电路电压。它的主要指标有:

图 3.3 直流电压表内部电路

① 量程:指针满偏时的电压值。有的电压表有多个量程,如 $0\sim3.0~V\sim7.5~V\sim15~V\sim30~V$,表示这个电压表有四个量程(四挡)。它表示测量电压最大值分别为 $3.0~V$、$7.5~V$、$15~V$、$30~V$,使用时不能超过其量程范围。电表测量值 A 按下式计算:

$$A = n \cdot \frac{M}{N}$$

其中,n 为指针指示的格数;M 为量程;N 为该量程标度尺的刻度总格数。

② 内阻:电压表两极之间的电阻。电压表内阻一般较大,内阻越大,量程越大。同一电压表的不同挡位,其内阻不同。但是,同一电压表的每伏欧姆数是相同的,其值是这样规定的:当电表指针满偏时线圈通过的电流强度的倒数,即 $1/I = R/U$。因此欲求某一量程的内阻的计算方法为

$$内阻 = \frac{\Omega}{V} \times 量程$$

③ 准确度等级:表示电压表测量电压的准确程度。按国家标准,电表准确度等级可分为 0.1、0.2、0.5、1.0、1.5、2.5、5.0 七个等级。它表示电表刻度盘上任一读数的最大误差为

$$\Delta_{仪} = M \times \varepsilon\%$$

其中,M 为所用电表量程;ε 为电表的准确度等级。对某测量值的相对误差为

$$E = \frac{\Delta_{仪}}{测量值} = \frac{M}{测量值} \times \varepsilon\%$$

一般测量值不等于 M,所以当测量值越接近量程时,测量值的相对误差越小,反之越大。因此,选用电表量程时应尽量使指针偏转在满刻度 2/3 以上,以减少测量的相对误差。

例 3.1 用一个准确度为 1.0 级、量程为 $3~V$ 的电压表测量一电阻的电压,读数为 $2.345~V$,请写出正确表达式。

解：仪表误差为

$$\Delta_{仪} = M\varepsilon\% = 3\ \text{V} \times 1.0\% = 0.03\ \text{V}$$

则读数的正确表达方式为 2.34 V。

（4）直流电流表（安培表）

直流电流表由磁电式电表（表头）并联电阻组成（见图 3.4），用来测量电路中的电流大小。它的主要指标有：

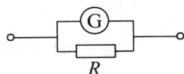

图 3.4　直流电流表内部电路

① 量程：指针满偏时的电流值。很多电流表具有多量程可供测量时选择。

② 内阻：表头内阻与分流电阻并联后的等效电阻。电流表内阻一般较小，量程越大，内阻越小。

③ 准确度等级：与直流电压表相同。

（5）电表使用常识

① 要正确选择电表的准确度等级和量程。每个电表的表面上都标有级别，如标有符号①的就叫 1.0 级表，它的任一刻度示值和标准值之差＝量程的 1%。例如，量程为 10 V 的 1.0 级表，它的任一读数和标准值之差小于 0.1 V。只有合理选择不同规格型号和准确度等级的电表，才能使测量结果的误差不超出要求的范围。如果选择不当，虽电表的准确度等级很高，也可能使测量结果的误差超出要求的误差范围。根据电表的准确度等级和量程可以计算出给定挡次内任一测量值的最大基本误差（绝对误差）。为提高测量精度（减小相对误差），应当在被测电流或电压可变时，使指针偏转大于 2/3 量程，即**在大于电路最大电流的情况下选择最小量程**。在被测电流或电压不可变时，调节挡次，使指针偏转大于 2/3 量程，调节挡次时应先选择量程大的挡次，而后再依次向量程小的调节。

② 电表在电路中的接入方法要正确。电流表只能用来测电流，切不可用来测电压，而且只能串联在电路中使用。电压表只能用来测电压，切不可用来测电流，而且只能并联在电路中使用。

③ 接线时要注意电表接线柱的"＋""－"。因电表的偏转方向与所通过的电压或电流方向有关，若"＋""－"极接错，会撞坏指针。

④ 在测量前应检查指针和零点是否对齐，如没对齐应调零。

⑤ 读数时应正确判断指针位置。为了避免视差，必须使视线垂直于刻度盘读数。精密电表的刻度尺旁附有镜面，指针与其影子重合时所对准的刻度才是电表的读数。

⑥ 使用任何电表和电器元件时都应注意盘面上的标记符号及所代表的意义，见表 3.1 和表 3.2。

3. 数字电表

数字电表是近来电子工业迅速发展的产物。它的优点是可以用数字直接显示被测电压、电流和电阻等的数值，因此，读数很方便。它不存在指针式电表中机械结构产生的误差和视差，同时它的伏特表内阻高，安培表的内阻低，测量准确度高，是现代仪器仪表的发展方向。

表 3.1 常见电气仪表盘面上的标记符号及其意义

名称		符号	意义	名称		符号	意义
电表类型	磁电式	⌂	表示电表的基本结构	方位	电表直放	⊥	表示电表表面放置的方向
	整流式	⌂			电表平放	⊓	
	热偶式	⌂			电表与水平 60°	∠60°	
	电子管式	⌂		其他	高压警戒	⚡	电表能经受 50 Hz、2 kV 交流电压,历时 1 min 的绝缘强度试验
	晶体管式	⌂			耐压 2 kV	⚡2 kV	
	电动式	⊟			☆	☆	
	电磁式	⌇			500 V	☆	电表能经受 50 Hz、500 V 交流电压,历时 1 min 的绝缘强度试验
准确度等级	0.1 级	⓪.1	一般标准用表			○	不进行绝缘试验
	0.2 级	⓪.2			磁电式一级防外磁场	△I	在 5T 外磁场影响,电表指示的变化一级不超过量程的 ±0.5%;二级 ±1%;三级 ±2.5%;四级 ±5.0%
	0.5 级	⓪.5			二级防外磁场	△II	
	1.0 级	①.0	一般测量或指示数值用		三级防外磁场	△III	
	1.5 级	①.5			四级防外磁场	△IV	
	2.5 级	②.5			A 组仪表	△A	一般仪表,通常标符号,(0 ~ ±40)℃条件下工作
	5.0 级	⑤.0					
电流种类	直流	═	表示电表可测的电学量类型		B 组仪表	△B	在 −20 ~ +50℃条件下工作
	交流(单相)	∼			C 组仪表	△C	在 −40 ~ +60℃条件下工作
	交直流两用	≃			热型仪表	△T	在 −10 ~ +50℃条件下工作
	三相交流	≈		注:A、B、C 三组仪表使用时相对湿度都低于 95%			

4. 电阻箱

ZX21 型电阻箱的面板如图 3.5 所示,它的内部线路是用一套锰钢线绕成的标准电阻。旋转电阻箱的旋钮,可以得到不同的电阻值。图中的电阻值读数为

$8×10\ 000\ \Omega+7×1000\ \Omega+6×100\ \Omega+5×10\ \Omega+4×1\ \Omega+3×0.1\ \Omega=87\ 654.3\ \Omega$

(1)电阻箱的主要指标

① 总电阻:电阻箱各旋钮都放在最大值 9 时的总电阻。

表 3.2　电路中常用电器元件的符号

名　称	符　号	名　称	符　号
检流计		变压器	
电流表	(A)　(mA)	二极管（晶体）	
电压表	(V)	三极管（晶体）	
直流电	== DC	指示灯	
交流电	∼ AC	单刀单掷开关	
交直流两用	≈	双刀单掷开关	
电源、电池		双刀双掷开关	
电容		接地	
电阻		连接线路	
可变电阻		不连接线路	
电感线圈			

② 额定功率：指电阻箱每个电阻的功率额定值。可由它计算通过每个电阻的额定电流：$I=(P/R)^{1/2}$，P 为额定功率，R 取最高旋钮倍率。即同一挡中，允许通过的额定电流是相同的，不同挡允许通过的额定电流不同。电阻越大挡，额定电流越小。ZX21 型电阻箱的额定电流见表 3.3。

③ 准确度等级：标准电阻箱的准确度等级分为 0.01、0.02、0.05、0.1、0.2、0.5、1.0 七个等级。若电阻箱为 0.2 级，则电阻箱的绝对误差为 $\Delta_R \leqslant R \times 0.2\%$。

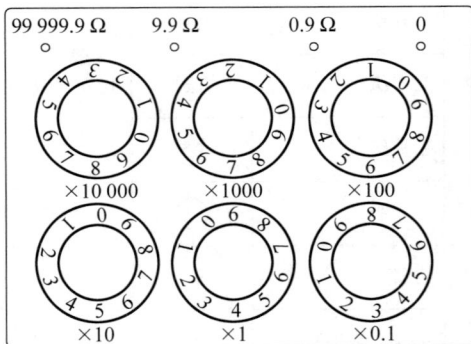

图 3.5　ZX21 型电阻箱面板图

表 3.3　ZX21 型电阻箱的额定电流

旋钮倍率	×0.1	×1	×10	×100	×1000	×10 000
额定电流/A	1.5	0.5	0.15	0.05	0.015	0.005

④ 旋钮的接触电阻：不同等级电阻箱的接触电阻不同，同一电阻箱上不同旋钮的接触电阻也不一样。电阻越低要求旋钮接触电阻越小。为了减小旋钮接触电阻和接线电阻对读数的影响，若只需用 0.9 Ω 或 9.9 Ω 以下的电阻值时，应选用"0"与"0.9"或"9.9"接线柱。

电阻箱的仪器相对误差通常由下面的公式计算：

$$\frac{\Delta_R}{R}=\left(\varepsilon+b\,\frac{m}{R}\right)\%$$

其中,ε 为电阻箱的准确度等级;R 为电阻箱所取的电阻值;b 为与准确度等级有关的系数;m 是所使用的电阻箱的转盘数。对 0.1 级电阻箱来说,$\varepsilon=0.1$,$b=0.2$,即有

$$\frac{\Delta_R}{R}=\left(0.1+0.2\frac{m}{R}\right)\%$$

例 3.2 一电阻箱取值为 150 Ω,电阻箱的准确度等级为 0.1 级,额定功率为 0.25 W,计算其额定电流和电阻箱误差。

解:额定电流

$$I=\sqrt{0.25/100}\ \text{A}=0.05\ \text{A}$$

电阻箱误差

$$\Delta_R=R\cdot\varepsilon\%+0.2\%\cdot m$$
$$=(150\times0.1\%+0.2\%\times6)\ \Omega=(0.15+0.012)\ \Omega=0.162\ \Omega=0.2\ \Omega$$

(2) 电阻箱的使用常识

① 工作电流不能超过各电阻所规定的额定电流值。

② 实验中,使用电阻箱时不能使电阻值为零,以免损坏其他仪表。因此,当遇到电阻由 90 Ω 变为 100 Ω 时,应先将 ×100 挡拨到 1 处,然后再将 ×10 挡拨至 0。

5. 滑线式变阻器

滑线式变阻器是用来改变电流和电压的仪器。其外形如图 3.6(a) 所示,图 3.6(b) 为线路图。

滑线式变阻器有一根绕在绝缘瓷质圆筒上的均匀电阻丝,其两端固定在 A 与 B 上,上面有一粗金属棒,棒的两端与接线柱 C_1、C_2 相连。棒上有滑动接触器 C,当滑动接触器在电阻丝上移动时,C 与电阻丝接触点也随之改变。

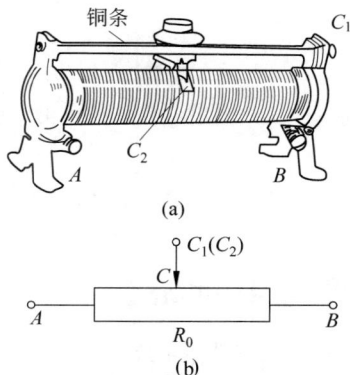

(1) 滑线变阻器的主要指标

① 阻值:AB 两端之间的总电阻。

② 额定电流:滑线变阻器上允许通过的最大电流。

图 3.6 滑线变阻器外形图与线路图

(2) 滑线变阻器的用途

① 作限流器用:如图 3.7 所示,将变阻器的任一固定端 A 或 B 和滑动头 C 串联在电路中,用以改变回路中的电流强度。因此,如果变阻器作限流器用时,在未通电之前,必须把电阻值放到最大位置。

② 作分压器用:如图 3.8 所示,总电压加于固定端 A、B 即 BC 之间是可调电压输出端,因此,输出电压连续可调。滑线变阻器作分压器用时为了电路的安全,在未通电之前,须将滑动变阻器放在输出电压为零的位置(BC 重合),此时 $R_{BC}=0$,$U=0$,然后调节滑动头 C,使电压升到所需要的值。

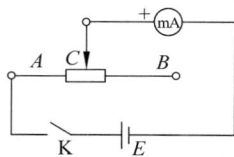

图 3.7 限流电路

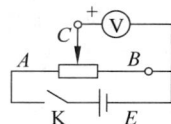

图 3.8 分压电路

6. 开关(电键)

电路中常用开关接通和切断电源或变压器。

实验中常用的开关有单刀单向、单刀双向、双刀双向、双刀换向等各种开关。在电路中分别用图 3.9 所示的各种符号表示。

单刀单向　　　　单刀双向　　　　双刀双向　　　　双刀换向　　　　按钮开关

图 3.9　各种开关符号

双刀双向开关在电路中的作用,可由图 3.10 来说明。开关的双刀 CC' 拨向 AA' 处时,由电源 E_1 向负载 R 供电;CC' 拨向 BB' 处时,由电源 E_2 向负载 R 供电。

双刀换向开关由图 3.11 来说明。双刀 CC' 拨向 AA' 时,电流沿 $CAB'NMBA'$ 流动,R 中电流方向为 $N{\to}M$;双刀 CC' 拨向 BB' 时,电流沿 $CBMNB'C'$ 流动,R 中电流方向换成 $M{\to}N$。

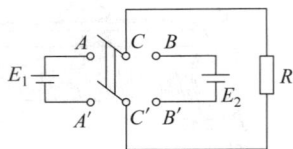

图 3.10　双刀双向开关应用电路

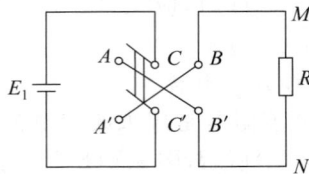

图 3.11　双刀换向开关应用电路

【思考与讨论】

1. 设电阻箱的额定功率 $P=0.5$ W,问当取值 $R=4321.6\ \Omega$ 时,允许通过的电流等于多少?

2. 电阻箱的准确度等级为 0.2 级,当取值为 $56.3\ \Omega$ 时,其误差 Δ_R 等于多少?

(廖坤山　编写)

实验 14　电学基本器具的使用

【实验目的】

1. 了解和掌握直流电源、直流电表、滑线变阻器、电阻箱等常用电学仪器设备的规格、性能及使用方法。

2. 学习电学实验的操作规程和一般方法。

3. 了解分压电路和制(限)流电路的使用方法。

【实验仪器】

直流稳压电源、多量程直流电流表、直流电压表、电阻箱 ZX21、滑线变阻器(1 kΩ,200 Ω)、开关、导线。

【实验原理】

利用滑线变阻器的特性与其他仪器组成电学的两个最基本电路：制（限）流电路（图 3.12）和分压电路（图 3.13）。

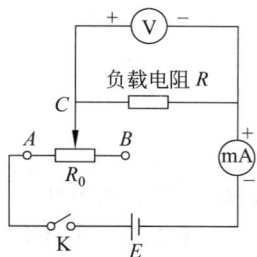

图 3.12 制流电路

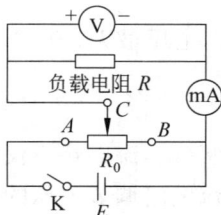

图 3.13 分压电路

电路测量中常常要求在一定范围内选取电压和电流，而电源有时却只供给某一确定的输出电压。解决这个问题的最简单方法是给电源加上一个分压电路或制（限）流电路，这样就把输出电压一定的电源扩展成电压或电流均可在一定范围内连续调节的供电电路。

1. 制（限）流电路

如图 3.12 所示，变阻器固定端 B 空着，而把 AC 段电阻接入电路中，滑动 C 时，由于 AC 段电阻 R_{AC} 改变而使整个回路的总电阻改变，电流也随之改变，变阻器的这种接法可控制回路电流，所以称为制（限）流电路。

当变阻器滑动端 C 滑动到 B 端时，接入电路中的电阻为最大值 R_0，电路中的电流最小，即

$$I_{\min} = \frac{E}{R_0 + R} \tag{3.1}$$

当 C 滑动到 A 端时，接入电路的电阻 $R_{AC} = 0$，电路中的电流最大，即

$$I_{\max} = \frac{E}{R} \tag{3.2}$$

在制（限）流电路中，根据用电部分的电阻值（或称负载电阻）R 及要求的电流控制范围（即 $I_{\min}$ 和 $I_{\max}$）选择变阻器。选用式（3.2）确定电路的电源电压 E，再由式（3.1）确定 R_0，选用变阻器的总电阻稍大于此值。

注意：变阻器的额定电流必须大于 $I_{\max}$，以确保安全。

2. 分压电路

如图 3.13 所示，变阻器的两个固定端 A、B 分别接到电源上，从滑动端 C 与一个固定端 B 引出电压，接到用电部分（负载电阻 R）。当 C 在 A、B 之间滑动时，B、C 之间电压 V_{BC} 在 $0 \sim E$ 之间变化，变化范围与变阻器阻值 R_0 无关，故称为分压电路。

由图中可知，负载电阻 R 与 R_{BC} 并联，只有当 $R_0 \ll R$ 时，并联电阻值主要由 R_{BC} 决定。滑动 C 时，得到的电压才会均匀变化，调节起来方便，所以分压电路中应使变阻器 R_0 小于负载电阻 R，越小调节越均匀。但是，由于变阻器两个固定端与电源连成一个闭合回路，变阻器一直在消耗电能，从这一点讲，变阻器的阻值又不能太小。因此，兼顾分压均匀和减少消耗电能，一般取 $R_0 \leqslant R/2$。变阻器的额定电流应大于 E/R'。R' 表示 R_0 与 R 并联

的电阻。

3. 制(限)流、分压电路的选择

在制(限)流电路中,由于电流有一个变化范围,R 上的电压也有一个变化范围,当 $I = I_{min}$ 时,电压最小,即

$$V_R = \frac{E}{R_0 + R} R$$

当 $I = I_{max}$ 时,电压最大,即

$$V_R = \frac{E}{R} R = E$$

所以,实际上制(限)流电路不仅能调节 R 上的电流,而且能调节 R 上的电压。与分压电路比较,制(限)流电路调节电压的范围较小,但它比分压电路少一条支路。如果使用同一个变阻器,制(限)流电流消耗的能量就小些。所以,在功率较大的电路中,采用制(限)流电路来调节电压较为适当。

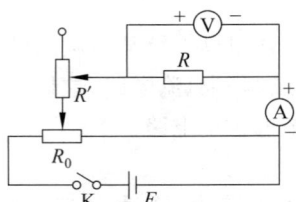

图 3.14 混合电路

当用电部分被等效为负载电阻 R 比较小时,而且要求电流或电压变化比较小时,一般采用制(限)流电路。当负载电阻比较大时,要求电压从 0 开始,变化范围比较大,一般采用分压电路。如负载电阻比较小,要求电流及电压变化范围比较大,一般采用分压制(限)流合用电路,如图 3.14 所示。

4. 制(限)流电路和分压电路选择举例

例 3.3 负载电阻为 40 Ω,要求电压变化范围为 0.8～3 V,电源电压取 3 V,电源控制部分应采用制(限)流电路还是分压电路?

解:根据题目要求可求出电流的变化范围为 20～75 mA,电流比较大,电压变化比较小(即电压不要求从 0 开始),一般选择制(限)流电路。根据公式(3.1)可求出变阻器 R_0 为 110 Ω,可选择 200 Ω 的变阻器。

若采用分压电路,根据分压电路的变阻器选择原则 $R_0 \leqslant R/2$,可求出 $R_0 \leqslant 20$ Ω。在实际中很难找到这样小的变阻器,并且,能源消耗比较大,因此,选择分压电路不合适。

综上所述,电源控制电路选择制(限)流电路,变阻器的阻值为 200 Ω。

例 3.4 负载电阻为 600 Ω,电压变化范围为 0.8～3 V,电源电压为 3 V,电源控制电路应采用什么电路?

解:根据题目要求可求出电流的变化范围为 1.33～5 mA,电流比较小,若用制(限)流电路,其变阻器的阻值比较大,即大于 1650 Ω,调节比较难,而且变阻器也比较难找。若采用分压电路,根据分压电路变阻器的选择原则,变阻器阻值小于等于 300 Ω,可选用 200 Ω 的变阻器,即可符合题目要求。

【实验内容及步骤】

1. 认识仪器,记录仪器的主要规格。

2. 了解各仪器的结构、使用方法及读数方法。

3. 研究制(限)流与分压电路。

(1)制(限)流电路:见图 3.15,电源电压 $E = 3$ V,变阻器

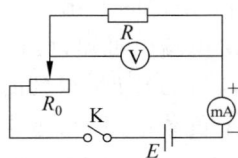

图 3.15 制流电路

$R_0 = 1000\ \Omega$,负载电阻(用电阻箱代替)$R = 200\ \Omega$。

① 计算 I_{max} 及 I_{min},选择电流表量程。

② 计算电阻箱额定电流,电阻箱和变阻器的使用是否安全?

③ 把变阻器的阻值置于最大位置。

④ 根据图 3.15 接好线路,合上开关 K,滑动变阻器,读出电流表和电压表的读数,记录到表 3.4 中(注意:应根据电表误差记录有效数据)。

⑤ 改变毫安表量程(不改变变阻器的位置),读出另一量程的电流表和电压表的读数,记录到表 3.4 中。

(2) 分压电路:见图 3.13,$E = 3\ V$,直流电压表用 3 V 挡,变阻器 $R_0 = 200\ \Omega$。

① 负载电阻(用电阻箱代替)R 取 $100\ \Omega$,计算通过 R 支路的 I_{max} 看看电阻箱和变阻器是否安全。

② 负载电阻(用电阻箱代替)R 取 $500\ \Omega$,计算通过 R 支路的 I_{max} 看看电阻箱和变阻器是否安全。

③ 根据图 3.13 接好线路,并把变阻器的阻值置在最小值,电阻箱的阻值置于 $100\ \Omega$,合上开关,滑动变阻器,读出电压表和电流表的读数,记录到表 3.5 中。

④ 打开开关,并把变阻器的阻值置在最小值,电阻箱的阻值置于 $500\ \Omega$,合上开关,滑动变阻器,读出电压表和电流表的读数,记录到表 3.6 中。

⑤ 检查数据是否有错,打开开关,关掉电源,整理仪器。

【数据记录与处理】

(1) 制(限)流电路

$E =$ _____;$R =$ _____;$R_0 =$ _____;制(限)流范围:$I_{max} =$ _____,$I_{min} =$ _____;电流表量程(选两种)$=$ _____;电阻箱额定电流 $=$ _____,电阻箱和变阻器是否安全?(注意同时读两个量程的测量值)

表 3.4 制流电路的测量

变阻器/格		0	20	40	60	80	100
量程 1 电流/mA $\Delta_A =$	"格数"						
	"换算"						
电压/V $\Delta_U =$							
量程 2 电流/mA $\Delta_A =$							
电压/V $\Delta_U =$							

计算电流表的两种量程的误差,比较两组测量数据,讨论用哪个量程测量电流更准确?应如何选择量程?

（2）分压电路

$E=$＿＿＿＿＿；$R=$＿＿＿＿＿；$R_0=$＿＿＿＿＿；$I_{max}=$＿＿＿＿＿，电阻箱和变阻器是否安全？

表 3.5　分压电路的测量 1

变阻器/格	0	10	20	30	40	50	60	70	80	90	100
电压/V $\Delta_U=$											
电流/mA $\Delta_A=$											

$E=$＿＿＿＿＿；$R=$＿＿＿＿＿；$R_0=$＿＿＿＿＿；$I_{max}=$＿＿＿＿＿，电阻箱和变阻器是否安全？

表 3.6　分压电路的测量 2

变阻器/格	0	10	20	30	40	50	60	70	80	90	100
电压/V $\Delta_U=$											
电流/mA $\Delta_A=$											

在同一坐标系上画出以上 V-R_0 两条曲线（变阻器格数为横坐标，电压值为纵坐标），结合两条曲线讨论分压电路中怎样选择变阻器的阻值。

比较制（限）流电路和分压电路中的电压变化情况和电流变化情况。

【思考题】

1. 设负载电阻 $R=500\ \Omega$，要求控制电流范围为 $1.4\sim8.0$ mA，试设计一个制（限）流电路。

2. 本实验用的量程 3 V 的直流电压表，准确度等级为 1.0 级。当读数为 2.624 V 时，其误差等于多少？如果是一次测量，那么应该怎样表达？

3. 准确度等级为 0.1 级，额定功率为 0.25 W 的电阻箱，若电源为 6 V，当电阻箱分别取值 43.7 Ω 和 12.5 Ω 时，电阻箱是否安全？

（廖坤山　编写）

实验 15　示波器的使用

示波器是一种用途广泛的电子测量仪器，主要由示波管和复杂的电子线路组成。用示波器可以直接观察电信号的波形，并能测量电压信号的幅度和频率等。因此，一切可转化为电压信号的电学量（如电流、阻抗等）和非电学量（如位移、压力、温度、光强等）都可以用示波器来观察、测量。由于电子射线的惯性小,又能在荧光屏上显示出可见的图像,所以示波器特别适用于观测瞬时变化过程。

【实验目的】

1. 了解示波器的主要组成部分及简单工作原理。
2. 熟悉使用示波器和信号发生器的基本方法。
3. 学会使用示波器观察信号电压波形、测量交流电信号的电压、观察李萨如图形并测定信号频率。

【实验仪器】

SS-7802A(或 GOS-620)型双踪示波器,EE1641B(F10A)型函数发生器。

【原理简述】

1. 示波器的基本结构

示波器主要由电子示波管、扫描和整步、电压放大器和衰减器、电源组成。下面仅就它们的主要功能作简单叙述,至于具体线路不作介绍。

(1) 示波管

示波管的大致结构如图 3.16 所示,其左端为一电子枪,灯丝 F 通电后使受热的阴极 K 发生热电子发射,调节"亮度"旋钮,可以改变栅极 G 的电位,控制穿过栅极打到荧光屏上的电子数,从而改变荧光屏亮点的"辉度"。栅极的右边是第一阳极 A_1 和第二阳极 A_2,它们的作用是使电子加速和"聚焦"。第一阳极也称聚焦阳极,第二阳极电位更高,又称加速阳极。调节"聚焦"旋钮,就是调节第一阳极的电位,可以改变亮点的窄细程度。

在电子枪和荧光屏间装有两对相互垂直的平行板,称为偏转板。横方向一对称为 X 轴偏转板(横板),纵方向一对称为 Y 轴偏转板(纵板)。如果板上加有电压,则电子束通过偏转板时受正电板吸引,受负电板排斥,从而使电子束在荧光屏上的亮点位置也跟着改变,所以偏转板是用来控制亮点位置的。在一定范围内,亮点的位移与偏转板上所加的电压成正比。

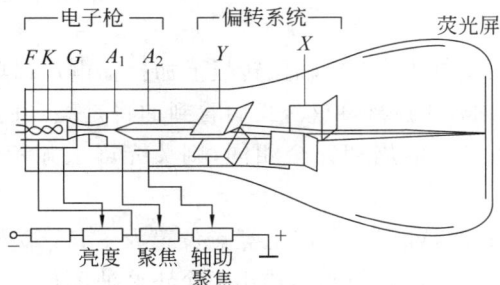

图 3.16 示波管的结构简图

F—灯丝;K—阴极;G—控制栅极;A_1—第一阳极;

A_2—第二阳极;Y—竖直偏转板;X—水平偏转板

（2）电压放大器和衰减器

当加于偏转板的信号电压较小时，由于示波管偏转板的灵敏度不高（0.1～1 mm/V），电子束不能发生足够的偏转，以致屏上光点位移过小，不便观测，这就需要预先把小的信号电压放大再加到偏转板上。为此，设置 X 轴及 Y 轴电压放大器。

为了使输入过大的信号电压变小，以适应示波器的要求，X 轴和 Y 轴都设置有衰减器。

（3）扫描和整步

为了在屏上观测从 Y 轴输入的周期性信号电压波形，必须使一个（或几个）周期内的信号电压随时间变化的细节稳定地出现在屏上，为此，在示波器中，设置扫描和整步系统，控制 X 轴偏转板，其主要部分是锯齿波电压发生器。

2. 示波器的示波原理

（1）示波器的扫描

通常利用示波器来观察一个从 Y 轴输入的周期性信号电压的波形。为此，必须使一个（或几个）周期内随时间的变化的波形稳定地出现在荧光屏上。

如果仅把一个周期性的交变信号如交变正弦电压 $V_y = V_0 \sin \omega t$ 加到 Y 轴偏转板上而 X 轴偏转板上不加信号电压，则荧光屏上的光点只作上下方向上的正弦振动，振动频率较快时，我们看到的只是一条垂直的亮线，如图 3.17 所示。

要在荧光屏上展现出正弦波形，就需要同时在 X 轴偏转板上加一随时间作线性变化的电压，称为扫描电压。这种电压随时间变化的关系如同锯齿，故称锯齿波电压，如图 3.18 所示。锯齿波电压的特点是：电压从 $-V_{xm}$ 开始（$t=t_0$）随时间成正比地增加到 V_{xm}（$t_0 < t < t_1$），然后又突然返回 $-V_{xm}$（$t=t_1$），再从头开始与时间成正比地增加（$t_1 < t < t_2$）……重复前述过程。如果单独把锯齿波电压加在 X 轴偏转板上而 Y 轴偏转板不加电压信号，也只能看到一条水平的亮线，如图 3.18 所示。

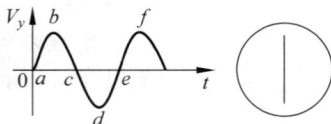

图 3.17   电子束作铅直方向运动

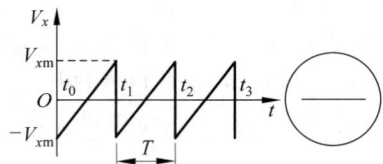

图 3.18   锯齿波电压

在 Y 轴偏转板上加正弦电压，在 X 轴偏转板上加扫描电压（锯齿波电压），则荧光屏上亮点将同时进行方向互相垂直的两种位移，我们看到的将是亮点的合成位移，如图 3.19 所示。如果正弦电压和扫描电压的周期完全相同，则荧光屏上显示的图形是一个完整的正弦波。

图 3.19 中，当 V_y 为 a 时，V_x 为 a'，屏上亮点位置为 a''；V_y 为 b 时，V_x 为 b'，屏上亮点位置为 b''，……亮点由 a'' 经 b''、c''、d'' 至 e''，描出整个正弦波图形。

综上所述，要观察加在 Y 轴偏转板上电压 V_y 的变化规律，必须在 X 轴偏转板上加锯齿波电压，把 V_y 产生的竖直亮线展开，这个展开过程称为"扫描"。

（2）示波器的整步

由上述可见，当 V_y 与 X 轴的扫描周期相同时，亮点描完整个正弦曲线后迅速返回原来

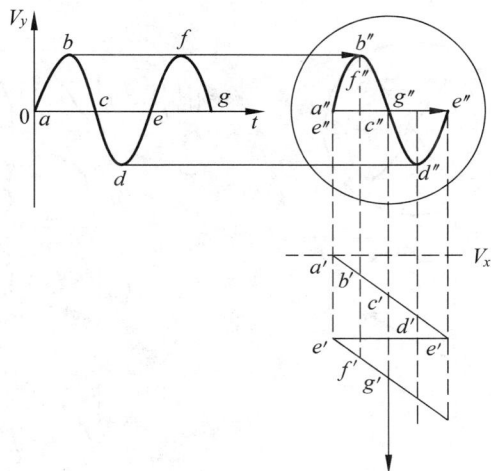

图 3.19 示波器显示波形的原理

开始的位置,于是又描出一条与前一条完全重合的正弦曲线,如此重复。如果周期不同,那么第二次、第三次……描出的曲线与第一次的就不重合,荧光屏显示的图形将不是一条稳定的曲线,而是一条不断移动的,甚至更加复杂的曲线。所以,只有 V_y 与 V_x 的周期严格相同,或后者是前者的整数倍,图形才会清晰而稳定。换言之,构成稳定的示波器图形的条件是 V_y 与 V_x 的频率成整数倍关系,即

$$\frac{f_y}{f_x} = n, \quad n = 1, 2, 3, \cdots \tag{3.3}$$

这时,屏上将出现 n 个稳定的信号电压波形。

实际上,由于 V_y 与 V_x 的信号来自不同的振荡源,它们之间的频率比不会自动满足简单的整数倍,所以示波器中的扫描电压的频率必须可调。细心调节扫描电压频率,可以大体满足 $f_y/f_x = n$ 的关系,但要准确地满足此关系仅靠人工调节是不容易的。为解决这一问题,在示波器内部设有自动频率跟踪装置,称为"整步"。在人工调节的基础上,再加入"整步"的作用,从而获得稳定的波形。

（3）李萨如图形

如果在示波器 X 轴偏转板和 Y 轴偏转板上输入的都是正弦电压,那么荧光屏上看到的亮点运动轨迹是两个相互垂直振动的合成。当两个正弦电压信号的频率相等或成简单整数比时,荧光屏上亮点的合成轨迹为一稳定的闭合图形,此图形被称为李萨如图形。例如,当 V_y 的频率 f_y 是 V_x 的频率 f_x 的 2 倍时,即 $f_y/f_x = 2/1$ 时,亮点的运动轨迹如图 3.20 所示。图 3.21 是频率成简单整数比时形成的若干李萨如图形。如果在李萨如图形的边缘上分别作一条水平切线和一条垂直切线,并读出它们与图形相切的切点数,可以证明:

$$\frac{水平切线上的切点数\ N_x}{垂直切线上的切点数\ N_y} = \frac{f_y}{f_x} \tag{3.4}$$

如果 f_y 或 f_x 中有一个是已知的,那么由李萨如图形就可以求出另一未知频率。这是一种测量振动频率的重要方法。

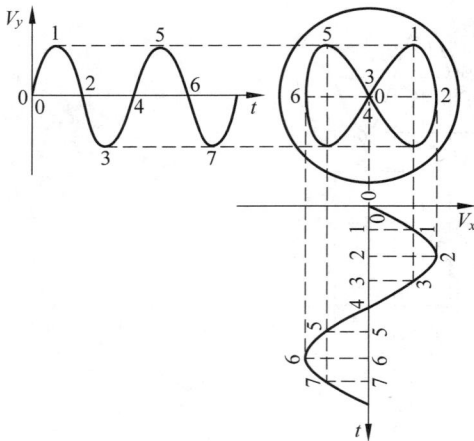

图 3.20　李萨如图形合成过程

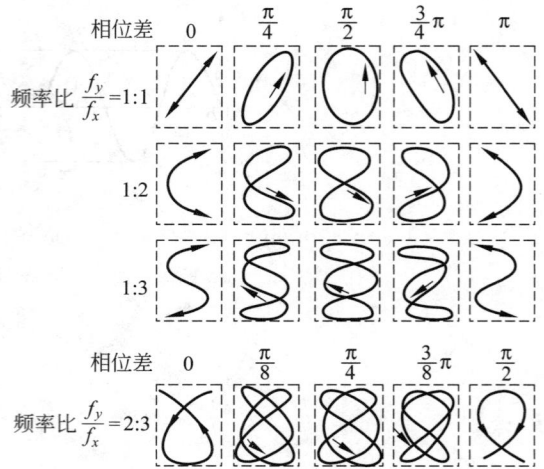

图 3.21　李萨如图形

【实验内容和步骤】

1. 示波器的预置

将各个旋钮、按钮、切换开关等调节在预置位置。

以 GOS-620 型双踪示波器为例,预置方法如下:

各旋钮预置位置为[POSITION-32]居中,[SWP. VAR-30]置右 CAL,[TIME/DIV-29]居中,[LEVEL-28]居中,[VOLTS/DIV-7]居中,[POSITION-11]居中,[POSITION-17]居中,[VOLTS/DIV-22]居中,[INTEN-2]居中,[FOCUS-3]居中。

各按钮预置位置为弹出状态。

切换开关预置位置为[TRIGGER MODE-25]置于 AUTO,[SOURCE-23] 选择被测信号对应位置 CH1 或 CH2,[AC. GND. DC-10]置于 AC、[MODE-14]选择被测信号对应位置 CH1 或 CH2,[AC. GND. DC-18] 置于 AC。

针对 SS-7802A 示波器,预置方法也相似,按下电源开关后,先按[A]选择 A 扫描普通模式,若是观察李萨如图形则按[X-Y]选择 X-Y 扫描模式。接下来将各旋钮预置位置居中,各按钮预置位置为弹出状态或指示灯不亮,切换开关置于对应位置,个别特殊位置按仪器上的英文或图形标识预置,使用时注意观察辨别。

2. 观察正弦波波形和测量信号频率

由函数信号发生器[主函数接口]输出被测频率 f(表 3.7 中的 4 个频率)。调节函数信号发生器,选择正弦波波形,其峰峰值 V_{p-p} 取 2.0 V。这时示波器上必将出现稳定或闪动的波形,否则重新检查示波器的预置状态。

示波器调节方法:调节示波器幅度旋钮、扫描旋钮使波形大小、个数合适,调节同步旋钮使波形稳定,调节各上下、左右旋钮使波形居中,调节亮度、聚焦旋钮使亮度合适、聚焦清晰。其他旋钮、按钮、切换开关基本上放在预置位置即可(参见本节附录)。

以 GOS-620 型双踪示波器为例:主要调节[VOLTS/DIV]、[TIME/DIV]旋钮使波形大小、个数合适,配合调节[LEVEL]旋钮使波形稳定,配合调节各[POSITION] 上下、左右旋钮使波形居中,配合调节[INTEN-2]、[FOCUS-3]旋钮使亮度合适、聚焦清晰。

注:读取频率时把[SWP. VAR]旋钮右旋到 CAL 校准位置,读取电压时将[VOLTS/DIV]微调旋钮右旋到 CAL 校准位置。

以 SS-7802A 示波器为例:主要调节[VOLTS/DIV]、[TIME/DIV]等旋钮使波形大小、个数合适,波形稳定;配合调节各 [POSITION] 上下、左右旋钮使波形居中;配合调节[INTEN]、[FOCUS]、[READ OUT]旋钮使亮度合适、聚焦清晰、读数清楚。

调节信号发生器主函数输出频率(即表 3.7 中的 4 个被测频率 f),调节示波器,依次记录 TIME/DIV 的读数、D 读数,计算各被测信号频率。

$$被测频率 \ f = 1/被测周期 = 1/(\text{TIME/DIV 读数} \times D \text{ 读数})$$

上式中 D 读数是指屏幕刻度尺(或电子标尺)在一个周期内的横向大格数,可估读。

3. 测量交流电波形的电压

重新预置示波器。由函数发生器[50 Hz 接口]输出被测交流电信号,将示波器模式选择开关置于对应位置。若未出现波形,请仔细检查判断示波器的预置状态。

$$V_{\text{p-p}} = \text{VOLTS/DIV 的读数} \times H \text{ 读数}$$

上式中 $V_{\text{p-p}}$ 为信号电压峰峰值,是指波峰与波谷间的垂直间距。H 读数是指屏幕刻度尺(或电子标尺)的纵向大格数,可估读。

写出被测信号峰峰值 $V_{\text{p-p}}$ 和频率 f 的计算过程。

4. 观察李萨如图形

重新预置示波器。由函数信号发生器[主函数接口]输出已知频率 f_x,由函数信号发生器[50Hz 接口]输出待测频率 f_y。

为观察李萨如图形,需将 TIME/DIV 逆时针旋至 X-Y 挡(注:SS-7802A 型示波器直接按[X-Y]选择 X-Y 扫描模式)。此时出现李萨如图形,否则重新检查示波器的预置状态。

按表 3.8 中 5 个参考频率,细调信号发生器主函数的输出频率,使图形最稳定时记录信号发生器主函数的已知频率值 f_x。

由 $\dfrac{f_y}{f_x} = \dfrac{N_x}{N_y}$ 计算信号发生器[50Hz 接口]交流电信号的频率值 f_y,并计算被测频率的平均值 $\bar{f}_y$(注意按简算法确定有效数字)。

实验完毕后,恢复各控制件到预置位置,关闭仪器电源、整理好实验仪器。

【数据记录与处理】

1. 观察正弦波波形和测量信号频率[主函数接口]

表 3.7　观察正弦波波形记录表

被测频率 f/Hz	50	100	200	1000
TIME/DIV 读数/(ms/div)				
D/格数				
计算被测周期 T/ms				
计算被测频率 f/Hz				

2. 测量交流电波形的电压[50Hz 接口]

计算峰峰值 $V_{\text{p-p}}$＝VOLTS/DIV 的读数×H＝＿＿＿＿＿＿＿＿＿＿＿。

计算被测频率 f＝1/(TIME/DIV 读数×D)＝＿＿＿＿＿＿＿＿＿＿。

3. 观察李萨如图形

表 3.8　观察李萨如图形记录表

参考频率/Hz	25	50	75	100	200
已知频率 f_x/Hz					
图形记录					
切点比值 N_x/N_y					
计算被测频率 f_y/Hz					

交流电信号频率平均值 $\bar{f}_y$＝＿＿＿＿＿＿＿ Hz。

【思考与讨论】

1. 荧光屏上所观察到的波形实际上是哪两个波形的合成？

2. 用示波器观测 50 Hz 的正弦交流电压信号,当荧光屏上调出两个周期稳定的波形时,其扫描电压的周期是＿＿＿＿＿＿,若被测信号的频率是 2500 Hz,同样得到两个周期的稳定波形,这时扫描周期是＿＿＿＿＿＿。

【附录】　仪器介绍

一、EE1641B 型函数信号发生器/计数器使用说明

1. 前面板说明

EE1641B 前面板布局如图 3.22 所示。

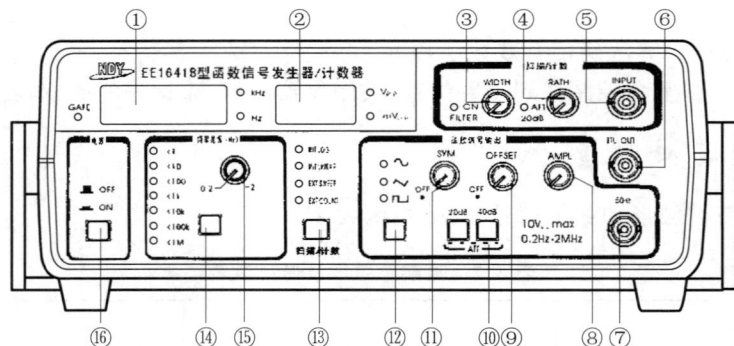

图 3.22　前面板示意图

① 频率显示窗口

显示输出信号的频率或外测频信号的频率。

② 幅度显示窗口

显示函数输出信号的幅度。

③ 扫描宽度调节旋钮

调节此电位器可以改变内扫描的时间长短。在外测频时,逆时针旋到底(绿灯亮),为外输入测量信号经过低通开关进入测量系统。

④ 速率调节旋钮

调节此旋钮电位器可调节扫频输出的扫频范围。在外测频时,逆时针旋到底(绿灯亮),为外输入测量信号经过衰减"20 dB"进入测量系统。

⑤ 外部输入插座

当"扫描/计数"键⑬功能选择在外扫描控制信号或外测频,信号由此输入。

⑥ TTL 信号输出端

输出标准的 TTL 幅度的脉冲信号,输出阻抗为 600 Ω。

⑦ 函数信号输出端

输出多种波形受控的函数信号,输出幅度 20 V(峰峰值,1 MΩ 负载),10 V(峰峰值,50 Ω 负载)。

⑧ 函数信号输出幅度调节旋钮

调节范围 20 dB。

⑨ 函数信号发生器的输出信号直流电平预置调节旋钮

调节范围:$-5 \sim +5$ V(50 Ω 负载),当电位器处在中心位置时,则为 0 电平。

⑩ 函数信号输出幅度衰减开关

"20 dB""40 dB"键均不按下,输出信号不经衰减,直接输出到插座口。"20 dB""40 dB"键分别按下,则可选择 20 dB 或 40 dB 衰减。

⑪ 输出波形,对称性调节旋钮

调节此旋钮可改变输出信号的对称性。当电位器处在中心位置或"OFF"位置时,则输出对称信号。

⑫ 函数输出波形选择按钮

可选择正弦波、三角波、脉冲波输出。

⑬ "扫描/计数"按钮

可选择多种扫描方式和外测频方式。

⑭ 频段选择按钮

每按一次此按钮可改变输出频率的一个频段。

⑮ 频率调节旋钮

调节此旋钮可改变输出频率的一个频程。

⑯ 整机电源开关

此按键按下时,机内电源接通,整机工作。此键释放为关掉整机电源。

2. 后面板说明

EE1641B 后面板布局如图 3.23 所示。

① 电源插座(AC220 V)

交流电 220V 输入插座。

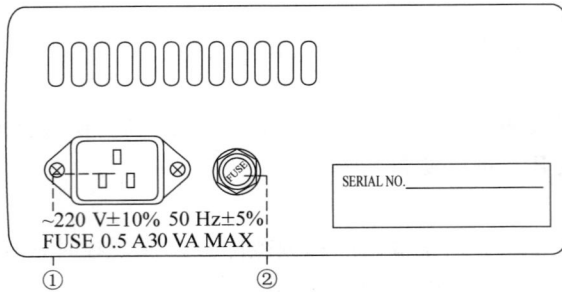

图 3.23 EE1641B 后面板示意图

② 电源插座(FUSE 0.5 A)

交流电 220 V 进线保险丝管座,座内保险容量为 0.5 A。

二、GOS-620 型双踪示波器面板布置

实验前必须仔细阅读示波器面板(图 3.24)上各控制件的作用,注意开机前各控制件所处的位置。详细介绍见表 3.9。

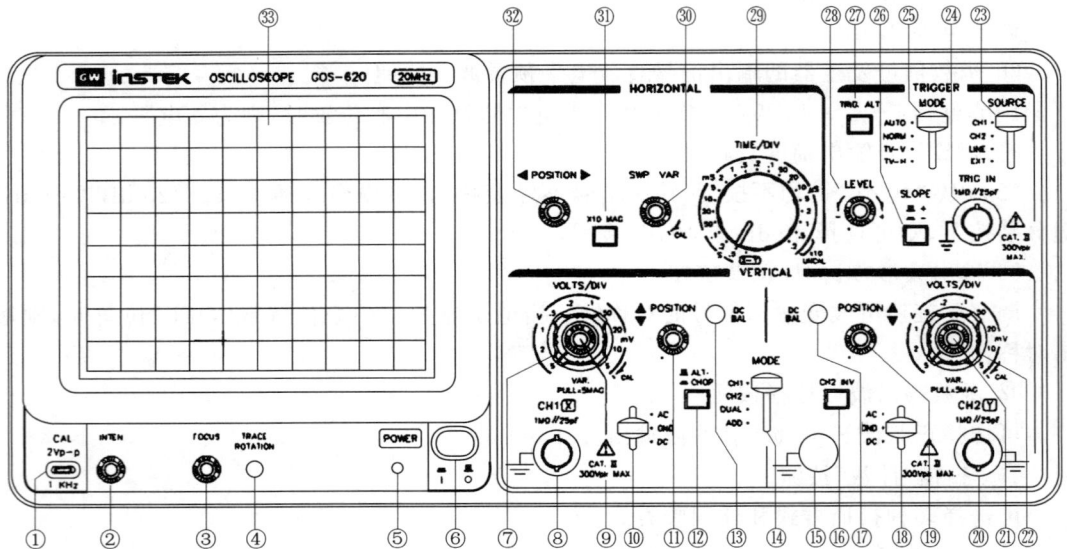

图 3.24 GOS-620 型双踪示波器面板示意图

表 3.9 GOS-620 型双踪示波器面板控制件及作用

控制件名称	序号	作 用	位置
POWER	⑥	电源开关,接通开关,电源指示灯亮	OFF
INTEN	②	亮度旋钮,调节屏上图形的亮度	居中
FOCUS	③	聚焦旋钮,调节曲线线条粗细,使图形清晰	居中

续表

控制件名称	序号	作　用	位置
POSITION	⑪,⑲	调节图形在竖直方向(Y)的位移	居中
POSITION	㉜	调节图形在水平方向(X)的位移	居中
VOLTS/DIV	⑦,㉒	Y 轴衰减,改变竖直方向信号幅值,范围为 5 mV/div～5 V/div,共 10 挡	0.5 V/div
(与 VOLTS/DIV 同轴位置)	⑨,㉑	Y 轴微调,微调竖直方向信号幅值,可连续改变 VOLTS/div 读数的 0.4 倍,顺时针旋足为校准位置(CAL)	CAL
TIME/DIV	㉙	水平扫描时间,周期范围为 0.2 μs/div～0.5 s/div(5×10^5～0.2 Hz),共 20 挡,逆时针旋至 X-Y 挡时,CH1 作为水平(X)通道输入	0.5 ms/div
SWP VAR	㉚	扫描时间微调,当旋钮沿箭头方向旋足为校准时间(CAL),逆时针旋足,各挡扫描速度扩大 2.5 倍	CAL
AC GND DC	⑩,⑱	输入信号耦合方式	GND
MODE	⑭	工作方式选择	CH1
SOURCE	㉓	触发信号耦合方式	CH1
LEVEL	㉘	触发扫描信号电平,整步,使波形稳定	居中
TRIGGER MODE	㉕	触发电路工作方式选择	AUTO
SLOPE	㉖	触发极性选择	＋
ALT/CHOP	⑫	交替,断续方式选择	弹出
CH2 INV	⑯	CH2 通道信号转换开关	弹出
TRIG ALT	㉗	交替,触发信号选择	弹出
×10 MAG	㉛	使图形沿水平方向扩大 10 倍	弹出

其他控制件:⑧,⑳—CH1,CH2 通道输入信号插座;①—校准信号 $2V_\text{p-p}$ 输出端;⑤—电源指示灯;④—旋转图形调节;⑬,⑰—平衡调节;⑮—示波器辅助装置接地端;㉔—外触发信号输入端;㉝—滤光板。

图 3.25 为示波器探头。滑条 slide 滑至左边,探头衰减倍率为 1,滑条滑至右边,探头衰减倍率为 10。

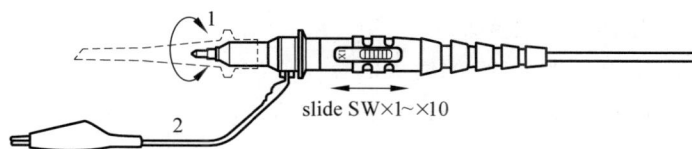

图 3.25　示波器探头
1—箍缩端;2—接地引入线

三、SS-7802A 示波器

1. 前面板(图 3.26)

① 电源

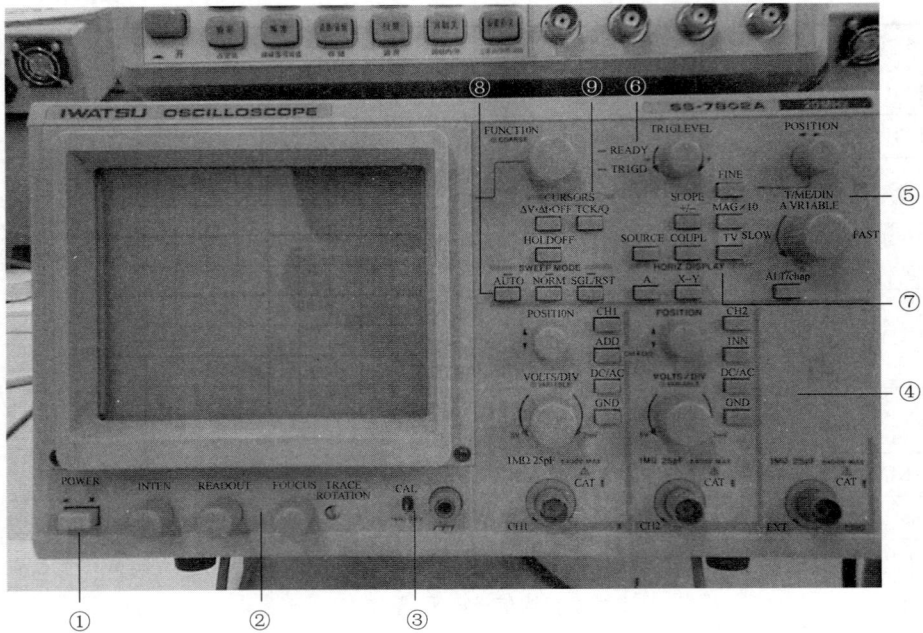

图 3.26 前面板

② 屏幕灰度等的调整

INTEN：调节轨迹亮度

FOUCUS：调节轨迹聚焦度

READOUT：调节显示亮度

③ 校正电压输出及接地

CAL 连接器：输出校正电压信号，用于仪器的操作检测和探头波形的调整

⊥ 接地：用于接地测量

④ 垂直轴

VOLTS/DIV：调节波形大小

POSITION：调节垂直位移

DC/AC,GND：选择输入耦合方式

CH1,CH2：显示 CH1 和 CH2 的输入信号

ADD,INV：显示两通道的和(CH1＋CH2)或两通道之差(CH1－CH2)

⑤ 水平部分

TIME/DIV：调节扫描速率

POSITION：调节水平位移

MAG×10：相对中心部分对波形进行 10 倍放大

ALT CHOP：两个或更多通道显示时选择模式

⑥ 触发部分

TRIGLEVEL：调节触发电平

SLOPE：选择触发斜率

SOURCE：选择触发源

COUPL：选择触发耦合模式

TV：选择 TV 信号触发模式

TRIG·D：指示灯亮时表示触发脉冲已产生

READY：指示灯亮时表示等待信号

⑦ A,X-Y：选择水平显示模式,A 扫描适用于普通模式,X-Y 扫描适用于观测磁滞曲线、李萨如图形等

⑧ AUTO,NORM,SGL/RST：选择重复扫描和单次扫描模式

⑨ $\Delta V \cdot \Delta t \cdot$ OFF,TCK/C2：选择光标位置测量频率

HOLD OFF：调节释抑时间

2. 屏幕

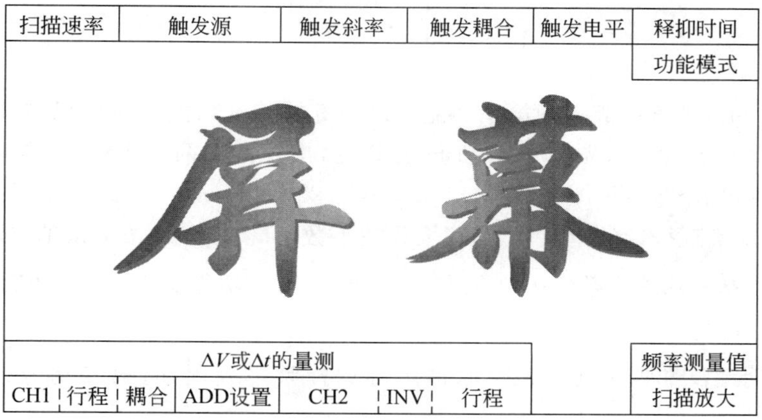

扫描速率	触发源	触发斜率	触发耦合	触发电平	释抑时间
					功能模式
	屏 幕				
ΔV或Δt的量测					频率测量值
CH1	行程	耦合	ADD设置	CH2	INV	行程	扫描放大

示例

A	10 μs	CH1	+DC	−1.00mV		HO: 100%
B	1 μs	CH2	−DC	3.00mV		
A	Δt=5.00 μs	1/Δt=200.0 kHz			f=200.000 kHz
1:	100 mV +	2:↓ 200 mV			MAG

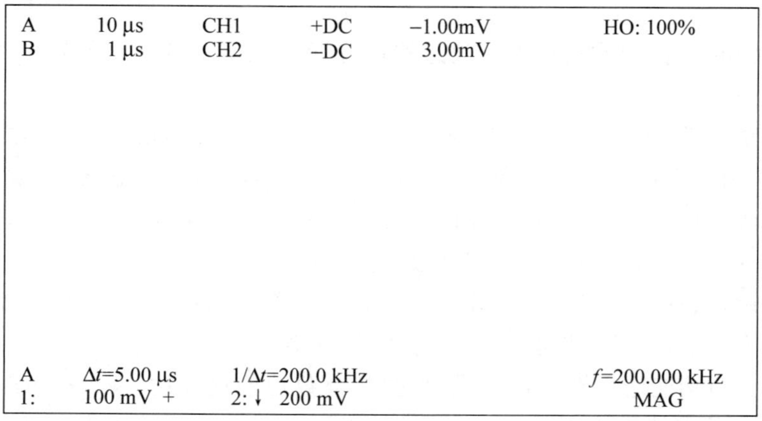

四、F10A 型数字合成函数信号发生器/计数器

图 3.27　F10A 前面板

1.前面板

shift 键：和其他键一起实现第二功能。每个键的基本功能直接标识在按键上，第二功能用蓝色字体标识。例如，先按 shift 键再按 B 键，出现向左两个小箭头，则显示 B 通道频率为"1.0000000kHz"，参见图 3.27。

单位键：要实现按键的单位功能，只要先按下数字键，接着再按下该单位键即可。

◀▶ 键：基本功能是数字闪烁位左右移动键，第二功能是选择"脉冲"波形和"任意"波形。

频率/周期键：频率的选择键。通过按键选择频率或周期，第二功能是选择"正弦"波形。

幅度/脉宽键：幅度的选择键。通过按键选择幅度或脉宽，第二功能是选择"方波"波形。

键控键：FSK 功能模式选择键。通过按键选择 FSK 或 PSK 功能模式，第二功能是选择"三角波"波形。

菜单键：菜单键，进入 FSK、PSK、调频、调幅、扫描、猝发和系统功能模式时，可通过菜单键选择各功能的不同选项，并改变相应选项的参数。第二功能是选择"升锯齿"波形。

调频键：调频功能选择键，第二功能是储存选择键。ms/mV_{pp} 分别表示时间单位和幅度的峰峰值单位。在"测频"功能下作"衰减"选择键。

调幅键：调幅功能选择键，第二功能是调用选择键。MHz/Vrms 分别表示频率单位和幅度的有效值单位。在"测频"功能下作"低通"选择键。

扫描键：扫描功能选择键，第二功能是测频计数功能选择键。kHz/Vrms 分别表示频率的单位和幅度的有效值单位。在"测频"功能下和 shift 键一起作"计数"和"测频"功能选择键，当前如果是测频，则选择计数；当前如果是计数则选择测频。

猝发键：猝发功能模式选择键，第二功能是直流偏移选择键。Hz/dBmφ 分别表示频率单位和幅度单位。在"测频"功能下作"闸门"选择键。

输出键：信号输出控制键。输出按键指示灯亮为开状态，指示灯灭为关状态，默认状态指示灯亮有信号输出。在"猝发"功能模式和"扫描"功能模式的单次触发时作"单次触发"键，此时信号输出指示灯亮。

2. 基本操作示例

例 1　设定频率值为 50Hz，按键顺序如下：频率键＋5＋0＋Hz，也可以用调节旋钮输入。

例 2　设定周期值为 10ms，按键顺序如下：周期键＋1＋0＋ms，也可以用调节旋钮输入。

例 3　设定幅度值峰峰值为 2.0V，按键顺序如下：幅度键＋2＋.＋0＋V_{pp}，也可以用调节旋钮输入。

例 4　选择方波，按键顺序如下：shift 键＋方波。

（郭悦韶　编写）

实验 16　伏安法测非线性电阻

【实验目的】

1. 掌握伏安法的两种接线方法及使用条件。
2. 掌握用伏安法研究非线性电阻伏安特性的方法。
3. 了解二极管的正反向伏安特性。

【实验仪器】

C_{31} 型毫安表、C_{31} 型微安表、C_{31} 型电压表、稳压电源、变阻器、二极管、导线、开关、待测电阻 $R_{x高}$ 和 $R_{x低}$ 各一只、电阻箱。

【实验原理】

1. 伏安法的两种接线及其使用条件

凡是用电流表和电压表直接或间接测量某些电学参量的方法，统称为伏安法。也可以用于测量电学元件的伏安特性。用伏安法测量导体元件电阻，先测量某导体两端的电压和通过它的电流，再根据欧姆定律来计算电阻，即

$$R = \frac{U}{I} \tag{3.5}$$

伏安法测电阻通常有两种接线方法，如图 3.28 所示。

图 3.28(a)所示电路中，电流表接在电压表内侧，称为电流表内接法。电流表测出的电流 I 确实是通过 R_x 的电流，但电压表测出的电压 U 却是 R_x 两端的电压 U_x 和电流表内阻 R_A 两端电压 U_A 的和，即

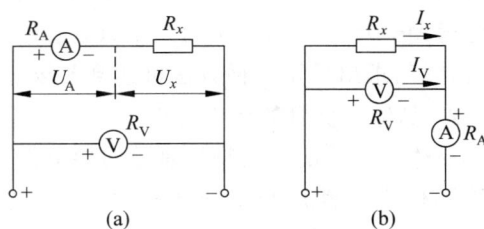

图 3.28　伏安法测电阻的两种接线电路图

$$U = U_x + U_A = I(R_x + R_A)$$

据式(3.5)得

$$R = \frac{U}{I} = R_x + R_A$$

所以

$$R_x = R - R_A = \frac{U}{I} - R_A \tag{3.6}$$

从式(3.6)中可以看出,测出的电阻 R 比实际电阻 R_x 偏大。其相对误差

$$E = \frac{|R - R_x|}{R_x} \times 100\% = \frac{R_A}{R_x} \times 100\% \tag{3.7}$$

图 3.28(b)所示电路中,电流表接在电压表外侧的接线方法称为电流表外接法。电压表测出的电压 U 确实为电阻 R_x 两端的电压,即 $U = U_x$,但电流表测出的电流 I 却是电阻 R_x 支路的电流 I_x 和电压表支路电流 I_V 的和,即 $I = I_x + I_V$。利用公式(3.5)得

$$\frac{1}{R} = \frac{I}{U} = \frac{I_V + I_x}{U_x} = \frac{I_V}{U_x} + \frac{I_x}{U_x} = \frac{1}{R_V} + \frac{1}{R_x}$$

其中 R_V 为电压表内阻。则

$$R = \frac{R_V R_x}{R_V + R_x}$$

其相对误差

$$E = \frac{|R - R_x|}{R_x} = \frac{\left| \dfrac{R_V R_x}{R_V + R_x} - R_x \right|}{R_x} = \frac{R_x}{R_x + R_V} \tag{3.8}$$

其精确电阻值

$$\frac{1}{R_x} = \frac{1}{R} - \frac{1}{R_V} = \frac{R_V - R}{R R_V}$$

$$R_x = \frac{R R_V}{R_V - R} \tag{3.9}$$

从式(3.9)中可以看出,所测量的电阻 R 比实际值 R_x 偏小。

　　概括地说,由于电流表、电压表内阻和接线的原因,引起待测电阻 R_x 的偏大或偏小,为了减少其系统误差,首先要根据 R_A、R_V、R_x 三者相对大小的粗略估计,确定采用一种合适的接线方法。当用公式(3.5)计算 R_x 值时(近似值),显然当 $R_x \gg R_A$ 时(两个数量级以上),而 R_V 未必比 R_x 大时,可忽略 R_A 的影响,用线路图 3.28(a);当 $R_x \ll R_V$ 时,而 R_x 又不能远大于 R_A 时,可采用图 3.28(b)接线方法。若有精度要求时,可根据式(3.7)和式(3.8)进行计算,求出采用哪种方法可达到要求,然后再用式(3.6)或式(3.9)进行修正。

　　2. 晶体二极管的伏安特性

　　晶体二极管的主要特性是单向导电性,故二极管的正反向伏安特性相差极大。此外二极管的伏安特性还和半导体材料有关,硅二极管和锗二极管的伏安特性就各有特点,如图 3.29 所示。对于正向伏安特性,正向电流随着电压增大而增大,开始电流增加很小,只有加到某个数值时,电流才开始明显增加,这个外加电压值叫做二极管的阈值电压或开通电

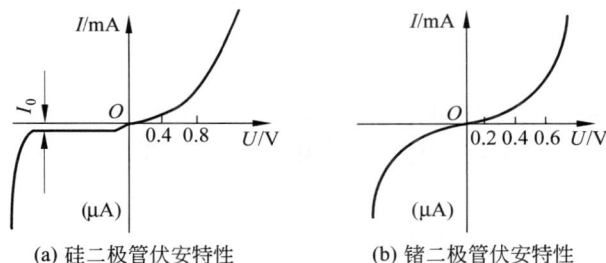

(a) 硅二极管伏安特性　　　　　(b) 锗二极管伏安特性

图 3.29　二极管伏安特性曲线

压,记为 U_0。硅二极管的阈值电压一般为 $U_0 \approx 0.5 \sim 0.6$ V,锗二极管的阈值电压 $U_0 \approx 0.2 \sim 0.3$ V。阈值电压的确定,一般是在正向特性曲线较直部分画一条切线,延长相交横坐标 U 轴上的点,该点在横轴上的值就是该二极管的阈值电压。二极管正向导电后,PN 结的电阻减小很快,即使达到最大允许电流,其管压降也不过 1 V。

　　给二极管加反向电压时,由于 PN 结内电场加大,二极管显示很大的电阻而不导通,但此时仍有很小的反向电流,即反向漏电流,当反向电压稍增大时,反向漏电流就不再增加,而达到饱和,只有当二极管的反向电压超过其最高反向峰值电压(如 2CZ53B 为 50 V),二极管就被击穿,反向电流会突然剧增,烧坏管子。所以普通二极管反向电压不得超过最高反向峰值电压。但稳压二极管恰好利用这一特点,即利用击穿区域来稳压。

　　从晶体二极管伏安特性曲线图,可知电压和电流不是线性关系。具有这种性质的元件,称为非线性元件。

　　用伏安法测晶体二极管的电压和电流时,我们可将它看作一个电阻,因它的正向电阻较小,基本满足电流表外接法条件,采用如图 3.30(a)所示电路。反向电阻较大基本上满足电流表内接法条件,采用如图 3.30(b)所示电路来分别测出它的正向和反向伏安特性曲线。

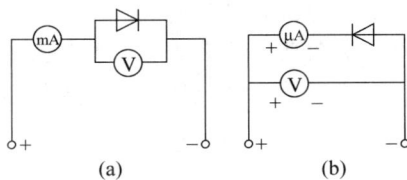

图 3.30　二极管伏安特性测量接线电路

【实验内容】

1. 伏安法测电阻

1) 准备工作

(1) 将稳压电源 E 的输出电压旋转到零的位置。

(2) 分清高电阻 $R_{x高}$ 和低电阻 $R_{x低}$。

(3) 熟悉一下多量程电表如何改变量程,如何读数。

(4) 记录电表的准确度等级,电压表内阻,电流表内阻。

2) 测低电阻 $R_{x低}$

(1) 电压表选 3 V 量程,电流表选 0~75 mA 量程。

(2) 按图 3.31 接线,调滑动变阻器滑动头到电压输出为零的位置,经教师检查无误后,打开电源调至输出电压为 3 V,滑动变阻器使电流表指针超过满刻度 2/3 以上。

（3）记录电压表、电流表读数。

3）测高电阻 $R_{x高}$

（1）改变量程。电压表为 0～15 V,电流表 0～7.5 mA。

（2）按图 3.32 接线,调节电源输出电压为 15 V,调滑动变阻器使电压表指针超过满刻度 2/3 以上。

（3）记录数据。

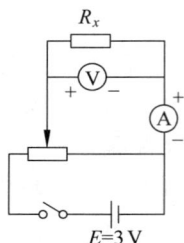

图 3.31　低电阻测量电路　　　　　　　　　　图 3.32　高电阻测量电路

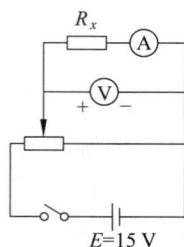

2. 晶体二极管伏安特性曲线

二极管 2AP（锗管）,最大正向电流不得超过 25 mA,最大反向电压不得超过 14 V。

1）测正向伏安特性

（1）改变量程：电压表 0～3 V,电流表 0～30 mA。

（2）按图 3.33 接线,调电源电压输出为 3 V。

（3）滑动变阻器,电压表从 0 V 开始,每隔 0.1 V 读数一次直到电流表读数为 25 mA 为止。

2）测反向伏安特性

（1）改变电流表为 C_{31} 型微安电流表,电压表量程为 15 V。

（2）按图 3.34 接线,调整电源输出为 15 V。

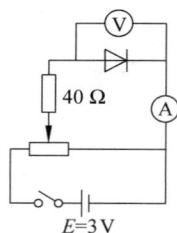

图 3.33　二极管正向测量电路　　　　　　　图 3.34　二极管反向测量电路

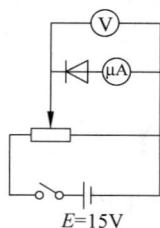

（3）滑动变阻器,使电压表读数分别为 0.5 V、1.00 V、1.50 V、2.00 V。记录四组数据后,再按每隔 2 V 记录一次,直到 14 V。

【数据及结果】

1. 测量 R_x 数据记录和处理

（1）记录数据（表 3.10）

表 3.10 数据表 1

	$V_{量程}$/V	$A_{量程}$/mA	R_V/Ω	R_I/Ω	K_V	K_A	U/格	I/格	U/V	I/mA
$R_{x低}$										
$R_{x高}$										

注：K_V、K_A 分别为电压表和电流表的表头精度等级值。

（2）数据处理（表 3.11）

表 3.11 数据表 2

	$R_{x低}$	$R_{x高}$
仪器误差	$\Delta_U=$	$\Delta_U=$
	$\Delta_I=$	$\Delta_I=$
电压表达式	$U'=U\pm\Delta_U=$	$U'=U\pm\Delta_U=$
电流表达式	$I'=I\pm\Delta_I=$	$I'=I\pm\Delta_I=$
R_x	$R'_x=\dfrac{U}{I}=$	$R'_x=\dfrac{U}{I}=$
	$R_x=\dfrac{R'_x R_V}{R_V-R'_x}=$	$R_x=R'_x-R_A$
$E=\dfrac{\Delta_R}{R}$	$E=\sqrt{\left(\dfrac{\Delta_U}{U}\right)^2+\left(\dfrac{\Delta_I}{I}\right)^2}=$	$E=\sqrt{\left(\dfrac{\Delta_U}{U}\right)^2+\left(\dfrac{\Delta_I}{I}\right)^2}=$
$\Delta_{R_x}=$	$E\cdot R_{x低}=$	$E\cdot R_{x高}=$
表达式	$R_{x低}\pm\Delta_{R_{x低}}=$ $E=\qquad\%$	$R_{x高}\pm\Delta_{R_{x高}}=$ $E=\qquad\%$

2. 二极管数据记录和处理

正向数据记录于表 3.12 中。

表 3.12 数据表 3

U/V	0	0.10	0.20	0.30	0.40	0.50	0.60	0.70	
I/格									
I/mA									25.0

【数据处理】

用毫米坐标系作图，以 U 为横坐标，I 为纵坐标，以测得的正反电压和电流的数据画在同一坐标纸上，绘出正、反向伏安特性曲线（注：由于正、反向电流单位不同，因此纵坐标正、反向每小格所代表的电流值也不同）。

【思考题】

1. 若用图解法测量线性电阻该如何进行？

2. 给你一个双刀双掷开关，你如何将测量高低电阻的两种线路合二为一，画出线路图并说明测量方法。

3. 用伏安法测二极管反向伏安特性时,若没有微安表,且电压表内阻较小(约为几百欧姆),请设计一测量电路,要求排除电压表内阻的接入误差,并说明测量过程。

4. 如何测量小灯泡的伏安特性?

5. 若要用最小二乘法测电阻,应测量哪些数据? 根据这些数据如何计算电阻?

6. 若有量程为 2.5 V、$R_V = 2$ kΩ/V 的电压表和量程 10 mA、内阻 $R_A = 40$ Ω 的电流表,测电阻值约为 400 Ω 和 2 kΩ 两只电阻,若利用公式(3.9)测出近似值,确定电表的线路方法,并画出电路图。

(廖坤山　编写)

实验 17　用非平衡电桥测量热敏电阻的温度特性

【实验目的】

1. 掌握热敏电阻的温度特性的测量方法。
2. 掌握非平衡电桥的原理及应用方法。

【实验仪器】

非平衡电桥、温控仪、加热杯一个、待测铜电阻、待测半导体电阻、导线若干。

【实验原理】

1. 热敏电阻

各种金属材料的电阻率都随着温度的变化而变化,在温度变化范围不大的情况下,电阻率与温度之间存在着线性关系。可用式(3.10)表示:

$$\rho = \rho_0 [1 + \alpha(t - t_0)] \tag{3.10}$$

式中,ρ 为材料在 t(℃)时的电阻率;ρ_0 为材料在 t_0(℃)时的电阻率;α 称为电阻的温度系数,金属材料的电阻率随温度升高而增加,因而电阻温度系数为正,而有的材料的电阻率随温度的升高而降低,比如碳,它的电阻温度系数为负,绝大多数金属材料的 α 值都在 10^{-3}/℃数量级,只有少数在 10^{-4}/℃ 或 10^{-2}/℃ 数量级。而且,金属温度系数比其线胀系数($10^{-5} \sim 10^{-6}$/℃)要大得多,所以式(3.10)可改为

$$R = R_0 [1 + \alpha(t - t_0)] \tag{3.11}$$

严格说,α 与温度有关,但在 0～100℃范围内,α 变化很小,可以看作不变。纯铜的 α 值为 0.0043/℃左右,当温度变化 1℃时,电阻值约改变千分之四。利用这种性质做成电阻温度计,把温度的测量转换成电阻的测量,既方便又准确,在实际中有广泛应用。

通过实验可测得 R-t 关系曲线如图 3.35,近似

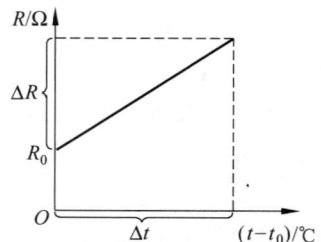

图 3.35　金属材料电阻温度特性曲线

为一直线,斜率为 $R_0\alpha$,截距为 $R_0(1-\alpha t_0)$。

对康铜、锰铜等金属来说,α 值很小(约为 $0.2\times10^{-4}/℃$),即金属的电阻受温度影响很小,几乎不随温度变化。所以可以利用合金来制造电阻丝。而半导体的电阻与温度关系和导体不同,在通常温度下,半导体的电阻随温度的升高而减少,它的变化规律为

$$\sigma=\sigma_0\mathrm{e}^{-\frac{b}{T}} \tag{3.12}$$

式中,b 对某一特定的半导体材料是一个常数;σ_0 是温度 $T\to\infty$ 时的电导率。由式(3.12)可以看出半导体材料的电导率与温度 T 有很强的依赖关系,它随温度的上升而指数增加,即它的电阻随温度的上升而急速减小,其电阻率 ρ 与温度 T 的关系如下:

$$\rho=\rho_0\mathrm{e}^{\frac{b}{T}} \tag{3.13}$$

于是半导体热敏电阻的电阻值可写成

$$R=a\,\mathrm{e}^{\frac{b}{T}} \tag{3.14}$$

式中 a 是与电阻材料有关的比例系数。

不难看出,热敏电阻的阻值 R 与温度 T 的关系曲线如图 3.36 的形状。温度升高,阻值下降。由式(3.14)和图 3.36 的 $R\text{-}T$ 关系曲线可知,若先测定某一热敏电阻值与温度的对应关系,那么,只要测出任一未知的温度下的电阻值也就知道该温度是多少了。

对式(3.14)两边取对数,可得

$$\ln R=\ln a+b\left(\frac{1}{T}\right) \tag{3.15}$$

或

$$2.30\lg R=2.30\lg a+b\left(\frac{1}{T}\right)$$

以式(3.15)为根据作出 $\ln R\text{-}\left(\frac{1}{T}\right)$ 的关系曲线,如图 3.37 所示,它是一条直线,从此直线的截距和斜率可分别求出 a 及 b 的值。

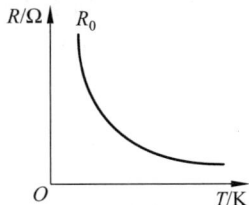

图 3.36 半导体电阻温度特性曲线   图 3.37 半导体电阻温度特性变化曲线

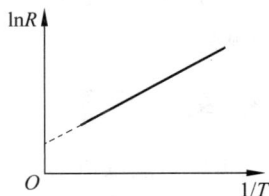

热敏电阻的电阻温度系数 α 由式(3.16)给出

$$\alpha=\frac{1}{R}\cdot\frac{\mathrm{d}R}{\mathrm{d}t}=-\frac{b}{T_0^2} \tag{3.16}$$

从上述方法可求出 b 值及室温 T_0,代入式(3.16),可计算出室温时的电阻温度系数。注意到这个温度系数是负值,它表示热敏电阻的阻值是随温度的升高而下降的。式(3.14)还说明,随着温度的升高,电阻值的变化越来越慢。

2. 非平衡电桥

要测量电阻,可以用惠斯通电桥,如图 3.38 所示,当电桥达到平衡后,检流计支路没有电流通过,这时 $\dfrac{R_1}{R_2} = \dfrac{R_3}{R_4}$,即

$$R_4 = \frac{R_2}{R_1} \cdot R_3 \tag{3.17}$$

当取 $R_1 = R_2$ 时 $R_4 = R_3$,因此,调整 R_3 就可直接读出 R_4 即 R_x 值。

由图 3.38 可知,电桥平衡时 $U_{AB} = 0$,因此,检流计也可以用毫伏表代替,如图 3.39 所示,这时,

$$U_{AB} = \frac{R_4}{R_2 + R_4} \cdot E - \frac{R_3}{R_1 + R_3} \cdot E = \frac{R_1 R_4 - R_2 R_3}{(R_2 + R_4)(R_1 + R_3)} \cdot E \tag{3.18}$$

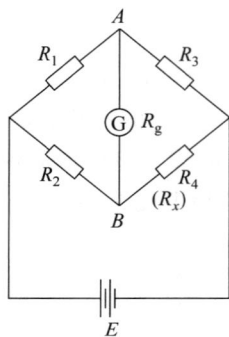

图 3.38　惠斯通电桥　　　　　　　　图 3.39　实验原理图

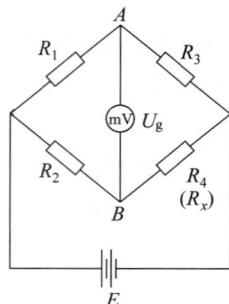

由式(3.18)可知,电桥对角 A、B 两点的电位差 U_{AB} 由电源电压 E 及电桥各臂电阻决定。如图 3.38 中一个电阻,例如 R_4(即 R_x)是未知电阻,而其他电阻和电源电压都是定值,那么 U_g 与 R_x 有一一对应的关系,不同的 R_x 有不同的 U_{AB} 即 U_g 的读数,即可通过 U_g 的读数确定被测的阻值。被测之量的大小如果决定于对角线上所接的毫伏表(或电流计)的读数,则这种电桥叫做非平衡电桥。一般非平衡电桥用于非电量的电测法,如本实验配上热敏电阻后可用于测温。

【实验内容及步骤】

1. 测量金属材料热敏电阻器的电阻温度系数。

(1) 按图 3.40 实验装置接好电路。

(2) 打开温控仪电源,调节温控仪控制温度为 30℃。PV 为保温筒的实际温度。

按 ◄ → SV 表闪动 → 按 ▼ 或 ▲ → 要设定的温度。

手动/自动开关拨向自动位置。

(3) 打开电桥的电源,把温控 T1/T2 开关拨向 T1 位置,调节电源旋钮处于 3 V,调节 $R_1 = 1000\ \Omega$,$R_2 = 100\ \Omega$,调节 R_3 使数显表 U_g 指零,读出 t_0、R_0(即 R_3)记录到表 3.13 中。

(4) 测量热敏电阻的 R_x-t。调节温控仪的设置温度,对保温筒进行加热,使保温筒温

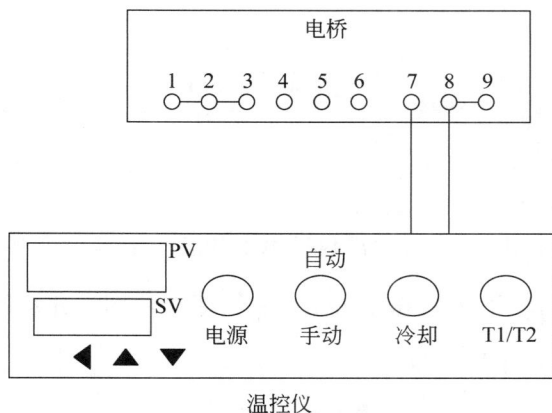

图 3.40　实验装置图

度逐渐上升,达到温控仪控制的温度时,调整 R_3,使 U_g 为 0,记录此时 R_3 和温度 t,水温每隔 5℃测一次,把数据记录到表 3.13 中。

表 3.13　数据表 1

$R_1 = 1000\ \Omega, R_2 = 100\ \Omega$

$t/℃$	$t_0 =$							
R_3/Ω								
R_x/Ω								
$t/℃$								
U_g/mV								

(5) 测量热敏电阻的 U_g-t 曲线。

冷却保温筒,调节 R_3 为 t_0 时的阻值,加热保温筒,当保温筒温度升到要记录的温度时,读出 U_g 的值,把数据记录到表 3.13 中。

注意:读 U_g 的值时要及时,R_3 不能改变。

2. 测量半导体热敏电阻的 R_x-t 曲线和 U_g-t 曲线。

把温控仪的 T1/T2 开关拨向 T2 位置,调节 $R_1 = 1000\ \Omega, R_2 = 2000\ \Omega$,调整 R_3 使数显表 U_g 指零,重复内容 1 的步骤,把数据记录到表 3.14、表 3.16 中。测量 U_g-t 曲线时,R_1、R_2 的比例要根据 U_g 的大小不断改变 R_1。

【数据处理】

1. 金属材料热敏电阻 R_x-t 关系和 U_g-t 关系

(1) 作出 R_x-t 关系曲线。

(2) 根据 R_x-t 曲线,求出电阻温度系数。其方法是从图上任取两点相距较远的两对温度点 (t_1, R_1) 及 (t_2, R_2),据式(3.11)有

$$R_1 = R_0 + R_0 \alpha (t_1 - t_0)$$
$$R_2 = R_0 + R_0 \alpha (t_2 - t_0)$$

联立求解得

$$\alpha = \frac{R_2 - R_1}{R_0(t_2 - t_1)}$$

（3）作出 U_g-t 关系曲线。

2. 半导体热敏电阻的 R_x-t 曲线

（1）作出 R_x-t 曲线。

（2）①据式（3.15）和式（3.16），求出热敏电阻的 a、b、α 值。②从表 3.14 的数据分别求 $\ln R_x$ 和 $\dfrac{1}{T}$ 值填入表 3.15 中，然后做出 $\ln R_x$-$\dfrac{1}{T}$ 关系曲线图。并从图中求出 a、b 值，再求出室温下的热敏电阻温度系数 α 值。

表 3.14　数据表 2

$R_1 = 1000\ \Omega$，$R_2 = 2000\ \Omega$

$t/^\circ\text{C}$	$t_0 =$								
R_1/R_2									
R_3/Ω									
R_x/Ω									

表 3.15　数据表 3

$\ln R_x$								
$\dfrac{1}{T}\Big/\text{K}^{-1}$								

（3）半导体热敏电阻 U_g-t 关系图。（选做）

作出 U_g-t（换算后）关系曲线图。

换算方法如下：先用式（3.18）根据测量的 R_1、R_2、R_3、U_g 的比值计算出 R_x 的值，再用式（3.18）根据 R_x、R_3 及在 t_0 时 R_1、R_2 的值求出 U_g 的值，数值填入表 3.16 中。

表 3.16　数据表 4

$R_3 =$

$t/^\circ\text{C}$	$t_0 =$								
R_1/R_2									
U_g/mV									
U_g（换算值）$/\text{mV}$									

【注意事项】

1. 热敏电阻的阻值有一个很大的变化范围，相应地通过它的电流值也会有一个很大的变化范围，使用中不能超出它容许的最大电流值，否则将损坏此热敏电阻。

2. 加热时，必须做到水的温度均匀变化，因而应不断搅动搅拌器。测量温度，电压必须同时读数，要跟踪观察。别让温度上升过快，以免读数不准。

3. 由于实验第一部分中已完成 R_x-t 曲线数据，作 U_g-t 曲线时，可用电阻箱代替热敏电阻,这样可以准确而迅速地测出。

【思考题】

1. R_x-t 曲线除了可以求出电阻温度系数外,还有什么用途?

2. 使图 3.37 所示非平衡电桥与热敏电阻组成一架实用的电阻测温计,还需做哪些工作?

3. 试设计一个实验,通过测量白炽灯电阻的方法,测出白炽灯丝的温度(写出测试原理、设备、测试方法)。

4. 若把图 3.37 所示的非平衡电桥的检流计换成高内阻的毫伏表,请导出电阻温度系数 α 与 V_{AB} 的关系。

(廖坤山 编写)

实验 18　铁磁材料的磁滞回线和基本磁化曲线

【实验目的】

1. 认识铁磁物质的磁化规律,比较两种典型的铁磁物质的动态磁化特性。
2. 测定样品的基本磁化曲线,作 μ-H 曲线。
3. 测定样品的 H_C、B_r、B_m 和 $(H_m \cdot B_m)$ 等参数。
4. 测绘样品的磁滞回线,估算其磁滞损耗。

【仪器用具】

TH-MHC 型智能磁滞回线实验仪,HLD-ML-Ⅲ 微机型磁滞回线测试仪,PC 机。

【实验原理】

铁磁物质是一种性能特异、用途广泛的材料。铁、钴、镍及其众多合金以及含铁的氧化物(铁氧体)均属铁磁物质。其特征是在外磁场作用下能被强烈磁化,故磁导率 μ 很高。另一特征是磁滞,即磁化场作用停止后,铁磁质仍保留磁化状态,图 3.41 为铁磁物质的磁感应强度 B 与磁化场强度 H 之间的关系曲线。

图 3.41 中的原点 O 表示磁化之前铁磁物质处于磁中性状态,即 $B = H = O$,当磁场 H 从零开始增加时,磁感应强度 B 随之缓慢上升,如线段 Oa 所示,继之 B 随 H 迅速增长,如 ab 所示,其后 B 的增长又趋缓慢,并当 H 增至 H_S 时,B 到达饱和值 B_S,$OabS$ 称为起始磁化曲线。图 3.41 表明,当磁场从 H_S 逐渐减小至零,磁感应强度 B 并不沿起始磁化曲线恢复到"O"点,而是沿另一条新的曲线 SR 下降,比较线段 OS 和 SR 可知,H 减小 B 相应也减小,但 B 的变化滞后于 H 的变化,这种现象称为磁滞,磁滞的明显特征是当 $H = 0$ 时,B 不为零,而保留剩磁 B_r。

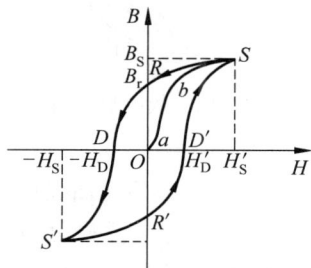

图 3.41　铁磁材料的起始磁化曲线和磁滞回线

当磁场反向从 O 逐渐变至 $-H_D$ 时,磁感应强度 B 消失,说明要消除剩磁,必须施加反向磁场,H_D 称为矫顽力,它的大小反映铁磁材料保持剩磁状态的能力,线段 RD 称为退磁曲线。

图 3.41 还表明,当磁场按 $H_S \rightarrow O \rightarrow -H_D \rightarrow -H_S \rightarrow O \rightarrow H_D' \rightarrow H_S'$ 次序变化,相应的磁感应强度 B 则沿闭合曲线 $SRDS'R'D'S$ 变化,此闭合曲线称为磁滞回线。所以,当铁磁材料处于交变磁场中时(如变压器中的铁芯),将沿磁滞回线反复被磁化→去磁→反向磁化→反向去磁。在此过程中要消耗额外的能量,并以热的形式从铁磁材料中释放,这种损耗称为磁滞损耗。可以证明,磁滞损耗与磁滞回线所围面积成正比。

关于磁滞回线有以下几点说明:

(1)上述达到饱和磁化的磁滞回线称为饱和磁滞回线。在饱和磁滞回线上,对应的 $H=0$ 的 B_r 值称为该材料的剩磁。要消除剩磁 B_r,必须加一反向的磁化场 H_D,称 H_D 为该材料的矫顽力。铁磁材料按矫顽力的大小分为软磁材料和硬磁材料两大类。矫顽力小的(H_D 在 1 A/m 左右)叫做软磁材料;矫顽力大的(H_D 为 $10^4 \sim 10^6$ A/m)叫做硬磁材料。软磁材料的磁滞回线窄,磁导率大,易于磁化和去磁,可作电机、变压器的铁芯;硬磁材料磁化后有很强的剩磁,且能长期保持,适于作永久磁铁。

(2)一般实验测量和实际使用中很难使铁磁材料达到完全饱和和磁化。例如纯铁样品在磁场 $H=1000$ A/m 时,仅达到饱和磁化场的 70%,再继续增大,B 的增加已很缓慢。当 H 增大到 10^5 A/m 时,也仅达到饱和磁化场的 96.5%。因而,一般情况下磁滞回线只是在某一最大磁感应强度 B_m 做出。从这个回线测量得到剩磁 B_r 和矫顽力 H_D,应用时注明测量中所取的最大 B_m 值。

(3)由于剩磁效应,铁磁材料的磁化过程是不可逆的,一定的磁场强度并不单值地确定铁磁材料的磁感应强度。在相同的磁场强度下,待测试样的磁畴、磁矩分布特征(磁结构)可能不同,这与获得该状态的磁历史和状态有关。对于非饱和磁滞回线,当磁场按 $H_S \rightarrow -H_S \rightarrow H_S$($H_S$ 是测量中用的最大磁场强度)变化时,磁感应强度的相应变化为 $B_S \rightarrow B_S' \rightarrow B_S''$,一般的,$B_S \neq B_S' \neq B_S''$,即磁滞回线不闭合。为了获得闭合的磁滞回线需要使磁化场经过多次从 $H_S \rightarrow -H_S \rightarrow H_S$ 的反复变化,以整理样品内部的磁畴取向,这种磁场多次反向的操作过程称为磁锻炼。

(4)选择从小到大几个不同的磁场强度 H_1,H_2,…,H_S 值,每次经过磁锻炼后,可获得一组一个套一个大小不同的闭合磁化曲线,把这些回线顶点连成曲线(图 3.42),称为铁磁材料的基本磁化曲线,它与前述按静态方法测得的起始磁化曲线稍有差别。由此可近似确定其磁导率 $\mu = \dfrac{B}{H}$,因 B 与 H 非线性,故铁磁材料 μ 不是常数而是随 H 而变化(图 3.43)。基本磁化曲线反映的材料磁化性质更符合交流电器中铁芯的实际使用情况。

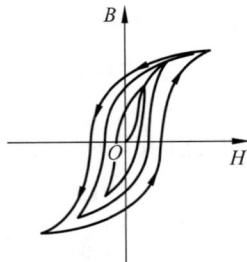

图 3.42　同一铁磁材料的一族磁滞回线

(5)磁化过的铁磁材料具有剩磁,在测定磁化曲线和磁滞回线时,必须首先对样品进行退磁,使磁化状态回到 B-H 图的原点 O 处。退磁的方法是:首先给该材料加一超过(至少等于)原磁场强度的外磁场,并使该磁化场在正负值之间反复变化,同时使它的幅值逐渐减小,最后到零。

观察和测量磁滞回线和基本磁化曲线的线路如图 3.44 所示。

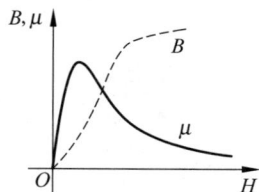

图 3.43 铁磁材料 μ 与 H
关系曲线

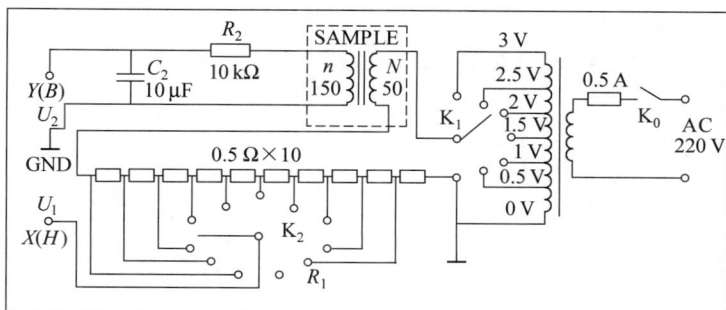

图 3.44 实验线路

待测样品为 EI 型矽钢片，N 为励磁绕组，n 为用来测量磁感应强度 B 而设置的绕组。R_1 为励磁电流取样电阻，设通过 N 的交流励磁电流为 i，根据安培环路定律，样品的磁化场强

$$H = \frac{Ni}{L}$$

其中 L 为样品的平均磁路。因为

$$i = \frac{U_1}{R_1}$$

所以

$$H = \frac{N}{LR_1} \cdot U_1 \qquad (3.19)$$

式(3.19)中的 N、L、R_1 均为已知常数，所以由 U_1 可确定 H。

在交变磁场下，样品的磁感应强度瞬时值 B 是测量绕组 n 和 R_2C_2 电路给定的，根据法拉第电磁感应定律，由于样品中的磁通量 Φ 的变化，在测量线圈中产生的感生电动势的大小为

$$\mathscr{E}_2 = n \frac{\mathrm{d}\Phi}{\mathrm{d}t}$$

$$\Phi = \frac{1}{n} \int \mathscr{E}_2 \mathrm{d}t$$

S 为样品的截面积，则

$$B = \frac{\Phi}{S} = \frac{1}{nS} \int \mathscr{E}_2 \mathrm{d}t \qquad (3.20)$$

如果忽略自感电动势和电路损耗，则回路方程为

$$\mathscr{E}_2 = i_2 R_2 + U_2$$

式中，i_2 为感生电流；U_2 为积分电容；C_2 两端电压。

设在 Δt 时间内，i_2 向电容 C_2 的充电电量为 Q，则

$$U_2 = \frac{Q}{C_2}$$

所以

$$\mathcal{E}_2 = i_2 R_2 + \frac{Q}{C_2}$$

如果选取足够大的 R_2 和 C_2，使 $i_2 R_2 \gg \dfrac{Q}{C_2}$，则

$$\mathcal{E}_2 = i_2 R_2$$

因为

$$i_2 = \frac{\mathrm{d}Q}{\mathrm{d}t} = C_2 \frac{\mathrm{d}U_2}{\mathrm{d}t}$$

所以

$$\mathcal{E}_2 = C_2 R_2 \frac{\mathrm{d}U_2}{\mathrm{d}t} \tag{3.21}$$

由式(3.20)、式(3.21)可得

$$B = \frac{C_2 R_2}{nS} U_2 \tag{3.22}$$

式中，C_2、R_2、n 和 S 均为已知常数，所以由 U_2 可确定 B。

综上所述，将图 3.44 中的 U_1 和 U_2 分别加到示波器的"X 输入"和"Y 输入"便可观察样品的 B-H 曲线；如将 U_1 和 U_2 加到测试仪的信号输入端可测定样品的饱和磁感应强度 B_S、剩磁 B_r、矫顽力 H_D、磁滞损耗 (BH) 以及磁导率 μ 等参数。

【实验内容】

1. 基本磁化曲线测量

(1) 电路连接。选样品 1 按实验仪上所给的电路图(或图 3.44)连接线路，并令 $R_1 = 2.5$ Ω，"U 选择"置于 0 位。U_H、U_B(即 U_1 和 U_2)和 GND 分别接测试仪的 U_H、U_B 和 $\perp$ 接线柱。

(2) 样品退磁。开启实验仪电源，对试样进行退磁，即顺时针方向转动"U 选择"旋钮，令 U 从 0 增至 3 V，然后逆时针方向转动旋钮，将 U 从最大值降为 0，而且每个挡位必须停留 1~2 s，其目的是消除剩磁，确保样品处于磁中性状态，即 $B = H = 0$，如图 3.45 所示。

(3) 采样。令 $U = 0.5$ V，然后按测试仪 功能 键→显示 H.b. TEST →按测试仪 确认 →显示 …… …… →显示 H.b. Good 出现"Good"说明连线没有接错，并且测试仪数据采集成功；出现 H.b. Bad ，说明有错误，可能是因为：

① 实验仪电源开关没有打开；

② $U = 0$ V；

③ 线路连错。

(4) 读取 H_m 和 B_m。按测试仪 功能 键→显示 Hn. Bn. →按测试仪 确认 键→显示 H_n、B_n 读数。

注意：此时是读取 Hn. Bn. 的值，而不是 Hc Br 的值。

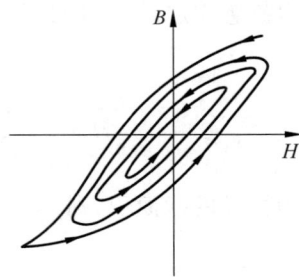

图 3.45 退磁示意图

（5）旋转 U 旋钮到下一个电压挡位，按测试仪 复位 键，重复（3）、（4）步骤，直到测完 $U=3.0$ V 时的 H_m 和 B_m。

（6）把样品 2 换成样品 1，重复（1）、（2）、（3）、（4）、（5）步骤。

注意：① 换线时一定要关闭实验仪和测试仪的电源。

② 测试时 U 必须从 0.5 V 开始测起，否则每改变一次电压，就必须"消磁"一次。为什么？

（7）在同一坐标系上画出 μ-H 曲线和 B-H 曲线。

2. 观察和描绘磁滞回线以及测量 H_m、B_m、H_c、B_r、(BH) 等参数

（1）对样品 1 进行消磁，选 $R_1=2.5$ Ω，$U=2.0$ V，按一下 复位 。

（2）采样。

按 功能 → H. b. TEST → 确认 → …… …… → H. b. Good 。

（3）与 PC 机联机。

按 功能 → PC. SHOW → 确认 。

（4）通过计算机观察图形。

双击计算机桌面上的"磁滞回线"图标，打开测试页面，单击采样按钮，PC 机读取测试仪上的数据，这时，测试仪出现 8888 8888 的字样，PC 机采样后出现 H-B 曲线，否则数据读取失败。读出图像的 H_m 和 B_m。

（5）读取 H 和 B 的值。

读取测试页面右边的 H 和 B 的值。

注意：① 此时有 300 多个采样点，要求每隔 10 个点读取一组数据，即 1，11，21，31，…

② 有些测试仪可以测出 317 个点，有些可以测出 307 个点，有些会测出 289 个点，所以按自己的仪器读取到最后一个点即可。

（6）读取 H_c、B_r、BH 的值。

按测试仪 复位 键 → 重新采样（步骤如上）→ 按测试仪 功能 键 → 显示 $H_c B_r$ → 按测试仪 确认 键 → 显示 H_c、B_r 读数按测试仪 功能 键 → 显示 A. = ［H. b.］ → 按测试仪 确认 键 → 显示［H. b］读数。

（7）用坐标纸绘制 B-H 曲线，并估算曲线所围面积，并与 (BH) 值比较。

【实验记录】

见表 3.17 和表 3.18。

表 3.17　基本磁化曲线与 μ-H 曲线

U/V	$H/(10^{-1}$ A/m$)$		$B/(10^{-3}$ T$)$		$\mu=\dfrac{B}{H}/(10^{-2}$ H/m$)$	
	样品 1	样品 2	样品 1	样品 2	样品 1	样品 2
0.5						
1.0						
1.2						

U/V	$H/(10^{-1}\ \text{A/m})$		$B/(10^{-3}\ \text{T})$		$\mu=\dfrac{B}{H}\Big/(10^{-2}\ \text{H/m})$	
	样品1	样品2	样品1	样品2	样品1	样品2
1.5						
1.8						
2.0						
2.2						
2.5						
2.8						
3.0						

表 3.18　B-H 曲线

$H_c=\underline{\ \ \ }\times10^{-1}\text{A/m}; B_r=\underline{\ \ \ }\times10^{-3}\text{T}; B_m=\underline{\ \ \ }\times10^{-1}\text{T}; H_m=\underline{\ \ \ }\text{A/m}; [B\cdot H]=\underline{\ \ \ }\times10^{4}\text{A}\cdot\text{T/m}$

NO	$H/$ $(\times10^{-1}\text{A/m})$	$B/$ $(10^{-3}\ \text{T})$	NO	$H/$ $(\times10^{-1}\text{A/m})$	$B/$ $(10^{-3}\ \text{T})$	NO	$H/$ $(\times10^{-1}\text{A/m})$	$B/$ $(10^{-3}\ \text{T})$

【思考题】

1. 采用示波器可以显示两个磁学量 B 和 H 之间的关系,请说明这种测量原理,并设计显示二极管伏安特性的电路。

2. 说明磁能与磁滞回线包围的面积大小之间的关系。

3. 测量结果的误差分析和结果评价。

4. 磁化曲线、饱和磁化强度 B_m 与温度存在什么关系? 如何理解这个关系?

【附录】　HLD-ML-Ⅲ微机型磁滞回线测试仪使用说明书

1. 采样。更换电压、电阻参数后,测试仪每次均需清零复位后重新采样。

设置实验架的条件参数,$U=0.5\ \text{V}, R=2.5\ \Omega$,接通电源。测试仪按键方法为,【复位】→

按【功能键】→选择【SAMPLE】【STAR】→ 按【确认键】显示【Good】。

2. 读取 Hm 和 Bm：按【功能键】→选择【READ】【Hn. Bn.】→ 按【确认键】→记录【读数】。

3. 读取 Hc 和 Br：按【功能键】→选择【READ】【Hc.Br.】→按【确认键】→记录【读数】。

4. 读取实验点与拟合曲线：【PC】与计算机联机，运行软件后，设置样品与参数，选择【打开串口】，选择【开始实验】拍照记录 100 个实验点，选择【BH 曲线】拟合磁滞回线。

HLD-ML 磁滞回线实验仪面板图与 HLD-ML-Ⅲ 微机型磁滞回线测试仪面板图见图 3.46 和图 3.47。

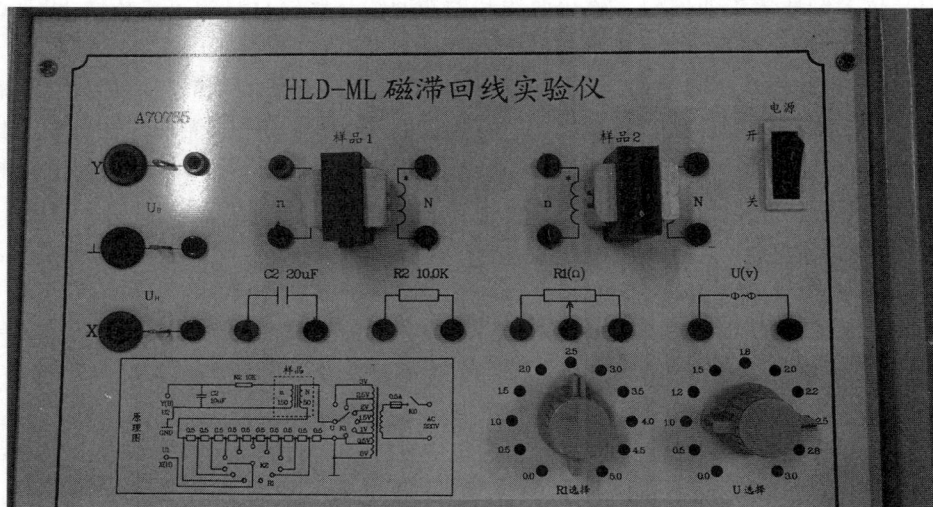

图 3.46　HLD-ML 磁滞回线实验仪面板图

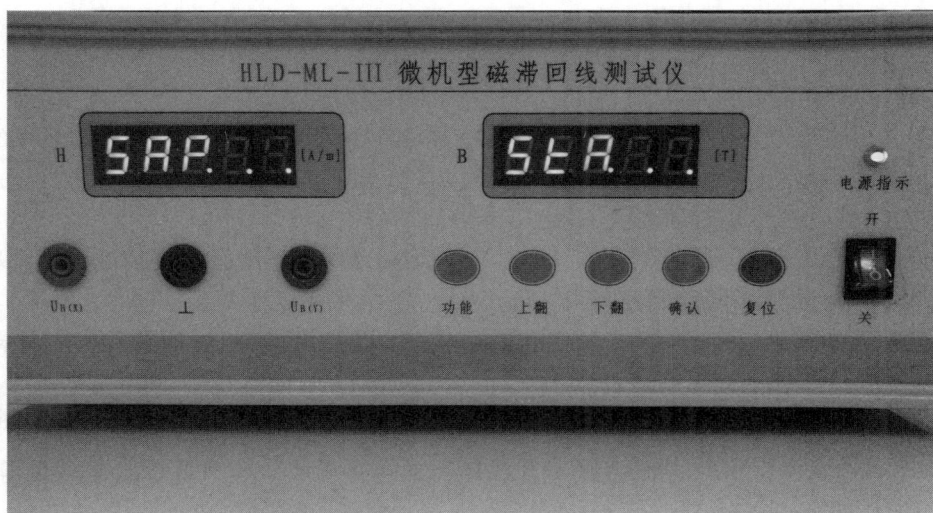

图 3.47　HLD-ML-Ⅲ微机型磁滞回线测试仪面板图

（廖坤山　编写）

实验 19 用示波器观测铁磁材料的磁化曲线和磁滞回线

磁性材料应用广泛,从常用的永久磁铁、变压器铁芯到录音、录像、计算机存储用的磁带、磁盘等都采用磁性材料。而铁磁材料分为硬磁和软磁两大类,其根本区别在于矫顽磁力 H_c 的大小不同。硬磁材料的磁滞回线宽,剩磁和矫顽磁力大(达 120～20 000 A/m 以上),因而磁化后,其磁感应强度可长久保持,适宜作永久磁铁。软磁材料的磁滞回线窄,矫顽磁力 H_c 一般小于 120 A/m,但其磁导率和饱和磁感强度大,容易磁化和去磁,故广泛用于电机、电器和仪表制造等工业部门。磁化曲线和磁滞回线是铁磁材料的重要特性,也是设计电磁机构作仪表的重要依据之一。

本实验采用动态法测量磁滞回线。需要说明的是用动态法测量的磁滞回线与静态磁滞回线是不同的,动态测量时除了磁滞损耗还有涡流损耗,因此动态磁滞回线的面积要比静态磁滞回线的面积大一些。另外涡流损耗还与交变磁场的频率有关,所以测量的电源频率不同,得到的 B-H 曲线是不同的,这可以在实验中清楚地从示波器上观察到。

【实验目的】

1. 掌握磁滞、磁滞回线和磁化曲线的概念,加深对铁磁材料的矫顽力、剩磁和磁导率主要物理量的理解。

2. 学会用示波法测绘基本磁化曲线和磁滞回线。

3. 根据磁滞回线确定磁性材料的饱和磁感应强度 B_s、剩磁 B_r 和矫顽力 H_c 的数值。

4. 研究不同频率下动态磁滞回线的区别,并确定某一频率下的磁感应强度 B_s、剩磁 B_r 和矫顽力 H_c 数值。

5. 改变不同的磁性材料,比较磁滞回线形状的变化。

【实验原理】

1. 磁化曲线

如果在由电流产生的磁场中放入铁磁物质,则磁场将明显增强,此时铁磁物质中的磁感应强度比单纯由电流产生的磁感应强度增大百倍,甚至在千倍以上。铁磁物质内部的磁场强度 H 与磁感应强度 B 有如下的关系:$B = \mu H$。

对于铁磁物质而言,磁导率 μ 并非常数,而是随 H 的变化而改变的物理量,即 $\mu = f(H)$,为非线性函数。所以如图 3.48 所示,B 与 H 也是非线性关系。

铁磁材料的磁化过程为:其未被磁化时的状态称为去磁状态,这时若在铁磁材料上加一个由小到大的磁化场,则铁磁材料内部的磁场强度 H 与磁感应强度 B 也随之变大,其 B-H 变化曲线如图 3.48 所示。但当 H 增加到一定值(H_s)后,B 几乎不再随 H 的增加而增加,说明磁化已达饱和,从未磁化到饱和磁化的这段磁化曲线称为材料的起始磁化曲线。如图 3.48 中的 OS 曲线所示。

2. 磁滞回线

当铁磁材料的磁化达到饱和之后,如果将磁化场减小,则铁磁材料内部的 B 和 H 也随之减小,但其减小的过程并不沿着磁化时的 OS 段退回。从图 3-49 可知当磁化场撤销,

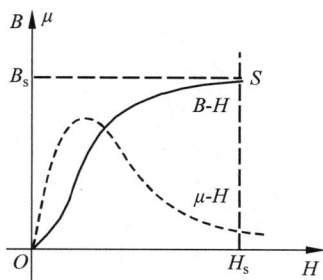

图 3.48　磁化曲线和 B-H 曲线

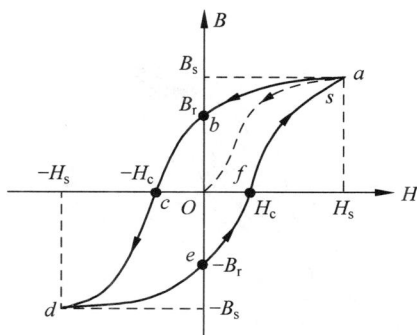

图 3.49　起始磁化曲线与磁滞回线

$H=0$ 时,磁感应强度仍然保持一定数值 $B=B_r$,称为剩磁(剩余磁感应强度)。

若要使被磁化的铁磁材料的磁感应强度 B 减小到 0,必须加上一个反向磁场并逐步增大。当铁磁材料内部反向磁场强度增加到 $H=H_c$ 时(图 3.49 上的 c 点),磁感应强度 B 才是 0,达到退磁。图 3.49 中的 bc 段曲线为退磁曲线,H_c 为矫顽磁力。如图 3.49 所示,当 H 按 $0 \rightarrow H_s \rightarrow 0 \rightarrow -H_c \rightarrow -H_s \rightarrow 0 \rightarrow H_c \rightarrow H_s$ 的顺序变化时,B 相应沿 $0 \rightarrow B_s \rightarrow B_r \rightarrow 0 \rightarrow -B_s \rightarrow -B_r \rightarrow 0 \rightarrow B_s$ 顺序变化。图中的 Oa 段曲线称起始磁化曲线,所形成的封闭曲线 $abcdefa$ 称为磁滞回线。bc 曲线段称为退磁曲线。由图 3.49 可知:

(1) 当 $H=0$ 时,$B \neq 0$,这说明铁磁材料还残留一定值的磁感应强度 B_r,通常称 B_r 为铁磁物质的剩余感应强度(剩磁)。

(2) 若要使铁磁物质完全退磁,即 $B=0$,必须加一个反方向磁场 H_c。这个反向磁场强度 H_c,称为该铁磁材料的矫顽磁力。

(3) B 的变化始终落后于 H 的变化,这种现象称为磁滞现象。

(4) H 上升与下降到同一数值时,铁磁材料内的 B 值并不相同,退磁化过程与铁磁材料过去的磁化经历有关。

(5) 当从初始状态 $H=0$,$B=0$ 开始周期性地改变磁场强度的幅值时,在磁场由弱到强的单调增加过程中,可以得到面积由大到小的一簇磁滞回线,如图 3.50 所示。其中最大面积的磁滞回线称为极限磁滞回线。

(6) 由于铁磁材料磁化过程的不可逆性及具有剩磁的特点,在测定磁化曲线和磁滞回线时,首先必须将铁磁材料预先退磁,以保证外加磁场 $H=0$,$B=0$;其次,磁化电流在实验过程中只允许单调增加或减小,不能时增时减。在理论上,要消除剩磁 B_r,只需通一反向磁化电流,使外加磁场正好等于铁磁材料的矫顽磁力即可。实际上,矫顽磁力的大小通常并不知道,因而无法确定退磁电流的大小。我们从磁滞回线得到启示,如果使铁磁材料磁化达到磁饱和,然后不断改变磁化电流的方向,与此同时逐渐减小磁化电流,直到等于零。则该材料的磁化过程中就是一连串逐渐缩小而最终趋于原点的环状曲线,如图 3.51 所示。当 H 减小到零时,B 亦同时降为零,达到完全退磁。

实验表明,经过多次反复磁化后,B-H 的量值关系形成一个稳定的闭合的"磁滞回线"。通常以这条曲线来表示该材料的磁化性质。这种反复磁化的过程称为"磁锻炼"。本实验使用交变电流,所以每个状态都经过充分的"磁锻炼",随时可以获得磁滞回线。

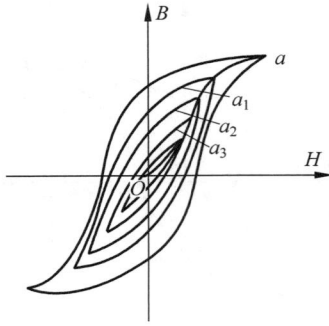

图 3.50　磁滞回线

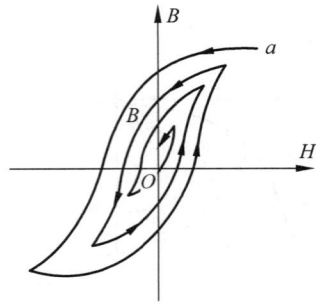

图 3.51　磁滞回线

我们把图 3.50 中原点 O 和各个磁滞回线的顶点 $a_1, a_2, \cdots, a$ 所连成的曲线,称为铁磁性材料的基本磁化曲线。不同的铁磁材料其基本磁化曲线是不相同的。为了使样品的磁特性可以重复出现,也就是指所测得的基本磁化曲线都是由原始状态($H=0, B=0$)开始,在测量前必须进行退磁,以消除样品中的剩余磁性。

在测量基本磁化曲线时,每个磁化状态都要经过充分的"磁锻炼"。否则,得到的 B-H 曲线即为开始介绍的起始磁化曲线,两者不可混淆。

3. 示波器显示 B-H 曲线的原理线路

示波器测量 B-H 曲线的实验线路如图 3.52 所示。

本实验研究的铁磁物质是一个环状式样,如图 3.53 所示。在式样上绕有励磁线圈 N_1 匝和测量线圈 N_2 匝。若在线圈 N_1 中通过磁化电流 i_1 时,此电流在式样内产生磁场,根据安培环路定律 $HL = N_1 i_1$,磁场强度 H 的大小为

$$H = \frac{N_1 i_1}{L} \tag{3.23}$$

其中 L 为环状式样的平均磁路长度,在图 3.53 中用虚线表示。

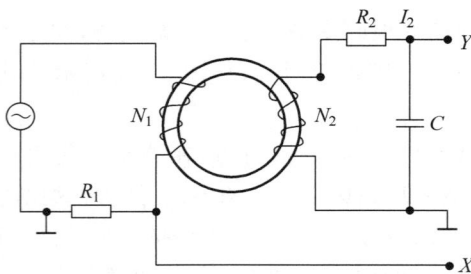

图 3.52　测量 B-H 曲线的实验线路

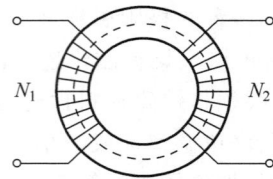

图 3.53　环状式样

由图 3.52 可知示波器 X 轴偏转板输入电压为

$$U_x = U_R = i_1 R_1 \tag{3.24}$$

由式(3.23)和式(3.24)得

$$U_x = \frac{L R_1}{N_1} H \tag{3.25}$$

式(3.25)表明在交变磁场下,任一时刻电子束在 X 轴的偏转正比于磁场强度 H。

为了测量磁感应强度 B,在次级线圈 N_2 上串联一个电阻 R_2 与电容 C 构成一个回路,同时 R_2 与 C 又构成一个积分电路。取电容 C 两端电压 U_c 至示波器 Y 轴输入,若适当选择 R_2 和 C 使 $R_2 \gg 1/\omega C$,则

$$I_2 = \frac{E_2}{\left[R_2^2 + \left(\frac{1}{\omega C}\right)^2\right]^{\frac{1}{2}}} \approx \frac{E_2}{R_2}$$

式中,ω 为电源的角频率,E_2 为次级线圈的感应电动势。

因交变的磁场 H 的样品中产生交变的磁感应强度 B,则

$$E_2 = N_2 \frac{dQ}{dt} = N_2 S \frac{dB}{dt}$$

式中,$S = \frac{(D_2 - D_1)h}{2}$ 为环状式样的截面积,设磁环厚度为 h 则

$$U_y = U_c = \frac{Q}{C} = \frac{1}{C}\int I_2 dt = \frac{1}{CR_2}\int E_2 dt = \frac{N_2 S}{CR_2}\int dB = \frac{N_2 S}{CR_2}B \qquad (3.26)$$

上式表明接在示波器 Y 轴输入的 U_y 正比于 B。

$R_2 C$ 构成的电路在电子技术中称为积分电路,表示输出的电压 U_c 是感应电动势 E_2 对时间的积分。为了如实地绘出磁滞回线,要求:①$R_2 \gg \dfrac{1}{2\pi f \cdot c}$;②在满足上述条件下,$U_c$ 振幅很小,不能直接绘出大小适合需要的磁滞回线,需将 U_c 经过示波器 Y 轴放大器增幅后输至 Y 轴偏转板上。这需要实验中 Y 轴放大器的放大系数必须稳定,不会带来较大的相位畸变。事实上示波器难以完全达到这个要求,因此在实验时经常会出现如图 3.54 所示的畸变。观测时将 X 轴输入选择"AC",Y 轴输入选择"DC"档,并选择合适的 R_1 和 R_2 的阻值,可避免这种畸变,得到最佳磁滞回线图形。

这样,在磁化电流变化的一个周期内,电子束的径迹描出一条完整的磁滞回线。适当调节示波器 X 轴和 Y 轴增益,再由小到大调节信号发生器的输出电压,即能在屏上观察到由小到大扩展的磁滞回线图形。逐次记录其正顶点的坐标,并在坐标纸上把它联成光滑的曲线,就得到样品的基本磁化曲线。

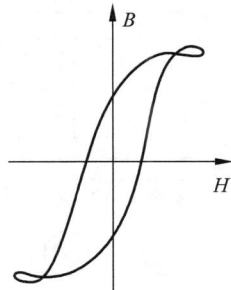

图 3.54 磁滞回线畸变图

4. 示波器的定标

从前面说明中可知从示波器上可以显示出待测材料的动态磁滞回线,但为了定量研究磁化曲线磁滞回线,必须对示波器进行定标。即还须确定示波器的 X 轴的每格代表多少 H(A/m),Y 轴每格实际代表多少 B(T)。

由式(3.25)、式(3.26)得知,在 U_x、U_y 可以准确测得且 R_1、R_2 和 C 都为已知的标准元件的情况下,就可以省去烦琐的定标工作。下面就如何在这种情况下测量进行分析。

一般示波器都有已知的 X 轴和 Y 轴的灵敏度,设 X 轴灵敏度为 S_x(V/格),Y 轴的灵敏度为 S_y(V/格)。将 X 轴、Y 轴的灵敏度旋钮顺时针打到底并锁定,则上述 S_x 和 S_y 均可

从示波器的面板上直接读出,则有

$$U_x = S_x X, \qquad U_y = S_y Y$$

式中 X、Y 分别为测量时记录的坐标值(单位:格。注意,指一大格,示波器一般有 8～10 大格),可见通过示波器就可测得 U_x、U_y 值。

由于本实验使用的 R_1、R_2 和 C 都是阻抗值已知的标准元件,误差很小,其中的 R_1、R_2 为无感交流电阻,C 的介质损耗非常小。这样就可结合示波器测量出 H 值和 B 值的大小。

综合上述分析,本实验定量计算公式为

$$H = \frac{N_1 S_x}{L R_1} X \tag{3.27}$$

$$B = \frac{R_2 C S_y}{N_2 S} Y \tag{3.28}$$

式中各量的单位为:R_1、R_2 为 Ω;L 为 m;S 为 m^2;C 为 F;S_x,S_y 为 V/格;X,Y 为格(分正负向读数);H 的单位为 A/m;B 的单位为 T。

【实验仪器】

实验使用的仪器由测试样品、功率信号源、可调标准电阻、标准电容和接口电路等组成。

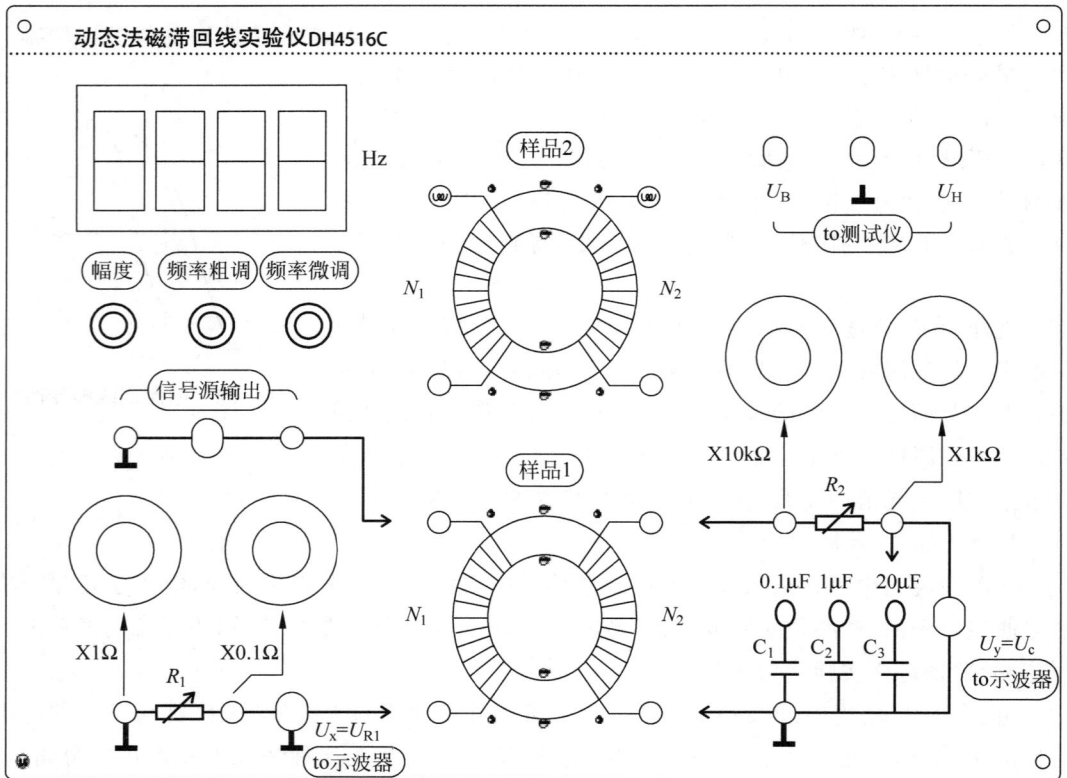

图 3.55　动态法磁滞回线实验仪 DH4516C

测试样品有两种,一种磁滞损耗较大,另一种较小,其他参数相同;信号源的频率在 $20\sim$ $250\,Hz$ 间可调;可调标准电阻 R_1 的调节范围为 $0.1\sim11\Omega$;R_2 的调节范围为 $1\sim110\,k\Omega$;标准电容有 $0.1\mu F$、$1\mu F$、$20\mu F$ 三挡可选。

接口电路包括 U_x、U_y 接示波器的 X 和 Y 通道;U_B、U_H 接 DH4516A 测试仪,可自动测量 H、B、H_c、B_R 等参数,连接微机后可用微机作磁滞回线曲线,并测量 H、B、H_c、B_R 等参数。

【实验内容与步骤】

实验前先熟悉实验的原理和仪器的构成。使用仪器前先将信号源输出幅度调节旋钮逆时针旋到底(多圈电位器),使输出信号为最小。

标有红色箭头的线表示接线的方向,样品的更换是通过换接接线来完成的。

注意:由于信号源、电阻 R_1 和电容 C 的一端已经与地相连,所以不能与其他接线端相连接。否则会短路信号源、U_R 或 U_C,从而无法正确做出实验。

一、显示和观察两种样品在 25 Hz、50 Hz、100 Hz、150 Hz 交流信号下的磁滞回线图形。

1. 按图 3.52 所示的原理线路接线。

(1)逆时针调节幅度调节旋钮到底,使信号输出最小。

(2)调示波器显示工作方式为 X-Y 方式,即图示仪方式。

(3)示波器 X 输入为 AC 方式,测量采样电阻 R_1 的电压。

(4)示波器 Y 输入为 DC 方式,测量积分电容的电压。

(5)选择样品 1 先进行实验。

(6)接通示波器和 DH4516C 型动态磁滞回线实验仪(图 3.55)电源,适当调节示波器辉度,以免荧光屏中心受损。预热 10 分钟后开始测量。

2. 示波器光点调至显示屏中心,调节实验仪频率调节旋钮,频率显示窗显示 50.00 Hz。

3. 单调增加磁化电流,即缓慢顺时针调节幅度调节旋钮,使示波器显示的磁滞回线上 B 值增加缓慢,达到饱和。改变示波器上 X、Y 输入增益段开关并锁定增益电位器(一般为顺时针到底),调节 R_1、R_2 的大小,使示波器显示出典型美观的磁滞回线图形。

4. 单调减小磁化电流,即缓慢逆时针调节幅度调节旋钮,直到示波器最后显示为一点,位于显示屏的中心,即 X 和 Y 轴线的交点,如不在中间,可调节示波器的 X 和 Y 位移旋钮。

5. 单调增加磁化电流,即缓慢顺时针调节幅度调节旋钮,使示波器显示的磁滞回线上 B 值增加缓慢,达到饱和,改变示波器上 X、Y 输入增益波段开关和 R_1、R_2 的值,示波器显示典型美观的磁滞回线图形。磁化电流在水平方向上的读数为(-5.00,+5.00)格。

6. 逆时针调节(幅度调节旋钮到底),使信号输出最小,调节实验仪频率调节旋钮,频率显示窗分别显示 25.00 Hz、100.0 Hz、150.0 Hz,重复上述 3~5 的操作,比较磁滞回线形状的变化。表明磁滞回线形状与信号频率有关,频率越高磁滞回线包围面积越大,用于信号传输时磁滞损耗也大。

7. 换实验样品 2,重复上述 2~6 的操作步骤,观察 25.00 Hz、50.00 Hz、100.0 Hz、150.0 Hz 时的磁滞回线,并与样品 1 进行比较,有何异同。

二、测磁化曲线和动态磁滞回线,用样品 1 进行实验(根据情况也可以用样品 2)。

1. 在实验仪上接好实验线路,逆时针调节幅度调节旋钮到底,使信号输出最小。将示波器光点调至显示屏中心,调节实验仪频率调节旋钮,频率显示窗显示 50.00 Hz。

2. 退磁。

(1)单调增加磁化电流,即缓慢顺时针调节幅度调节旋钮,使示波器显示的磁滞回线上 B 值增加变得缓慢,达到饱和。改变示波器上 X、Y 输入增益段开关和 R_1、R_2 的值,示波器显示典型美观的磁滞回线图形。磁化电流在水平方向上的读数为(−5.00,+5.00)格,此后,保持示波器上 X、Y 输入增益波段开关和 R_1、R_2 值固定不变并锁定增益电位器(一般为顺时针到底),以便进行 H、B 的标定。

(2)单调减小磁化电流,即缓慢逆时针调节幅度调节旋钮,直到示波器最后显示为一点,位于显示屏的中心,即 X 和 Y 轴线的交点,如不在中间,可调节示波器的 X 和 Y 位移旋钮。实验中可用示波器 X、Y 输入的接地开关检查示波器的中心是否对准屏幕 X、Y 坐标的交点。

3. 磁化曲线(即测量大小不同的各个磁滞回线的顶点的连线)。

单调增加磁化电流,即缓慢顺时针调节幅度调节旋钮,磁化电流在 X 方向读数为 0、0.20、0.40、0.60、0.80、1.00、2.00、3.00、4.00、5.00,单位为格,记录磁滞回线顶点在 Y 方向上读数,填入表 3.19,单位为格,磁化电流在 X 方向上的读数为(−5.00,+5.00)格时,示波器显示典型美观的磁滞回线图形。此后,保持示波器上 X、Y 输入增益波段开关和 R_1、R_2 值固定不变并锁定增益电位器(一般为顺时针到底),以便进行 H、B 的标定。

4. 动态磁滞回线。

在磁化电流 X 方向上的读数为(−5.00,+5.00)格时,记录示波器显示的磁滞回线在 X 坐标为 5.0、4.0、3.0、2.0、1.0、0、−1.0、−2.0、−3.0、−4.0、−5.0 格时,相对应的 Y 坐标,在 Y 坐标为 4.0、3.0、2.0、1.0、0、−1.0、−2.0、−3.0、−4.0 格时相对应的 X 坐标,填入表 3.20。判断 Y 最大值对应饱和磁感应强度 B_s;$X=0$,Y 读数对应剩磁 B_r;$Y=0$,X 读数对应矫顽力 H_c。

三、作磁化曲线。

由前所述 H、B 的计算公式为

$$H = \frac{N_1 S_x}{L R_1} \cdot X$$

$$B = \frac{R_2 C S_y}{N_2 S} \cdot Y$$

上述公式中,两种铁芯实验样品和实验装置参数如下:

$L = 0.130$ m,$S = 1.24 \times 10^{-4}$ m^2,$N_1 = 100$ T,$N_2 = 100$ T,R_1、R_2 值根据仪器面板上的选择值计算。$C = 1.0 \times 10^{-6}$ F,其中,L 为铁芯实验样品平均磁路长度;S 为铁芯实验样品截面积;N_1 为磁化线圈匝数;N_2 为副线圈匝数;R_1 为磁化电流采样电阻,单位为 Ω;R_2 为积分电阻,单位为 Ω;C 为积分电容,单位为 F。S_x 为示波器 X 轴灵敏度,单位为 V/格;S_y 为示波器 Y 轴灵敏度,单位为 V/格;所以得到一组实测的磁化曲线数据,计算整理填入表 3.21,其中 X 轴灵敏度为 $0.1\mathrm{V}/$格,Y 轴灵敏度为 $20\mathrm{mV}/$格。磁滞回线数据计算整理填入表 3.22。

由表 3.21 作 B-H 磁化曲线。由表 3.22 作磁滞回线图 B-H。并判断饱和磁感应强度 B_s、剩磁 B_r、矫顽力 H_c(取平均值)分别是多少?

【数据记录与处理】

1. 磁化曲线

单调增加磁化电流,即缓慢顺时针调节幅度调节旋钮,磁化电流在 X 方向读数为 0、0.20、0.40、0.60、0.80、1.00、2.00、3.00、4.00、5.00,单位为格,记录磁滞回线顶点在 Y 方向上读数填入表 3.19,单位为格。

表 3.19 磁滞回线顶点

序号	1	2	3	4	5	6	7	8	9	10	11	12
X/格												
Y/格												

2. 动态磁滞回线

记录示波器显示的磁滞回线在 X 坐标为 5.0、4.0、3.0、2.0、1.0、0、-1.0、-2.0、-3.0、-4.0、-5.0 格时,相对应的 Y 坐标,在 Y 坐标为 4.0、3.0、2.0、1.0、0、-1.0、-2.0、-3.0、-4.0 格时相对应的 X 坐标,填入表 3.20。判断 Y 最大值对应饱和磁感应强度 B_s;$X=0$,Y 读数对应剩磁 B_r;$Y=0$,X 读数对应矫顽力 H_c。

表 3.20 X、Y 格对应坐标

X/格	Y/格	Y/格	X/格
5.0		4.0	
4.0		3.0	
3.0		2.0	
2.0		1.0	
1.0		0	
0		-1.0	
-1.0		-2.0	
-2.0		-3.0	
-3.0		-4.0	
-4.0			
-5.0			

判断:Y 最大值对应饱和磁感应强度 $B_s=$ _____;

$X=0$,Y 读数对应剩磁 $B_r=$ _____;

$Y=0$,X 读数对应矫顽力 $H_c=$ _____。

3. 作磁化曲线数据整理填入表 3.21。

表 3.21 实测的磁化曲线数据 $R_1 = 3\ \Omega$ $R_2 = 60\ k\Omega$

序号	1	2	3	4	5	6	7	8	9	10	11	12
$X/$格												
$H/(A/m)$												
$Y/$格												
B/mT												

4. 磁滞回线数据整理填入表 3.22。

表 3.22 磁化曲线的整理数据

$X/$格	$H/(A/m)$	$Y/$格	B/mT	$X/$格	$H/(A/m)$	$Y/$格	B/mT

由表 3.21 作 B-H 磁化曲线。

由表 3.22 作磁滞回线图 B-H。

判断：B 最大值对应饱和磁感应强度(平均值)：$B_s =$ _____ mT。

$H = 0$ 时，B 读数对应剩磁(平均值)：$B_r =$ _____ mT。

$B = 0$ 时，H 读数对应矫顽力(平均值)：$H_c =$ _____ A/m。

【思 考 与 讨 论】

1. 如何判断材料是硬磁性铁磁材料还是软磁性铁磁材料,这两种材料有何实际应用?

2. 铁磁材料的磁滞回线产生畸变的原因是什么？实验中如何减弱这种畸变？

（吕　蓬　编写）

实验 20　*RLC* 电路的串联谐振

【实验目的】

1. 观察交流电路的谐振现象。

2. 研究 *RLC* 串联电路的谐振特性，了解电路元件对 *RLC* 串联电路的谐振特性的影响。

3. 掌握测量谐振曲线方法。

【实验仪器】

函数信号发生器，电子管毫伏表，电感箱，电阻箱，电容箱，若干导线等。

【实验原理】

RLC 串联电路如图 3.56 所示，它由电阻箱 R_0、电容器 C、电感器 L 与信号源串联而成。

回路的总复数阻抗为

$$\widetilde{Z} = R + \mathrm{j}\omega L + \frac{1}{\mathrm{j}\omega C} = R + \mathrm{j}\left(2\pi f L - \frac{1}{2\pi f C}\right)$$

其中，$R = R_0 + R_L$ 为回路的总电阻，R_L 为电感器 L 的电阻。于是回路的总阻抗为

$$Z = \sqrt{R^2 + \left(2\pi f L - \frac{1}{2\pi f C}\right)^2} \tag{3.29}$$

图 3.56　*RLC* 串联
谐振电路

回路的电流有效值为

$$I = \frac{U}{Z} = \frac{U}{\sqrt{R^2 + \left(2\pi f L - \frac{1}{2\pi f C}\right)^2}} \tag{3.30}$$

电流 I 落后电压 U 的相位差为

$$\varphi = \arctan \frac{2\pi f L - \dfrac{1}{2\pi f C}}{R} \tag{3.31}$$

任一时刻电阻 R 上的电压均与回路电流成正比，且两者相位相同。所以电阻 R 两端的电压幅值 U_R 可表达为

$$U_R = IR \tag{3.32}$$

式(3.30)、式(3.31)告诉我们，Z、I、φ 都随信号频率而变化。当 $2\pi f L = \dfrac{1}{2\pi f C}$，即

$f = \dfrac{1}{2\pi \sqrt{LC}}$ 时，$Z = R$，回路阻抗最小，且呈纯电阻性，此时，回路的电流有最大值 $I = \dfrac{U}{R}$，电

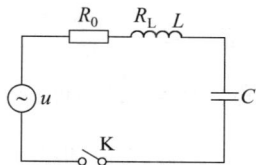

阻 R_0 两端的电压也出现最大值,即 $U_0 = IR_0$; I 与 U 的相位差 $\varphi = 0$,我们称这时回路处于谐振状态,对应的信号频率 $f = \dfrac{1}{2\pi\sqrt{LC}}$ 称为谐振频率,又称为回路的固有频率,记为 f_0。它决定于回路的元件参数 L 和 C,而与 R 无关。

RLC 回路中,R、L 和 C 两端的电压有效值 U_R、U_L 和 U_C 的一般形式及特殊值如表 3.23 表示。

表 3.23　U_R、U_L 和 U_C 的一般形式及特殊值

电压＼状态	U_R	U_L	U_C
一般式	$\dfrac{UR}{\sqrt{R^2 + \left(2\pi fL - \dfrac{1}{2\pi fC}\right)^2}}$	$\dfrac{U \cdot 2\pi fL}{\sqrt{R^2 + \left(2\pi fL - \dfrac{1}{2\pi fC}\right)^2}}$	$\dfrac{U \cdot \dfrac{1}{2\pi fC}}{\sqrt{R^2 + \left(2\pi fL - \dfrac{1}{2\pi fC}\right)^2}}$
$f = f_0$	U	$\dfrac{2\pi f_0 L}{R}U \equiv QU$	$\dfrac{1}{2\pi f_0 CR}U \equiv QU$
$f = 0$	0	0	U
$f = \infty$	0	U	0

表中 $Q = \dfrac{2\pi f_0 L}{R} = \dfrac{1}{2\pi f_0 CR} = \dfrac{1}{R}\sqrt{\dfrac{L}{C}}$,它只与回路的参数有关,$Q$ 的大小反映回路的特性,称为回路的品质因数或 Q 值,L 越大,Q 值越高,R、C 越小,Q 值越高。

由表 3.23 可知,U_R、U_L 和 U_C 均随 f 而变化,$f = \dfrac{1}{2\pi\sqrt{LC}}$(即 $f = f_0$)时,$U_L = U_C$; $f > f_0$ 时,$U_L > U_C$; $f < f_0$ 时,$U_L < U_C$,说明高频信号电压降主要降在 L 上,而低频信号电压降主要降在 C 上。具体变化关系用频率特性曲线表示于图 3.57 中,图中三条特性曲线的电压最大值对应的频率 f_L、f_0 和 f_C 各不相等。它们分别由极值条件 $\dfrac{\mathrm{d}U_L}{\mathrm{d}f} = 0$,$\dfrac{\mathrm{d}U_R}{\mathrm{d}f} = 0$,$\dfrac{\mathrm{d}U_C}{\mathrm{d}f} = 0$ 求得,即有

$$f_L = \frac{1}{2\pi\sqrt{LC - \dfrac{R^2C^2}{2}}} \tag{3.33}$$

$$f_0 = \frac{1}{2\pi\sqrt{LC}} \quad \text{(谐振频率)} \tag{3.34}$$

$$f_C = \frac{1}{2\pi}\sqrt{\frac{1}{LC} - \frac{R^2}{2L^2}} \tag{3.35}$$

它们之间有如下关系:

$$f_L > f_0 > f_C, \quad f_0 = \sqrt{f_L f_C}$$

由图 3.57,我们注意到 U_L 和 U_C 的极值 U_{Lm} 和 U_{Cm} 都略大于谐振时(即 f_0 处)的值 U_{L0} 和 U_{C0}($U_{C0}=QU$)。

综上所述,回路谐振时,U_R 有极大值,且等于信号源电压值 U,即 $U_{Rm}=U$,同时 $U_{L0}=U_{C0}=QU$,即谐振时,电容或电感两端的电压是信号源电压的 Q 倍,因此 RLC 串联谐振又称为电压谐振,Q 值定义为

$$Q=\frac{U_{L0}}{U}=\frac{U_{C0}}{U} \tag{3.36}$$

谐振电路的特性,常用谐振曲线 $I\text{-}f$ 来描述,如图 3.58 所示。回路的 Q 值越大,谐振曲线越尖锐。谐振曲线的形状,常用"通频带宽度"简称"带宽"来描述,"通频带宽度"规定为 I 是最大值 I_m 的 $\frac{1}{\sqrt{2}}=0.707$ 处(称为半功率点)的频率宽度 $\Delta f=f_2-f_1$。

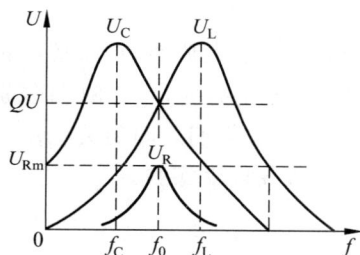

图 3.57　RLC 串联电路频率特性曲线

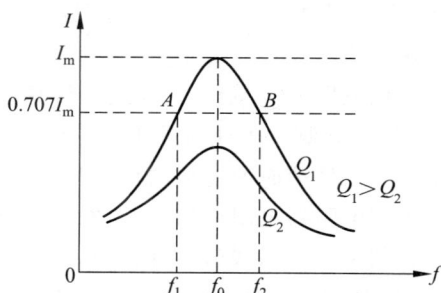

图 3.58　RLC 串联谐振曲线

根据带宽的定义,可求得带宽的两个边界频率 f_1、f_2 分别为

$$
\begin{aligned}
f_1 &= \frac{\sqrt{R^2+\dfrac{4L}{C}}-R}{4\pi L}\\[2mm]
f_2 &= \frac{\sqrt{R^2+\dfrac{4L}{C}}+R}{4\pi L}
\end{aligned}
\tag{3.37}
$$

因而

$$\Delta f=f_2-f_1=\frac{R}{2\pi L}$$

$$\sqrt{f_2 f_1}=\frac{1}{2\pi\sqrt{LC}}=f_0 \tag{3.38}$$

"带宽"Δf 和 Q 值都反应谐振电路特性,它们的关系可以求得为

$$Q=\frac{f_0}{\Delta f}=\frac{\sqrt{f_1 f_2}}{f_2-f_1} \tag{3.39}$$

由于谐振曲线半功率点处曲线的斜率最大,f_1、f_2 可以比较准确地确定,因此由 f_1 和 f_2 确定的谐振频率 f_0 和 Q 值比较准确。

【实验内容】

按图 3.59 连接电路,电容箱屏蔽壳接在电路"O"点处。用一只交流电压表轮接用于测量 U_R、U_L 和 U_C。测 U_R 时电压表的"地端"与信号源的"地端"连接在一起,测 U_L 或 U_C 时,电压表的"地端"与电容箱 C 的"O"端(屏蔽壳)接在一起。电容箱屏蔽壳接在电路中的"O"点处。

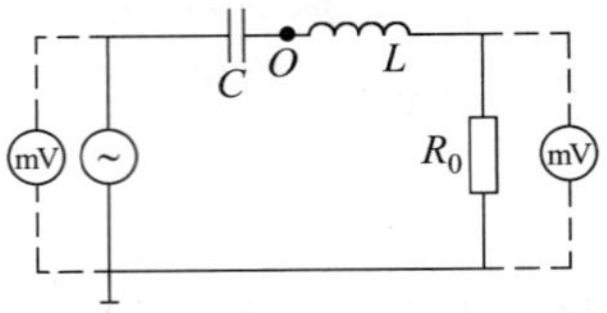

图 3.59　RLC 串联电路频率特性测量电路

1. 观察谐振现象

1)电路元件参数,并计算 f_0(例如 $R_0 = 100\ \Omega$,$L = 0.01\ \text{H}$,$C = 0.5\ \mu\text{F}$,$R_L = 20\ \Omega$,$U = 0.9\ \text{V}$,$f_0 \approx 2250\ \text{Hz}$);

2)将电压表 ⓜⓥ 分别接到 R_0、L、C 两端,连续调节信号源频率 f,观察 U_L、U_C、U_R 各自随 f 的变化情况。观察时,要注意电压表的量程,因 U_L 和 U_C 可能很大;

3)把电压表 ⓜⓥ 接到 R_0 两端,调节信号源频率 f,当 U_R 为最大值时,记录此时的频率 f_0 和 U_{Rm},并测量出此时的 U_{C0} 和 U。同样,把电压表 ⓜⓥ 分别接到 L、C 两端分别测出 U_L、U_C 和为峰值时所对应的信号频率 f_L、f_C 和 U_{Lm}、U_{Cm},比较它们之间的关系;

4)变电阻器电阻取值 $R_0 = 220\ \Omega$,其他电路参数不变,重复以上实验。

2. 测定谐振曲线(I-f 曲线)

分别测定以上两种电路的谐振曲线。

测量时,用电压表测量 R_0 两端的电压 $U_R \left(\text{则 } I = \dfrac{U_R}{R_0}\right)$。

改变 f,每隔 100 Hz 测一次 U_R(在谐振点附近测试要密一些,每隔 50 Hz 测一次 U_R)。

【注意事项】

1. 以电抗元件作负载,信号源的输出电压会随频率而改变,在测量时,每改变一次频率都要调节信号源电压,以保持为恒值。

2. 用交流电压表时,必须注意"地"端的连接,测量时,由于谐振点附近的变化很大,一定要先换好量程,再进行测量。

【数据处理】

1. 观察谐振现象记录表(表 3.24)。

表 3.24　数 据 表 1

电路	项目 数值	U/V	f_0/Hz	U_{Rm}/V	U_{C0}/V	f_L/Hz	U_{Lm}/V	f_C/Hz	U_{Cm}/V
$L =$ ＿ H $R_L =$ ＿ Ω $C =$ ＿ μF	$R_0 = 100\ \Omega$								
	$R_0 = 220\ \Omega$								

2. 测量谐振曲线数据表(表 3.25)。

表 3.25 数 据 表 2

f/Hz	$L=\underline{\ }\text{H}；R_L=\underline{\ }\Omega；C=\underline{\ }\mu\text{F}；U=0.9\text{ V}$			
	$R_0=100\ \Omega$		$R_0=220\ \Omega$	
	U_R/mV	$I/\text{mA}\left(I=\dfrac{U_R}{R_0}\right)$	U_R'/mV	$I/\text{mA}\left(I=\dfrac{U_R'}{R_0'}\right)$

3. 在同一坐标系中绘出两条谐振曲线,分别由图求出 $I=0.707I_m$ 时的 f_1 和 f_2 并填入表 3.26 中。

4. 根据实验数据计算谐振电路带宽、谐振频率、Q 值,并与理论值比较,计算百分差 η。

表 3.26 数 据 表 3

电路	项目	带宽 $\Delta f/\text{Hz}$				谐振频率 f_0/Hz			Q 值		
		由图中的谐振曲线求出			$\Delta f=\dfrac{R}{2\pi L}$	曲线峰点 f_0	$f_0=\sqrt{f_1 f_2}$	$f_0=\dfrac{1}{2\pi\sqrt{LC}}$	$Q=\dfrac{U_{C0}}{U}$	$Q=\dfrac{\sqrt{f_1 f_2}}{f_2-f_1}$	$Q=\dfrac{1}{R}\sqrt{\dfrac{L}{C}}$
		f_1	f_2	Δf							
$L=\underline{\ }\text{H}$ $R_L=\underline{\ }\Omega$ $C=\underline{\ }\mu\text{F}$	$R=R_0+R_L$ $=\underline{\ }\Omega$										
	$R=R_0+R_L$ $=\underline{\ }\Omega$										

【复习思考题】

1. 对本实验电路,当电源频率处于低频段(相对于 f_0)时,哪个元件上电压值与电源电压接近? 频率处于高频段时又如何?

2. 在谐振点 f_0 处,电感的电压 U_L 比电容两端电压 U_C 大的原因是什么? 电阻器 R_0 两端电压 U_{Rm} 小于电源两端电压 U 的原因是什么?

3. 如何应用"谐振法"测量电容和电感?

4. 根据 RLC 串联谐振的特点,实验时如何判断电路达到了谐振?

5. 当 L 的损耗电阻 R_L 相对于 R_0 不能忽略时,实验所得的 I-f 曲线能否代表回路谐振曲线?

6. 在 RLC 串联电路中,不同 Q 值的 I-ω 谐振曲线有何差异?

7. 在 RLC 串联电路中,Q 值测量方法有几种? 具体说明每一种方法。

(廖坤山　编写)

实验 21　霍尔效应及其应用(一)

置于磁场中的载流体,如果电流方向与磁场垂直,则在垂直于电流和磁场的方向会产生一附加的横向电场,这个现象是霍普金斯大学研究生霍尔于 1879 年在研究金属的导电机构时发现的,称为霍尔效应。霍尔效应是测定半导体材料电学参数的主要手段,霍尔器件已广泛用于非电量电测、自动控制和信息处理等方面。冯·克利青在极强磁场和极低温度下发现了量子霍尔效应,并于 1985 年获得诺贝尔物理学奖。

【实验目的】

1. 学习霍尔效应实验原理,掌握用霍尔传感器测量磁感应强度的方法。

2. 学习用"对称测量法"消除副效应的影响,测量试样的 U_H-I_S 和 U_H-I_M 曲线。

3. 确定试样的导电类型、载流子浓度以及迁移率。

【实验仪器】

TH-H 型霍尔效应实验组合仪。

【实验原理】

霍尔效应从本质上讲是运动的带电粒子在磁场中受洛伦兹力作用而引起的偏转。当带电粒子(电子或空穴)被约束在固体材料中,这种偏转就导致在垂直电流和磁场的方向上产生正负电荷的累积,从而形成附加的横向电场,即霍尔电场。图 3.60(a)所示为 N 型半导体试样,若在 X 方向通以电流 I_S,在 Z 方向加磁场 B,试样中载流子(电子)将受洛伦兹力 F_g 的作用

$$F_g = e\bar{v}B \tag{3.40}$$

则在 Y 方向即试样 A、A' 电极两侧就开始聚积异号电荷而产生相应的附加电场——霍尔电场。电场的指向取决于试样的导电类型,对于 N 型试样,霍尔电场逆 Y 方向,P 型试样则沿

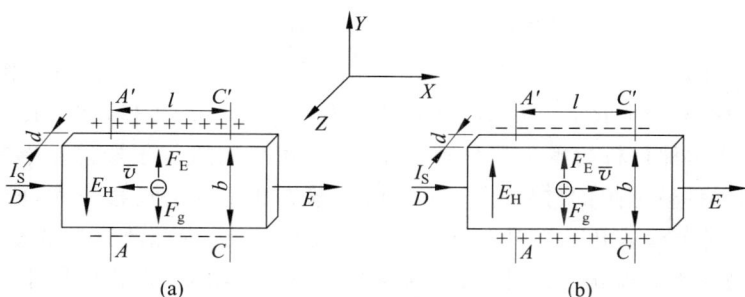

图 3.60　霍尔元件工作原理图

(a) N 型 $E_H(Y)<0$；(b) P 型 $E_H(Y)>0$

Y 方向。

　　显然,该电场阻止载流子继续向侧面偏移,当载流子所受的横向电场力 F_E 与洛伦兹力 F_g 相等时,样品两侧电荷的积累就达到平衡,故有

$$eE_H = e\bar{v}B \tag{3.41}$$

其中,E_H 为霍尔电场;$\bar{v}$ 是载流子在电流方向上的平均漂移速度。

　　设试样的宽度为 b,厚度为 d,载流子浓度为 n,则电流

$$I_S = ne\bar{v}bd \tag{3.42}$$

　　由式(3.41)、式(3.42)可得

$$U_H = E_H b = \frac{1}{ne}\frac{I_S B}{d} = R_H \frac{I_S B}{d} \tag{3.43}$$

即霍尔电压 U_H(A、A'电极之间的电压)与 $I_S B$ 乘积成正比,与试样厚度成反比。比例系数 $R_H = \frac{1}{ne}$ 称为霍尔系数,它是反映材料霍尔效应强弱的重要参数,只要测出 U_H 以及知道 I_S、B 和 d,即可按下式计算 R_H,单位为 $\Omega \cdot m/T$。

$$R_H = \frac{U_H d}{I_S B} \tag{3.44}$$

　　根据 R_H 可进一步确定以下参数。

　　1. 由 R_H 的符号(或霍尔电压的正、负)判断样品的导电类型

　　半导体材料有 N 型(电子型)和 P 型(空穴型)两种,判断的方法是按图 3.60 所示的 I_S 和 B 的方向,若测得的 $U_H = U_{AA'} < 0$(即点 A 的电位低于点 A' 的电位),则 R_H 为负,样品属 N 型,反之则为 P 型。知道了载流子的类型,可以根据 U_H 的正负定出待测磁场的方向;反之,知道了磁场方向也可以确定载流子的类型。

　　2. 由 R_H 求载流子浓度 n

　　R_H 与 n 的关系为 $n = \frac{1}{|R_H|e}$。应该指出,这个关系式是假定所有的载流子都具有相同的漂移速度得到的,严格一点,考虑载流子的速度统计分布,需引入 $3\pi/8$ 的修正因子(可参阅黄昆、谢希德著《半导体物理学》)。

　　3. 结合电导率的测量,求载流子的迁移率 μ

　　电导率 σ 与载流子浓度 n 以及迁移率 μ 之间有如下关系:

$$\sigma = ne\mu \tag{3.45}$$

即 $\mu = |R_{\mathrm{H}}|\sigma$,通过实验测出 σ 值即可求出 μ,单位为 $\mathrm{m}^2/(\mathrm{V} \cdot \mathrm{s})$。

根据上述可知,要得到大的霍尔电压,关键是要选择霍尔系数大(即迁移率 μ 高、电阻率 ρ 亦较高)的材料。因 $|R_{\mathrm{H}}| = \mu\rho$,就金属导体而言,$\mu$ 和 ρ 均很低,而不良导体 ρ 虽高,但 μ 极小,因而上述两种材料的霍尔系数都很小,不能用来制造霍尔器件。半导体 μ 高,ρ 适中,是制造霍尔器件较理想的材料,由于电子的迁移率比空穴的迁移率大,所以霍尔器件都采用 N 型材料,其次霍尔电压的大小与材料的厚度成反比,因此薄膜型的霍尔器件的输出电压较片状要高得多。就霍尔器件而言,其厚度是一定的,所以实用上采用

$$K_{\mathrm{H}} = \frac{1}{ned} \tag{3.46}$$

来表示器件的灵敏度,K_{H} 称为霍尔灵敏度,单位为 $\mathrm{V}/(\mathrm{A} \cdot \mathrm{T})$。

霍尔系数与半导体材料电导率、载流子浓度以及载流子迁移率等基本参数有一定的关系,利用这些关系可以确定半导体材料的基本参数。霍尔系数与霍尔效应的测量已成为研究半导体性能的重要手段之一,它有助于对导电过程的研究。霍尔效应与半导体研究的相互促进,导致半导体工业的崛起。

【实验方法】

1. 霍尔电压 U_{H} 的测量

在产生霍尔效应的同时,因伴随着多种副效应,以致实验测得的 A、A' 两电极之间的电压并不等于真实的 U_{H} 值,而是包含着各种副效应引起的附加电压,因此必须设法消除。根据副效应产生的机理(参阅附录)可知,采用电流和磁场换向的对称测量法,基本上能够把副效应的影响从测量的结果中消除,具体的做法是 I_{S} 和 B(即 I_{M})的大小不变,并在设定电流和磁场的正、反方向后,依次测量由下列四组不同方向的 I_{S} 和 B 组合的 A、A' 两点之间的电压 U_1、U_2、U_3 和 U_4,即

$$
\begin{aligned}
+I_{\mathrm{S}} \quad +B \quad U_1 \\
+I_{\mathrm{S}} \quad -B \quad U_2 \\
-I_{\mathrm{S}} \quad -B \quad U_3 \\
-I_{\mathrm{S}} \quad +B \quad U_4
\end{aligned}
$$

然后求上述四组数据 U_1、U_2、U_3 和 U_4 的代数平均值,可得

$$U_{\mathrm{H}} = \frac{U_1 - U_2 + U_3 - U_4}{4}$$

通过对称测量法求得的 U_{H},虽然还存在个别无法消除的副效应,但其引入的误差甚小,可以略而不计。

2. 电导率 σ 的测量

σ 可以通过图 3.60 所示的 A、C(或 A'、C')电极进行测量,设 A、C(A'、C')间的距离为 l,样品的横截面积为 $S = bd$,流经样品的电流为 I_{S},在零磁场下,若测得 A、C 间的电位差为 U_{σ}(U_{AC}),电导率可由下式求得:

$$\sigma = \frac{I_{\mathrm{S}}l}{U_{\sigma}S} \tag{3.47}$$

【实验内容】

按图 3.61 连接测试仪和实验仪之间相应的 I_S、U_H 和 I_M 各组连线,I_S 及 I_M 换向开关投向上方,表明 I_S 及 I_M 均为正值(即 I_S 沿 X 方向,B 沿 Z 方向),反之为负值。U_H、U_σ 切换开关投向上方测 U_H,投向下方测 U_σ(样品各电极及线包引线与对应的双刀开关之间连线已由制造厂家连接好)。

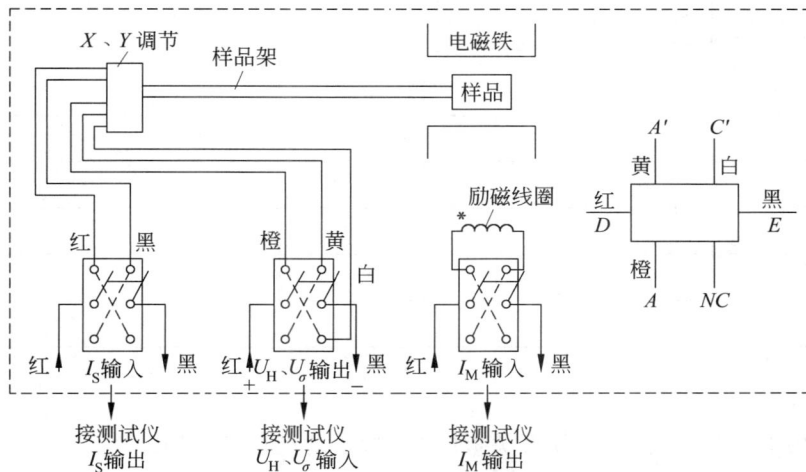

图 3.61 霍尔效应实验仪示意图

注意:严禁将测试仪的励磁电源"I_M 输出"误接到实验仪的"I_S 输入"或"U_H、U_σ 输出"处,否则一旦通电,霍尔器件即遭损坏!仪器开机前应将 I_S、I_M 调节旋钮左旋到底。

为了准确测量,应先对测试仪进行调零,即将测试仪的"I_S 调节"和"I_M 调节"旋钮均置零位,待开机数分钟后若 U_H 显示不为零,可通过面板左下方小孔的"调零"电位器实现调零,即"0.00"。

1. 测绘 U_H-I_S 曲线

将实验仪的"U_H、U_σ"切换开关扳向 U_H 侧,测试仪的"功能切换"置 U_H。

保持 I_M 值不变(取 $I_M=0.6$ A),测绘 U_H-I_S 曲线,记入表 3.27 中。

表 3.27 U_H-I_S 曲线的测量

($I_M=0.6$ A,I_S 取值:1.00~4.00 mA)

I_S/mA	U_1/mV	U_2/mV	U_3/mV	U_4/mV	U_H/mV $\left(U_H=\dfrac{U_1-U_2+U_3-U_4}{4}\right)$
	$+I_S$、$+B$	$+I_S$、$-B$	$-I_S$、$-B$	$-I_S$、$+B$	
1.00					
1.50					
2.00					
2.50					
3.00					
4.00					

2. 测绘 U_H-I_M 曲线

实验仪及测试仪各开关位置同上。

保持 I_S 值不变(取 $I_S=3.00$ mA),测绘 U_H-I_M 曲线,记入表 3.28 中。

表 3.28 U_H-I_M 曲线的测量

($I_S=3.00$ mA,I_M 取值:$0.300\sim0.800$ A)

I_M/A	U_1/mV $+I_S$、$+B$	U_2/mV $+I_S$、$-B$	U_3/mV $-I_S$、$-B$	U_4/mV $-I_S$、$+B$	U_H/mV $\left(U_H=\dfrac{U_1-U_2+U_3-U_4}{4}\right)$
0.300					
0.400					
0.500					
0.600					
0.700					
0.800					

3. 测量 U_σ 值

在零磁场下,将"U_H、U_σ"切换开关扳向 U_σ 侧,"功能切换"置 U_σ。

取 $I_S=2.00$ mA,测量 $U_\sigma=$ _____ mV。

注意:I_S 取值不要过大,以免 U_σ 太大。毫伏表超量程时,首位数码显示为 1,后三位数码熄灭。

4. 确定样品的导电类型

将实验仪三组双刀开关均扳向上方,即 I_S 沿 X 方向,B 沿 Z 方向,毫伏表测量电压为 $U_{AA'}$。

取 $I_S=2$ mA,$I_M=0.6$ A,测量 $U_H=$ _____ mV(大小及极性),判断样品导电类型为_____。

5. 记录参数,线圈规格 $B_0=$ _____ kGs · A^{-1}。

样品规格,厚度 $d=$ _____ mm,宽度 $b=$ _____ mm,电极间距 $l=$ _____ mm。

6. 计算样品的 R_H、n、σ 和 μ 值,要求写出计算过程。

7. 测绘 B-X 曲线(选做)

调节样品架的 X 旋钮,改变样品架的水平位置,测量对应位置的霍尔电压 U_H,将数据记录在表 3.29 中,描绘 B-X 曲线。

表 3.29 B-X 曲线的测量

X/mm										
U_H/mV										
B/T										

【思考题】

1. 本实验中为什么要用永久磁铁?
2. 如已知霍尔样品的工作电流 I_S 及磁感应强度 B 的方向,如何判断样品的导电类型?
3. 能否用霍尔元件测量交变磁场?

【附录】 霍尔器件中的副效应及其消除方法

(1) 不等势电压 U_O

如图 3.62 所示,这是由于器件的 A、A' 两电极的位置不在一个理想的等势面上,因此,即使不加磁场,只要有电流 I_S 通过,就有电压 $U_O = I_S r$ 产生,r 为 A、A' 所在的两个等势面之间的电阻,结果在测量 U_H 时,就叠加了 U_O,使得 U_H 值偏大(当 U_O 与 U_H 同号)或偏小(当 U_O 与 U_H 异号),显然,U_H 的符号取决于 I_S 和 B 两者的方向,而 U_O 只与 I_S 的方向有关,因此可以通过改变 I_S 的方向予以消除。

(2) 温差电效应引起的附加电压 U_E

如图 3.63 所示,由于构成电流的载流子速度不同,若速度为 v 的载流子所受的洛伦兹力与霍尔电场的作用力刚好抵消,则速度大于或小于 v 的载流子在电场和磁场作用下,将各自朝对立面偏转,从而在 Y 方向引起温差 $T_A - T_{A'}$,由此产生的温差电效应,在 A、A' 电极上引入附加电压 U_E,且 $U_E \propto I_S B$,其符号与 I_S 和 B 的方向的关系跟 U_H 是相同的,因此不能用改变 I_S 和 B 方向的方法予以消除,但其引入的误差很小,可以忽略。

图 3.62 由电极位置产生的不等势电压 U_O 图 3.63 由温差电效应引起的附加电压 U_E

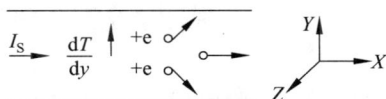

(3) 热磁效应直接引起的附加电压 U_N

图 3.64 因器件两端电流引线的接触电阻不等,通电后在接点两处将产生不同的焦耳热,导致在 X 方向有温度梯度,引起载流子沿梯度方向扩散而产生热扩散电流,热流 Q 在 Z 方向磁场作用下,类似于霍尔效应在 Y 方向上产生一附加电场 E_N,相应的电压 $U_N \propto QB$,而 U_N 的符号只与 B 的方向有关,与 I_S 的方向无关,因此可通过改变 B 的方向予以消除。

(4) 热磁效应产生的温差引起的附加电压 U_R

如上述(3)所述的 X 方向热扩散电流,因载流子的速度统计分布,在 Z 方向的磁场 B 作用下,和(2)中所述的同一道理将在 Y 方向产生温度梯度 $T_A - T_{A'}$,由此引入的附加电压 $U_R \propto QB$,U_R 的符号只与 B 的方向有关,亦能消除(见图 3.65)。

图 3.64 由热磁效应引起的附加电压 U_N 图 3.65 由热磁效应引起的附加电压 U_R

综上所述,实验中测得的 A、A' 之间的电压除 U_H 外还包含 U_O、U_E、U_N 和 U_R 各电压的代数和,其中 U_O、U_N 和 U_R 均通过 I_S 和 B 换向对称测量法予以消除。

设 I_S 和 B 的方向均为正向时,测得 A、A' 之间电压(记为 U_1),即当 $+I_S$、$+B$ 时

$$U_1 = U_H + U_O + U_N + U_R + U_E$$

将 B 换向,而 I_S 的方向不变,测得的电压记为 U_2,此时 U_H、U_N、U_{RL}、U_E 均改号而 U_O 符号不变,即当 $+I_S$、$-B$ 时

$$U_2 = -U_H + U_O - U_N - U_R - U_E$$

同理,按照上述分析,当 $-I_S$、$-B$ 时

$$U_3 = U_H - U_O - U_N - U_R + U_E$$

当 $-I_S$、$+B$ 时

$$U_4 = -U_H - U_O + U_N + U_R - U_E$$

求以上四组数据 U_1、U_2、U_3 和 U_4 的代数平均值,可得

$$U_H + U_E = \frac{U_1 - U_2 + U_3 - U_4}{4}$$

由于 U_E 符号与 I_S 和 B 两者方向关系和 U_H 是相同的,故无法消除,但在非大电流、非强磁场下,$U_H \gg U_E$,因此 U_E 可略而不计,所以霍尔电压为

$$U_H = \frac{U_1 - U_2 + U_3 - U_4}{4}$$

(郭悦韶　编写)

实验 22　霍尔效应及其应用(二)

实验目的、实验原理、实验方法请参阅实验 21 霍尔效应及其应用(一)。

【实验仪器】

DH4512 型霍尔效应实验仪由实验架和测试仪两个部分组成,霍尔效应片为 N 型砷化镓半导体。图 3.66 为实验架平面图,采用双圆线圈产生实验所需要的磁场;图 3.67 为测试仪面板图。

单刀双向开关由继电器控制。当继电器线包不加控制电压时,动触点与常闭端相连接;当继电器线包加上控制电压时,继电器吸合,动触点与常开端相连接。

三个双刀双向开关由继电器控制。通过转换开关按钮,可以实现与继电器相连的连接线的换向功能。转换开关按钮向下接通时,继电器吸合,常开端与动触点相连接;转换开关按钮向上脱离时,继电器线包不加电,常闭端与动触点相连接。

注意事项:接线过程严禁开机加电。测试仪面板上的"I_S 输入""I_M 输出"和"U_H、U_σ 测量"三对接线柱应分别与实验架上的三对相应的接线柱正确连接。决不允许将"I_M 输出"接到"I_S 输入"处,否则一旦通电,会损坏霍尔片!连接到磁场励磁线圈端子,出厂前已在内部连接好,实验时不再接线。控制连接线一端插入测试仪背部的二芯插孔,另一端连接到实验架的控制电源输入端子上。

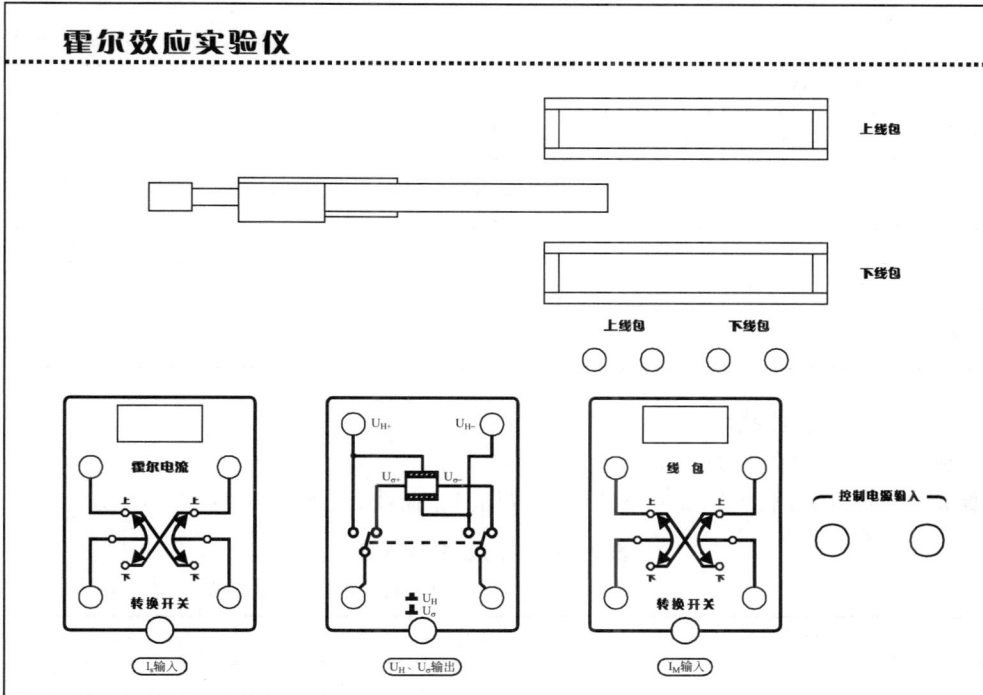

图 3.66 DH4512 霍尔效应双线圈实验架平面图

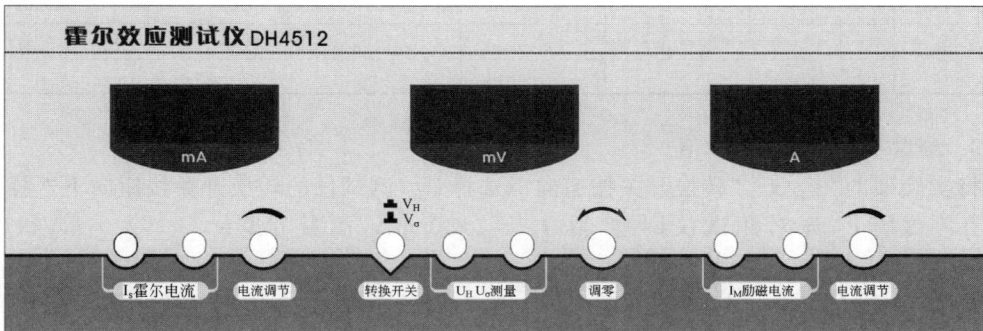

图 3.67 DH4512 霍尔效应测试仪面板图

【实验内容】

预备过程断开电源。正确连接线路,将霍尔片置于合适位置,将按钮、旋钮预置于正确位置。开机前将 I_S、I_M 置零,即调节旋钮逆时针方向旋到底,严防 I_S、I_M 电流未调到零就开机。

打开电源开关,先对测试仪调零,调节调零旋钮使电压表 U_H 输出为"0.00"。

1. 测绘 U_H-I_S 曲线

将实验架的"U_H、U_σ"转换开关按钮向下选择 U_H,测试仪的转换开关按钮向下选择 U_H。

保持 I_M 值不变,取 $I_M=0.500$ A,测绘 U_H-I_S 曲线,记入表 3.30 中。

表 3.30　U_H-I_S 曲线测量

(I_M＝0.500 A, I_S 取值：0.50～3.00 mA)

I_S /mA	U_1/mV $+I_S$、$+B$	U_2/mV $+I_S$、$-B$	U_3/mV $-I_S$、$-B$	U_4/mV $-I_S$、$+B$	$U_H=\dfrac{U_1-U_2+U_3+U_4}{4}$/mV
0.50					
1.00					
1.50					
2.00					
2.50					
3.00					

2. 测绘 U_H-I_M 曲线

实验架及测试仪各开关位置同上。

保持 I_S 值不变，取 I_S＝3.00mA，测绘 U_H-I_M 曲线，记入表 3.31 中。

表 3.31　U_H-I_M 曲线测量

(I_S＝3.00 mA, I_M 取值：0.100～0.500 A)

I_M/A	U_1/mV $+I_S$、$+B$	U_2/mV $+I_S$、$-B$	U_3/mV $-I_S$、$-B$	U_4/mV $-I_S$、$+B$	$U_H=\dfrac{U_1-U_2+U_3-U_4}{4}$/mV
0.100					
0.200					
0.300					
0.400					
0.500					

3. 测量不等位电势 U_σ 值

将实验架的"U_H、U_σ"转换开关按钮向下选择 U_σ，测试仪的转换开关按钮向下选择 U_σ。在零磁场下，先对测试仪调零，取 I_S＝1.50 mA，测量 $U_{\sigma1}$＝_____ mV, $U_{\sigma2}$＝_____ mV。计算不等位电阻 $R_{\sigma1}=\dfrac{U_{\sigma1}}{I_S}$＝_____ Ω, $R_{\sigma2}=\dfrac{U_{\sigma2}}{I_S}$_____ Ω。

注意：I_S 取值不要过大，以免 U_σ 太大，毫伏表超量程(此时首位数码显示为 1，后三位数码熄灭)。

4. 记录参数，霍尔灵敏度 K_H＝_____ mV/mA·T。

样品规格，厚度 d＝_____ mm，宽度 b＝_____ mm，电极间距 l＝_____ mm。

5. 计算样品的 R_H、n、σ 和 μ 值，要求写出计算过程。

R_H＝_____＝_____ Ω·m/T

n＝_____＝_____ m^{-3}

σ＝_____＝_____ 1/(Ω·m)

μ＝_____＝_____ m^2/(V·s)

6. 测绘 B-X 曲线(选做)[*]

预置。开机前将 I_S、I_M 置零，打开电源开关后对测试仪调零。设定 I_M＝500 mA，

$I_S=3.00$ mA,测量相应的 U_H。将霍尔元件从中心向边缘移动,每隔 5 mm 选一个点测出相应的 U_H(换向法同上),将数据记录在表 3.32 中。

计算出各点的磁感应强度 B,描绘 B-X 曲线。

表 3.32 B-X 曲线的测量　　　($I_M=500$ mA,$I_S=3.00$ mA)

X/mm									
U_H/mV									
B/T									

（郭悦韶　编写）

实验 23　亥姆霍兹线圈磁场测量实验

赫尔曼·路德维希·斐迪南德·冯·亥姆霍兹(Hermann Ludwig Ferdinand von Helmholtz,1821—1894),德国物理学家、数学家、生理学家、心理学家。在生理学、光学、电动力学、数学、热力学等领域中均有重大贡献,创立了能量守恒学说。

亥姆霍兹线圈因其而命名,广泛应用于材料、化学、生物、医疗、电子、应用物理、航空航天等各个学科。其主要用途:产生标准磁场、地球磁场的抵消与补偿、地磁环境模拟、磁屏蔽效果的判定、电磁干扰模拟实验、霍尔探头和各种磁强计的定标、生物磁场及物质磁特性的研究。测量磁场的方法有许多,如冲击电流计法、霍尔效应法、核磁共振法、天平法、电磁感应法,本实验学习利用霍尔效应法测磁场。

【实验目的】

1. 学习霍尔效应法测量磁场的原理与方法。
2. 熟悉亥姆霍兹实验仪的使用方法。
3. 掌握截流圆线圈和亥姆霍兹线圈磁场分布测量方法,并验证磁场的叠加原理。

【实验仪器】

FD-HM-B 亥姆霍兹线圈磁场测量实验仪。

【实验原理】

1. 根据毕奥-萨伐尔定律,载流圆线圈在轴线(通过圆心并与线圈平面垂直的直线)上某点的磁感应强度为

$$B = \frac{\mu_0 \cdot \bar{R}^2}{2(\bar{R}^2 + x^2)^{3/2}} N \cdot I \tag{3.48}$$

式中,μ_0 为真空磁导率,$\bar{R}$ 为线圈的平均半径,x 为圆心到该点的距离,N 为线圈匝数,I 为通过线圈的电流强度。因此,圆心处的磁感应强度为

$$B_0 = \frac{\mu_0}{2\bar{R}} N \cdot I \tag{3.49}$$

轴线外的磁场分布计算公式较为复杂,这里简略。

2. 亥姆霍兹线圈是一对彼此平行且连通的共轴圆形线圈,两线圈内的电流方向一致,大小相同,线圈间距 d 等于线圈半径 R。这种线圈的特点是能在其公共轴线中点附近产生较广的均匀磁场区,所以在生产和科研中有较大的使用价值,也常用于弱磁场的计量标准。例如,显像管中的行、场偏转线圈利用了亥姆霍兹线圈特性,产生匀强磁场。

设 z 为亥姆霍兹线圈中轴线上某点与中心点 O 处的距离,则亥姆霍兹线圈轴线上任意一点的磁感应强度为

$$B' = \frac{1}{2}\mu_0 \cdot N \cdot I \cdot R^2 \left\{ \left[R^2 + \left(\frac{R}{2} + z \right)^2 \right]^{-3/2} + \left[R^2 + \left(\frac{R}{2} - z \right)^2 \right]^{-3/2} \right\} \quad (3.50)$$

而在亥姆霍兹线圈上中心 O 处的磁感应强度为

$$B'_0 = \frac{8}{5^{3/2}} \frac{\mu_0 \cdot N \cdot I}{R} \quad (3.51)$$

【实验装置】

实验装置主要由实验主机、线圈以及传感器测量尺和若干连接线组成,如图 3.68 和图 3.69 所示。

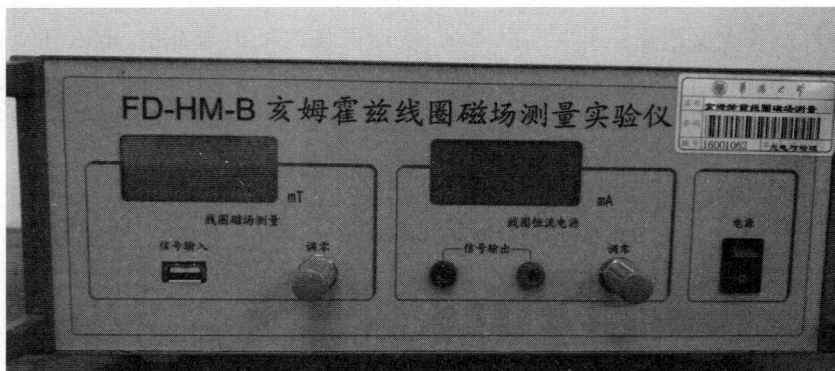

图 3.68 亥姆霍兹线圈磁场测量实验仪

图 3.69 亥姆霍兹线圈磁场测量实验架

【实验步骤】

1. 连接线路,开机预热调零。

连接传感器测量尺与线圈磁场测量的信号输入端,连接线圈与线圈恒流电源的信号输出端。注意,接单线圈时只需红色插头插红色插座,黑色插头插黑色插座即可,如果连接成亥姆霍兹线圈时(一般线圈串接),需要保持两个线圈电流方向一致。

2. 测量单个载流圆线圈轴线上各点磁感应强度,描绘测量曲线。

首先恒流源接一个线圈,将传感器测量尺高度调节至 80 mm 位置处(线圈中心位置一般在游标尺 80 mm 位置附近,可通过上下移动调节),此时霍尔传感器位于单线圈的轴线上。调节恒流源至 100 mA,移动传感器测量尺的滑块,可以看到毫特斯拉计示数的变化(注意传感器中心位置与滑块刻线位置相差 200 mm)。此时断开恒流源电流(拔掉一个手枪插头即可),调节毫特斯拉计"调零"旋钮,使线圈零电流时毫特斯拉计示数为零。重新连接恒流源通 100 mA 电流,开始测量单个载流圆线圈轴线上各点磁感应强度与位置的关系。

3. 测量单个载流圆线圈半径平面上各点磁感应强度,描绘测量曲线。

连接方式同上,接通 100 mA 电流,移动滑块,使传感器位于线圈半径平面内(方法是传感器测量尺位置减去或者加上 200 mm 等于线圈滑块位置),上下移动传感器测量尺,测量载流圆线圈半径平面内各点磁感应强度与位置的关系。

4. 测量亥姆霍兹线圈中心轴线上各点的磁感应强度,描绘测量曲线。

将两线圈之间距离调节为 100 mm,并与恒流源串接,通 100 mA 电流,移动滑块测量亥姆霍兹线圈中心轴线上各点的磁感应强度。

5. 测量与亥姆霍兹线圈中心轴线垂直的平面内的磁感应强度,描绘测量曲线。

连接方式同上,将传感器固定于亥姆霍兹线圈轴线的中心点,上下移动游标尺,测量与中心轴线垂直的平面内的磁感应强度与位置的关系。

6. 验证磁场迭加原理。

在测量步骤 5 的基础上再分别测量两个线圈单独通 100 mA 电流在中心轴线上产生的磁场,注意此时保持两线圈间距 100 mm,位置固定不动,记录数据并描绘曲线。

7. 进一步验证磁场迭加原理。

测量亥姆霍兹线圈在间距分别为 $d=R/2,d=3R/2$(R 为线圈半径)时轴线上的磁场分布,即调节两线圈间距为 50 mm 和 150 mm,再分别测量中心轴线上磁感应强度与位置的关系,记录数据并描画曲线,进一步验证磁场迭加原理。

注:每次测量前应拔掉线圈电源调零。毫特斯拉计为高灵敏度仪器,可以显示 1×10^{-6} T 磁感应强度变化。在线圈断电情况下,由于地磁场和其他杂散信号的影响,不同位置毫特斯拉计所显示的最后一位略有区别,需重新调零。

【数据记录与处理】

轴线为轴,其中 a 表示一个单线圈,b 表示另一个单线圈,$(a+b)$ 表示亥姆霍兹线圈。

1. 测量单个载流圆线圈轴线上各点磁感应强度

载流圆线圈 a 轴线上不同位置磁感应强度 $B(a)$ 的测量值记录在表 3.33,设定电流 $I=100$ mA,线圈平均半径 $\bar{R}=10.00$ cm,线圈匝数 $N=500$,真空磁导率 $\mu_0=4\pi\times 10^{-7}$ H/m。

表 3.33 载流圆线圈中心轴线上不同位置的磁感应强度

x/cm	-10.0	-9.5	-9.0	-8.5	-8.0	-7.5	-7.0	-6.5	-6.0	-5.5	-5.0
$B(a)/\mu\text{T}$											
x/cm	-4.5	-4.0	-3.5	-3.0	-2.5	-2.0	-1.5	-1.0	-0.5	0.0	0.5
$B(a)/\mu\text{T}$											
x/cm	1.0	1.5	2.0	2.5	3.0	3.5	4.0	4.5	5.0	5.5	6.0
$B(a)/\mu\text{T}$											
x/cm	6.5	7.0	7.5	8.0	8.5	9.0	9.5	10.0			
$B(a)/\mu\text{T}$											

根据毕奥-萨伐尔定律,载流圆形线圈在线圈轴线(通过圆心并与线圈平面垂直的直线)上某点的磁感应强度为

$$B = \frac{\mu_0 \cdot \overline{R}^2}{2(\overline{R}^2 + x^2)^{3/2}} N \cdot I$$

式中,$\overline{R}$ 为线圈的平均半径,N 为线圈匝数,I 为通过线圈的电流强度,x 为圆心到该点的距离。

测绘 $B\text{-}x$ 曲线,计算圆心及 $x=5\ \text{cm}$ 处的磁感应强度_____ μT。

将实验值与理论值进行比较,计算百分差 $\eta=$_____。

2. 测量单个载流圆线圈半径平面上各点磁感应强度

表 3.34 载流圆线圈半径平面上不同位置的磁感应强度

x/cm	-8.0	-7.5	-7.0	-6.5	-6.0	-5.5	-5.0	-4.5	-4.0	-3.5	-3.0
$B(a)/\mu\text{T}$											
x/cm	-2.5	-2.0	-1.5	-1.0	-0.5	0.0	0.5	1.0	1.5	2.0	2.5
$B(a)/\mu\text{T}$											
x/cm	3.0	3.5	4.0	4.5	5.0	5.5	6.0	6.5	7.0	7.5	8.0
$B(a)/\mu\text{T}$											

测绘 $B\text{-}x$ 曲线,分析载流圆线圈半径平面上不同位置的磁感应强度关系。

3. 测量亥姆霍兹线圈轴线上磁场,证明磁场迭加原理成立。

设定亥姆霍兹线圈 $I=100\ \text{mA}$ 直流电流,两线圈间距 $d=\overline{R}=10.00\ \text{cm}$。取两线圈轴线中心点为原点。

表 3.35 亥姆霍兹线圈轴线上的磁场测量

x/cm	-10.0	-9.0	-8.0	-7.0	-6.0	-5.0	-4.0	-3.0	-2.0	-1.0	0.0
$B(a)/\mu\text{T}$											
$B(b)/\mu\text{T}$											
$(B(a)+B(b))/\mu\text{T}$											
$B(a+b)/\mu\text{T}$											
x/cm	1.0	2.0	3.0	4.0	5.0	6.0	7.0	8.0	9.0	10.0	
$B(a)/\mu\text{T}$											
$B(b)/\mu\text{T}$											
$(B(a)+B(b))/\mu\text{T}$											
$B(a+b)/\mu\text{T}$											

测绘 B-x 曲线,分析亥姆霍兹线圈中心轴线上不同位置的磁感应强度关系。

4. 测量亥姆霍兹线圈在间距分别为 $d=R/2$,$d=3R/2$(R 为线圈半径)时轴线上的磁场分布(选做)。

改变两线圈间距 d,使两线圈间距分别为 $d=R/2$,$d=R$,$d=3R/2$,测量轴线上不同位置的磁感应强度。图 3.70 为示例。

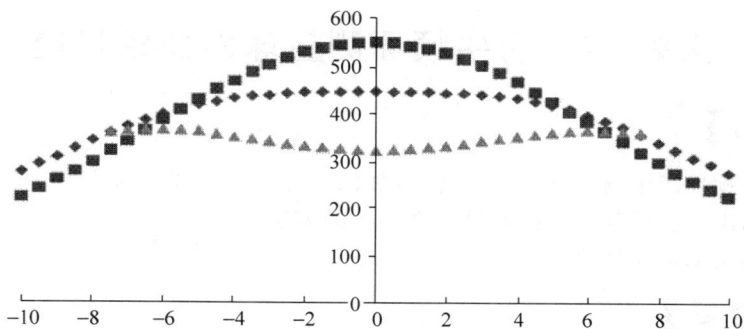

图 3.70　两线圈间距不同时轴线上磁感应强度与位置关系曲线示例

注:其中横坐标为位置(cm),纵坐标为磁感应强度(μT),正方形、菱形、三角形分别代表两线圈间距为 $d=R/2$,$d=R$,$d=3R/2$。

【注意事项】

1. 实验探测器采用配对 SS95A 型集成霍尔传感器,其内部有放大器和剩余电压补偿电路,灵敏度高,因而地磁场对实验影响不可忽略,移动探头测量时须注意零点变化,可以通过不断调零以消除此影响。

2. 接线或测量数据时,要特别注意检查移动两个线圈时,是否满足亥姆霍兹线圈的条件。

3. 两个线圈采用串接方式与电源相连时,必须注意磁场的方向。如果接错线有可能使亥姆霍兹线圈中间轴线上磁场为零。

(郭悦韶　编写)

4 光学实验

实验 24   用牛顿环测量球面曲率半径

【实验目的】

1. 观察牛顿环产生的干涉条纹的特点,加深对等厚干涉现象的认识。
2. 掌握利用牛顿环测量平凸透镜曲率半径的方法。
3. 学习使用读数显微镜。

【预习思考题】

1. 什么是牛顿环? 用以测定透镜曲率半径的理论公式是什么?
2. 从反射方向观察的牛顿环中心是暗斑还是亮斑? 为什么?

【实验原理】

1. 牛顿环

在一块平面玻璃上安放一个焦距很大的平凸透镜,使其凸面与平面相接触(图 4.1),在接触点附近就形成一层空气薄层。用准单色光从上面正入射到空气薄层上,由于入射光在该薄层的上下表面反射,便形成具有固定光程差的两束相干光,就会在薄层表面附近产生等厚干涉条纹,这是以接触点为中心的一组明暗相间的同心圆环,这种干涉现象称为牛顿环。

设与 C 距离为 r_k 处的空气薄层厚度为 δ_k,入射光波长 λ,则两相干光的光程差 $\Delta = 2\delta_k + \dfrac{\lambda}{2}$(因为在空气薄层下表面反射时有半波损失)。若透镜凸面的曲率半径为 R,由图 4.2 的几何关系可得 $R^2 = (R - \delta_k)^2 + r_k^2 = R^2 - 2R\delta_k + \delta_k^2 + r_k^2$,因为 $\delta_k \ll R$,δ_k^2 项可以略去,由上式得 $r_k^2 = 2R\delta_k$ 或 $\delta_k = \dfrac{r_k^2}{2R}$,所以两相干光的光程差 $\Delta = \dfrac{r_k^2}{R} + \dfrac{\lambda}{2}$。在 r_k 处若为明圆环,应有公式 $\Delta = k\lambda (k = 1, 2, \cdots)$,即

$$r_k = \sqrt{(2k - 1)R \cdot \dfrac{\lambda}{2}}$$

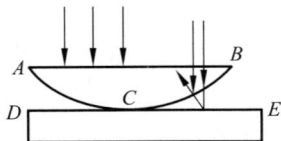

图 4.1　产生牛顿环的光路原理图

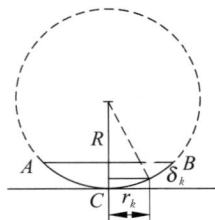

图 4.2　截面几何图

在 r_k 处若为暗圆环,应有公式 $\Delta = (2k+1)\dfrac{\lambda}{2} (k=0,1,2,\cdots)$,即

$$r_k = \sqrt{kR\lambda} \qquad\qquad (4.1)$$

其中 k 为圆环级数。由此可见,只要知道 r_k 和 λ,数出 k,就可以算出 R。

2. 利用牛顿环测量曲率半径

在实际测量中,圆环中心很难确定,因此采用两个圆环的半径平方差来计算。设第 m 条暗纹和第 n 条暗纹的半径各为 r_m 和 r_n,如图 4.3 所示,则由式(4.1)得

$$R = \frac{r_m^2 - r_n^2}{\lambda(m-n)} = \frac{(r_m - r_n)(r_m + r_n)}{\lambda(m-n)} \qquad (4.2)$$

若用 X_m,X_n 表示圆环半径 r_m,r_n 在显微镜上相应位置的坐标,则式(4.2)也可写成

$$R = \frac{(X_m - X_n)(X_m - X_n')}{\lambda(m-n)} \qquad (4.3)$$

图 4.3　干涉条纹示意图

其中 $X_m - X_n = r_m - r_n$,$X_m - X_n' = r_m + r_n$,可见,在实验中不必知道圆环的中心位置,只需读出环 m,n,m',n' 的位置坐标即可。

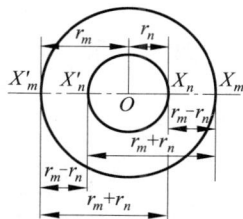

【实验仪器】

牛顿环、钠光灯、JCD3 型读数显微镜。

【实验内容】

1. 调整测量装置

(1) 调节牛顿环。适当松紧牛顿环上三个螺丝,使在自然光下看到的彩色干涉环大约处于中心。

(2) 调节读数显微镜。由于干涉条纹间隔很小,精确测量需用读数显微镜,实验装置如图 4.4 所示。调节目镜,使十字叉丝清晰;调节套在物镜头上的反射镜,使显微镜中视场亮度最大;将牛顿环放在显微镜筒的正下方,调节调焦手轮对牛顿环聚焦,使干涉条纹清晰,并且消除视差。调焦时为防止压坏牛顿环装置和物镜,显微镜筒应自下而上缓慢上移直到看清,并适当移动牛顿环,使牛顿环圆心处在视场正中央。

2. 观察干涉条纹的分布特征

移动测微鼓轮,观察牛顿环的全貌,观察各级条纹的粗细及相邻条纹的间距变化,观察牛顿环中心是暗斑还是亮斑,并对所观察现象从理论上做出解释。

3. 测量平凸透镜的曲率半径

(1) 观察干涉环的全貌,调节使干涉条纹的中间部分和边沿部分条纹都清晰可见。

(2) 旋转测微鼓轮,使显微镜中的十字叉丝从中心 O 开始向右数 27 条暗环,然后退两环到 25 环,使竖直叉丝与第 25 条环相切,记下 r_{25} 的坐标 X_{25},再到第 5 条暗环,记下 r_5 的坐标 X_5,经过中心 O 又到左边第 5 条暗环,记下 r_5' 的坐标 X_5',继续到左边第 25 条暗环,记下 r_{25}' 的坐标 X_{25}'。最后,到左边第 27 条暗环,再从第 27 条暗环退回到第 25 条暗环,由左至右重复记一次。将实验数据记入表 4.1。

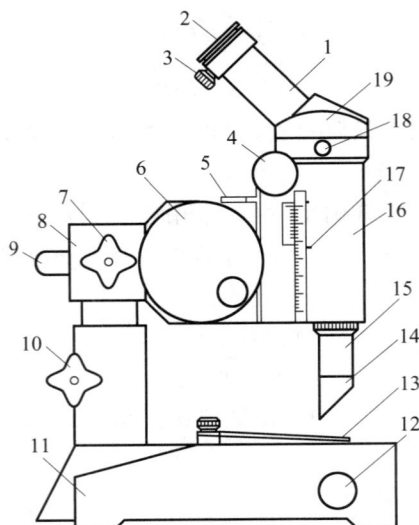

图 4.4　读数显微镜

1—目镜接筒；2—目镜；3—目镜锁紧螺钉；4—调焦手轮；5—标尺；6—测微
鼓轮；7—锁紧手轮Ⅰ；8—接头轴；9—方轴；10—锁紧手轮Ⅱ；11—底座；
12—反光镜调节轮；13—压片；14—半反射镜组；15—物镜组；16—镜筒；
17—刻尺；18—棱镜室锁紧螺钉；19—棱镜室

（3）求透镜的曲率半径。在表 4.2 中计算 $r_m - r_n$ 和 $r_m + r_n$，利用式（4.2）计算透镜的曲率半径 $\overline{R}$ 及其不确定度（钠光灯的波长为 5.893×10^{-5} cm）。

【数据处理】

表 4.1　数据记录表　　　　　　　　　　　　　　　　mm

X'_{25}	X'_5	X_5	X_{25}

表 4.2　数据处理　　　　　　　　　　　　　　　　mm

计算	$\lvert X_{25} - X_5 \rvert$	$\lvert X'_{25} - X'_5 \rvert$	$\lvert X_{25} - X_5 \rvert$	$\lvert X'_{25} - X'_5 \rvert$
$r_m - r_n$				
计算	$\lvert X_{25} - X'_5 \rvert$	$\lvert X'_{25} - X_5 \rvert$	$\lvert X_{25} - X'_5 \rvert$	$\lvert X'_{25} - X_5 \rvert$
$r_m + r_n$				

$\overline{r_m - r_n} = \underline{\qquad}$ mm，$\overline{r_m + r_n} = \underline{\qquad}$ mm，$\overline{R} = (\underline{\qquad} + \underline{\qquad})$mm。

【注意事项】

1. 使用读数显微镜测一组数据时，只能从一个方向开始单向移动，中途不能反转，以免引起螺距误差。

2.由于读数显微镜上的标尺具有一定的量程,所以在测量前应使牛顿环中央区域对应的刻度大致在水平标尺的中点。

3.桌面要严格平稳,不能振动,读数显微镜不能摇晃,更不可数错暗纹的圈数,否则要重测。

4.实验完毕应将牛顿环上三个螺丝松开,以免牛顿环变形。钠光灯关闭后,必须稍等片刻才能重新打开。

【思考题】

1.如果被测透镜是平凹透镜,试推出应用本实验方法测量曲率半径的公式。

2.试利用干涉条纹的特性判断光学元件表面特性。

3.如果读数显微镜的叉丝不是准确地通过环心,测得的读数误差就不是直径,而是弦,用式(4.2)计算的结果将怎样?

【附录】　读数显微镜

读数显微镜是附有测长机构的显微镜,能够精确测量微小长度。它是在显微镜的目镜上装上十字叉丝,并把镜筒固定在一个左右(或上下)可移动的圆柱轨道上,移动的距离可精确测出。

1.基本结构

如图 4.4 所示,它主要由三大部分组成:显微镜、读数装置、传动装置。

(1)显微镜由目镜 2、物镜组 15、十字叉丝及镜筒支架、调焦手轮 4、目镜锁紧螺钉 3 等组成。使用时显微镜可以处在竖直方向的位置,也可以利用方轴 9 将测量架插入接头轴 8 十字孔中,用锁紧手轮紧固后使显微镜处于水平位置,便于测量毛细管内液面上升的高度或毛细管的内径。

使用时可根据测量对象的具体情况来确定显微镜的位置,然后把待测物体置于物镜的正下或正前方。为精确读数,应用目镜对叉丝调焦,使叉丝清晰可辨,然后紧固目镜锁紧螺钉 3。对准目镜观察,调节调焦手轮 4 可以改变物镜和物体间的距离,使目镜中看到清晰的物像。

(2)读数系统有标尺 5 和测微鼓轮 6,主尺和一般的米尺刻度相同,测微鼓轮采用螺旋测微计形式,其读数原理与前面介绍的螺旋测微计的原理相同。对于 JCD3 型读数显微镜,在镜筒上还刻有毫米刻尺 17,以作垂直方向的粗略测量。

(3)传动装置是由圆柱导轨、测微鼓轮 6、精密丝杠、方轴、旋手等组成。转动测微鼓轮,可使镜筒支架带动镜筒 16 沿圆柱导轨移动,移动的距离可由标尺 5 和测微鼓轮 6 上套筒的刻度精确读出。为了调节整个测量系统的高度,可通过锁紧手轮 7,10 使接头轴 8 升降、旋转。

(4)其他部件:弹簧压片 13 插入底座孔中,用来固定被测物件。底座内部的反光镜用调节轮 12 转动,为防止灰尘进入导轨和精密的丝杠中,还增加了防尘罩。为了便于做牛顿环实验,还制备了半反射镜组 14 部件,不需要时可从显微镜筒上取下附件放在装置箱内。

2.使用方法

将被测件放在工作台面上,用压片固定。旋转棱镜室 19 至最舒适位置,用棱镜室锁紧螺钉18 锁紧,调节目镜进行视度调整,使分划板清晰;转动调焦手轮,从目镜中观察,使被测件成像清晰为止。调整被测件,使其被测部分的横面和显微镜移动方向平行。转动测微鼓轮,使十字分划板的纵丝对准被测件的起点,记下此值 A(在标尺 5 上读取整数,在测微鼓轮上读取小数,此二数之和即是此点的读数),沿同方向转动测微鼓轮,使十字分划板的纵丝恰好停止于被测件的终点,记下此值 A',则所测之长度计算可得 $L=A'-A$。为提高测量精度,可采用多次测量,取其平均值。

(郭悦韶　编写)

实验 25　分光计的调整和使用

分光计是测量角度的精密仪器。用分光计可以测量机械零件的角度、量具角度、棱角顶角、晶体两个面的夹角以及光线的偏向角等。由于很多物理量(如折射率、色散率和波长)的测量可以转化为光的偏向角的问题,故分光计是光学实验的基本测量仪器。

【实验目的】

1. 了解分光计的结构,掌握分光计的调节方法。
2. 掌握测量棱镜顶角的方法。
3. 测量棱镜玻璃的折射率。

【预习思考题】

1. 分光计有哪几个主要部件? 各部件的主要作用是什么?
2. 调节分光计的具体要求是什么? 调节原理是什么?
3. 为什么分光计要有两个角游标刻度?
4. 怎样测定棱镜角 A?
5. 何谓最小偏向角? 它与棱镜折射率 n 及棱镜角 A 有何关系? 实验中如何确定最小偏角?

【分光计的结构和调节原理】

在光学实验中,光线入射到光学元件(如平面镜、三棱镜、光栅)上,会发生反射、折射或衍射。

要想使光源发出的光,经过三棱镜后按不同方向分散以顺利进行观测,就必须先把投射到三棱镜的光变成平行光,因此分光计要有产生平行光的装置——平行光管。平行光经过三棱镜折射后,不同波长的光,其偏向角 δ 不同,如图 4.5 所示。在观测方向要有接收各个方向平行光的装置——望远镜,以确定各个平行光束的方向。此外,还有放置三棱镜、分光元件或待测物的平台和读数圆盘。要测准入射光和出射光之间的偏转角,在结构原理上图 4.5 必须满足两个条件:

图 4.5　偏转角与测量原理图

① 入射光和出射光均为平行光束。

② 入射光和出射光的方向以及反射面或折射面的法线都与分光计的刻度盘平行。

分光计主要由三部分组成:平行光管、望远镜和载物读数平台,如图 4.6 所示。这三部

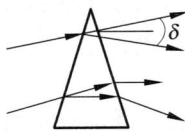

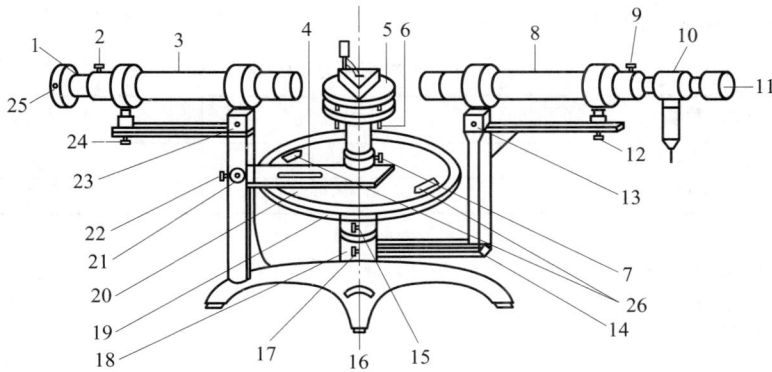

图 4.6 分光计结构图

1—狭缝套筒装置;2—狭缝套筒装置锁紧螺钉;3—平行光管;4—制动架(Ⅱ);5—载物台;6—载物台螺钉
(3 只);7—载物台锁紧螺钉;8—望远镜;9—目镜锁紧螺钉;10—阿贝目镜;11—目镜视度调节手轮;
12—望远镜光轴垂直调节螺钉;13—望远镜光轴水平调节螺钉;14—望远镜微调螺钉;15—转座与盘座止动
螺钉;16—仪器公共轴;17—望远镜固定螺钉;18—制动架(Ⅰ);19—刻度盘;20—游标盘;21—游标盘微
动螺钉;22—游标盘止动螺钉;23—平行光管水平调节螺钉;24—平行光管垂直调节螺钉;25—狭缝宽度调
节螺钉;26—角游标

分是围绕一个共同轴(三角架底座的中心轴)装配的。其中平行光管是固定在三脚架底座上;望远镜和载物台(包括读数圆盘)可绕共同轴转动,它们的相对位置可由读数圆盘上的刻度指示出来。现分别叙述。

(1)平行光管。一端是消色差复合正透镜(物镜),另一端装有狭缝套筒装置 1,调节狭缝螺钉 25 可以改变狭缝宽度;旋松螺钉 2,前后移动套筒 1,可使狭缝处在物镜的焦面上而产生平行光。

(2)望远镜。由物镜、目镜、分划板、照明灯泡等组成。由 A、B、C 三个筒套接在一起(图 4.9)。C 筒是目镜,装在 B 筒内可沿 B 管轴向移动。B 筒装在 A 筒内,物镜是消色差复合正透镜,固定在 A 筒的另一顶端。为了调节和测量,物镜 f 和目镜 e 之间装有分划板 D,分划板固定在 B 筒内,移动目镜 C 可以改变目镜和分划板间的距离,以便看清楚分划板。B 筒可沿 A 筒轴向移动,用来改变分划板与物镜间的距离,并把分划板调到物镜的焦平面上。目镜由场镜和接目镜组成。在分划板一侧下方胶合一个全反射小棱镜 P,外来光线经小棱镜将分划板下半部刻有的小十字照亮。从目镜看去,小棱镜将分划板下半部遮住,只能看到分划板的上半部。望远镜筒下面的垂直调节螺钉 12 用来调节望远镜仰俯。在望远镜与转轴相连处有固定螺钉 17,旋紧后,望远镜被固定,不能绕仪器转轴自由转动。

(3)载物平台与读数圆盘。二者由螺钉固牢,形成一个整体,它们位于分光计中部,共同绕仪器轴转动。这样读数圆盘周边的刻度能表示载物平台上物体的方位。载物平台下方有三个垫有弹簧的螺钉 6,用来调节平台的倾斜度。贴近读数圆盘边缘有两个角游标 26,对应的位置相差 180°。实际上是望远镜转轴位置伸出的两个臂,指示望远镜的位置。在圆盘下有止动螺钉 15。当台盘固定,转动望远镜时,可以从游标处在圆盘刻度位置读出望远镜的转角;反之,望远镜固定,而使圆盘绕转轴转一个角度,也可以从游标处读出这个转角的大小。图 4.7 为载物平台上物体转角的数值角游标的刻度,其读数为 167°11′。为了消除刻度盘中心与其

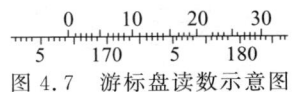

图 4.7 游标盘读数示意图

旋转中心(仪器主轴)之间的偏心差,记录读数时,必须读取两个游标所示刻度,如表 4.3 所示。

表 4.3　两游标所示刻度

位置与读数	游标 1	游标 2
望远镜初始位置读数	335°5′	155°2′
望远镜转过 θ 角后读数	95°7′	275°6′

望远镜转过的角度:

$$\varphi = \frac{1}{2}\left[(\theta'_1 - \theta_1) + (\theta'_2 - \theta_2)\right]$$

$$= \frac{1}{2}\left[(95°7' - 335°5' + 360°) + (275°6' - 155°2')\right] = 120°3'$$

注:式中前后两项差均为正值,即取顺时针方向角,若其中一项为负则加 360°转换成顺时针方向角,若出现两项均为负则反过来相减。

【实验内容】

1. 分光计调节

分光计调节主要包括:望远镜聚焦无穷远(既接收平行光);望远镜与平行光管共轴,并均与仪器转轴垂直。

(1)粗调,用眼睛观察,把载物平台、望远镜和平行光管大致调到水平。

(2)平面反射镜的放置。为了便于调节,应减少调节平台螺钉的工作量。放置使平面反射镜面与平台下任意两螺钉连线重合,如图 4.8 所示。这样,要调节平面反射镜面的俯仰,只要调节螺钉 a 就可以了。

(3)调节望远镜

① 使望远镜聚焦无穷远。调节目镜焦距,使目镜中能清晰看到分划板上的黑十字叉丝,这时叉丝就位于目镜的焦平面上(锁住目镜锁紧螺钉),但它不一定位于物镜的焦平面上。我们的目的是要通过透镜的自准直法,使叉丝同时位于物镜的焦平

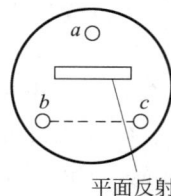

平面反射镜

图 4.8　平面镜放置示意图

面上。为此,点亮目镜中的小灯,照亮分划板下方的小十字(由目镜望去,在目镜的下半部有一绿色亮十字窗,中间有一个黑十字叉丝),这时小的黑十字叉丝就成了新的光源,如图 4.9 所示。如果叉丝位于物镜的焦平面上,则从它发出的光经物镜后将平行出射,到平面反射镜面经垂直反射回到物镜的光仍为平行光,它们又在物镜焦平面上会聚从而产生绿色

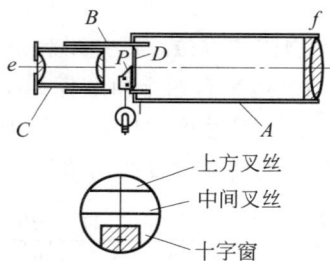

上方叉丝
中间叉丝
十字窗

图 4.9　望远镜结构图

十字叉丝清晰的像。但实际上叉丝往往并不恰好位于物镜的焦平面上,这时通过目镜只能清楚看到叉丝本身,而它的像是模糊的,而且出射光并非能恰好垂直入射平面反射镜面,这时通过目镜甚至不能看到叉丝像。这里有个小技巧:将平面反射镜面扣在望远镜上,则出射光必能完全反射回来,从目镜中若看到模糊绿色亮团(该亮团就是叉丝像),则前后移动目镜套筒(松开目镜锁紧螺钉),以便清晰地看到叉丝像,并注意使叉丝和叉丝像无视差,然后锁住

目镜套筒。若有视差则需反复调节予以消除。鉴别有无视差的方法:当望远镜光轴平行于平面反射镜面法线时(目测),将望远镜作左右微小的缓慢移动,如果发现有随望远镜转动而作相反方向转动的叉丝像,则表示有视差。此时应松开目镜锁紧螺钉,前后移动目镜套筒,最后再锁紧。至此,望远镜聚焦于无穷远,适合观察平行光。

② 调整望远镜的光轴与分光计的中心轴垂直。在上面虽然清晰地看到叉丝和它的像,但绿色亮十字叉丝像并不与上方黑十字叉丝重合,如图4.10所示。这说明望远镜光轴与分光计的中心轴不垂直,为此需进一步调节。

将平面反射镜放在载物平台上,若从望远镜中看到绿色叉丝像与上方叉丝在垂直方向相差一段距离,则可调节望远镜的螺钉12和载物台的螺钉6。我们采用减半逼近法来调节:调节载物平台调节螺钉(如图4.8中的a),使位移减少一半,调节望远镜光轴的垂直位置调节螺钉12使垂直方向的位移完全消除,如图4.11所示。然后将游标盘连同载物台旋转180°,使望远镜对准平面反射镜面的另一面,此时,观察到亮十字像可能与上方叉丝又有一垂直的距离,用同样的方法调节。如此反复调节数次,直至转动平台时,从平面反射镜面反射回来的亮十字像与上方十字叉丝重合。至此,望远镜光轴已和分光计的中心轴垂直。

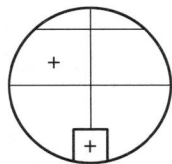

图 4.10 望远镜分划板上叉丝位置示意图

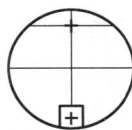

图 4.11 望远镜分划板上绿色叉丝与
上方十字叉丝重合示意图

③ 平行光管的调节。用已调节好的望远镜(聚焦于无限远)作为标准,若平行光管发出的是平行光,则平行光管上狭缝将成像在望远镜的焦平面上,这时狭缝的像与分划板上十字叉丝之间无视差。平行光管的调节方法是:首先用目测估计平行光管光轴大致与望远镜光轴在同一条直线上,然后调节螺钉25使狭缝打开,从望远镜中观察,同时旋松螺钉2,调节狭缝套筒在平行光管中的前后位置,直到看见清晰的狭缝像为止。调节狭缝像宽度在1mm左右(在调节狭缝时,要注意不能将狭缝闭合,以免损坏刀口),并将螺钉2旋紧。调节螺钉24来调整平行光管轴的上下位置,使狭缝的像与目镜视场的中心对称。这时说明平行光管光轴与望远镜光轴平行,并与分光计中心轴垂直,至此分光计已基本调好。

2. 用分光计测量棱镜顶角

(1) 调节三棱镜的主截面与分光计的中心轴垂直。三棱镜在载物台上放置方法如图4.12所示,三棱镜三边分别平行于平台三个螺丝a、b、c的连线。转动平台使三棱镜AB面正对望远镜,微调c螺丝,使AB面与望远镜垂直,即从AB面反射回来的亮十字均与分划板上方黑十字叉丝重合(望远镜轴线螺丝不能动,否则失去标准)。然后转动使AC面正对望远镜,此时只微调b螺丝,使AC面与望远镜光轴垂直,即从AC面反射回来的亮十字像与分划板上方的黑十字重合。反复校核几次,直到三棱镜两光滑表面反射回来的亮十字均与分划板上方黑十字都重合。这样三棱镜的主截面就与分光计

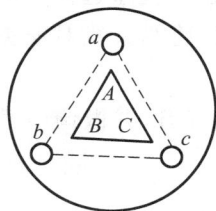

图 4.12 三棱镜放置示意图

的中心轴垂直了。

(2) 测顶角 A。转动望远镜使与 AB 面垂直,记下此时两游标读数 θ_1、θ_2,再转动望远镜使其光轴与 AC 面垂直,记下游标读数 θ'_1、θ'_2。两次读数值相减即得顶角 A 的补角,如图 4.13 所示,即

$$A = 180° - \varphi$$

其中

$$\varphi = \frac{1}{2}\left[(\theta'_1 - \theta_1) + (\theta'_2 - \theta_2)\right] \tag{4.4}$$

3. 用分光计测定棱镜折射率

如图 4.14 所示,光线 PO 经棱镜折射两次,沿 OP' 方向出射,入射光线和出射光线的夹角 δ 称为偏向角。可以证明,当 $i_1 = i_2$ 时,偏向角取极小值,称最小偏向角,记为 δ_{min}。最小偏向角、棱镜顶角与玻璃折射率 n 有如下关系:

$$n = \frac{\sin\dfrac{A + \delta_{min}}{2}}{\sin\dfrac{A}{2}} \tag{4.5}$$

只要测得棱镜对某色光的最小偏向角 δ_{min} 和棱镜顶角,就可以由式(4.5)求得棱镜对该色光的折射率。

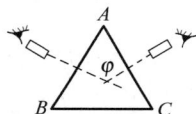

图 4.13 三棱镜顶角测量原理图

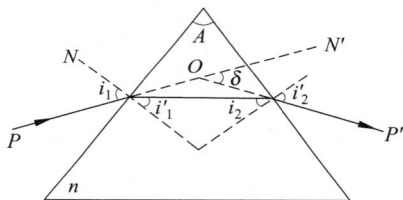

图 4.14 偏向角 δ 测量原理图

实验步骤如下:

(1) 观察偏向角的变化:用汞灯照亮狭缝,调节平行光管产生平行光。将游标圆盘固定,放松载物台使载物台可以相对游标圆盘转动。使平行光射向三棱镜的一个光学面 AB,先用眼睛向 AC 面观察,找到出射光(色散光谱)的方向,即可确定偏向角的位置。慢慢转动载物台,观察谱线和偏向角的变化,沿偏向角减小的方向缓慢转动载物台。继续转动载物台,若看到谱线移至某一位置后将往相反方向移动,这说明偏向角存在一个最小值,这就是最小偏向角的位置。

(2) 测量谱线:将望远镜转到出射谱线方向处于最小偏向角位置,并使望远镜对准谱线中的黄色亮线,微转载物台和望远镜,确定黄色谱线发生逆转的位置,将纵叉线对准黄色谱线,读出两边游标读数 θ_1、θ_2。

(3) 测定入射光方向:从载物台上移去棱镜,将望远镜对准平行光管,并微调望远镜使对准狭缝中央,然后读下游标两边的读数 θ'_1、θ'_2。

(4) 由 $\delta_{min} = [(\theta_1 - \theta_1) + (\theta'_2 - \theta_2)]/2$,计算最小偏向角 δ_{min}。

(5) 将测出的顶角 A 和最小偏向角 δ_{min} 代入式(4.5),求出各单色光的折射率,并画出

色散曲线。

【思考题】

1. 用自准直原理调节望远镜时,如何判断叉丝及其反射像与物镜的焦平面是否严格地共面? 如何判断叉丝是位于物镜焦平面的外侧还是内侧?

2. 如果分光计测得角 A 和 $\delta_{\min}$ 的误差均为 $1'$,试根据式(4.5)进行误差分析,估算不确定度 Δ_n,并讨论 A 和 $\delta_{\min}$ 对 n 的影响。

【附录】

圆盘刻度的偏心差。

用圆盘刻度测量角度时,为了消除圆盘刻度的偏心差,必须有相差 $180°$ 的两个游标分别读数。圆盘刻度是绕分光计的中心轴转动的,由于仪器制造时不容易做到圆刻度盘中心准确无误地与分光计的中心轴重合,这样就不可避免地产生偏心差。当圆刻度盘中心与分光计的中心轴重合时,由相差 $180°$ 的两个游标读出的转角数相等,若圆盘刻度中心与分光计的中心轴不重合,由相差 $180°$ 的两个游标读出的转角数就不相等了,如图 4.15 所示。所以,如果只用一个游标读数就会出现系统误差,用 $\overset{\frown}{AB}$ 的刻度读数,则偏大;用 $\overset{\frown}{A'B'}$ 的刻度读数,却偏小。由平面几何很容易证明:$(\overset{\frown}{AB} + \overset{\frown}{A'B'})/2 = \overset{\frown}{CD} = \overset{\frown}{C'D'}$,亦即由相差 $180°$ 的两个游标读出的转角刻度数值的平均值就是圆盘刻度真正的转角值。

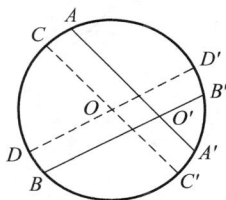

图 4.15 圆盘刻度偏心差示意图

(郭悦韶 编写)

实验 26 用阿贝折射仪测定液体折射率

折射率是透明材料的重要光学常数。测定透明材料折射率的方法有最小偏向角法和全反射法等。全反射法具有操作方便、不需要单色光源等优点。阿贝折射仪是应用全反射法设计的仪器,它用于测量透明或半透明液体和固体折射率,并且能测量糖溶液的含糖度,是光学仪器、石油化工、食品工业、研究单位和高校实验室的常用设备之一。

【实验目的】

1. 掌握掠入射法测物体折射率的原理。

2. 了解阿贝折射仪的工作原理,熟悉其调节和测量物体折射率的方法。

【预习思考题】

1. 掠入射法测定液体折射率的理论依据是什么? 具体计算公式是什么?

2. 掠入射法对光源有什么要求? 为什么?

3. 望远镜中明暗分界的半荫视场是如何形成的?

【实验仪器】

WAY 型阿贝折射仪及待测液体。

【实验原理】

1. 掠入射法测定液体折射率

如图 4.16 所示,将折射率为 n 的待测物质放在已知折射率为 N 的直角棱镜的 AB 折

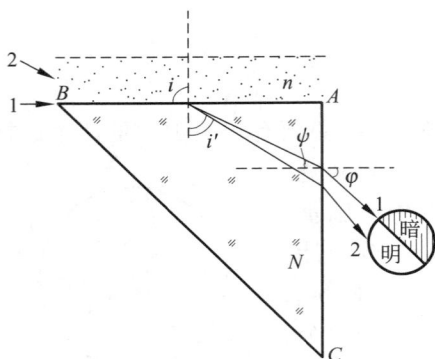

射面上,且 $n < N$,当入射角为 $\frac{\pi}{2}$ 的光线 1 掠射到 AB 界面折射进入三棱镜内,其折射角 i' 应为临界角,因而满足关系式

$$\sin i' = \frac{n}{N} \qquad (4.6)$$

当光线 1 射到 AC 面,再经折射进入空气时,设在 AC 面上的入射角为 ψ,折射角为 φ,则有

$$\sin \varphi = N \sin \psi \qquad (4.7)$$

除光线 1 外,其他光线例如光线 2 在 AB 面

图 4.16　掠入射法测定液体
折射率原理光路图

上的入射角小于 $\frac{\pi}{2}$,因此经三棱镜折射后进入空气时,都在光线 1 的左侧。当用望远镜对准出射光线方向观察时,视场中将看到以光线 1 为分界的明暗半荫视场。

由图 4.16 看出,三棱镜角 A 与角 i' 及角 ψ 有如下关系:

$$A = i' + \psi \qquad (4.8)$$

应用上式,并从式(4.6)和式(4.7)中消去 i' 及 ψ,可得

$$n = \sin A \sqrt{N^2 - \sin^2 \varphi} - \cos A \cdot \sin \varphi \qquad (4.9)$$

如果 $A = 90°$,则

$$n = \sqrt{N^2 - \sin^2 \varphi} \qquad (4.10)$$

因此,当直角棱镜的折射率 N 为已知时,测出 φ 角后既可以算出待测物质的折射率 n。

上述测定折射率的方法称为掠入射法。

2. 阿贝折射仪的工作原理

阿贝折射仪是根据上述掠入射法测透明液体或固体折射率制作的。在阿贝折射仪中所用的棱镜 $A = 45°$。当被测物质为液体时,用一斜面为磨砂面的进光棱镜(也是 45° 棱镜) $A'B'C'$ 作为辅助棱镜,将待测物体放置在进光棱镜之间(见图 4.17(a))。进光棱镜的磨砂面主要是产生漫反射,以便使液膜内各种不同角度的入射光。此时,被测液体折射率 n 与折射角 φ 的关系为式(4.9)。

测固体折射率 n 时,可将它磨平成板块,其中有两个互成 90° 的抛光面用高折射率 ($n' > n$) 的液体将抛光面之一胶在折射棱镜面上,如图 4.17(b)所示。可以证明式(4.9)仍成立,n 与 n' 无关。

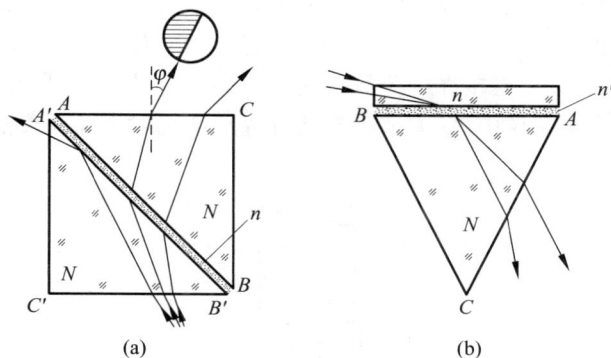

图 4.17 阿贝折射仪工作原理光路图

阿贝折射仪是用望远镜进行角度测量的一种直读式光学仪器,仪器中直接刻有与 φ 角对应的折射率 n 的值。因此,在测量时不需任何计算,能直接读出待测物质的折射率。WAY 型阿贝折射仪的测量范围是 $1.300\sim1.700$。它还可测定糖溶液内的含糖浓度的百分数,从 $0\%\sim95\%$(相应折射率为 $1.333\sim1.531$)。

阿贝折射仪的光学系统由两部分组成:望远系统和读数系统(图 4.18)。

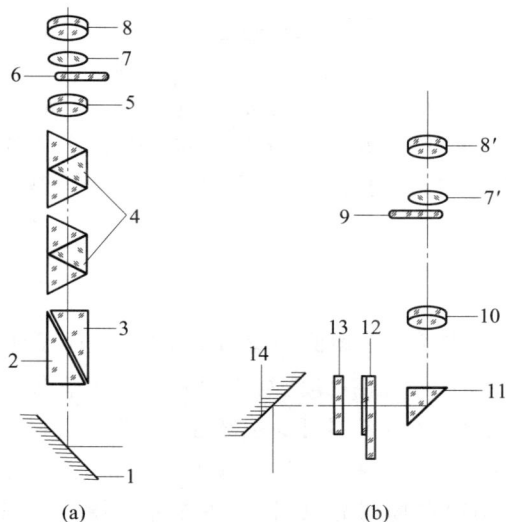

图 4.18 阿贝折射仪光学系统图

1—反射镜;2—棱镜;3—折射棱镜;4—阿米西色散棱镜组;5,10—物镜;6,9—分划板;7,8—目镜;11—转向棱镜;12—照明刻度盘;13—毛玻璃;14—小反光镜

望远系统:光线经反射镜 1 反射进入棱镜 2 及折射棱镜 3,待测物体放置在棱镜 2 与 3 之间,经阿米西色散棱镜组 4 使各色光的极限方向与钠黄光的极限方向重合,以消除由折射棱镜与待测物体所产生的色散,通过物镜 5 将明暗分界线成像于分划板 6 上,再经目镜 7、8 放大成像后为观察者所观察。

读数系统:光线由小反光镜 14 经毛玻璃 13 和照明刻度盘 12,经转向棱镜 11 及物镜

10,将刻度成像到分划板 9 上,再经目镜 7、8 放大成像后为观察者所观察。

　　WAY 型阿贝折射仪的外形如图 4.19 所示,图中 10 为棱镜组,下面的棱镜为进光棱镜,斜面十分光滑,它们整个连接在一个可以旋转的臂上。当旋转手轮 2 时,棱镜组同时转动,可使明暗分界线位于视场中央,调节手轮使分界线准确对准叉丝交点。

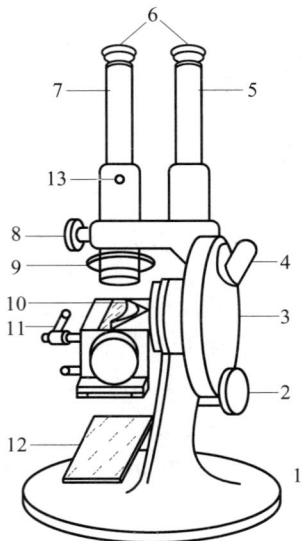

图 4.19　阿贝折射仪外形图

1—底架;2—棱镜转动手轮;3—圆盘组(内有刻度板);4—小反光镜;5—读数镜筒;6—目镜;7—望远镜筒;8—阿米西棱镜手轮;9—色散值刻度圈;10—棱镜组;11—棱镜锁紧扳手;12—反光镜;13—示值调节螺钉

【实验内容】

　　1. 测量工作开始之前,先做好棱镜面的清洁工作。即用脱脂棉花蘸上少许无水酒精将棱镜面擦干净,以免因工作面上残留有其他物质而影响测量精度。

　　2. 对阿贝折射仪进行校正(新仪器可免去校正)。即把折射率已知的玻璃平板块样品的抛光面用高折射率液体(溴代萘)粘在折射棱镜的 AB 面上,光线由样品另一面进入,调节两个反光镜 4 和 12,使两镜筒视场明亮,旋转手轮 2 使棱镜组 10 转动,旋转阿米西棱镜手轮 8 使视场区出现清晰的黑白二色。此时,望远镜内分界线若与叉丝交点不重合,用方孔扳手转动示值调节螺钉 13 使两者重合,折射仪校正完毕,取去样品,用脱脂棉花蘸无水酒精把棱镜面轻轻擦干净。

　　注意:调节反光镜,使望远镜中视场亮度适当,过亮或过暗都不利于观察;调节目镜焦距,使目镜叉丝和分划板上的交叉十字叉丝都清晰,并消除视差。

　　3. 测量几种液体的折射率。在进光棱镜的磨砂面上滴上一两滴待测液体,旋转棱镜锁紧手柄,使液膜均匀,无气泡,并充满视场;旋转手轮 2 调物镜焦距,这时在望远镜视场中可以观察到明暗分界线,旋转阿米西棱镜手轮 8,使视场消色散;将分界线对准十字叉丝中心,于是读数镜视场右边所指示的刻度值,即为待测物体折射率 n 的数值。

【思考题】

1. 进光棱镜的工作面为什么磨砂？

2. 如待测物体折射率 n 大于折射棱镜的折射率 N，能不能用阿贝折射仪来测量？为什么？并讨论这种方法所能测定折射率的范围。

3. 如图 4.17(b)所示，证明测固体折射率 n 时，与胶贴液体折射无关，式(4.9)仍然成立。

（郭悦韶　编写）

实验 27　用劈尖测量纸的厚度

劈尖干涉现象在科研和工程上的应用广泛，如测量长度、角度、微小形变、光波波长，研究工件内的应力分布，检验表面的平面度、球面度、粗糙度等。

【实验目的】

观察等厚干涉现象，并利用劈尖来测量纸（或细丝等）的厚度。

【仪器用具】

钠光灯，读数显微镜，优质平板玻璃片和平板玻璃块各一块，手电筒，放大镜及薄纸一张。

【实验原理】

将两块光学平玻璃板叠在一起，在一端插入一薄纸片（或细丝等），则在两玻璃板间形成一空气劈尖，该装置称为劈尖仪（简称劈尖）。当用单色光垂直照射时，和牛顿环一样，在劈尖薄膜上下两表面反射的两束光发生干涉。其原理如图 4.20 所示，其中 GD 为平板玻璃块，MN 为优质平板玻璃片，EF 为纸的厚度。

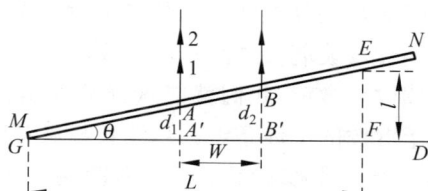

图 4.20　利用劈尖测纸厚的原理示意图

当 MN 与 GD 之夹角 θ 很小时，由 MN 的下表面 A 处和 GD 上表面 A' 处所反射的光线 1 和光线 2 的几何程差为 $2d_1$（$d_1 = AA'$）。因构成劈尖的材料为空气（$n=1$），其折射系数小于玻璃的折射系数，故在 GD 面反射时，有一半波损失（相位改变 π），所以光线 1 和光线 2 之间的光程差为

$$\Delta_1 = 2d_1 + \frac{\lambda}{2}$$

若该处为一暗纹，则应满足

$$\Delta_1 = (2k+1)\frac{\lambda}{2}, \quad k = 0, 1, 2, \cdots$$

或

$$2d_1 = k\lambda \tag{4.11}$$

同理,相邻的暗纹(设为 B 处,$d_2 = BB'$)的光程差为

$$\Delta_2 = 2d_2 + \frac{\lambda}{2} = [2(k+1)+1]\frac{\lambda}{2}$$

或

$$2d_2 = (k+1)\lambda \tag{4.12}$$

由式(4.11)、式(4.12)即可得

$$\lambda = 2(d_2 - d_1) \tag{4.13}$$

由图 4.20 可知

$$\tan \theta = \frac{d_2 - d_1}{W} = \frac{\lambda}{2W}$$

而同时

$$\tan \theta = \frac{EF}{GF} = \frac{l}{L}$$

故

$$\frac{\lambda}{2W} = \frac{l}{L}$$

$$l = \frac{L\lambda}{2W} \tag{4.14}$$

　　对于钠光,$\lambda = 5.893 \times 10^{-7}$ m,所以只要测得相邻两个暗纹间的距离 W,即可由式(4.14)求得纸的厚度 l。

【实验内容】

　　将仪器如图 4.21 那样放置好,在放有薄纸片的平板玻璃块上放置优质平板玻璃片(薄纸的一端应夹在玻璃片与玻璃块之间),使光线经玻璃片竖直入射。调节读数显微镜,我们就能从读数显微镜中看到许多平行于劈棱的干涉条纹。用读数显微镜测出任意位置的 20 条干涉条纹的距离 W' 和劈棱与纸片之间的距离 L。要求在不同位置测 3 次,将数据填入表 4.4～表 4.6。

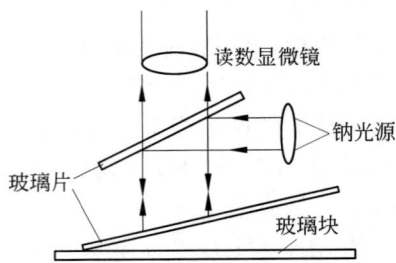

图 4.21　测纸厚的实验装置图

【数据及结果】

表 4.4　干涉条纹的距离 W' 及劈棱与纸片间的距离 L 的测量(第一组)

	1	2	3	4	5	6	7	8	9	…	16	17	18	19	20	平均值
W'(20 次)																
L(10 次)																

$$l = \frac{L\lambda}{2W} = \underline{\hspace{4cm}}$$

表 4.5 干涉条纹的距离 W' 及劈棱与纸片间的距离 L 的测量(第二组)

	1	2	3	4	5	6	7	8	9	…	16	17	18	19	20	平均值
W'(20 次)																
L(10 次)																

$$l = \frac{L\lambda}{2W} = \underline{\hspace{4cm}}$$

表 4.6 干涉条纹的距离 W' 及劈棱与纸片间的距离 L 的测量(第三组)

	1	2	3	4	5	6	7	8	9	…	16	17	18	19	20	平均值
W'(20 次)																
L(10 次)																

$$l = \frac{L\lambda}{2W} = \underline{\hspace{4cm}}$$

计算平均值 $\bar{l}$,推导其不确定度传递公式,写出 l 的结果表达式:

$$\bar{l} = \underline{\hspace{4cm}}$$

$$\Delta_l = \underline{\hspace{3cm}}$$

$$l \pm \Delta_l = \underline{\hspace{2cm}} \pm \underline{\hspace{2cm}} (\quad)$$

【复习思考题】

1. 实验中无论如何调节目镜、物镜和镜筒位置都观察不到干涉条纹,分析其原因。
2. 若有干涉条纹不平行于空气劈棱的现象出现是何原因?会给实验结果带来何种影响?
3. 如何调节玻璃片与入射光线成 45°角?
4. 改用白光照射时能否观察到干涉条纹?

(郭悦韶 编写)

实验 28 衍 射 光 栅

【实验目的】

1. 巩固分光计的调整与使用方法。
2. 加深对光的干涉、衍射以及光栅分光作用的基本原理的理解。
3. 学会用透射光栅测定光的波长、光栅常数的方法。

【实验仪器】

分光计,光栅,汞灯。

【实验原理】

衍射光栅是具有空间周期性的衍射屏,它可分为透射光栅与反射光栅。透射光栅是在一块透明的玻璃上刻有大量的、排列均匀、相互平行的刻痕。在未刻痕的部分透光而刻痕的部分不透光,因此形成多光束衍射。现代制造光栅的技术主要有刻画光栅、复制光栅和全息光栅等形式。本实验中将使用全息光栅,全息光栅也是一种衍射光栅,它是用单色激光的双光束干涉花样来代替刀刻痕,充分利用了单色光双光束干涉条纹具有等宽等间距的特点。由多狭缝衍射的原理可知,光栅的干涉最强区变窄,主明纹的亮度增加,即光谱线狭窄,分辨本领高。因此光栅被广泛地用来做分光仪器的色散元件。

当一束平行的单色光以某一入射角 i 入射到光栅平面 G 上时,光栅后面的透镜 L 把衍射角为 φ_k 的衍射光汇聚于屏 F 上的 P 点。则 P 点应满足

$$d(\sin i + \sin \varphi_k) = k\lambda \tag{4.15}$$

式(4.15)叫做光栅方程。d 是光栅常数,即相邻的两狭缝之间的距离,如狭缝的宽度为 a,相邻两狭缝的间距为 b,则 $d = a + b$,k 是光谱级数,它的取值为 $0, \pm 1, \pm 2, \cdots$。

如一束平行的单色光垂直地入射到光栅平面上,即入射角 $i = 0°$(见图4.22),光栅方程简化为

$$d\sin \varphi_k = k\lambda \tag{4.16}$$

如入射光为复色光,对于不同波长的光,虽然入射角相等,但是它们的衍射角除零级以外,在同一级光谱线中是不相同的。因此,复色光经光栅衍射后,将按波长分开,并按波长的大小顺序排列,紫光的谱线在内侧,红光的谱线在外侧,如图4.23所示,这就是光谱。

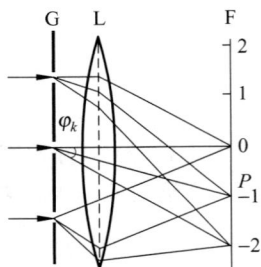

图 4.22　光栅衍射光路图

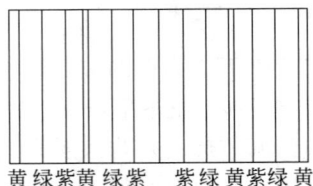

黄绿紫黄 绿紫 　　紫绿黄紫绿黄

图 4.23　衍射光谱图

在实验中,将光垂直地入射到光栅平面上。我们只要测出已知光波波长为 λ 的 k 级谱线的衍射角 φ_k,就可以通过光栅方程(4.16)计算出光栅常数 d。

反之,若我们已知光栅常数,就可以通过测某一未知波长 λ_x 的 k 级谱线的衍射角 φ_k,通过光栅方程而计算出谱线的波长 λ_x。

【实验内容】

1. 调节分光计

(1) 以光栅的玻璃平面代替反射镜,用自准法将望远镜调到无穷远处聚焦。

(2) 调节平行光管使出射光为平行光,且使平行光管的光轴与小圆台转轴垂直。

(3) 用望远镜观察光谱,调节光栅使光栅刻线与小圆台转轴平行。

调节方法是:把平行光管的入射狭缝调细,用望远镜观察,使望远镜对准光谱的零级亮线,调节平行光管的倾斜度,使零级亮线的中心正好落于望远镜分划板的十字刻线的交点

上,然后转动望远镜观察零级亮线两侧的一级谱线,使两侧一级谱线的中心都与十字刻线的交点重合。但要注意,不能破坏光栅面对望远镜轴的垂直关系。

2. 测光栅常数 d。测出汞灯一级谱线中的紫色谱线($\lambda = 4046.6 \text{ Å}$)的衍射角,然后利用方程(4.16)计算出光栅常数 d,测三次衍射角取平均值,测量数据填入表 4.7 中。

表 4.7　测光栅常数 d

次数 \ 项目	$\varphi_1/(°)$	$\varphi_1'/(°)$	$\varphi_2/(°)$	$\varphi_2'/(°)$	$\varphi/(°)$	$\bar{\varphi}/(°)$	$d/\text{Å} \left(d = \dfrac{k\lambda}{\sin\varphi}\right)$
1							
2							
3							

测衍射角的方法:将望远镜的十字刻线对准零级亮线一侧的紫色谱线的一级谱线,记取 φ_1 和 φ_1'(φ_1 和 φ_1' 为刻度盘上在同一直线上的两个刻度值);再将望远镜旋转至零级亮线的另一侧,对准紫色谱线的一级谱线,记住 φ_2 和 φ_2'(注意:φ_1 与 φ_2 为同一侧的读数,φ_1' 与 φ_2' 为另一侧的读数),则该谱线的衍射角由下式决定:

$$\varphi = \frac{1}{4}\left[(\varphi_1 - \varphi_2) + (\varphi_1' - \varphi_2')\right]$$
$$= \frac{1}{4}\left[(\varphi_1 + \varphi_1') - (\varphi_2 + \varphi_2')\right] \tag{4.17}$$

注:式中前后两项差均为正值,具体参考分光计一节的例子,$95°7' - 335°5' + 360° = 120°2'$。

3. 测光波的波长。先测出汞灯的二级谱线中绿色谱线的衍射角,然后通过方程求谱线的波长。光栅常数用实验中所测得的数值。测三次衍射角取平均值,测量数据填入表 4.8 中。

【数据记录与处理】

表 4.8　测光波的波长 λ

次数 \ 项目	$\varphi_1/(°)$	$\varphi_1'/(°)$	$\varphi_2/(°)$	$\varphi_2'/(°)$	$\varphi/(°)$	$\bar{\varphi}/(°)$	$\lambda/\text{Å} \left(\lambda = \dfrac{d\sin\varphi}{k}\right)$
1							
2							
3							

【思考题】

1. 怎样调整分光计,调整时应注意哪些事项?
2. 光栅方程的表达式中各量的物理意义?
3. 实验中如何决定光栅常数 d? 如何决定光谱级数 k? 如何测量衍射角?
4. 试计算并分析本实验结果的误差。

实验 28.1　衍射光栅——色散曲线、角色散(选做)

【实验目的】

1. 巩固分光计的调整与使用方法。
2. 加深对光的干涉、衍射以及光栅分光作用的基本原理的理解。
3. 学会用透射光栅测定色散曲线和角色散的方法。

【实验仪器】

分光计,光栅,汞灯。

【实验原理】

衍射光栅的角色散定义为

$$D = \frac{\mathrm{d}\varphi}{\mathrm{d}\lambda} \tag{4.18}$$

式(4.18)表示,光栅的角色散为同一级的两谱线的衍射角之差 $\mathrm{d}\varphi$ 与该两谱线波长差 $\mathrm{d}\lambda$ 的比值。角色散是光栅、棱镜等分光元件的重要参数,它表示单位波长间隔内两单色谱线之间的角间距。通过对光栅方程的微分,角色散可表示成

$$D = \frac{k}{d\cos\varphi_k} \quad (\mathrm{rad/\mathring{A}}) \tag{4.19}$$

从式(4.19)可以看出,角色散 D 与光栅常数 d 及光谱级数 k 有关。在同一级谱线里,衍射角 φ_k 相差很小,对于确定的光栅,角色散 D 可以认为是一常数。因此,光栅的某一级光谱是按波长大小均匀排列的。

在实验中,我们测出某一光源(如汞灯)的光谱中同一级的每一根谱线的衍射角,然后以波长 λ 为横轴,以该波长所对应的衍射角为纵轴,作 $\varphi\text{-}\lambda$ 曲线,这就是色散曲线。通过色散曲线上的两点,根据角色散的定义就可以计算出角色散。需要指出:我们所作的是在可见光区域内,对某一级衍射的色散曲线,它是一条近似的直线,并且,这一直线不能任意延长到不可见光区域。

【实验内容】

1. 调节分光计
(1) 以光栅的玻璃平面代替反射镜,用自准法将望远镜调到无穷远处聚焦。
(2) 调节平行光管使出射光为平行光,且使平行光管的光轴与小圆台转轴垂直。
(3) 用望远镜观察光谱,调节光栅使光栅刻线与小圆台转轴平行。

调节方法:把平行光管的入射狭缝调细,用望远镜观察,使望远镜对准光谱的零级亮线,调节平行光管的倾斜度,使零级亮线的中心落于望远镜分划板的十字刻线的交点上,然后转动望远镜观察零级亮线两侧的一级谱线,并缓缓地调节光栅,使两侧一级谱线的中心都与十字刻线的交点重合。但要注意,不能破坏光栅面对望远镜轴的垂直关系。

2. 绘制色散曲线。测出汞灯的第一级和第二级光谱各谱线的衍射角,测量数据分别填入表 4.9～表 4.20 中,根据表 4.14 与表 4.20 中的数据分别在坐标纸上绘出两级光谱的色散曲线 $\varphi\text{-}\lambda$。测谱线的衍射角时,应测量多次取平均值(汞灯各谱线的波长请查表 4.21)。

一 级 谱 线

表 4.9 紫色光谱 (°)

数值＼项目＼次数	φ_1	φ_1'	φ_2	φ_2'	φ	$\bar{\varphi}$
1						
2						
3						

表 4.10 蓝紫色光谱 (°)

数值＼项目＼次数	φ_1	φ_1'	φ_2	φ_2'	φ	$\bar{\varphi}$
1						
2						
3						

表 4.11 绿色光谱 (°)

数值＼项目＼次数	φ_1	φ_1'	φ_2	φ_2'	φ	$\bar{\varphi}$
1						
2						
3						

表 4.12 内侧黄色光谱 (°)

数值＼项目＼次数	φ_1	φ_1'	φ_2	φ_2'	φ	$\bar{\varphi}$
1						
2						
3						

表 4.13 外侧黄色光谱 (°)

数值＼项目＼次数	φ_1	φ_1'	φ_2	φ_2'	φ	$\bar{\varphi}$
1						
2						
3						

表 4.14 一 级 谱 线

谱线	紫	蓝紫	绿	黄$_内$	黄$_外$
φ					
λ					

二 级 谱 线

表 4.15 紫 色 光 谱 (°)

次数 \ 数值 \ 项目	φ_1	φ_1'	φ_2	φ_2'	φ	$\bar{\varphi}$
1						
2						
3						

表 4.16 蓝紫色光谱 (°)

次数 \ 数值 \ 项目	φ_1	φ_1'	φ_2	φ_2'	φ	$\bar{\varphi}$
1						
2						
3						

表 4.17 绿 色 光 谱 (°)

次数 \ 数值 \ 项目	φ_1	φ_1'	φ_2	φ_2'	φ	$\bar{\varphi}$
1						
2						
3						

表 4.18 内侧黄色光谱 (°)

次数 \ 数值 \ 项目	φ_1	φ_1'	φ_2	φ_2'	φ	$\bar{\varphi}$
1						
2						
3						

表 4.19 外侧黄色光谱 (°)

次数＼项目 数值	φ_1	φ_1'	φ_2	φ_2'	φ	$\bar{\varphi}$
1						
2						
3						

表 4.20 二 级 谱 线

谱线	紫	蓝紫	绿	黄内	黄外
φ					
λ					

3. 求角色散。通过色散曲线求角色散，并对两个角色散进行比较。（选做）

【思考题】

1. 说明角色散的表达式中各量的物理意义。
2. 试计算并分析本实验结果的误差。

【附录】

表 4.21 汞(Hg)发射光谱各谱线的波长

波长/Å	颜色	相对强度	波长/Å	颜色	相对强度
6907.2	深红	弱	5460.7	绿	很强
6716.2	深红	弱	5354.0	绿	弱
6234.4	红	中	4960.3	蓝绿	中
6123.3	红	弱	4916.0	蓝绿	中
5890.2	黄	弱	4358.4	蓝绿	很强
5859.4	黄	弱	4347.5	蓝紫	中
5790.2	黄	弱	4339.2	蓝紫	弱
5789.7	黄	强	4108.1	紫	弱
5769.6	黄	强	4077.8	紫	中
5675.9	黄绿	弱	4046.6	紫	强

（翟 云 编写）

5 近代与仿真物理实验

实验 29　大学物理仿真实验

【实验目的】

1. 了解仿真实验的操作方法和应用。
2. 了解部分近代物理实验原理、内容及操作方法。

【内容介绍】

大学物理仿真实验 V2.0 for Windows 第一部分

29.1　热敏电阻温度特性实验

29.2　低真空实验

29.3　电子自旋共振实验

29.4　薄透镜成像规律研究实验

29.5　油滴法测电子电荷实验

29.6　示波器实验

29.7　偏振光的研究实验

29.8　光电效应测普朗克常数实验

29.9　法布里-珀罗标准具实验

29.10　γ能谱实验

29.11　弗兰克-赫兹实验

29.12　计数管和核衰变的统计规律

29.13　凯特摆测重力加速度实验

29.14　核磁共振实验

29.15　检流计的特性实验

29.16　阿贝比长仪及氢氖光谱测量

29.17　螺线管磁场的测量与研究实验

29.18　分光计实验

29.19　平面光栅摄谱仪及氢氖光谱拍摄

29.20　塞曼效应实验

29.21　实验报告

大学物理仿真实验 V2.0 for Windows 第二部分

29.22　力热学基本物理量及常用仪器介绍

29.23　迈克耳孙干涉仪

29.24 *RC* 电路实验

29.25 电子荷质比的测定

29.26 整流电路

29.27 测动态磁滞回线

29.28 超声波测声速

29.29 误差分析与数据处理

29.30 霍尔效应

29.31 介电常数的测量

29.32 光学设计实验

29.33 利用单摆测重力加速度

29.34 双臂电桥测低电阻

29.35 居里温度的测量

29.36 温度计的设计

29.37 不良导体导热系数的测定

29.38 碰撞和动量守恒

29.39 杨氏模量的测量

29.40 气垫上的直线运动

下面以分光计实验为例,介绍仿真实验的操作方法。

【实验原理】

见实验 25 分光计的调整和使用,分光计的结构和调节原理,实验内容用分光计测量棱镜顶角部分的内容。

【实验内容及步骤】

1. 双击桌面上"SIMSYS2"或"大学物理仿真实验 V2.0"图标,再多次单击,然后选择"分光计"实验。

2. 右击鼠标,出现主菜单,先后选择望远镜、载物台、角游标,可出现 3 个窗口,把它们分布在屏幕上(不能覆盖)。

3. 调整分光计

(1) 目镜调整(在望远镜窗口上)

① 双击"目镜照明器"上的白点,打开照明电源。

② 把鼠标移到"目镜调焦手轮",右击或左击,直到目镜上的黑"+"字成细线。

(2) 调整望远镜对平行光聚焦

① 在载物台窗口的"选择光学元件"栏中,选择"双平面镜"。

② 单击载物台窗口上的"反时针旋转"或"顺时针旋转"一直到望远镜窗口的目镜上可看到绿色"+"字(望远镜光轴转动)。

③ 双击"镜锁紧螺钉"(在望远镜窗口上),使其松开,顺着望远镜移动鼠标到出现"阿贝式自准目镜",右击或左击直到绿"+"字清晰;并记下此时的角度 β(可从游标盘窗口中读出。游标盘数据读法:主刻度+游标读数。主刻度是游标上 0 刻度对准的数据,游标读数是

以游标刻度与主刻度对齐的那条刻度线）。

④ 然后在载物台窗口单击"调节设置"，在其窗口上选择"游标盘转角"和"粗调"，单击 OK 关闭其窗口。

（3）调整望远镜光轴垂直于仪器公共轴步骤

① 单击载物台窗口的"逆时针旋转"或"顺时针旋转"，使载物台旋转 180°（可从游标窗口中观察）。

② 左击或右击望远镜"垂直仰角调节螺钉"，使绿色"＋"字出现在目镜上，一出现绿色"＋"字，马上左击或右击"载物台螺钉 B"使绿"＋"字在中间的横线上。

③ 旋转载物台 180°，若不见绿"＋"字，重复步骤②，直到在不调节螺钉的情况下，平面镜随意旋转 180°都能见到绿"＋"字。

④ 选择绿"＋"字最靠近边缘的一面，单击望远镜的"垂直仰角调节螺钉"，让绿"＋"字向目镜最上面的那条横线靠近一半，然后旋转载物台到平面镜的另一面，单击载物台"调节螺钉 B"使绿"＋"字向最上面的横线靠近一半，这样来回调整多次后，最终使"＋"字在不用调节螺钉的情况下，都在最上面的横线上（注意：平面镜的一面固定调节某一个螺钉）。

4．测棱镜顶角 A

① 把载物台上的"平面镜"换成"三棱镜"。

② 旋转载物台，观察目镜，当光轴在三棱镜的某两个面时，目镜都出现绿"＋"字；否则，重复步骤 3（3）②～④。

③ 调节载物台上的与望远镜光轴重合的螺钉，使绿"＋"字出现在目镜的最上方的横线上，直到不动螺钉的情况下，随意旋转载物台上的三棱镜，在两个测试面绿"＋"字在同一横线上（注意：调整一次最多只能使距离减少一半）。

④ 读取数据：单击"调节设置"，选择"微调"，然后调节顺（逆）时针旋转使绿"＋"字与最上面的黑十字叉丝重合，读角游标一的度数，并记录 θ_1，右角游标窗口上面的蓝色横条，选择游标二，读角游标的度数并记录 θ_2，旋转载物台到另一面，使绿"＋"字和黑十字叉丝重合，记录 θ_1'、θ_2'（来回读三次）。

5．实验报告

① 在主菜单中选"实验报告"或单击桌面上的 REPORT 图标。

② 从报告窗口中选"报告"菜单中的"填写注册单"，填入姓名、学号、系别、年级后，按确定。

③ 从报告栏中选注册，输入学号，按确定。

④ 从报告栏中选新建，再选分光计，按确定。

⑤ 在实验报告中，填入系别、年级、姓名、日期，自己列表格后填入原始数据，并计算。

⑥ 保存。注意保存后不能修改，而且只有一次机会。

⑦ 确认保存，从报告栏中选注销，再重新注册，新建，若不能新建，说明已保存，否则须重新输入数据再保存。

（廖坤山　编写）

实验 30　弗兰克-赫兹实验（一）

1914 年，德国物理学家弗兰克（J. Franck）和赫兹（G. Hertz）对勒纳用来测量电离电位的实验装置作了改进，他们同样采取慢电子（几个到几十个电子伏特）与单元素气体原子碰撞的办法,但着重观察碰撞后电子发生什么变化(勒纳观察碰撞后离子流的情况)。通过实验测量,电子和原子碰撞时会交换某一定值的能量,且可以使原子从低能级激发到高能级。直接证明了原子发生跃变时吸收和发射的能量是分立的、不连续的,证明了原子能级的存在,从而证明了玻尔理论的正确。因而他们获得了 1925 年诺贝尔物理学奖。

弗兰克-赫兹实验至今仍是探索原子结构的重要手段之一,实验中用的"拒斥电压"筛去小能量电子的方法,已成为广泛应用的实验技术。

【实验目的】

通过测定氩原子等元素的第一激发电位(即中肯电位),证明原子能级的存在。

【实验原理】

玻尔提出的原子理论指出:

(1)原子只能较长地停留在一些稳定状态(简称为定态)。原子在这些状态时,不发射或吸收能量;各定态有一定的能量,其数值是彼此分隔的。原子的能量不论通过什么方式发生改变,它只能从一个定态跃迁到另一个定态。

(2)原子从一个定态跃迁到另一个定态而发射或吸收辐射时,辐射频率是一定的。如果用 E_m 和 E_n 分别代表有关两定态的能量的话,辐射的频率 ν 决定于如下关系:

$$h\nu = E_m - E_n \tag{5.1}$$

式中,普朗克常量

$$h = 6.63 \times 10^{-34} \text{ J} \cdot \text{s}$$

为了使原子从低能级向高能级跃迁,可以通过具有一定能量的电子与原子相碰撞进行能量交换的办法来实现。

设初速度为零的电子在电位差为 U_0 的加速电场作用下,获得能量 eU_0。当具有这种能量的电子与稀薄气体的原子(比如十几个毛的氩原子)发生碰撞时,就会发生能量交换。如以 E_1 代表氩原子的基态能量、E_2 代表氩原子的第一激发态能量,那么当氩原子吸收从电子传递来的能量恰好为

$$eU_0 = E_2 - E_1 \tag{5.2}$$

时,氩原子就会从基态跃迁到第一激发态。而且相应的电位差称为氩的第一激发电位(或称氩的中肯电位)。测定出这个电位差 U_0,就可以根据式(5.2)求出氩原子的基态和第一激发态之间的能量差了(其他元素气体原子的第一激发电位亦可依此法求得)。

弗兰克-赫兹实验的原理图如图 5.1 所示。在充氩的弗兰克-赫兹管中,电子由热阴极发出,阴极 K 和第二栅极 G_2 之间的加速电

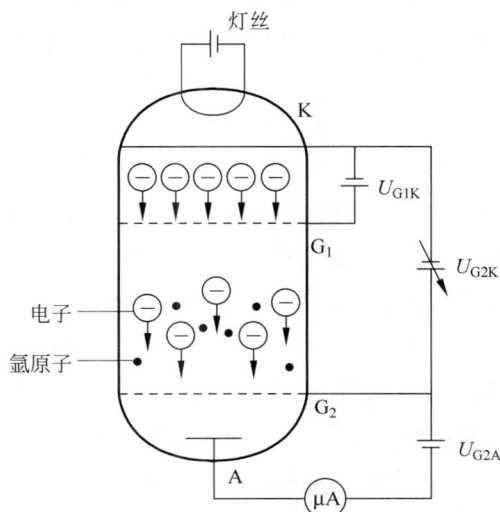

图 5.1 弗兰克-赫兹实验原理图

压 U_{G2K} 使电子加速。在极板 A 和第二栅极 G_2 之间加有反向拒斥电压 U_{G2A}。管内空间电位分布如图 5.2 所示。当电子通过 KG_2 空间进入 G_2A 空间时,如果有较大的能量

（能量$\geqslant eU_{G2A}$），就能冲过反向拒斥电场而到达板极形成板极电流，为微电流计 μA 表检出。如果电子在 KG_2 空间与氩原子碰撞，把一部分能量传给氩原子而使后者激发的话，电子本身所剩余的能量就很小，以致通过第二栅极后已不足以克服拒斥电场而被折回到第二栅极，这时，通过微电流计 μA 表的电流将显著减小。

　　实验时，使 U_{G2K} 电压逐渐增加并仔细观察电流计的电流指示，如果原子能级确实存在，而且基态和第一激发态之间有确定的能量差的话，就能观察到如图 5.3 所示的 I_A-U_{G2K} 曲线。

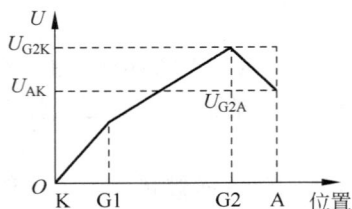

图 5.2　弗兰克-赫兹管管内空间电位分布　　　　图 5.3　弗兰克-赫兹管的 I_A-U_{G2K} 关系曲线

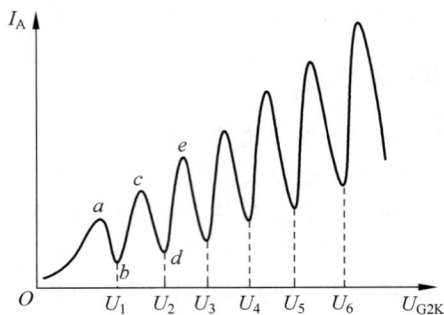

　　图 5.3 所示的曲线反映了氩原子在 KG_2 空间与电子进行能量交换的情况。当 KG_2 空间电压逐渐增加时，电子在 KG_2 空间被加速而取得越来越大的能量。但起始阶段，由于电压较低，电子的能量较少，即使在运动过程中它与原子相碰撞也只有微小的能量交换（为弹性碰撞）。穿过第二栅极的电子所形成的板极电流 I_A 将随第二栅极电压 U_{G2K} 的增加而增大（如图 5.3 的 Oa 段）。当 KG_2 间的电压达到氩原子的第一激发电位 U_0 时，电子在第二栅极附近与氩原子相碰撞，将自己从加速电场中获得的全部能量交给后者，并且使后者从基态激发到第一激发态。而电子本身由于把全部能量给了氩原子，即使穿过了第二栅极也不能克服反向拒斥电场而被折回第二栅极（被筛选掉）。所以板极电流将显著减小（图 5.3 所示 ab 段）。随着第二栅极电压的增加，电子的能量也随之增加，在与氩原子相碰撞后还留下足够的能量，可以克服反向拒斥电场而达到板极 A ，这时电流又开始上升（bc 段）。直到 KG_2 间电压是氩原子的第一激发电位的 2 倍时，电子在 KG_2 间又会因二次碰撞而失去能量，因而又会造成第二次板极电流的下降（cd 段），同理，凡在

$$U_{G2K} = nU_0, \quad n = 1,2,3\cdots \tag{5.3}$$

的地方板极电流 I_A 都会相应下跌，形成规则起伏变化的 I_A-U_{G2K} 曲线。而各次板极电流 I_A 下降处相对应的阴、栅极电压差 $U_{n+1} - U_n$ 应该是氩原子的第一激发电位 U_0。

　　本实验就是要通过实际测量来证实原子能级的存在，并测出氩原子的第一激发电位（公认值为 $U_0 = 11.61 \text{ V}$）。

　　原子处于激发态是不稳定的。在实验中被慢电子轰击到第一激发态的原子要跳回基态，进行这种反跃迁时，就应该有 eU_0 电子伏特的能量发射出来。反跃迁时，原子是以放出光量子的形式向外辐射能量。这种光辐射的波长为

$$eU_0 = h\nu = h\frac{c}{\lambda} \tag{5.4}$$

对于氩原子

$$\lambda = \frac{hc}{eU_0} = \frac{6.63 \times 10^{-34} \times 3.00 \times 10^8}{1.6 \times 10^{-19} \times 11.5} \text{ m} = 1081 \text{ Å}$$

如果弗兰克-赫兹管中充以其他元素，同样可以得到它们的第一激发电位(表 5.1)。

表 5.1　几种元素的第一激发电位

元素	钠(Na)	钾(K)	锂(Li)	镁(Mg)	汞(Hg)	氦(He)	氖(Ne)
U_0/V	2.12	1.63	1.84	3.2	4.9	21.2	18.6
$\lambda/\text{Å}$	5898 5896	7664 7699	6707.8	4571	2500	584.3	640.2

【实验仪器】

FH-2 智能弗兰克-赫兹实验仪，示波器。

【实验内容及步骤】

1. 准备工作

(1) 按照图 5.4 线路图所示，连接好各组工作电源线，仔细检查，确定无误。

连接示波器，以直观观察 I_A-U_{G2K} 的波形变化情况。

(2) 打开电源，将实验仪预热 20～30 分钟。

(3) 检查开机后的初始状态(如下)，确认仪器工作正常。

① 实验仪的"1mA"电流挡位指示灯亮，电流显示值为 0000.(10^{-7} A)。

② 实验仪的"灯丝电压"挡位指示灯亮，电压显示值为 000.0(V)。

③ "手动"指示灯亮。

2. 手动测试

(1) 按"手动/自动"键，将仪器设置为"手动"工作状态。

(2) 按下相应电流量程键，设定电流量程(电流量程可参考机箱盖上提供的数据)。

(3) 用电压调节键←→调节位，↑↓调节值的大小，设定灯丝电压 U_F、第一加速电压 U_{G1K}、拒斥电压 U_{G2A} 的值(设定值可参考机箱盖上提供的数据)。

(4) 按下"启动"键和"U_{G2K}"挡位键，实验开始。

用电压调节键↑↓←→，从 0.0V 开始，按步长 1V(0.5V)的电压值调节电压源 U_{G2K}，并记录下 U_{G2K} 的值和对应的电流值 I_A。同时可用示波器观察板极电流 I_A 随电压 U_{G2K} 的变化情况。

注：为保证实验数据的唯一性，U_{G2K} 的值必须从小到大单向调节，不可在过程中反复；记录完成最后一组数据后，立即将 U_{G2K} 电压快速归零。

(5) 测试结束，依据记录下的数据作出 I_A-U_{G2K} 图。

3. 自动测试

（1）按"手动/自动"键，将仪器设置为"自动"工作状态。

（2）参考机箱上提供的数据设置 U_F，U_{G1K}，U_{G2A}，U_{G2K}。

注：U_{G2K} 设定终止值建议不超过 85V。

（3）按面板上"启动"键，自动测试开始，同时用示波器观察板极电流 I_A 随电压 U_{G2K} 的变化情况。

（4）自动测试结束后，用电压调节键 $\leftarrow \rightarrow \uparrow \downarrow$ 键改变 U_{G2K} 的值，查阅并记录本次测试过程中 I_A 的峰值、谷值和对应的 U_{G2K} 值。

（5）依据记录下的数据作出 I_A-U_{G2K} 图。

（6）自动测试或查询过程中，按下"手动/自动"键，则手动测试指示灯亮，实验仪原设置的电压状态被清除，面板按键全部开启，此时可进行下一次测试。

注意：各电压设置参数在参考数据附近变化，灯丝电压不宜过高。

4. 拓展选做：可变化 U_F，U_{G1K}，U_{G2K} 的值，进行多次 I_A-U_{G2K} 测试。

【数据记录与处理】

1. 自行设计 I_A-U_{G2K} 的数据记录表格，建议每隔 1V 记录一组数据，在坐标纸上描绘各组 I_A-U_{G2K} 数据对应曲线。

2. 记录峰或谷对应的电压 U_i（至少 6 个峰值或谷值），计算每两个相邻峰或谷所对应的 U_{G2K} 之差值 ΔU，并用逐差法求出其平均值 $\overline{U_0}$，将实验值 $\overline{U_0}$ 与氩的第一激发电位 $U_0 = 11.61$ V 比较，计算相对误差，写出结果表达式。

3. （拓展选做）请对不同工作条件下的各组曲线和对应的第一激发电位进行比较，分析哪些量发生了变化，哪些量基本不变。

【注意事项】

1. 管子各组工作电源的连接及保护措施

（1）先不要开电源，各工作电源请按图 5.4 连接，千万不能错！待教师检查后再打开电源。

（2）灯丝电源具有输出端短路保护功能，并伴随报警声（长笛声）。当出现报警声时应立即关断主机电源并仔细检查面板连线。输出端短路时间不应超过 8 s，否则会损坏元器件。

（3）U_{G1K}、U_{G2A} 电源具有输出端短路保护功能，但无声音报警功能。

（4）U_{G2K} 电源具有输出端短路保护功能，并伴随报警声（断续笛音）。出现报警声时应立即关断主机电源并仔细检查面板连线。输出端短路时间不应超过 8 s，否则会损坏元器件。

（5）测量 U_{G2K} 电压输出端：若出现面板显示的设置电压与相应的输出电压误差大，输出电压某一恒定值，或无电压输出，则说明此组电源已经损坏。

（6）U_{G2K} 电压误加到灯丝上，会发出断续的报警笛音；若误加到弗兰克-赫兹管的 U_{G1K} 或 U_{G2A} 上，实验开始时，随 U_{G2K} 电压的增大，面板电流显示无明显变化，而无波形的输出。上述现象发生时应立即关断主机电源，仔细检查面板连线，否则极易损坏仪器内的弗

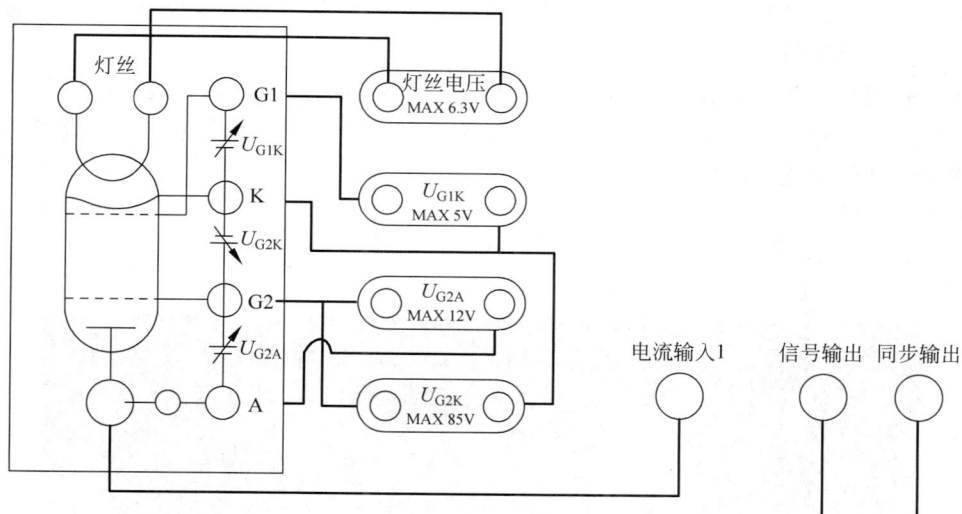

图 5.4 电源接线图

兰克-赫兹管。

(7) 在通电前应反复检查面板连线,确认无误后,再打开主机电源。当仪器出现异常时,应立即关断主机电源。

2. 实验仪工作参数的设置

(1) 弗兰克-赫兹管极易因电压设置不合适而遭受损坏。新管请按机箱上盖的标牌参数设置。若波形不理想,可适量调节灯丝电压 U_{G1K}、U_{G2A}(灯丝电压的调整建议先控制在标牌参数的 $\pm 0.3V$ 范围内小步进行,若波形幅度不好,再适量扩大调整范围),以获得较理想的波形。

(2) 灯丝电压不宜过高,否则加快弗兰克-赫兹管老化;U_{G2K} 不宜超过 85 V,否则管子易被击穿。可参照原参数,在下面给定的范围内重新设定标牌参数。灯丝电压:DC 0~6.3 V;第一栅压 U_{G1K}:DC 0~5 V;第二栅压 U_{G2K}:DC 0~85 V;拒斥电压 U_{G2A}:DC 0~12 V。

【附录 1】 实验仪面板简介

弗兰克-赫兹实验仪前面板如图 5.5 所示,以功能划分为八个区。

区①是弗兰克-赫兹管各输入电压连接插孔和板极电流输出插座;

区②是弗兰克-赫兹管所需激励电压的输出连接插孔,其中左侧输出孔为正极,右侧为负极;

区③是测试电流指示区:四位七段数码管指示电流值;四个电流量程挡位选择按键用于选择不同的最大电流量程挡;每一个量程选择同时备有一个选择指示灯指示当前电流量程挡位;

区④是测试电压指示区:四位七段数码管指示当前选择电压源的电压值;四个电压源选择按键用于选择不同的电压源;每一个电压源选择都备有一个选择指示灯指示当前选择的电压源;

区⑤是测试信号输入输出区：电流输入插座输入弗兰克-赫兹管板极电流；信号输出和同步输出插座可将信号送示波器显示；

区⑥是调整按键区：用于改变当前电压源电压设定值；设置查询电压点；

区⑦是工作状态指示区：通信指示灯指示实验仪与计算机的通信状态；启动按键与工作方式按键共同完成多种操作；

区⑧是电源开关。

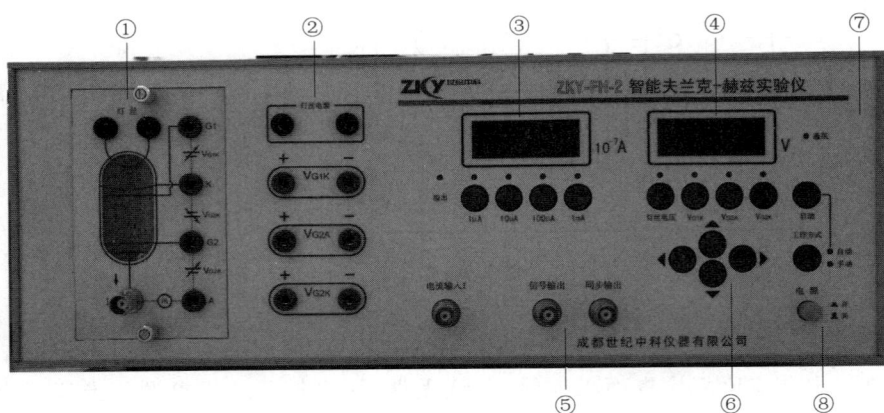

图 5.5　前面板接线图

（吕　蓬　编写）

实验 31　弗兰克-赫兹实验（二）

在原子物理学的发展中，1913 年，丹麦物理学家玻尔（N. Bohr）提出了新的原子模型，指出原子存在能级，并于 1922 年获得了诺贝尔物理学奖。

1914 年，德国物理学家弗兰克（J. Frank）和赫兹（G. Hertz）用慢电子与稀薄气体单元素原子碰撞的方法，使原子从低能级激发到高能级，证明了原子发生跃变时吸收和发射的能量是分立的、不连续的，证明了原子能级的存在，证明了玻尔理论的正确。因此，他们获得了1925 年的诺贝尔物理学奖。

至今，弗兰克-赫兹实验仍是探索原子结构的重要手段之一，实验中用的"拒斥电压"筛去小能量电子的方法，已成为广泛应用的实验技术。

【实验目的】

1. 学习弗兰克-赫兹实验的原理与方法，理解实验的物理构思与设计技巧。

2. 通过测定氩原子等元素的第一激发电位（即中肯电位），证明原子能级的存在，加强对能级概念的理解。

3. 掌握实验装置在各种不同功能状态下的使用方法。

【实验仪器】

FB808 弗兰克-赫兹实验仪,示波器或计算机,Q9 连接线。

【实验原理】

根据玻尔的原子模型理论,原子是由原子核和以核为中心沿各种不同轨道运动的一些电子构成的(图 5.6)。对于不同的原子,这些轨道上的电子数分布各不相同。一定轨道上的电子具有一定的能量。当同一原子的电子从低能量的轨道跃迁到较高能量的轨道时(如图 5.6 中从 I 到 II),原子就处于激发状态。若轨道 I 为正常状态,则较高能量的 II 和 III 依次称为第一激发态和第二激发态,等等。但是原子所处的能量状态并不是任意的,而是受到玻尔理论的两个基本假设的制约。

(1) 定态假设。原子只能处在稳定状态中,其中每一状态相应于一定的能量值 $E_i (i = 1, 2, 3, \cdots)$,这些能量值是彼此分立的,不连续的。

(2) 频率定则。当原子从一个稳定状态过渡到另一个稳定状态时,就吸收或放出一定频率的电磁辐射。频率的大小取决于原子所处两定态之间的能量差,并满足如下关系:

$$h\nu = E_m - E_n$$

其中 $h = 6.63 \times 10^{-34}$ J·s,称作普朗克常量。

原子状态的改变通常在两种情况下发生,一是当原子本身吸收或放出电磁辐射时,二是当原子与其他粒子发生碰撞而交换能量时。本实验就是利用具有一定能量的电子与氩原子相碰撞而发生能量交换来实现氩原子状态的改变。

设初速度为零的电子在电位差为 U_0 的加速电场作用下,获得能量 eU_0。当具有这种能量的电子与稀薄气体的原子发生碰撞时,就会发生能量交换。令氩原子的基态能量为 E_1,氩原子的第一激发态能量为 E_2,则氩原子吸收从电子传递来的能量恰好为

$$eU_0 = E_2 - E_1$$

这时,氩原子就会从基态跃迁到第一激发态。式中 U_0 为氩原子的第一激发电位(或称氩的中肯电位)。测定出这个电位差 U_0,就可以根据上式求出氩原子的基态和第一激发态之间的能量差了(其他元素气体原子的第一激发电位亦可依此法求得)。

弗兰克-赫兹实验的原理如图 5.7 所示。在充氩的弗兰克-赫兹管中,电子由热阴极发出,阴极 K 和第一栅极 G_1 之间的加速电压 U_{G1K} 主要用于消除阴极电子散射的影响,阴极 K 和栅极 G_2 之间的加速电压 U_{G2K} 使电子加速。

在板极 P 和第二栅极 G_2 之间加有反向拒斥电压 U_{G2P}。管内空间电位分布如图 5.8 所示。当电子通过 KG_2 空间进入 G_2A 空间时,如果有较大的能量(能量 $\geqslant eU_{G2P}$),就能冲过反向拒斥电场而到达板极形成板极电流,为微电流计 μA 表检出。如果电子在 KG_2 空间与

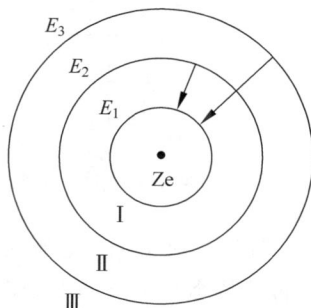
图 5.6 原子结构示意图

氩原子碰撞,把自己一部分能量传递给氩原子而使后者激发的话,电子本身所剩余的能量就很小,以至于通过第二栅极后已不足以克服拒斥电场而被迫折回到第二栅极,这时,通过微电流计 μA 表的电流将显著减小。

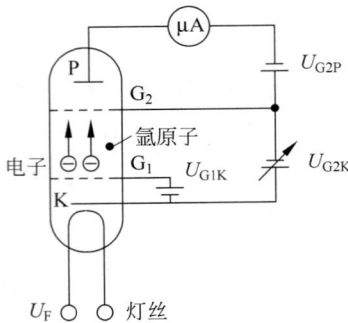

图 5.7　弗兰克-赫兹实验原理图

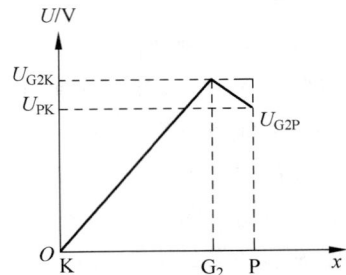

图 5.8　弗兰克-赫兹管内电位分布

实验时,使 U_{G2K} 电压逐渐增加并仔细观察电流计的电流指示,如果原子能级确实存在,而且基态和第一激发态之间有确定的能量差的话,就能观察到如图 5.9 所示的 I_P-U_{G2K} 曲线,曲线反映了氩原子在 KG_2 空间与电子进行能量交换的情况。

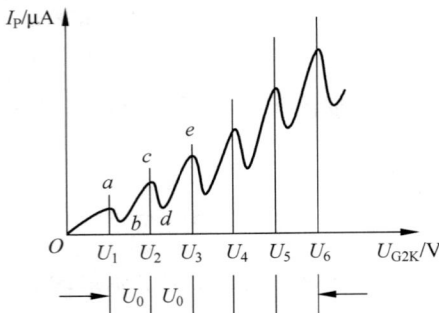

图 5.9　I_P-U_{G2K} 关系曲线

当 U_{G2K} 电压逐渐增加时,电子在 KG_2 空间被加速而获得越来越大的能量。在起始阶段,由于电压较低,电子的能量较少,即使在运动过程中它与原子相碰撞也只有微小的能量交换(为弹性碰撞)。穿过第二栅极的电子所形成的板极电流 I_P 将随第二栅极电压 U_{G2K} 的增加而增大(如图 5.9 的 Oa 段)。

当 U_{G2K} 电压达到氩原子的第一激发电位 U_0 时,电子在第二栅极附近与氩原子相碰撞,将自己从加速电场中获得的全部能量交给氩原子,并且使氩原子从基态激发到第一激发态。而电子本身由于把全部能量给了氩原子,即使穿过了第二栅极也不能克服反向拒斥电场而被折回第二栅极(被筛选掉),所以板极电流将显著减小(图 5.9 所示 ab 段)。随着第二栅极电压 U_{G2K} 的不断增加,电子的能量也随之增加,在与氩原子相碰撞后还留下足够的能量,可以克服反向拒斥电场而达到板极 P,这时电流又开始上升(bc 段)。直到 KG_2 间电压达到 2 倍氩原子的第一激发电位时,电子在 KG_2 间又会因二次碰撞而失去能量,因而又会造成第二次板极电流的下降(cd 段)。

同理,当 $U_{G2K}=nU_0$($n=1$, 2, 3…)时板极电流 I_P 都会相应下跌。若以 U_{G2K} 为横坐标,以极板电流 I_P 为纵坐标就可以得到谱峰曲线 I_P-U_{G2K},两相邻谷点(或峰尖)间的加速电压差值 $U_{n+1}-U_n$,即为原子的第一激发电位值 U_0。氩原子的第一激发电位公认值为 $U_0=11.61$ V。

原子处于激发态是不稳定的。在实验中被慢电子轰击到第一激发态的原子要跃迁回基态,进行这种反跃迁时,就应该有 eU_0 电子伏特的能量发射出来。反跃迁时,原子是以放出光量子的形式向外辐射能量。这种光辐射的波长为

$$eU_0 = h\nu = h\frac{c}{\lambda}$$

对于氩原子

$$\lambda = \frac{hc}{eU_0} = \frac{6.63 \times 10^{-34} \times 3.00 \times 10^8}{1.6 \times 10^{-19} \times 11.61} \text{ m} = 108.1 \text{ nm}$$

如果弗兰克-赫兹管中充以其他元素,则用该方法均可以得到它们的第一激发电位,如表 5.1 所示。

【实验步骤】

正确连接实验线路,检查无误后开机预热 15～20min。实验装置结构和使用方法见附录。

1. 连接实验仪与示波器,将主机面板上"U_{G2} 输出"与示波器上的"CH1"对接,"I_P 输出"对接"CH2"。

2. 设置方法如下:

实验仪扫描开关设置在"自动"挡,扫描速度开关设置在"快速"挡,I_P 电流增益开关旋至合适挡位。

示波器设置于"X-Y"工作模式(U_{G2} 为 X 轴),电压调节旋钮"X""Y"设置于"2 V"和"1 V","交直流"设置于"DC"状态。

3. 分别调节 U_{G1}、U_P、U_F 电压至面板所标值范围内,将 U_{G2} 调节至最大,此时将在示波器上观察到稳定的 I_P-U_{G2} 曲线;

4. 将扫描开关切换到"手动"挡,调节 U_{G2} 至最小,然后逐渐增大其值,寻找 I_P 值的极大值点和极小值点,以及相应的 U_{G2} 值,即找出对应的极值点(U_{G2},I_P),亦即 I_P-U_{G2} 关系曲线中波峰和波谷的位置,相临波峰或波谷的横坐标之差就是氩的第一激发电位;(注:实验记录数据时,I_P 电流值为表头示值"$\times 10^{-X}$")

5. 每隔 1 V 记录一组数据,描绘氩的 I_P-U_{G2} 关系曲线图。实验中可以在波峰和波谷位置周围多记录几组数据,以提高测量精度。数据记录在表 5.2 中。

【数据记录及处理】

表 5.2 I_P-U_{G2} 关系曲线数据记录表

U_{G2}/V	I_P/nA	U_{G2}/V	I_P/nA	U_{G2}/V	I_P/nA	U_{G2}/V	I_P/nA
15		26		37		48	
16		27		38		49	
17		28		39		50	
18		29		40		51	
19		30		41		52	
20		31		42		53	
21		32		43		54	
22		33		44		55	
23		34		45		56	
24		35		46		57	
25		36		47		58	

U_{G2}/V	I_P/nA	U_{G2}/V	I_P/nA	U_{G2}/V	I_P/nA	U_{G2}/V	I_P/nA
59		67		75		83	
60		68		76		84	
61		69		77		85	
62		70		78		86	
63		71		79		87	
64		72		80		88	
65		73		81		89	
66		74		82		90	

误差分析：①灯丝电压、拒斥电压的存在对 I_P-U_{G2} 关系曲线有影响；②测量时,因为要求极大点或极小点来计算第一激发电位,所以在寻找极值点的过程中,会引入测量误差。

描绘 I_P-U_{G2} 关系曲线图,通过测量及描点得出氩的第一激发电位。

计算第一激发电位百分误差 η,氩的第一激发电位理论值为 11.61 V。

【思考与讨论】

1. 第一激发电位的物理含义是什么? 有没有第二激发电位?
2. 弗兰克-赫兹管能否充其他气体?
3. 什么是能级? 请描述玻尔的能级跃迁理论。
4. 分析实验的误差来源。

【附录】 FB808 弗兰克-赫兹实验仪面板及基本操作介绍

1. FB808 弗兰克-赫兹实验仪前面板功能说明

弗兰克-赫兹实验仪前面板如图 5.10 所示,以功能划分为四个区(左向右排列):

1 区是弗兰克-赫兹管各电极连接插孔和板极电流输出插孔。

2 区是弗兰克-赫兹管所需激励电压连接插孔。

3 区是板极电流数码显示,电流量程挡位选择,工作方式选择。

4 区是各电极间电压数码显示,有四个电压挡选择,四个电压调节旋钮。

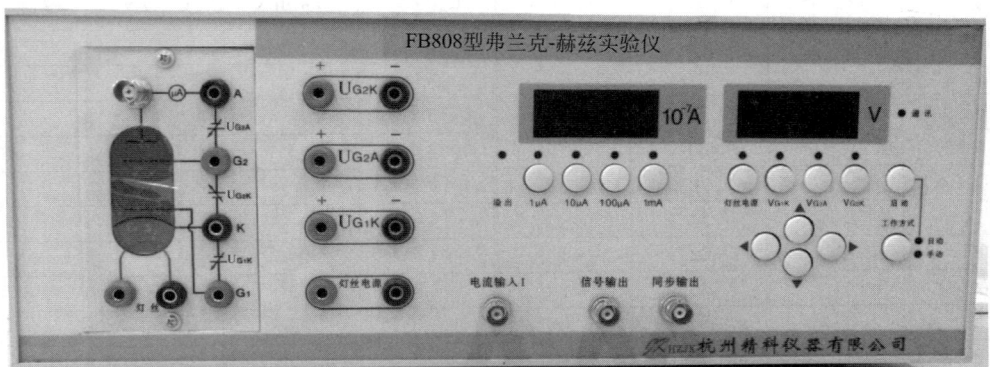

图 5.10　弗兰克-赫兹实验仪前面板

2.注意事项

警告：连接面板上对应插座的连接线，切勿连错！弗兰克-赫兹管容易因电压设置不合适而遭到损坏，所以，一定要按照规定的实验步骤和适当的状态进行实验。

① 使用前应正确连接好仪器面板各连线，连好线后仔细检查几遍，连线错误会损坏仪器或弗兰克-赫兹管，造成不必要的损失。

② 实验时灯丝电压 U_F 不要超过 4 V，第二栅压 U_{G2} 不要超过 90 V。

③ 实验仪虽然设计有短路保护电路，但各组电源应尽量避免短路。

④ 手动操作完成后，应将第二栅压 U_{G2} 调至 0 V。

⑤ 实验结束后，切断电源。仪器长期放置不用后再次使用时，请先预热 30 min 后使用，确保仪器使用性能稳定。

注：仪器在主机扫描开关调至"自动"挡，扫描速度开关调至"快速"，I_P-U_{G2} 数显表是参考数值，实际测量值是扫描开关调至"手动"挡。

（郭悦韶　编写）

实验 32　光电效应测定普朗克常量（一）

普朗克常量 h 是人类已知的自然界的少数几个普适常量之一（如另两个光速 c，万有引力常量 g）。普适常量是现代技术的基础参数，学习了解它们具有重要意义。19 世纪末普朗克为解决黑体辐射问题发现了此常量。1905 年，爱因斯坦发展了辐射能量 E 以 $h\nu$（ν 是光的频率）为不连续的最小单位的量子化思想，成功地解释了光电效应实验中的问题。1916 年密立根光电效应法测量了 h，确定了光量子能量方程式的成立。接着，德布罗意提出了物质粒子也应具有波动性，即当有 $E = h\nu$，动量 $p = h/\lambda$（λ 为波长），后亦被实验证实。从此，奠定了量子力学的实验基础，h 成为微观世界规律的标志量。量子力学成为信息新技术、生物分子工程的理论支撑基础。h 可以由光电效应简单而又准确地测定。所以光电效应实验有助于学习理解量子理论和更好地认识普朗克常量。

【实 验 目 的】

1. 了解光电效应的规律，加深对光的量子性的理解。
2. 测量光电管的弱电流特性，找出不同光频率下的截止电压。
3. 验证爱因斯坦方程，测量普朗克常量 h。

【实 验 原 理】

光电效应的实验原理如图 5.11 所示。入射光照射到光电管阴极 K 上，产生的光电子在电场的作用下向阳极 A 迁移构成光电流，改变外加电压 U_{AK}，测量出光电流 I 的大小，即可得出光电管的伏安特性曲线如图 5.12 所示。

在光的照射下，电子从金属表面逸出的现象称为光电效应，从金属表面逸出的电子称为光电子。光电效应的基本规律如下：

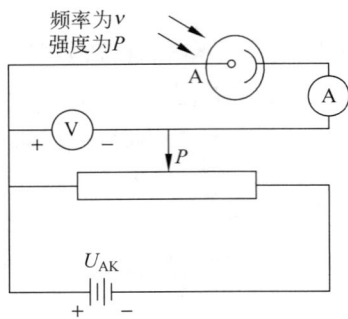

图 5.11 实验原理图

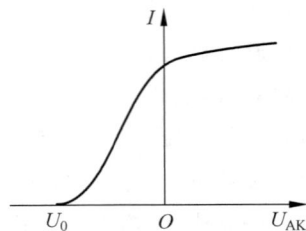

图 5.12 光电管的起始 $I\text{-}U$ 特性

(1) 光电流的大小与光强成正比(图 5.13(a)、(b));

(2) 光电效应存在一个阈频率 ν_0(或称截止频率),当入射光的频率低于阈频率 ν_0 时,无论入射光的强度如何,均不产生光电效应(图 5.13(c));

(3) 光电子的动能与光强无关,而与入射光的频率成正比(图 5.13(d));

(a)

(b)

斜率$k=h/e$

(c)

(d)

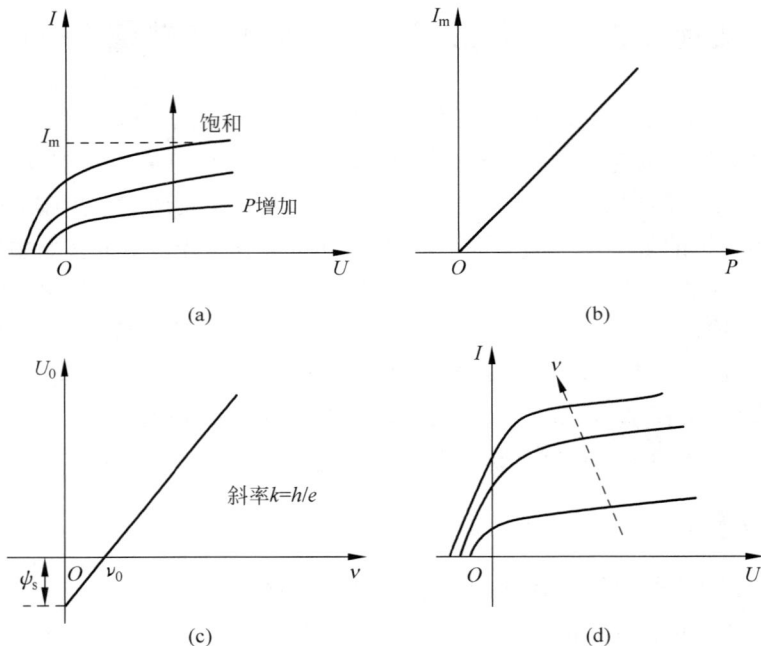

图 5.13 关于光电效应的几个特性

光电效应是电磁波的经典理论所不能解释的。1905 年,爱因斯坦依照普朗克的量子假设,提出了关于光的本性的光子假说:当光与物质相互作用时,其电流并不像波动理论所想象的那样,是连续分布的,而是集中在一些叫做光子(或光量子)的粒子上。每个光子都具有能量 $h\nu$,其中 h 是普朗克常量,ν 是光的频率。根据这一理论,在光电效应中,当金属中的被原子束缚的电子从入射光中吸收一个光子的能量 $h\nu$ 时,一部分消耗于电子从金属表面逸出时所需要的逸出功 W,其余部分转变为电子的动能。根据能量守恒原理,爱因斯坦提出了著名的光电效应方程：

$$h\nu = \frac{1}{2}mv_0^2 + W \qquad (5.5)$$

式中，W 为金属的逸出功，$\frac{1}{2}mv_0^2$ 为光电子获得的初始动能。ν 为入射光的频率，m 为电子的质量，v_0 为光电子逸出金属表面时的初速度。

由式(5.5)可见，入射到金属表面的光频率越高，逸出的电子动能越大，所以即使阳极电位比阴极电位低时也会有电子落入阳极形成光电流，直至阳极电位低于截止电压，光电流才为零，此时有关系：

$$eU_0 = \frac{1}{2}mv_0^2 \qquad (5.6)$$

阳极电位高于截止电压后，随着阳极电位的升高，阳极对阴极发射的电子的收集作用越强，光电流随之上升，当阳极电压高到一定程度，已把阴极发射的光电子几乎全收集到阳极，再增加外加电压时电流 I 不再变化，光电流出现饱和，饱和光电流 I_m 的大小与入射光的强度 P 成正比。

光子的能量 $h\nu < W$ 时，电子不能脱离金属，因而没有光电流产生。产生光电效应的最低频率(截止频率)是 $\nu = W/h$。

将式(5.6)代入式(5.5)可得

$$eU_0 = h\nu - W \qquad (5.7)$$

此式表明截止电压 U_0 是频率 ν 的线性函数，直线斜率 $k = h/e$，只要用实验方法得出不同的频率对应的截止电压，求出直线斜率，就可算出普朗克常量 h。

爱因斯坦的光量子理论成功地解释了光电效应规律。

【实验仪器】

HLD-PE-Ⅱ普朗克常量测定仪由汞灯及电源、滤色片、光阑、光电管等组成，仪器结构如图 5.14 所示，测定仪的调节面板如图 5.15 所示。

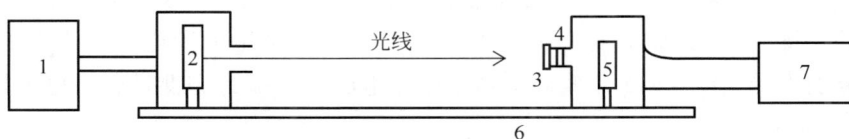

图 5.14　仪器结构图

1—汞灯电源；2—汞灯；3—滤色片；4—光阑；5—光电管；6—基座；7—测试仪

(1) GD-27 型光电管：阳极为镍圈，阴极为银-氧-钾(Ag-O-K)，光谱响应范围 3400～7000 Å，光窗为无铅多硼硅玻璃，最高灵敏波长(4100±100) Å，阴极光灵敏度约 1 μA/lm，为了避免杂散光和外界电磁场对微弱光电流的干扰，光电管安装在暗盒中，暗盒窗口可以安放各种带通滤光片。

(2) 光源采用 50W 高压汞灯，在 3032～8720 Å 的谱线范围内有 3650 Å，4047 Å，

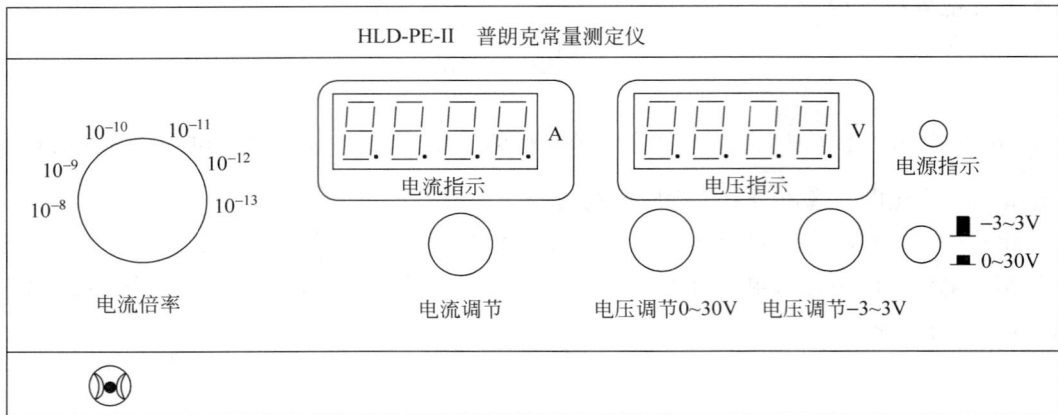

图 5.15 测定仪调节面板图

4358 Å，4916 Å，5461 Å，5770 Å 等谱线可供实验使用。

（3）滤光片：是一组宽带通型有色玻璃组合滤色片，它具有滤选 3650 Å，4047 Å，4358 Å，5461 Å，5770 Å 等谱线的能力。

（4）PE-Ⅱ型微电流测量放大器：电流测量范围在 $10^{-8} \sim 10^{-13}$ A，分六挡十进变换，机内设有稳定度 <1%，精密连续可调的光电管工作电源，电压量程为 $-3 \sim 3$ V，$0 \sim 30$ V，读数精度为 0.01 V，测量放大器可以连续工作 8 小时以上。

【实验步骤及数据记录、处理】

1. 测试前准备

（1）将测定仪及汞灯电源接通（汞灯及光电管暗箱遮光盖盖上），预热 20 min。

（2）调整光电管与汞灯距离约为 30 cm 并保持不变。

（3）用专用连接线将光电管暗箱电压输入端与测试仪电压输出端（后面板上）连接起来（红—红、黑—黑）。

（4）进行测试前调零，调零时应将光电管暗箱电流输出端 K 与测试仪微电流输入端（后面板上）断开，将"电流量程"选择开关置于 10^{-12} A 挡，调节电流和电压调节旋钮使电流和电压指示分别为零。零点调好后再将光电管暗箱电流输出端 K 与测试仪微电流输入端（后面板上）连接起来。

2. 测量普朗克常量

（1）准备工作完成后，选择波长为 365 nm 的滤色片，这时观察电流指示，记下电流指示的值（此值即为本底电流值）。

（2）拿下遮光盖，电流数值在变化，等电流值稳定后调节电压值直到电流指示与本底电流值相同时为止，记下此时的电压值（此值即为该波长的截止电压值）。并将数据记于表 5.3 中。

（3）依次换上波长为 405 nm、436 nm、546 nm、577 nm 的滤色片，重复以上步骤。

（4）改变光源与暗盒的距离 L 或光阑孔 ϕ，重做上述实验。

表 5.3 不同波长频率对应的 U_0

距离 $L=$ _____ cm　　　　　　光阑孔 $\phi=$ _____ mm

波长 λ/nm	365	405	436	546	577
频率 $\nu/\times10^{14}$ Hz	8.213	7.402	6.876	5.491	5.196
截止电压 U_0/V					

（5）数据处理：由表 5.3 的实验数据，得出 U_0-ν 直线的斜率 k，即可用 $h=ek$ 求出普朗克常量，并与 h 的公认值 h_0 比较，求出相对误差 $E=(h-h_0)/h_0$，式中 $e=1.602\times10^{-19}$ C，$h_0=6.626\times10^{-34}$ J·s。

3. 测光电管的伏安特性曲线

（1）选择 436 nm 滤色片，光阑孔径选择小的，将"电流量程"选择开关置于 10^{-11} A 挡，将测试电流输入电缆断开，调零后重新接上，电压转换为 0~30 V 挡，从高到低调节电压，记录电流从零到非零点所对应的电压值作为第一组数据，以后电压每变化一定值（步长为 2 V 间隔）记录一组数据到表 5.4 中。

（2）换上 546 nm 滤色片重复上述步骤。

（3）用表 5.4 的数据在坐标纸上作对应于以上两种波长的伏安特性曲线。

（4）也可选择其他波长测量其伏安特性。

表 5.4 I-U_{AK} 关系

$L=$ _____ cm　　　　　　$\phi=$ _____ mm

436 nm	U_{AK}/V							
	$I/\times10^{-11}$ A							
546 nm	U_{AK}/V							
	$I/\times10^{-11}$ A							

【注意事项】

（1）应注意不能使光照在光电管阳极上。

（2）测试时，如遇环境湿度较大，应将光电管和微电流放大器进行干燥处理，以减少漏电流的影响。

（3）每次实验结束时，应将电流调节电位器调至最小，平时应将光电管保存在干燥暗箱内，实验时也应尽量减少光照，实验后用遮光盖将进光孔盖住。

（4）对精密仪器应注意防震、防尘、防潮。

（5）高压汞灯关上后不能立即再点亮，需等灯管冷却后才能再次点亮。

（吕 蓬 编写）

实验 33　光电效应测定普朗克常量（二）

当光照射在物体上时，光的能量只有部分以热的形式被物体所吸收，而另一部分则转换为物体中某些电子的能量，使这些电子逸出物体表面，这种现象称为光电效应。在光电效应这一现象中,光显示出它的粒子性,所以深入观察光电效应现象,对认识光的本性具有极其重要的意义。普朗克常量 h 是 1900 年普朗克为了解决黑体辐射能量分布时提出的"能量子"假设中的一个普适常量,是基本作用量子,也是粗略地判断一个物理体系是否需要用量子力学来描述的依据。

1905 年爱因斯坦为了解释光电效应现象,提出了"光量子"假设,即频率为 ν 的光子其能量为 $h\nu$。当电子吸收了光子能量 $h\nu$ 之后,一部分消耗于电子的逸出功 W,另一部分转换为电子的动能 $\frac{1}{2}mv^2$,即

$$\frac{1}{2}mv^2 = h\nu - W$$

上式称为爱因斯坦光电效应方程。1916 年密立根首次用油滴实验证实了爱因斯坦光电效应方程,并在当时的条件下,较为精确地测得普朗克常量为 $h = 6.57 \times 10^{-34}$ J·s,其相对不确定度大约为 0.5%。这一数据与现在的公认值比较,相对误差也只有 0.9%。为此,1923 年密立根因这项工作而荣获诺贝尔物理学奖。

目前利用光电效应制成的光电器件和光电管、光电池、光电倍增管等已成为生产和科研中不可缺少的重要器件。

【实验目的】

1. 了解光电效应的基本规律,验证爱因斯坦光电效应方程。
2. 掌握用光电效应法测定普朗克常量 h。

【实验仪器】

FB807 光电效应测定仪、示波器。

【实验原理】

光电效应实验如图 5.16 所示,图中 GD 是光电管,K 是光电管阴极,A 为光电管阳极,G 为微电流计,V 为电压表,E 为电源,R 为滑线变阻器,调节 R 可以得到实验所需要的加速电位差 U_{AK}。光电管的 A、K 之间可获得从 $-U$ 到 0 再到 $+U$ 连续变化的电压。实验时用的单色光是从低压汞灯光谱中用干涉滤色片过滤得到的,其波长分别为:365 nm,405 nm,436 nm,546 nm,577 nm。无光照阴极时,由于阳极和阴极是断路的,所以 G 中无电流通过。用光照射阴极时,由于阴极释放出电子而形成阴极光电流(简称阴极电流)。加速电位差 U_{AK} 越大,阴极电流越大,当 U_{AK} 增加到一定数值后,阴极电流不再增

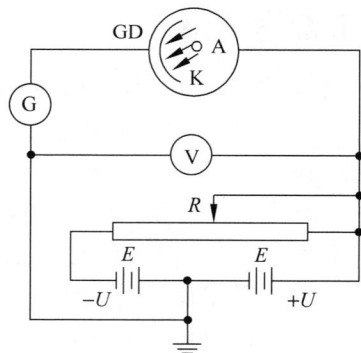

图 5.16　光电效应实验示意图

大而达到某一饱和值 I_H,I_H 的大小和照射光的强度成正比,如图 5.17 所示。加速电位差 U_{AK} 变为负值时,阴极电流会迅速减小,当加速电位差 U_{AK} 负到一定数值时,阴极电流变为"0",与此对应的电位差称为遏止电位差。这一电位差用 U_a 来表示。$|U_a|$ 的大小与光的强

度无关,而是随着照射光频率的增大而增大,如图 5.18 所示。

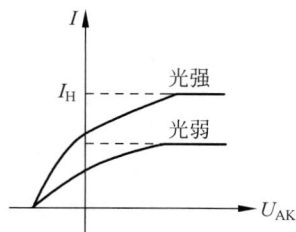

图 5.17 光电管的伏安特性

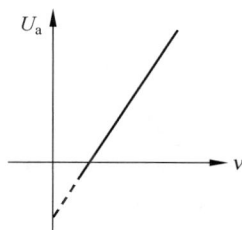

图 5.18 光电管遏止电位的频率特性

1. 饱和电流的大小与光的强度成正比。

2. 光电子从阴极逸出时具有初动能,其最大值等于它反抗电场力所做的功,即

$$\frac{1}{2}mv^2 = eU_a$$

因为 $U_a \propto \nu$,所示初动能大小与光的强度无关,只是随着频率的增大而增大。$U_a \propto \nu$ 的关系可用爱因斯坦方程表示如下:

$$U_a = \frac{h}{e} \cdot \nu - \frac{W}{e}$$

实验时用不同频率的单色光 ($\nu_1, \nu_2, \nu_3, \nu_4, \cdots$) 照射阴极,测出相对应的遏止电位差 ($U_{a1}, U_{a2}, U_{a3}, U_{a4}, \cdots$),然后作出 U_a-ν 图,由此图的斜率即可以求出 h。

3. 如果光子的能量 $h\nu \leqslant W$ 时,无论用多强的光照射,都不可能逸出光电子。与此相对应的光的频率则称为阴极的红限,且用 ν_0 ($\nu_0 = W/h$) 来表示。实验时可以从 U_a-ν 图的截距求得阴极的红限和逸出功。本实验的关键是正确确定遏止电位差,作出 U_a-ν 图。至于在实际测量中如何正确地确定遏止电位差,还必须根据所使用的光电管来决定。下面就专门对如何确定遏止电位差的问题作简要的分析与讨论。

遏止电位差的确定:如果使用的光电管对可见光都比较灵敏,而暗电流也很小。由于阳极包围着阴极,即使加速电位差为负值时,阴极发射的光电子仍能大部分射到阳极。而阳极材料的逸出功又很高,可见光照射时是不会发射光电子的,其电流特性曲线如图 5.19 所示。图中电流为零时的电位就是遏止电位差 U_a。然而,由于光电管在制造过程中,工艺上很难保证阳极不被阴极材料所污染(这里污染的含义是:阴极表面的低逸出功材料溅射到阳极上),而且这种污染还会在光电管的使用过程中日趋加重。被污染后的阳极逸出功降低,当从阴极反射过来的散射光照到它时,便会发射出光电子而形成阳极光电流。实验中测得的电流特性曲线,是阳极光电流和阴极光电流迭加的结果,如图 5.20 所示的实线。由图 5.20 可见,由于阳极的污染,实验时出现了反向电流。特性曲线与横轴交点的电流虽然等于"0",但阴极光电流并不等于"0",交点的电位差 U_a' 也不等于遏止电位差 U_a。两者之差由阴极电流上升的快慢和阳极电流的大小所决定。阴极电流上升越快,阳极电流越小,U_a' 与 U_a 之差也越小。从实际测量的电流曲线上看,正向电流上升越快,反向电流越小,则 U_a' 与 U_a 之差也越小。

由图 5.20 我们可以看到,由于电极结构等种种原因,实际上阳极电流往往饱和缓慢,在

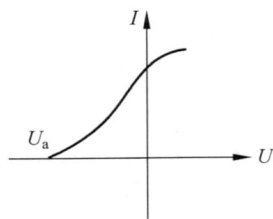

图 5.19　光电管理想的电流特性曲线　　图 5.20　光电管老化后的电流特性曲线

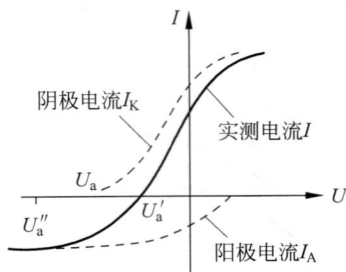

加速电位达到 U_a 时,阳极电流仍未达到饱和,所以反向电流刚开始饱和的拐点电位差 U_a'' 也不等于遏止电位差 U_a。两者之差视阳极电流的饱和快慢而异。阳极电流饱和得越快,两者之差越小。若在负电压增至 U_a 之前阳极电流已经饱和,则拐点电位差就是遏止电位差 U_a。总而言之,对于不同的光电管应该根据其电流特性曲线的不同采用不同的方法来确定其遏止电位差。假如光电流特性的正向电流上升得很快,反向电流很小,则可以用光电流特性曲线与暗电流特性曲线交点的电位差 U_a' 近似地当作遏止电位差 U_a(交点法)。若反向特性曲线的反向电流虽然较大,但其饱和速度很快,则可用反向电流开始饱和时的拐点电位差 U_a'' 当作遏止电位差 U_a(拐点法)。

【实验内容】

1. 测试前准备

仪器连接:将 FB807 测试仪及汞灯电源接通(光电管暗箱调节到遮光位置),预热 20 min。调整光电管与汞灯距离约为 40 cm 并保持不变。用专用连接线将光电管暗箱电压输入端与 FB807 测试仪后面板上电压输出连接起来(红对红,黑对黑)。将"电流量程"选择开关置于合适挡位(测量截止电位调到 10^{-13} A,测量伏安特性调到 10^{-10} A 或 10^{-11} A)。测定仪在开机或改变电流量程后,都需要进行调零。调零时应将光电管暗箱电流输出端与测试仪微电流输入端(后面板上)断开,旋转"调零"旋钮使电流表为 0。调节好后,将光电管电流输出与测试仪微电流输入端连接起来。

2. 用 FB807 实验仪测定遏止电压、伏安特性

由于本实验仪器的电流放大器灵敏度高,稳定性好,光电管阳极反向电流、暗电流水平也较低,在测量各谱线的遏止电压 U_a 时,可采用零电流法(即交点法),即直接将各谱线照射下测得的电流为零时对应的电压 U_{AK} 的绝对值作为遏止电压 U_a。此法的前提是阳极反向电流、暗电流和本底电流都很小,用零电流法测得的遏止电压与真实值相差较小。且各谱线的遏止电压都相差 ΔU,对 U_a-ν 曲线的斜率无大的影响,因此对 h 的测量不会产生大的影响。

(1) 测量遏止电压

工作电压转换按钮置 $-2\sim+2$V,"电流量程"开关置于 $\times 10^{-13}$ A 挡。在不输入信号的状态下,对微电流测量调零。操作方法是:将暗盒前面的转盘用手轻轻拉出 3 mm 左右,即脱离定位销,把 $\phi 4$ mm 的光阑标志对准上面的白点,使定位销复位。再把装滤色片的转

盘放在挡光位,即指示"0"对准上面的白点,在此状态下测量光电管的暗电流。然后把 365 nm 的滤色片转到窗口(通光口),此时把电压表显示的 U_{AK} 值调节为 -1.999 V;打开汞灯遮光盖,电流表显示对应的电流值 I 应为负值。用电压粗调和细调旋钮,逐步升高工作电压(即使负电压绝对值减小),当电压到达某一数值,光电管输出电流为零时,记录对应的工作电压 U_{AK},该电压即为 365 nm 单色光的遏止电位。然后按顺序依次换上 405 nm,436 nm, 546 nm,577 nm 的滤色片,重复以上测量步骤。一一记录 U_{AK} 值于表 5.5 中。

(2)测光电管的伏安特性曲线

此时,将工作电压转换置:$-2\sim+30$V,"电流量程"开关转换至 $\times 10^{-10}$ A 挡,并重新调零。其余操作步骤与"测量遏止电压"类同,不过此时要把每一个工作电压和对应的电流值加以记录,以便画出饱和伏安特性曲线,并对该特性进行研究分析。

① 观察在同一光阑、同一距离条件下 5 条伏安特性曲线。

记录所测 U_{AK} 及 I 的数据到表 5.6 中,在坐标纸上作对应于以上波长及光强的伏安特性曲线。

② 观察同一距离、不同光阑(不同光通量)、某条谱线在的饱和伏安特性曲线。

测量并记录对同一谱线、同一入射距离,而光阑分别为 2 mm,4 mm,8 mm 时对应的电流值于表 5.7 中,验证光电管的饱和光电流与入射光强成正比。

③ 观察同一光阑下、不同距离(不同光强)、某条谱线在的饱和伏安特性曲线。

在 U_{AK} 为 30 V 时,测量并记录对同一谱线、同一光阑时,光电管与入射光在不同距离,如 300 mm,350 mm,400 mm 等对应的电流值于表 5.8 中,同样可以验证光电管的饱和电流与入射光强成正比。

【数据处理】

由表 5.5 的实验数据,作出 U_a-ν 图,U_{AK} 即为 U_a,求出直线的斜率 K,即可用 $h=eK$ 求出普朗克常量 h,把它与公认值 h_0 比较,求出实验结果的相对误差 $E=(h-h_0)/h_0$,式中 $e=1.602\times 10^{-19}$ C,$h_0=6.626\times 10^{-34}$ J·s。

表 5.5　U_a-ν 关系

波长 λ/nm	365	405	436	546	577
频率 ν/10^{14} Hz	8.214	7.408	6.879	5.490	5.196
遏止电压 U_{AK}/V					

表 5.6　I-U_{AK} 关系

U_{AK}/V										
I/10^{-10} A										
U_{AK}/V										
I/10^{-10} A										

表 5.7　I_M-P 关系

$U_{AK} =$ _____ V,$\lambda =$ _____ nm,$L =$ _____ mm

光阑孔 ϕ/mm	2	4	8
$I/10^{-10}$ A			

表 5.8　I_M-P 关系

$U_{AK} =$ _____ V,$\lambda =$ _____ nm,$\phi =$ _____ mm

距离 L/mm	300	350	400
$I/10^{-10}$ A			

【思考题】

1. 测定普朗克常量的关键是什么? 怎样根据光电管的特性曲线选择适宜的测定遏止电压 U_a 的方法。

2. 从遏止电压 U_a 与入射光的频率 ν 的关系曲线中,你能确定阴极材料的逸出功吗?

3. 本实验存在哪些误差来源? 实验中如何解决这些问题?

（陈丽梅　编写）

实验 34　密立根油滴实验（一）

　　著名的美国物理学家密立根（Robert A. Millikan,1868—1953）在 1909—1917 年所做的测量微小油滴上所带电荷的工作,即油滴实验,是物理学发展史上具有重要意义的实验。这一实验的设计思想简明巧妙、方法简单,而结论却具有不容置疑的说服力,因此这一实验堪称物理实验的精华和典范。密立根在这一实验工作上花费了近 10 年的心血,从而取得了具有重大意义的结果。由于这一实验的巨大成就,他荣获 1923 年的诺贝尔物理学奖。

　　这 100 来年,物理学发生了根本的变化,而这个实验又重新站到实验物理的前列,近年来根据这一实验的设计思想改进的用磁漂浮的方法测量分数电荷的实验,使古老的实验又焕发了青春,也就更说明密立根油滴实验是富有巨大生命力的实验。

【实验目的】

1. 观测带电油滴在重力和静电场中的运动,验证电荷的不连续性并测量元电荷电量。

2. 了解 CCD 传感器、光学系统成像原理及视频信号处理技术的工程应用。

3. 理解密立根油滴实验的设计思想、实验方法和实验技巧。

【实验仪器】

　　CCD 微机密立根油滴实验仪、液晶显示监测器、油滴喷雾器等。

【实验装置与原理】

　　实验仪由主机、CCD 成像系统、油滴盒、监视器等部件组成。

仪器部件如图 5.21 所示。其中主机包括可控高压电源、计时装置、A/D 采样、视频处理等单元模块。CCD 成像系统包括 CCD 传感器、光学成像部件等。油滴盒包括高压电极、照明装置、防风罩等部件。监视器是视频信号输出设备。

CCD 模块及光学成像系统用来捕捉暗室中油滴的像,同时将图像信息传给主机的视频处理模块。实验过程中可以通过调焦旋钮来改变物距,使油滴的像清晰地呈现在 CCD 传感器的窗口内。

电压调节旋钮可以调整极板之间的电压,用来控制油滴的平衡、下落及提升。

定时开始、结束按键 15 用来计时;0 V、工作按键 14 用来切换仪器的工作状态;平衡、提升按键 13 可以切换油滴平衡或提升状态;确认按键 11 可以将测量数据显示在屏幕上,从而省去了每次测量完成后手工记录数据的过程,使操作者把更多的注意力集中到实验本质上来。

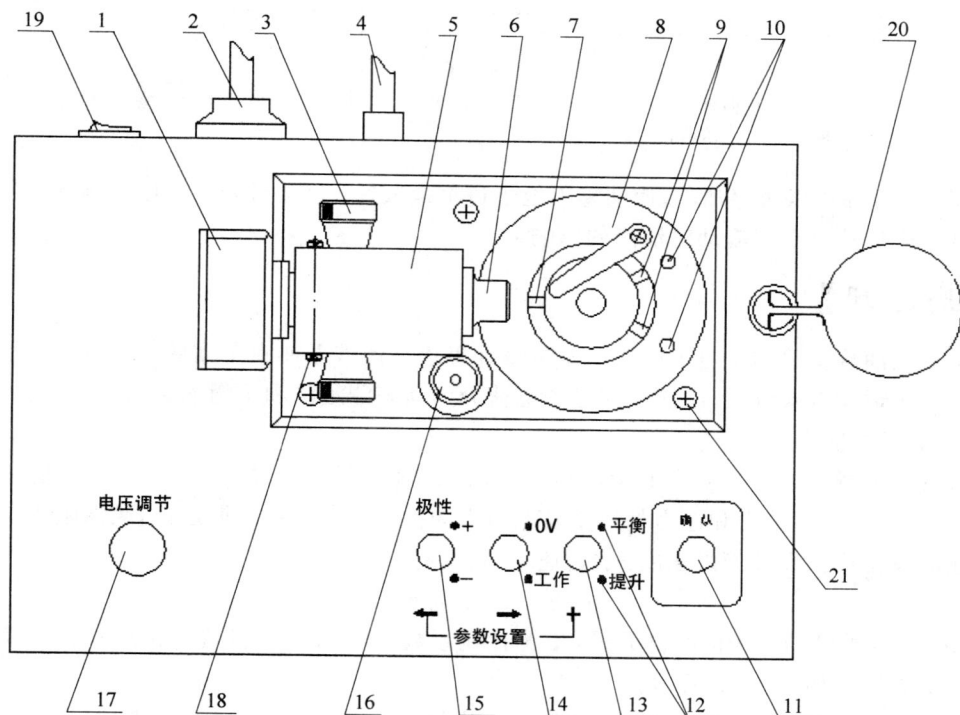

图 5.21　密立根油滴实验仪示意图

1—CCD 盒;2—电源插座;3—调焦旋钮;4—Q9 视频接口;5—光学系统;6—镜头;7—观察孔;8—上极板压簧;9—进光孔;10—光源;11—确认键;12—状态指示灯;13—平衡、提升切换键;14—0 V、工作切换键;15—定时开始、结束切换键;16—水准泡;17—电压调节旋钮;18—紧定螺钉;19—电源开关;20—油滴管收纳盒安放环;21—调平螺钉(3 颗)

油滴盒是一个关键部件,具体构成如图 5.22 所示。上、下极板之间通过胶木圆环支撑,三者之间的接触面经过机械精加工后可以将极板间的不平行度、间距误差控制在 0.01 mm 以下,这种结构基本上消除了极板间的"势垒效应"及"边缘效应",较好地保证了油滴室处在匀强电场之中,从而有效地减小实验误差。

胶木圆环上开有两个进光孔和一个观察孔,光源通过进光孔给油滴室提供照明,而成像系统则通过观察孔捕捉油滴的像。照明由带聚光的高亮发光二极管提供,其使用寿命长、不

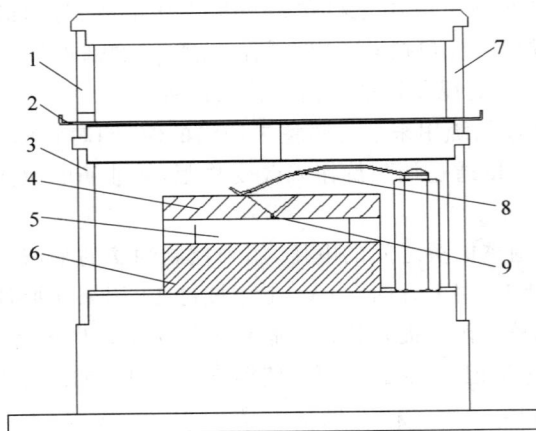

图 5.22 油滴盒装置示意图

1—喷雾口；2—进油量开关；3—防风罩；4—上极板；5—油滴室；6—下极板；7—油雾杯；

8—上极板压簧；9—落油孔

易损坏；油雾杯可以暂存油雾，使油雾不至于过早地散逸；进油量开关可以控制落油量；防风罩可以避免外界空气流动对油滴的影响。

【实验原理】

密立根油滴实验测定电子电荷的基本设计思想是使带电油滴在测量范围内处于受力平衡状态。按运动方式分类，油滴法测电子电荷分为动态测量法和平衡测量法。

1. 动态测量法

考虑重力场中一个足够小油滴的运动，设此油滴半径为 r，质量为 m_1，空气是黏滞流体，故此运动油滴除重力和浮力外还受黏滞阻力的作用。由斯托克斯定律，黏滞阻力与物体运动速度成正比。设油滴以速度 v_f 匀速下落，则有

$$m_1 g - m_2 g = K v_f \tag{5.8}$$

此处 m_2 为与油滴同体积的空气质量，K 为比例系数，g 为重力加速度。油滴在空气及重力场中的受力情况如图 5.23 所示。

若此油滴带电荷为 q，并处在场强为 E 的均匀电场中，设电场力 qE 方向与重力方向相反，如图 5.24 所示，如果油滴以速度 v_r 匀速上升，则有

图 5.23 重力场中油滴受力示意图　　　图 5.24 电场中油滴受力示意图

$$qE = (m_1 - m_2)g + Kv_r \tag{5.9}$$

由式(5.8)和(5.9)消去 K,可解出

$$q = \frac{(m_1 - m_2)g}{Ev_f}(v_f + v_r) \tag{5.10}$$

由式(5.10)可以看出,要测量油滴上携带的电荷 q,需要分别测出 m_1、m_2、E、v_f、v_r 等物理量。

由于喷雾器喷出的小油滴的半径 r 是微米数量级,直接测量其质量 m_1 也是困难的,为此希望消去 m_1,而代之以容易测量的量。设油与空气的密度分别为 ρ_1、ρ_2,于是半径为 r 的油滴的视重为

$$m_1 g - m_2 g = \frac{4}{3}\pi r^3(\rho_1 - \rho_2)g \tag{5.11}$$

由斯托克斯定律,黏滞流体对球形运动物体的阻力与物体速度成正比,其比例系数 K 为 $6\pi\eta r$,此处 η 为黏度,r 为物体半径。于是可将式(5.11)代入式(5.8),有

$$v_f = \frac{2gr^2}{9\eta}(\rho_1 - \rho_2) \tag{5.12}$$

因此

$$r = \left[\frac{9\eta v_f}{2g(\rho_1 - \rho_2)}\right]^{\frac{1}{2}} \tag{5.13}$$

以此代入式(5.10)并整理得到

$$q = 9\sqrt{2}\pi\left[\frac{\eta^3}{(\rho_1 - \rho_2)g}\right]^{\frac{1}{2}}\frac{1}{E}\left(1 + \frac{v_r}{v_f}\right)v_f^{\frac{3}{2}} \tag{5.14}$$

因此,如果测出 v_r、v_f 和 η、ρ_1、ρ_2、E 等宏观量即可得到 q 值。

考虑到油滴的直径与空气分子的间隙相当,空气已不能看成是连续介质,其黏度 η 需作相应的修正 $\eta' = \dfrac{\eta}{1 + \dfrac{b}{pr}}$,此处 p 为空气压强,b 为修正常数,$b = 0.008\,23$ N/m(6.17×10^{-6} m·cmHg),因此

$$v_f = \frac{2gr^2}{9\eta}(\rho_1 - \rho_2)\left(1 + \frac{b}{pr}\right) \tag{5.15}$$

当精度要求不是太高时,常采用近似计算方法先将 v_f 值代入式(5.13)计算得

$$r_0 = \left[\frac{9\eta v_f}{2g(\rho_1 - \rho_2)}\right]^{\frac{1}{2}} \tag{5.16}$$

再将此 r_0 值代入 η' 中,并以 η' 代入式(5.14),得

$$q = 9\sqrt{2}\pi\left[\frac{\eta^3}{(\rho_1 - \rho_2)g}\right]^{\frac{1}{2}}\frac{1}{E}\left(1 + \frac{v_r}{v_f}\right)v_f^{\frac{3}{2}}\left[\frac{1}{1 + \dfrac{b}{pr_0}}\right]^{\frac{3}{2}} \tag{5.17}$$

实验中常常固定油滴运动的距离,通过测量油滴在距离 s 内所需要的运动时间来求得其运动速度,且电场强度 $E = \dfrac{U}{d}$,d 为平行板间的距离,U 为所加的电压,因此,式(5.17)可写成

$$q = 9\sqrt{2}\,\pi d \left[\frac{(\eta s)^3}{(\rho_1 - \rho_2)g}\right]^{\frac{1}{2}} \frac{1}{U}\left(\frac{1}{t_f} + \frac{1}{t_r}\right)\left(\frac{1}{t_f}\right)^{\frac{1}{2}}\left[\frac{1}{1 + \dfrac{b}{pr_0}}\right]^{\frac{3}{2}} \tag{5.18}$$

式中有些量和实验仪器以及条件有关,选定之后在实验过程中不变,如 d、s、$(\rho_1 - \rho_2)$ 及 η 等,将这些量与常数一起用 C 代表,可称为仪器常数,于是式(5.18)简化成

$$q = C\frac{1}{U}\left(\frac{1}{t_f} + \frac{1}{t_r}\right)\left(\frac{1}{t_f}\right)^{\frac{1}{2}}\left[\frac{1}{1 + \dfrac{b}{pr_0}}\right]^{\frac{3}{2}} \tag{5.18'}$$

此式为动态(非平衡)法测油滴电荷的公式,由此可知,测量油滴上的电荷,只体现在 U、t_f、t_r 的不同。对同一油滴,t_f 相同,U 与 t_r 的不同,标志着电荷的不同。

2. 平衡测量法

平衡测量法的出发点是使油滴在均匀电场中静止在某一位置,或在重力场中作匀速运动。

当油滴在电场中平衡时,油滴在两极板间受到的电场力 qE、重力 $m_1 g$ 和浮力 $m_2 g$ 达到平衡,从而静止在某一位置,即

$$qE = (m_1 - m_2)g$$

油滴在重力场中作匀速运动时,情形同动态测量法,将式(5.11)、(5.16)和 $\eta' = \dfrac{\eta}{1 + \dfrac{b}{pr}}$ 代入

式(5.18)并注意到 $\dfrac{1}{t_r} = 0$,则有

$$q = 9\sqrt{2}\,\pi d \left[\frac{(\eta s)^3}{(\rho_1 - \rho_2)g}\right]^{\frac{1}{2}} \frac{1}{U}\left(\frac{1}{t_f}\right)^{\frac{3}{2}}\left[\frac{1}{1 + \dfrac{b}{pr_0}}\right]^{\frac{3}{2}} \tag{5.19}$$

上式即为静态法测油滴电荷的公式。

【实验内容】

学习控制油滴在视场中的运动,并选择合适的油滴测量元电荷。要求至少测量 5 个不同的油滴,每个油滴的测量次数应在 3 次以上。

1. 调整油滴实验仪

(1) 水平调整

调整实验仪底部的旋钮(顺时针仪器升高,逆时针仪器下降),通过水准仪将实验平台调平,使平衡电场方向与重力方向平行以免引起实验误差。极板平面是否水平决定了油滴在下落或提升过程中是否发生前后、左右的漂移。

(2) 喷雾器调整

将少量钟表油缓慢地倒入喷雾器的储油腔内,使钟表油湮没提油管下方,油不要太多,以免实验过程中不慎将油倾倒至油滴盒内堵塞落油孔。将喷雾器竖起,用手挤压气囊,使得提油管内充满钟表油。

(3) 仪器硬件接口连接

主机接线:电源线接交流 220 V/50 Hz;Q9 视频输出接监视器视频输入(IN)。

监视器：输入阻抗开关拨至 75 Ω,Q9 视频线缆接 IN 输入插座。电源线接 220 V/50 Hz 交流电压。前面板调整旋钮自左至右依次为左右调整、上下调整、亮度调整、对比度调整。

（4）实验仪联机使用

① 打开实验仪电源及监视器电源,监视器出现欢迎界面。

② 按任意键:监视器出现参数设置界面,首先,设置实验方法,然后根据该地的环境适当设置重力加速度、油密度、大气压强、油滴下落距离。

"←"表示左移键、"→"表示右移键、"+"表示数据设置键。

③ 按确认键出现实验界面:将工作状态切换至"工作",红色指示灯亮,将平衡、提升按键设置为"平衡"。

（5）CCD 成像系统调整

从喷雾口喷入油雾,此时监视器上应该出现大量运动油滴的像。若没有看到油滴的像,则需调整调焦旋钮或检查喷雾器是否有油雾喷出,直至得到油滴清晰的图像。

2. 熟悉实验界面

完成参数设置后,按确认键,监视器显示如图 5.25 的实验界面。不同的实验方法的实验界面有一定差异。

		(极板电压) (经历时间)
	0	(电压保存提示栏)
		(保存结果显示区) (共5格)
		(下落距离设置栏)
(距离标志)		(实验方法栏)
		(仪器生产厂家)

图 5.25　实验界面示意图

极板电压:实际加到极板的电压,显示范围:0～9999 V。

经历时间:定时开始到定时结束所经历的时间,显示范围:0～99.99 s。

电压保存提示:将要作为结果保存的电压,每次完整的实验后显示。当保存实验结果后(即按下确认键)自动清零。显示范围同极板电压。

保存结果显示:显示每次保存的实验结果,共 5 次,显示格式与实验方法有关。

平衡法：

(平衡电压)
(下落时间)

动态法：

(提升电压)	(平衡电压)
(上升时间)	(下落时间)

当需要删除当前保存的实验结果时,按下确认键 2 s 以上,当前结果被清除(不能连续删)。

下落距离设置：显示当前设置的油滴下落距离。当需要更改下落距离的时候，按住平衡、提升键 2 s 以上，此时距离设置栏被激活(动态法步骤 1 和步骤 2 之间不能更改)，通过 ＋ 键(即平衡、提升键)修改油滴下落距离，然后按确认键确认修改。距离标志相应变化。

距离标志：显示当前设置的油滴下落距离，在相应的格线上做数字标记，显示范围：0.2～1.8 mm。

实验方法：显示当前的实验方法(平衡法或动态法)，在参数设置画面一次设定。预改变实验方法，只有重新启动仪器(关、开仪器电源)。对于平衡法，实验方法栏仅显示"平衡法"字样；对于动态法，实验方法栏除了显示"动态法"以外还显示即将开始的动态法步骤。如将要开始动态法第一步(油滴下落)，实验方法栏显示"1 动态法"。同样，当做完动态法第一步骤，即将开始第二步骤时，实验方法栏显示"2 动态法"。

3. 选择适当的油滴并练习控制油滴

(1) 平衡电压的确认

仔细调整平衡电压旋钮使油滴平衡在某一格线上，等待一段时间，观察油滴是否飘离格线，若其向同一方向飘动，则需重新调整；若其基本稳定在格线或只在格线上下作轻微的布朗运动，则可以认为其基本达到了力学平衡。由于油滴在实验过程中处于挥发状态，在对同一油滴进行多次测量时，每次测量前都需要重新调整平衡电压，以免引起较大的实验误差。事实证明，同一油滴的平衡电压将随着时间的推移有规律地递减，且其对实验误差的贡献很大。

(2) 控制油滴的运动

选择适当的油滴，调整平衡电压，使油滴平衡在某一格线上，将工作状态按键切换至"0 V"，绿色指示灯点亮，此时上下极板同时接地，电场力为零，油滴将在重力、浮力及空气阻力的作用下作下落运动，当油滴下落到有 0 标记的刻度线时，立刻按下定时开始键，同时计时器开始记录油滴下落的时间；待油滴下落至有距离标志(例如 1.6)的格线时，立即按下定时结束键，同时计时器停止计时。经历一小段时间后 0 V、工作按键自动切换至"工作"(平衡、提升按键处于"平衡")，此时油滴将停止下落，可以通过确认键将此次测量数据记录到屏幕上。将工作状态按键切换至"工作"，红色指示灯点亮，此时仪器根据平衡或提升状态分两种情形：若置于"平衡"，则可以通过平衡电压调节旋钮调整平衡电压；若置于"提升"，则极板电压将在原平衡电压的基础上再增加 200 V 的电压，用来向上提升油滴。

(3) 选择适当的油滴

要作好油滴实验，所选的油滴体积要适中，大的油滴虽然明亮，但一般带的电荷多，下降或提升太快，不容易测准确。太小则受布朗运动的影响明显，测量时涨落较大，也不容易测准确。因此应该选择质量适中而带电不多的油滴。建议选择平衡电压在 150～400 V 之间、下落时间在 20 s(当下落距离为 2 mm 时)左右的油滴进行测量。

具体操作：将定时器置为"结束"，工作状态置为"工作"，平衡、提升按键置为平衡，通过调节电压平衡旋钮将电压调至 400 V 以上，喷入油雾，此时监视器出现大量运动的油滴，观察上升较慢且明亮的油滴，然后降低电压，使之达到平衡状态。随后将工作状态置为"0 V"，油滴下落，在监视器上选择下落一格的时间为 2 s 左右的油滴进行测量。确认键用来实时记录屏幕上的电压值及计时值。当记录 5 组后,按下确认键,在界面的左面将出现 $\overline{V}$(表示 5 组电压的平均值)、$\overline{t}$(表示 5 组下落时间的平均值)、$\overline{Q}$(表示该油滴的 5 次测量的平均电荷量)的数值,若需继续实验,按确认键。

4. 正式测量

实验可选用平衡测量法(必做)、动态测量法(选做)。实验前仪器必须水平调整。

平衡测量法:(必做)

① 开启电源,进入实验界面将工作状态按键切换至"工作",红色指示灯点亮;将平衡、提升按键置于"平衡"。

② 通过喷雾口向油滴盒内喷入油雾,此时监视器上将出现大量运动的油滴。选取适当的油滴,仔细调整平衡电压,使其平衡在某一起始格线上(见图 5.26)。

③ 将工作状态按键切换至"0 V",此时油滴开始下落,当油滴下落到有"0"标记的格线时,立即按下定时开始键,同时计时器启动,开始记录油滴的下落时间。

④ 当油滴下落至有距离标记的格线时(例如:1.6),立即按下定时结束键,同时计时器停止计时(如无人为干预,经过一小段时间后,工作状态按键自动切换至"工作",油滴将停止移动),此时可以通过确认按键将测量结果记录在屏幕上。

⑤ 将平衡、提升按键置于"提升",油滴将被向上提升,当回到高于有"0"标记格线时,将平衡、提升键置回平衡状态,使其静止。

⑥ 重新调整平衡电压,重复③④⑤,并将数据记录到屏幕上(平衡电压 V 及下落时间 t)。当达到 5 次记录后,按确认键,界面的左面出现实验结果。

⑦ 重复②③④⑤⑥步,测出油滴的平均电荷量。

至少测 6 个油滴,并根据所测得的平均电荷量 $\overline{Q}$ 求出它们的最大公约数,即为基本电荷 e 值(需要足够的数据统计量)。根据 e 的理论值,计算出 e 的相对误差。

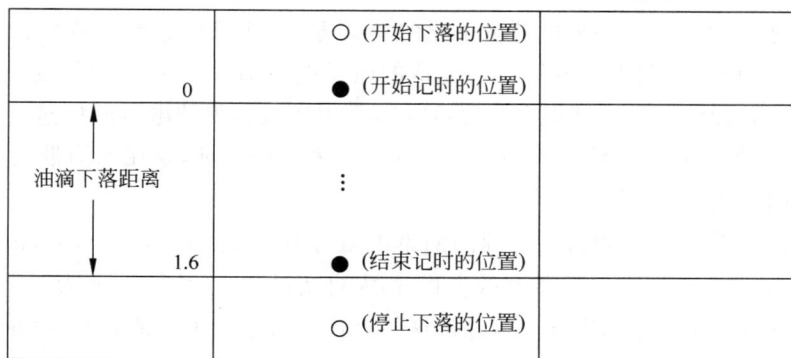

	○ (开始下落的位置)	
0	● (开始记时的位置)	
油滴下落距离 ↕	⋮	
1.6	● (结束记时的位置)	
	○ (停止下落的位置)	

图 5.26 平衡法示意图

【数据记录与处理】

1. 平衡法(必做)

选择至少 6 个有效油滴,每个油滴至少测量 5 次。数据记录于表 5.9 中。

表 5.9　数 据 记 录

油滴		平衡电压	下降时间	油滴电量	电荷数目	元电荷电量 e
编号	次数	U/V	t_f/s	$Q/(\times10^{-19}/C)$	$[n]/$个	$/(\times10^{-19}/C)$
1	第 1 次					
	第 2 次					
	第 m 次					
	平均值					
2	第 1 次					
	第 2 次					
	第 m 次					
	平均值					
⋮	第 1 次					
	第 2 次					
	第 m 次					
	平均值					
N	第 1 次					
	第 2 次					
	第 m 次					
	平均值					
元电荷电量 平均值		$\bar{e}=$		相对误差	$E=$ _____ %	

数据处理方法介绍：

为了证明 $q=ne$，即电荷的"量子性"，并求出元电荷 e 值，常用的方法有多种。

（1）倒置验证法：这是一种电荷量子化的验证方法，即承认 $q=ne$ 成立，且公认值 $e\approx1.602\times10^{-19}$ C，用实验测得的电量 q 与公认的电子电荷值 e，得到一个接近于某一整数的数值，此整数就是油滴所带的基本电荷数目 $[n]$，再用实验测得的电量除以这个 $[n]$ 值，即得到电子的电荷 e 值。这种方法处理数据只能作为一种实验验证，仅在油滴带电量比较少（十几个 e 之内）时采用，特别适合实验教学。

（2）作图法：设实验中测得 i 个油滴的带电量分别为 $q_1,q_2,q_3,\cdots,q_i$，由于电荷的量子化特征，应有 $q_i=n_ie$，此为一条直线方程，n 为自变量，q 为因变量，e 为斜率。具体方法是：在坐标系中，沿纵坐标标出 q_i 点，并过这些点作平行于横坐标的直线，沿横坐标等间距标出若干个点，通过这些点作平行于纵轴的直线。这样在 n-q 坐标系形成网络，而满足 $q_i=n_ie$ 关系的那些点必定位于网格的节点上，如图 5.27 所示。用直尺由过原点和过距原点最近的一个节点连成一条直线 l_0 开始，绕原点慢慢向下方扫过，直到每一条平行线上都有一个节点落在或接近落在直线 l_1 上，画出这条直线，从图上可读出对应 q_i 的量子数（整数），该直线的斜率即是单位电荷 e 值，将 e 值的实验值与公认值比较，计算相对误差。若需要准确求出 e 值，可由 $e=q_i/n_i$ 求取 e 值及残差和均方差并进行剔除粗大误差等常规实验数据处理。这种方法的优点是可在未知 e 值的情况下求得该值，并可取得所有油滴的带电量子

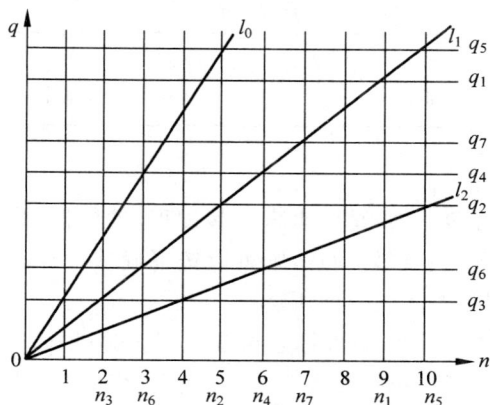

图 5.27　图解法处理油滴实验数据

数。但这种方法必须测出大量油滴的数据，比较耗时耗量，适合研究性实验。

（3）逐差法：就是对测得的各个油滴电量求最大公约数，这个最大公约数就是电子电荷 e 值，也可以测得同一油滴所带电荷的改变量 Δq_1（可以用紫外线或放射源照射油滴，使它所带电荷改变），这时 Δq_1 应近似为某一最小单位的整数倍，此最小单位即为基本电荷 e。如果实验技术不熟练，测量误差可能比较大，想要求出 q 的最大公约数是比较困难的。

具体采用哪种方法处理数据，可根据实际教学开展情况来选择。

带电量计算公式为

$$q = 9\sqrt{2}\,\pi d \left[\frac{(\eta s)^3}{(\rho_1 - \rho_2)g}\right]^{\frac{1}{2}} \frac{1}{U}\left(\frac{1}{t_f}\right)^{\frac{3}{2}}\left[\frac{1}{1 + \dfrac{b}{pr_0}}\right]^{\frac{3}{2}}$$

其中 $\quad r_0 = \left[\dfrac{9\eta s}{2g(\rho_1 - \rho_2)t_f}\right]^{\frac{1}{2}}$

d 为极板间距，$d = 5.00 \times 10^{-3}$ m

η 为空气黏滞系数，$\eta = 1.83 \times 10^{-5}$ kg·m^{-1}·s^{-1}

s 为下落距离，依设置，默认为 1.6 mm

ρ_1 为油的密度，$\rho_1 = 981$ kg·m^{-3}（20℃）

ρ_2 为空气密度，$\rho_2 = 1.2928$ kg·m^{-3}（标准状况下）

g 为重力加速度，$g = 9.794$ m·s^{-2}（成都）

b 为修正常数，$b = 0.008\,23$ N/m（6.17×10^{-6} m·cmHg）

p 为标准大气压强，$p = 101\,325$ Pa（76.0 cmHg）

U 为平衡电压，t_f 为油滴的下落时间

注：① 由于油的密度远远大于空气的密度，即 $\rho_1 \gg \rho_2$，因此 ρ_2 相对于 ρ_1 来讲可忽略不计（当然也可代入计算）。

② 标准状况是指大气压强 $p = 101\,325$ Pa，温度 $t = 20$℃，相对湿度为 50％ 的空气状态。实际大气压强可由气压表读出。

③ 油的密度随温度变化关系见表 5.10。

表 5.10　　油的密度随温度变化关系

$T/^\circ\text{C}$	0	10	20	30	40
$\rho/\text{kg} \cdot \text{m}^{-3}$	991	986	981	976	971

2. 动态法(选做)

① 动态法分两步完成,第一步骤是油滴下落过程,其操作同平衡法(参看平衡法)。完成第一步骤后,如果对本次测量结果满意,则可以按下确认键保存这个步骤的测量结果,如果不满意,则可以删除(删除方法见前面所述)。

② 第一步骤完成后,油滴处于距离标志格线以下。通过 0V、工作键,平衡、提升键配合使油滴下偏距离标志格线一定距离(见图 5.28)。然后调节电压调节旋钮加大电压,使油滴上升。当油滴到达距离标志格线时,立即按下定时开始键,此时计时器开始计时。当油滴上升到"0"标志格线时,立即按下定时结束键,此时计时器停止计时,但油滴继续上移。然后调节电压调节旋钮再次使油滴平衡于"0"格线以上。如果对本次实验满意则按下确认键保存本次实验结果。

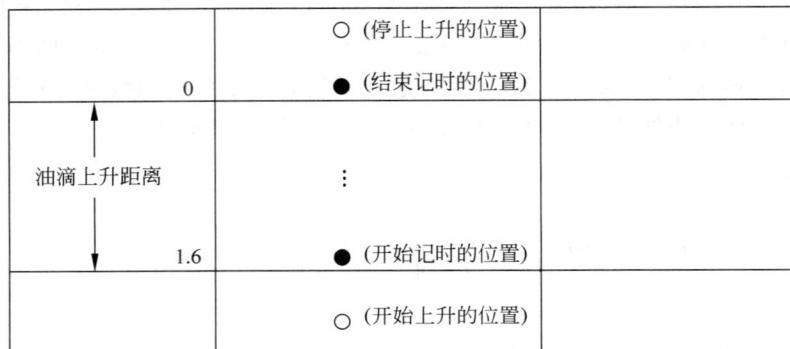

		○ (停止上升的位置)	
	0	● (结束记时的位置)	
油滴上升距离		⋮	
	1.6	● (开始记时的位置)	
		○ (开始上升的位置)	

图 5.28　动态法第二步示意图

③ 重复以上步骤完成 5 次完整实验,然后按下确认键,出现实验结果画面。动态测量法是分别测出下落时间 t_f、提升时间 t_r 及提升电压 U,代入式(5.18)求得油滴带电量。

数据记录及处理要求参照平衡法。

【注意事项】

1. CCD 盒、紧定螺钉、摄像镜头的机械位置不能变更,否则会对像距及成像角度造成影响。

2. 仪器使用环境:温度为 0~40℃ 的静态空气中。

3. 注意调整进油量开关(见图 5.29),应避免外界空气流动对油滴测量造成影响。

4. 仪器内有高压,实验人员避免用手接触电极。

5. 实验前应对仪器油滴盒内部进行清洁,防止异物堵塞落油孔。

6. 注意仪器的防尘保护。

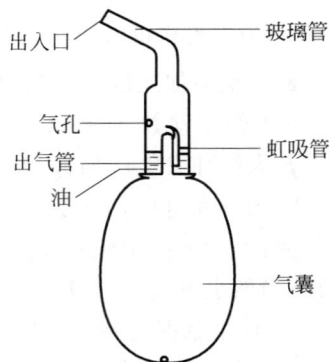

图 5.29　喷雾器

7. 油滴仪的电源保险丝的规格是 0.75 A。如需打开机器检查,一定要拔下电源插头再进行!

8. 每次实验完毕应及时揩擦上极板及油雾室内的积油!

【附录】　玻璃喷雾器使用说明

喷雾器的设计思想是利用虹吸原理,使用时要掌握其操作技巧,以提高使用效果。

1. 从油瓶里吸取专用钟油少许,喷雾器内的油不可装多,液面约 3 毫米高即可,不可高过气管。

2. 喷油时喷雾器的喷头不要深入喷油孔内,喷入油滴仪的油雾不要多,稍微用力按压一次即可,否则会喷出很多"油"而不是"油雾",会堵塞上电极的落油孔。

3. 喷雾器气囊不耐油,实验后,将剩余的油注入油瓶中,空捏几次,以清空喷雾器,立起放置好,将气囊与金属件分离保管较好,可延长使用寿命。

【思考与讨论】

1. 如何判断油滴盒内平行极板是否水平? 不水平对实验结果有何影响?

2. 如何选择合适的油滴进行测量? 如何判断油滴处于匀速运动状态?

3. 若油滴运动方向发生倾斜,试分析原因和解决方法。

4. 对油滴进行跟踪测量时,有时会出现油滴逐渐变得模糊的现象,为什么? 应如何避免在测量途中丢失油滴?

5. 用 CCD 成像系统观测油滴比直接从显微镜中观测有何优点?

6. 对实验结果造成影响的主要因素有哪些?

（吕　蓬　编写）

实验 35　密立根油滴实验（二）

密立根应用带电油滴在电场和重力场中运动的方法,精确测定单个电子的电荷量,从而确定了电荷的不连续性,这就是著名的密立根油滴实验。1916 年曾验证爱因斯坦的光电效应公式 $E_k = h\nu - A$,并测定普朗克常量 h。密立根还从事宇宙射线的广泛研究,取得了一定的成果。由于在基本电荷和光电效应两个方面的突出贡献,他在 1923 年获得了诺贝尔物理学奖。

【实验目的】

1. 通过对带电油滴在重力和静电场中运动的测量,验证电荷的不连续性,并测定电子的电荷。学习验证电荷的不连续性及测量基本电荷电量的方法。

2. 了解 CCD 图像传感器的原理和应用,学习电视显微测量方法。

3. 掌握密立根油滴实验的设计思想、实验方法和实验技巧。

【实验仪器】

OM99 CCD 微机密立根油滴实验仪。

【实验装置与实验原理】

1. 实验装置

OM99 CCD 微机密立根油滴实验仪的基本结构由油滴盒(图 5.30)、油滴照明装置、高压电源、CCD 电视显微镜、微处理器、监视器、调平系统和喷雾器等组成(图 5.31)。

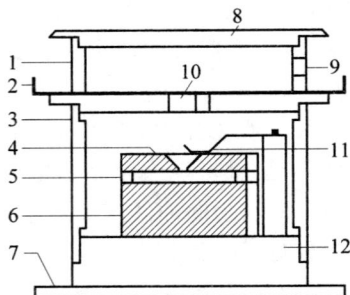

图 5.30　油滴盒的内部结构

1—油雾杯；2—油雾孔开关；3—防风罩；4—上极板；5—油滴盒；6—下极板；7—底座；
8—上盖板；9—喷雾口；10—油雾孔；11—上极板压簧；12—油滴盒基座

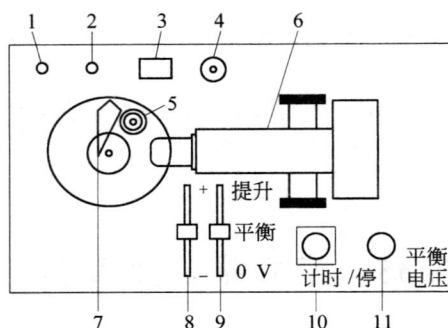

图 5.31　密立根油滴实验仪的基本结构

1—电源线；2—指示灯；3—电源开关；4—视频电缆；5—调平水泡；6—显微镜；7—上电极
压簧；8—极板电压极性控制开关 K_1；9—极板电压大小控制开关 K_2；10—计时开关 K_3；
11—调节平衡电压电位器 W

油滴盒是用两块经过精加工的平行极板(上、下电极板)中间垫以绝缘环组成。平行极板的间距 d 为 6 mm。绝缘环上有照明发光二极管进光孔、显微镜观察孔和紫外线进光石英玻璃口。上电极板中心有一个 0.4 mm 的油雾落入孔。上电极板上方有一个可以左右拨动的压簧，若触及电极必须先断开电源。油滴盒外套有有机玻璃防风罩，罩上放置一个可取下的油雾杯，杯底中心有一个落油孔和一个挡片，用来开关落油孔。油滴由高亮度发光二极管照明。油滴盒底部装有水准泡，仪器底座上装有 3 个调平手轮。

2. 实验原理

测定油滴所带的电量，从而确定电子的电量，可以用平衡测量方法，也可以用动态测量方法。

　　用喷雾器将油滴喷入两块相距为 d 的水平放置的平行极板之间,当油在喷射时,由于喷射分散发生摩擦,油滴一般都是带电的。设油滴的质量为 m,所带的电量为 q,两极板间的电压为 U。

　　在平行极板未加电压时,油滴受重力作用而加速下降,由于空气阻力的作用,下降一段距离后,油滴将作匀速运动,速度为 v_g,这时重力与阻力平衡(空气浮力不计),如图 5.32 所示。根据斯托克斯定律,黏滞阻力为

$$f_r = 6\pi a \eta v_g$$

式中,η 是空气的黏滞系数;a 是油滴的半径,这时有

$$6\pi a \eta v_g = mg \tag{5.20}$$

　　当在平行极板上加电压 U 时,油滴处在场强为 E 的静电场中,设电场力 qE 与重力相反,如图 5.33 所示,使油滴受电场力加速上升,由于空气阻力作用,上升一段距离后,油滴所受的空气阻力、重力与电场力达到平衡(空气浮力不计),则油滴将以匀速上升。设此时速度为 v_e,则有

$$6\pi a \eta v_e = qE - mg \tag{5.21}$$

又因为

$$E = U/d \tag{5.22}$$

将式(5.20)、式(5.21)相除,并将式(5.22)代入可解出

$$q = mg \frac{d}{U} \left(\frac{v_g + v_e}{v_g} \right) \tag{5.23}$$

图 5.32　油滴在空气中受力情况

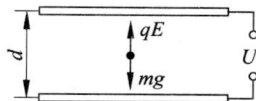

图 5.33　油滴在静电场中受力情况

　　为测定油滴所带电荷 q,除应测出 U、d 和速度 v_e、v_g 外,还需知油滴质量 m,由于空气中悬浮和表面张力作用,可将油滴看作圆球,其质量为

$$m = \frac{4}{3} \pi a^3 \rho \tag{5.24}$$

式中 ρ 为油滴的密度。

　　由式(5.20)和式(5.24)得油滴的半径

$$a = \left(\frac{9\eta v_g}{2\rho g} \right)^{\frac{1}{2}} \tag{5.25}$$

考虑到油滴非常小(半径小到 10^{-6} m),空气已不能看成连续媒质,空气的黏滞系数应修正为

$$\eta' = \frac{\eta}{1 + \dfrac{b}{pa}} \tag{5.26}$$

式中,b 为修正常数;p 为空气压强;a 为未经修正过的油滴半径,由于它在修正项中,不必计算得很精确,由式(5.25)计算就够了。

实验时取油滴匀速下降和匀速上升的距离相等,设为 l,测出油滴匀速下降的时间为 t_g,匀速上升的时间为 t_e,则

$$v_g = l/t_g, \quad v_e = l/t_e \tag{5.27}$$

将式(5.24)~式(5.27)代入式(5.23),可得

$$q = \frac{18\pi}{\sqrt{2\rho g}} \left(\frac{\eta l}{1 + \frac{b}{pa}} \right)^{\frac{3}{2}} \frac{d}{U} \left(\frac{1}{t_e} + \frac{1}{t_g} \right) \left(\frac{1}{t_g} \right)^{\frac{1}{2}}$$

令

$$K = \frac{18\pi}{\sqrt{2\rho g}} \left(\frac{\eta l}{1 + \frac{b}{pa}} \right)^{\frac{3}{2}} \cdot d$$

则

$$q = K \left(\frac{1}{t_e} + \frac{1}{t_g} \right) \left(\frac{1}{t_g} \right)^{\frac{1}{2}} \frac{1}{U} \tag{5.28}$$

式(5.28)为动态(非平衡)法测油滴电荷的公式。

下面导出静态(平衡)法测油滴电荷的公式。

调节平行极板间的电压,使油滴不动,$v_e = 0$,即 $t_e \to \infty$,由式(5.28)可得

$$q = K \left(\frac{1}{t_g} \right)^{\frac{3}{2}} \cdot \frac{1}{U}$$

或者

$$q = \frac{18\pi}{\sqrt{2\rho g}} \left[\frac{\eta l}{t_g \left(1 + \frac{b}{pa} \right)} \right]^{\frac{3}{2}} \cdot \frac{d}{U} \tag{5.29}$$

式(5.29)即为静态法测油滴电荷的公式。

为了求出电子电荷 e,对实验测得的各个电荷 q 求最大公约数,就是基本电荷 e 的值,也就是电子电荷 e。

【实 验 内 容】

1. 仪器调整与使用

将 OM99 面板上最左边带有 Q9 插头的电缆线接至监视器后面下部的插座上,注意一定要插紧,保证接触良好,否则图像紊乱或只有一些长条纹。

调节仪器底座上的 3 个调平手轮,将水泡调至中间。由于底座空间较小,调手轮时如将手心向上,用中指和无名指夹住手轮调节较为方便。

打开监视器和油滴仪的电源,在监视器上先出现"OM98 CCD 微机密立根油滴仪"字样,5 s 后自动进入测量状态,显示出标准分划板刻度线及 U 值、t_g 值。该油滴仪设备有两种电子分划板,即 A 板垂直线视场为 2 mm,分 8 格,每格值为 0.25 mm;B 板垂直线视场为 1.2 mm,分 15 小格,每格值为 0.08 mm。做密立根油滴实验选择 A 板,而观察油滴的布朗运动选择 B 板,切换 A 板和 B 板的方法是按住"K_3 计时/停"按钮 5 s。

照明光路不需调整。CCD显微镜对焦也不需用调焦针插在平行电极孔中来调节,只需将显微镜筒前端和底座前端对齐,喷油后再稍稍微调即可。在使用中,前后调焦范围不要过大,取前后调焦 1 mm 内的油滴较好。

面板上有两只控制平行极板电压的三挡开关,其中 K_1 用来选择极板电压的极性,实验中置于"+位置"或"-位置"均可,一般不常变动。K_2 控制极板电压的大小,当 K_2 置"平衡"挡时,可用电位器 W 调节平衡电压;当 K_2 拨向"提升"挡时,自动在平衡电压的基础上增加 $200 \sim 300$ V 的提升电压;当 K_2 拨向"0 V"挡时,极板上的电压为 0 V。

极板电压控制开关 K_2 与计时开关 K_3 联动,即按一下开关 K_2,清零的同时立即开始计数,再按一下,停止计数,并保存数据。例如,在 K_2 由"平衡"挡拨向"0 V"挡时,油滴开始匀速下落的同时开始计时,油滴下落到预定距离时,迅速将 K_2 由"0 V"挡拨向"平衡"挡,油滴停止下落的同时停止计时。这样从屏幕上便可读出下落时间和距离。

监视器有 4 个调节旋钮。亮度不要调节过亮,如发现刻度线上下抖动,这是"帧抖",微调左边起第二个旋钮即可解决。

2. 注意事项

喷雾器内的油不可装得太满,否则会喷出很多"油"而不是"油雾",堵塞上极板的落油孔。每次实验完毕应及时揩擦上极板及油雾室内的积油!

喷油时喷雾器的喷头不要深入喷油孔内,防止大颗粒油滴堵塞落油孔。

喷雾器的气囊不耐油,实验后,将气囊与金属件分离保管较好,可延长使用寿命。

OM98/OM99CCD 微机密立根油滴仪的电源保险丝的规格是 0.75A。如需打开机器检查,一定要拔下电源插头再进行!

3. 测量练习

选择一颗合适的油滴十分重要。大而亮的油滴必然质量大,所带电荷也多,而匀速下降时间则很短,增大了测量误差并给数据处理带来困难。通常选择平衡电压为 $200 \sim 300$ V,匀速下落 1.5 mm 的时间在 $8 \sim 20$ s 的油滴比较适宜。喷油后,K_2 置"平衡"挡,调节 W 使极板电压为 $200 \sim 300$ V,注意几颗缓慢运动、较为清晰明亮的油滴。试将 K_2 置"0 V"挡,观察各颗油滴下落的大概速度,从中选一颗作为测量对象。布朗运动明显,会引入较大的测量误差。

练习控制油滴。判断油滴是否平衡要有足够的耐性。用 K_2 将油滴移至某条刻度线上,仔细调节平衡电压,这样反复操作几次,经一段时间观察油滴确实不再移动才认为是平衡了。

练习测量油滴运动的时间。任意选择几颗运动速度快慢不同的油滴,测出它们下降或上升一段距离所需的时间。测准油滴上升或下降某段距离所需的时间,一是要统一油滴到达刻度线什么位置才认为油滴已踏线,二是眼睛要平视刻度线,不要有夹角。反复练习几次,使测出的各次时间的离散性较小。

4. 正式测量

实验方法可选用平衡测量法、动态测量法和同一油滴改变电荷法(第三种方法所用的射线源用户自备)。

静态(平衡)测量法。从式(5.29)可见,实验时要测量的有两个量,即平衡电压 U、油滴匀速下降距离 l 所需时间 t_g。先仔细调节平衡电压,并将油滴置于分划板上某条横线附近,以便准确判断出这颗油滴是否平衡。当油滴平衡时,将 K_2 拨向"0 V"挡,油滴匀速下降,与此同时,计时器开始计时。当油滴到达"终点"时,迅速将 K_2 拨向"平衡"挡,油滴立即静止,计时也立即停止。

油滴的运动距离 l 一般取 1～1.5 mm。对某颗油滴重复 5～10 次测量,在每次测量时都要检查和调整平衡电压,以减小偶然误差和因油滴挥发而使平衡电压发生变化。如果油滴逐渐变得模糊,可微调测量显微镜跟踪油滴,勿使丢失。用同样方法分别对 4～5 滴油滴进行测量,求得电子电荷的平均值 e。

* **选做项目**:用动态法测电荷 e 值。动态法是分别测出加电压时油滴上升的速度和不加电压时油滴下落的速度,代入相应公式,求出 e 值。

【数据及处理】

平衡法公式为

$$q = \frac{18\pi}{\sqrt{2\rho g}} \left[\frac{\eta l}{t_g \left(1 + \dfrac{b}{pa}\right)} \right]^{\frac{3}{2}} \cdot \frac{d}{U}$$

式中

$$a = \sqrt{\frac{9\eta l}{2\rho g t_g}}$$

油的密度	$\rho = 981 \text{ kg} \cdot \text{m}^{-3}$ (20℃)
重力加速度	$g = 9.79 \text{ m} \cdot \text{s}^{-2}$
空气黏滞系数	$\eta = 1.83 \times 10^{-5} \text{ kg} \cdot \text{m}^{-1} \cdot \text{s}^{-1}$
油滴匀速下降距离	$l = 1.5 \times 10^{-3} \text{ m}$
修正常数	$b = 6.17 \times 10^{-6} \text{ m} \cdot \text{cmHg}$
大气压强	$p = 76.0 \text{ cmHg}$
平行极板间距离	$d = 6.00 \times 10^{-3} \text{ m}$

计算出各油滴的电荷后,求它们的最大公约数,即为基本电荷 e 值。若求最大公约数有困难,可用作图法求 e 值。设实验得到 m 个油滴的带电量分别为 $q_1, q_2, \cdots, q_m$,由于电荷的量子化特性,应有 $q_i = n_i e$,此为一直线方程,n 为自变量,q 为因变量,e 为斜率。因此 m 个油滴对应的数据在 n-q 坐标中将在同一条过原点的直线上,若找到满足这一关系的直线,就可用斜率求得 e 值,具体做法,请查阅相关资料。

将 e 的实验值与公认值相比较,计算百分误差(公认值 $e = 1.60 \times 10^{-19}$ C)。

【附录】

1. OMWIN Ver1.4 使用说明

(1) 选取"文件"中的"新报告"菜单命令,在弹出的对话框中输入学生姓名与学号,此时,将开始此学生的数据处理,而前一个学生的数据处理工作结束,与之相关的一切数据全部被清除。

（2）选取"实验"中的"实验参数设置"菜单命令，根据具体情况设定各参数，按"确定"后设置情况将被保存到"PRESET. INI"中。

（3）选取"实验"中的"第一个油滴数据"菜单命令，在表格中输入电压值和时间值数据，当然，并不是一定要录入 10 次测量的数据。按"计算"按钮，表格中其他空格的值将被计算并显示，按"确定"键，第一个油滴的数据处理完毕。

（4）依次处理其他各滴油滴，同样，不需严格依 1，2，3，…的顺序进行，每滴油滴的各次平均值将显示在主窗口内。

（5）选取"实验"中的"数据处理 & 生成报告"菜单命令，自动计算本次实验的最终结果，并显示在主窗口内，同时，实验报告也自动生成。实验报告包含了学生的姓名、学号、日期、各项数据及结果。

（6）用"文件"中的"打印"打印实验报告，而且报告每页的行数可以在"页面设置"中调整；用"打印预览"或再打开油滴数据表格观察报告，也可用"保存"将报告存盘。保存时，以学号 . RST 作为默认文件名，如果重复，将会弹出一个对话框要求指定文件名。如果学生没有输入学生姓名与学号，将以 NONAME. RST 保存，而且会被下一个 NONAME. RST 所覆盖。

（7）指导教师如欲批改学生的实验报告，可以选取"文件"中的"调入报告"菜单命令，如果报告在一页里显示不下，可以用"文件"中的"上一页"或"下一页"（或用 PageUp 及 PageDown 键）翻动。另外，＊.rst 文件是文本格式，因此还可以用写字板、记事本等工具打开。

2. 油的密度随温度变化表

OM98/OM99 CCD 微机密立根油滴实验仪选用上海产中华牌 701 型钟表油，其密度随温度的变化见表 5.11。

表 5.11　不同温度下钟表油的密度

$T/℃$	0	10	20	30	40
$\rho/(\text{kg} \cdot \text{m}^{-3})$	991	986	981	976	971

3. K_1，K_2 接线图

K_1，K_2 所用型号为 KBD5 三挡六刀开关，图 5.34 供维修时参考。

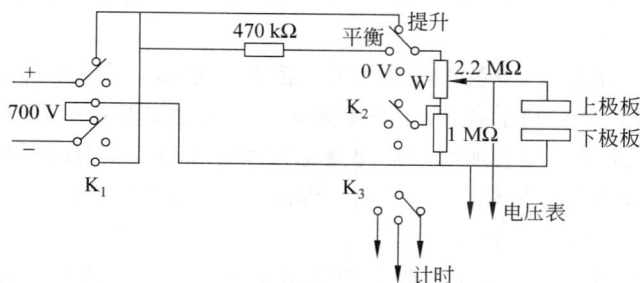

图 5.34　联动开关线路图

【思考与讨论】

1. 如何判断油滴盒内平行极板是否水平？不水平对实验结果有何影响？

2. 如何选择合适的油滴进行测量？如何判断油滴处于匀速运动状态？

3. 若油滴运动方向发生倾斜，试分析原因和解决方法。

4. 对油滴进行跟踪测量时，若出现油滴逐渐变得模糊的现象，为什么？应如何避免在测量途中丢失油滴？

5. 用 CCD 成像系统观测油滴比直接从显微镜中观测有何优点？

6. 对实验结果造成影响的主要因素有哪些？

（郭悦韶　编写）

实验 36　传感器技术（一）

随着现代测量、控制自动化技术的发展，传感器技术普遍受到人们的重视。传感器是获取信息的重要手段，也是计算机与外部交换信息的重要环节。在信息处理技术、计算机技术、检测技术、微电子学、测量学、材料科学、环境科学等方面所开发的各种传感器，扮演着非常重要的角色。现代科学技术离不开传感器技术，如智能传感器、仿真传感器的研制在许多发达的国家中受到普遍的重视。形象地比喻，传感技术、通信技术和计算机技术，分别构成信息技术系统的"感官""神经""大脑"。因此，在大学物理教学实验中学习和掌握与其有关的基本知识和实验方法，对理、工科学生来说都很重要。

【原理简介】

1. 传感器

根据中华人民共和国国家标准 GB 7665—87，传感器定义为：能感受规定的被测量，并按照一定的规律转换成可用输出信号的器件或装置。

其基本组成有两部分：(1)敏感元件，是指传感器中能直接感受或响应被测量的部分；(2)转换元件，是指传感器中能将敏感元件感受或响应到的被测量转换成适宜传输或测量的电信号(含输出电路与测量电路)的部分。

传感器的分类方法各异，例如按其工作机理所依据的学科进行分类，可划分为物理型、化学型和生物型传感器等，其他分类在此不一一列举。本节重点介绍电阻应变式传感器的原理和使用方法。

传感器的应用范围很广，单就本节介绍的电阻式传感器而言，就可利用它测量温度、应变、加速度等物理量。针对初学者，应了解电阻应变式传感器的基本原理、结构、基本特性和使用方法，通过一些小设计实验加深对物理概念的理解和动手能力的提高，并在今后专业知识的学习中能综合应用学科知识，从而达到培养能力、提高素质的要求。

2. 电阻应变式传感器

电阻应变式传感器由已粘贴了电阻应变敏感元件的弹性元件和变换测量电路组成，当被测的力学量作用在弹性元件上(例如悬臂梁)使之产生形变，安放在其上的电阻应变敏感元件就将该力学量引起的形变转化为自身电阻值的变化，再通过变换测量电路，将此电阻值的变化转化为电压的变化后输出,由输出电压变化量的大小可得出该被测力学量的大小。目前,使用最多的电阻应变敏感元件是金属或半导体电阻应变片,本节仅介绍和使用金属箔式电阻应变片。

金属材料电阻应变式敏感元件的结构如图 5.35 所示,它由敏感栅、基底、盖层、引线和粘结剂等组成。

敏感栅用厚度为 0.003～0.010 mm 的金属箔制成栅状或用金属丝制作,也可以根据传感器的不同要求制成特定的形状、尺寸和所需的电阻值。

图 5.36 所示为一段金属导线,设导线长度为 L,其截面积为 A,导线电阻率为 ρ,则导线电阻为

$$R = \frac{\rho L}{A} \qquad (5.30)$$

如果沿导线轴线方向施加拉力或压力使之产生变形,其电阻值随之变化,这种现象称为应·变·效·应·。

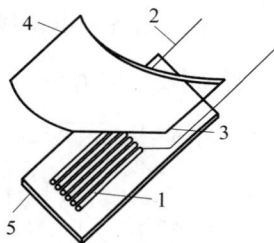

图 5.35 应变片的结构示意图
1—敏感栅;2—引线;3—粘结剂;
4—盖层;5—基座

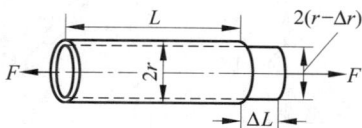

图 5.36 金属丝受力时几何尺寸变化示意图

对公式(5.30)两边取对数后微分得

$$\frac{\mathrm{d}R}{R} = \frac{\mathrm{d}L}{L} + \frac{\mathrm{d}\rho}{\rho} - \frac{\mathrm{d}A}{A} \qquad (5.31)$$

式中 $\frac{\mathrm{d}L}{L}$ 是导线长度的相对变化,可用应变量 ε 表示,即

$$\frac{\mathrm{d}L}{L} = \varepsilon \qquad (5.32)$$

假设导线截面积是圆形的,因为 $A = \pi r^2$,所以 $\frac{\mathrm{d}A}{A} = 2\frac{\mathrm{d}r}{r}$,由材料力学知:在导线单向受力时,有

$$\frac{\mathrm{d}r}{r} = -\mu \frac{\mathrm{d}L}{L} = -\mu\varepsilon \qquad (5.33)$$

其中 μ 是材料的泊松比(也称泊松系数)。将式(5.32)、式(5.33)代入式(5.31),可得

$$\frac{\mathrm{d}R}{R} = (1 + 2\mu)\frac{\mathrm{d}L}{L} + \frac{\mathrm{d}\rho}{\rho} = (1 + 2\mu)\varepsilon + \frac{\mathrm{d}\rho}{\rho} = \left[(1 + 2\mu) + \frac{1}{\varepsilon} \cdot \frac{\mathrm{d}\rho}{\rho}\right]\varepsilon \qquad (5.34)$$

令

$$k_0 = (1 + 2\mu) + \frac{1}{\varepsilon} \cdot \frac{\mathrm{d}\rho}{\rho} \tag{5.35}$$

式中 k_0 称为电阻应变敏感材料的灵敏系数(或应变计因子),它表示单位应变量可产生或转换的电阻值相对变化量。k_0 由材料性质决定,对于确定材料 k_0 为常数。一般的金属材料,在弹性范围内,其泊松比 μ 通常在 $0.25 \sim 0.4$,因此 $1 + 2\mu$ 在 $1.5 \sim 1.8$。一般金属材料制作的应变敏感元件的灵敏系数值为 2 左右,而半导体材料制作的电阻应变敏感元件的灵敏系数要比金属材料制作的灵敏元件大数十倍。

在弹性形变范围内,应力值正比于应变,应变正比于电阻值的变化,因此应力正比于电阻值的变化。只要测量电阻值的变化即可求得应力的大小。

实际工作中进行实验设计时,要根据具体的实验条件、要求、用途等选择具有适当特性指标的应变片。例如对电阻应变片的选择,要考虑其灵敏系数、机械滞后、应变极限、最大工作电流、疲劳寿命、绝缘电阻、蠕变和温度效应等主要特性。

3. 电阻应变式传感器的转换电路

应变片将应变量 ε 转换成电阻相对变化 $\dfrac{\Delta R}{R}$,为了测量 $\dfrac{\Delta R}{R}$,通常采用各种电桥线路。根据使用电源的不同,分为直流电桥和交流电桥,直流电桥基本电路如图 5.37 所示。

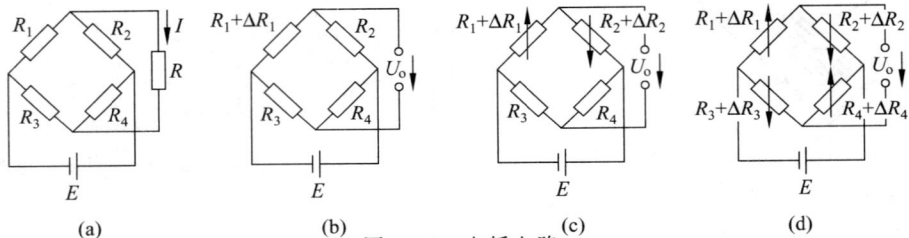

图 5.37 电桥电路

(a) 电桥电路;(b) 单臂电桥;(c) 半桥电路;(d) 全桥电路

当电桥的四个桥臂满足

$$R_1 R_4 = R_2 R_3 \quad \text{或} \quad \frac{R_1}{R_2} = \frac{R_3}{R_4} \tag{5.36}$$

时,电桥的输出电压 U_0 为零,此时电桥处于平衡状态。

(1) 讨论电桥电压灵敏度

以单臂电桥为例,R_1 为工作应变片,R_2、R_3 和 R_4 为固定电阻,并设 $R \to \infty$。电桥处于平衡状态时 $U_0 = 0$,当有 ΔR_1 时,电桥输出电压为

$$U_0 = \frac{E(R_4/R_3)(\Delta R_1/R_1)}{[1 + (R_2/R_1) + (\Delta R_1/R_1)](1 + R_4/R_3)} \tag{5.37}$$

电桥电压灵敏度定义为

$$S_U = \frac{U_0}{\Delta R_1/R_1} \tag{5.38}$$

设桥臂比 $n = \dfrac{R_2}{R_1} = \dfrac{R_4}{R_3}$,因工作应变片电阻的变化率很小,故略去式(5.37)中 $\dfrac{\Delta R_1}{R_1}$ 得

$$U_o = \frac{nE}{(1+n)^2} \cdot \frac{\Delta R_1}{R_1} \tag{5.39}$$

因此,单臂电桥电压灵敏度为

$$S_U = \frac{nE}{(1+n)^2} \tag{5.40}$$

由此得出结论:电桥电压灵敏度 S_U 正比于电桥供电电压 E,S_U 是桥臂电阻比值 n 的函数。

当 $n=1$ 时,电压灵敏度 S_U 最高,此时由式(5.39)得

$$U_o = \frac{1}{4}E\frac{\Delta R_1}{R_1} \tag{5.41}$$

由式(5.38)得

$$S_U = \frac{1}{4}E \tag{5.42}$$

(2)讨论非线性误差

由式(5.39)求出的输出电压 U_o 是近似值,实际值应按式(5.39)计算,即

$$U_{o1} = \frac{nE(\Delta R_1/R_1)}{(1+n)(1+n+\Delta R_1/R_1)} \tag{5.43}$$

于是非线性误差

$$\Delta = \frac{U_o - U_{o1}}{U_o} = \frac{\Delta R_1/R_1}{1+n+\Delta R_1/R_1} \tag{5.44}$$

为了减小和克服非线性误差,常用的方法有:采用差动电桥、提高桥臂比、采用高内阻的恒流源电桥。

(3)非线性误差的补偿——差动电桥

在实际应用中把应变片贴在被测件的两面,一片受拉形变,另一片受压形变。它们的电阻发生相应变化,一个变大,一个变小,形成所谓的差动。由该组应变片作为电桥的两个桥臂,即构成半桥差动电路,如图 5.37(c)所示。

半桥差动电桥输出电压

$$U_{o2} = E\left(\frac{R_1 + \Delta R_1}{R_1 + \Delta R_1 + R_2 + \Delta R_2} - \frac{R_3}{R_3 + R_4}\right) \tag{5.45}$$

设初始时 $R_1 = R_2 = R_3 = R_4$,$\Delta R_1 = -\Delta R_2$,则

$$U_{o2} = \frac{1}{2}E\frac{\Delta R_1}{R_1} \tag{5.46}$$

由此得出结论:输出电压与 $\frac{\Delta R_1}{R_1}$ 成严格的线性关系,没有非线性误差,而且半桥差动电桥的电压灵敏度比普通单臂电桥提高 1 倍,另外还具有温度补偿作用。

如果被测件的两面各贴有两片应变片,当被测件受外力作用发生形变时,其中两片应变片受拉形变,另两片应变片受压形变。采用该组应变片作为电桥的四个桥臂,即构成四臂电桥或全桥差动电路,如图 5.37(d)所示。

同样设初始时 $R_1 = R_2 = R_3 = R_4$,$\Delta R_1 = -\Delta R_2 = \Delta R_3 = -\Delta R_4$,此时

$$U_{o2} = E \frac{\Delta R_1}{R_1} \tag{5.47}$$

由此得出结论:全桥电压灵敏度是单臂电桥的 4 倍,且输出与 $\dfrac{\Delta R_1}{R_1}$ 呈线性关系。

注意:对应变片的位置和受力的方向,只有在正确连接的情况下,电路方能正常工作。

(4) 交流电桥的应用

直流电桥的优点有:电源稳定易于获得,电桥调节平衡电路简单,电路中的分布参数影响小等。它的缺点是:采用直接放大器容易产生零点漂移,线路较复杂。

而交流电桥的优点有:传感输出量为交流信号,易放大处理,不易失真、漂移。它的缺点是:电路中的分布电容等电抗部分影响大,调整较复杂。

交流电桥在应变传感中大量应用,它与直流电桥类似,采用交流供电,只是各桥臂均为含有 L、C、R 或任意组成的复阻抗,如图 5.38 所示。可以证明输出电压为

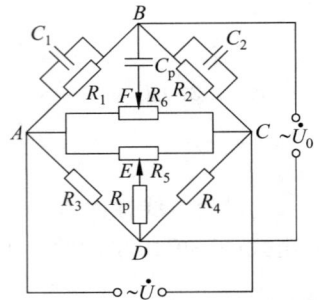

图 5.38 交流电桥平衡调节电路

$$U_o = U \frac{Z_1 Z_4 - Z_2 Z_3}{(Z_1 + Z_2)(Z_3 + Z_4)} \tag{5.48}$$

当电桥的四个桥臂满足

$$Z_1 Z_4 = Z_2 Z_3 \quad \text{或} \quad \frac{Z_1}{Z_2} = \frac{Z_3}{Z_4} \tag{5.49}$$

时,电桥的输出电压 $U_o = 0$,此时电桥处于平衡状态。设四个桥臂阻抗分别为

$$Z_i = R_i + jX_i = Z_i e^{j\varphi_i}, \quad i = 1, 2, 3, 4 \tag{5.50}$$

式中,R_i 为各桥臂电阻;X_i 为各桥臂的电抗;Z_i 和 φ_i 分别为各桥臂复阻抗的模值和幅角,代入式(5.49)中,得交流电桥的平衡条件为

$$Z_1 Z_4 = Z_2 Z_3 \quad \text{且} \quad \varphi_1 + \varphi_4 = \varphi_2 + \varphi_3 \tag{5.51}$$

式(5.51)说明:交流电桥平衡时要满足两个条件,即相对两臂复阻抗的模之积相等,同时其幅角之和也必须相等。这是交流电桥与直流电桥的不同之处。

以下讨论交流应变电桥的输出特性及平衡的调节:

设交流电桥的初始状态是平衡的,当工作应变片电阻 R_1 改变 ΔR_1 后,引起 Z_1 变化 ΔZ_1,可以证明

$$U_{o1} = U \frac{Z_3/Z_4 (\Delta Z_1/Z_1)}{(1 + Z_2/Z_1 + \Delta Z_1/Z_1)(1 + Z_4/Z_3)} \tag{5.52}$$

设初始时 $Z_1 = Z_2$,$Z_3 = Z_4$,则有

$$U_o = \frac{1}{4} U \frac{\Delta Z_1}{Z_1} \tag{5.53}$$

一般来说,电桥电路中总会存在一定的分布电容,因而构成电容电桥。对这种交流电容电桥,除要满足电阻平衡条件外,还必须满足电容平衡条件。为此在桥路上除设有电阻平衡调节外还设有电容平衡调节。平衡调节线路如图 5.38 所示,R_p 与电位器 R_5 组成电阻平衡调节,C_p 与电位器 R_6 组成电容平衡调节。实验中反复调节使交流电桥平衡。

【实验仪简介】

实验仪主要由实验工作台、处理电路、信号与显示电路三部分组成(图 5.39)。

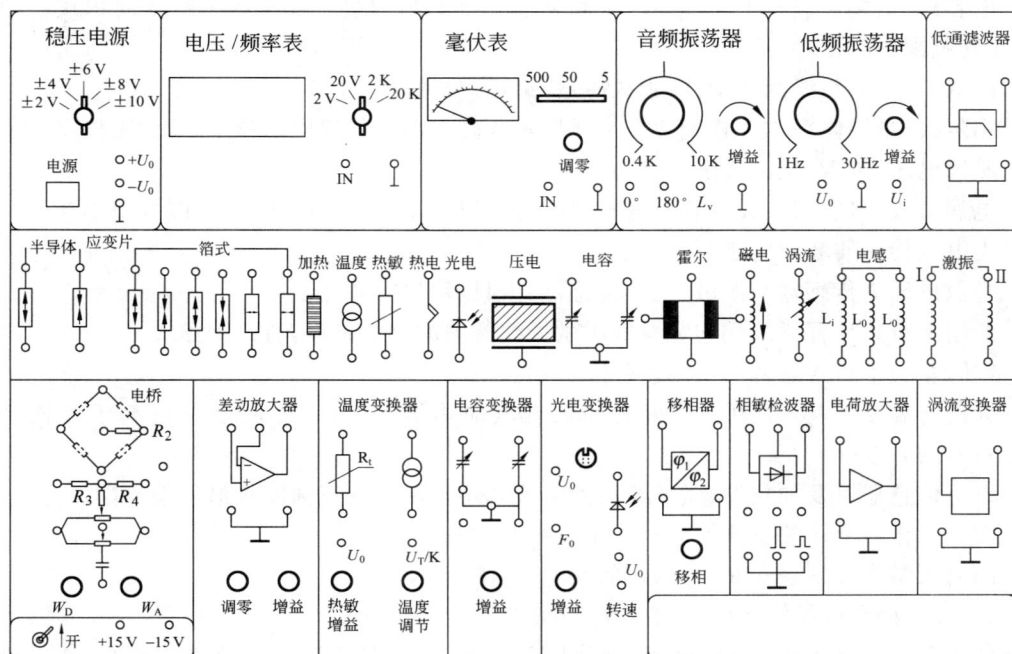

图 5.39 CSY10A 传感器实验仪面板图

1. 实验工作台部分位于仪器顶部

左边是一副平行式悬臂梁,梁上装有应变式、热电式、热敏式、PN 结温度式和压电加速度式 5 种传感器。

应变式:在平行梁上梁的上表面和下梁的下表面对应地贴有 8 片应变片,受力工作片分别用符号 ↕ 和 ↨ 表示。其中 6 片为金属箔式(BHF-350)。横向所贴的两片为温度补偿片,用符号 ↔ 和 ⟶ 表示,灵敏系数 2.08。片上标有"BY"字样的为半导体式应变片,灵敏系数 130。

热电式(热电偶):串接工作的两个铜-康铜热电偶分别装在上、下梁表面,冷端温度为环境温度。

热敏式:上梁表面装有玻璃珠状的半导体热敏电阻 MF-51,负温度系数,25℃时阻值为 8~10 kΩ。

PN 结温度式:电流型集成温度传感器,根据半导体 PN 结温度特性所制成的具有良好线性范围的温度传感器,敏感面为顶端。

压电加速式:位于悬臂梁右部,由 PZT-5 双压电晶片、铜质量块和压簧组成,装在透明外壳中。

实验工作台右边是由装于机内的另一副平行梁带动的圆盘式工作台。圆盘周围一圈安装有(依逆时针方向)电感式(差动变压器)、电容式、磁电式、霍尔式、电涡流式 5 种传感器。

电感式(差动变压器):由初级线圈 L_i 和两个次级线圈 L_0 绕制而成的空心线圈,圆柱形铁氧体铁芯置于线圈中间,测量范围 >10 mm。

电容式:由装于圆盘上的一组动片和装于支架上的两组定片组成平行变面积式差动电容,线性范围 $\geqslant 3$ mm。

磁电式:由一组线圈和动铁(永久磁钢)组成,灵敏度 0.4 V/(m/s)。

霍尔式:半导体霍尔片置于两个半环形永久磁钢形成的梯度磁场中,线性范围 $\geqslant 3$ mm,直流激励电压 $\leqslant 2$ V,交流激励信号 $U_{p-p} \leqslant 5$ V。

电涡流式:多股漆包线绕制的扁平线圈与金属涡流片组成的传感器,线性范围 >1 mm。

光电式传感器装于电机侧旁。

扩散硅压力传感器与湿敏、气敏传感器可根据用户需要选装。

两副平行式悬臂梁顶端均装有置于激振线圈内的永久磁钢,右边圆盘式工作台由"激振Ⅰ"带动,左边平行式悬臂梁由"激振Ⅱ"带动。

为进行温度实验,左边悬臂梁之间装有电加热器一组,工作时能获得高于环境温度 30℃左右的升温。

以上传感器以及加热器、激振线圈的引线端均位于仪器下部面板最上端一排。

实验工作台上还装有测速电机一组及控制、调速开关。

两只测微头分别装在左、右两边的支架上。

2. 信号及显示部分(位于仪器上部面板)

低频振荡器:1~30 Hz 输出连续可调,U_{p-p} 值 20 V,最大输出电流 0.5 A,U_i 端插口可提供用作电流放大器。U_i 端 3.5 mm 耳机插座静合接点的正常接触是保证低频输出的条件,若无低频信号输出,则可能是静合接点分开,如遇此情况请打开面板,调节 U_i 插口静合接点接触良好。

音频振荡器:0.4~10 kHz 输出连续可调,U_{p-p} 值 20 V,180°、0°互为反向输出,L_v 端最大功率输出 0.5 A。

直流稳压电源:±15 V,提供仪器电路工作电源和温度实验时的加热电源,最大输出 1 A。±2~±10 V,挡距 2 V,分五挡输出,提供直流信号源,最大输出电流 1 A。

数字式电压/频率表:$3\frac{1}{2}$ 位显示,分 2 V、20 V、2 kHz、20 kHz 四挡,灵敏度 $\geqslant 50$ mV,频率显示 5 Hz 至 20 kHz。

指针式直流毫伏表:测量范围 500 mV、50 mV、5 mV 三挡,精度 2.5%。

3. 处理电路(位于仪器下部面板)

电桥:用于组成应变电桥,面板上虚线所示电阻为虚设,仅为组桥提供插座。R_1、R_2、R_3 为 350 Ω 标准电阻,W_D 为直流调节电位器,W_A 为交流调节电位器。W_D 电位器中心插头串接防短路电阻,W_A 电位器中心插头串接隔直电容。

差动放大器:增益可调比例直流放大器,可接成同相、反相、差动结构,增益 1~100 倍。

温度变换:根据输入端热敏电阻值及 PN 结温度传感器信号变化输出电压信号相应变化的变换电路。

电容变换器:由高频振荡、放大和双 T 电桥组成。

光电变换器：提供红外发射、接收、稳幅、变换，输出模拟信号电压与频率变换方波信号。四芯航空插座上装有光电转换装置和两根多模光纤(一根接收，一根发射)组成的光强型光纤传感器。

移相器：允许输入电压 20 V(峰峰值)，移项范围 ±40°(随频率有所变化)。

相敏检波器：由极性反转电路构成，所需最小参考电压 0.5 V(峰峰值)，允许最大输入电压 20 V(峰峰值)。

电荷放大器：电容反馈式放大器，用于放大压电加速度传感器输出的电荷信号。

电压放大器：增益 5 倍的高阻放大器(仅 CSY 型实验仪配置)。

涡流变换器：变频式调幅变换电路，传感器线圈是三电式振荡电路中的一个元件。

低通滤波器：由 50 Hz 陷波器和 RC 滤波器组成，转折频率 35 Hz 左右。

使用仪器时打开电源开关，检查交、直流信号源及显示仪表是否正常。仪器下部面板左下角处的开关控制处理电路的 ±15 V 工作电源，进行实验时请勿关掉，为保证仪器正常工作，严禁 ±15 V 电源间的相互短路，建议平时将此两插口封住。

指针式毫伏表工作前需对地短路调零，取掉短路线后指针有所偏转是正常现象，不影响测试。

请用户注意，本仪器是实验型仪器，各电路完成的实验主要是对各传感器测试电路做定性的验证，而非工程应用型的传感器定量测试。

各电路和传感器性能建议通过以下实验检查是否正常：

(1) 应变片及差动放大器，进行单臂、半桥和全桥实验，各应变片是否正常可用万用表电阻挡在应变片两端测量。各接线图两个节点间即为一实验接插线，接插线可多根叠插，为保证接触良好插入插孔后请将插头稍许旋转。

(2) 半导体应变片，进行半导体应变片直流半桥实验。

(3) 热电偶，接入差动放大器，打开"加热"开关，观察随温度升高热电势的变化。

(4) 热敏式，进行"热敏传感器实验"，电热器加热升温，观察随温度升高 U_0 端输出电压变化情况，注意热敏电阻是负温度系数。

(5) PN 结温度式，进行 PN 结温度传感器测温实验，注意电压表 2 V 挡显示值为绝对温度 T。

(6) 进行"移相器实验"，用双踪示波器观察两通道波形。

(7) 进行"相敏检波器实验"，相敏检波端口序数规律为从左至右，从上到下，其中 4 端为参考电压输入端。

(8) 进行"电容式传感器特性"实验，当振动圆盘带动动片上下移动时，电容变换器 U_0 端电压应正负过零变化。

(9) 进行"光纤传感器——位移测量"，光纤探头可安装在原电涡流线圈的横支架上固定，端面垂直于镀铬反射片，旋动测微仪带动反射片位置变化，从 U_0 端读出电压变化值。光电变换器"F_0"端输出频率变化方波信号。测频率变化时可参照"光纤传感器——转速测试"步骤进行。

(10) 进行光电式传感器测速实验，U_0 端输出的是频率信号。

(11) 将低频振荡器输出信号送入低通滤波器输入端、输出端用示波器观察，注意根据低通输出幅值调节输入信号大小。

　　（12）进行"差动变压器性能"实验，检查电感式传感器性能，实验前要找出次级线圈同名端，次级所接示波器为悬浮工作状态。

　　（13）进行"霍尔式传感器直流激励特性"实验，直流激励信号绝对不能大于 2 V，否则一定会造成霍尔元件烧坏。

　　（14）进行"磁电式传感器"实验，磁电传感器两端接差动放大器输入端，用示波器观察输出波形。

　　（15）进行"压电加速度传感器"实验，此实验与上述第（12）项内容均无定量要求。

　　（16）进行"电涡流传感器的静态标定"实验，示波器观察波形端口应在涡流变换器的左上方，即接电涡流线圈处，右上端端口为输出经整流后的直流电压。

　　（17）进行"扩散硅压力传感器"实验，注意 MPX 压力传感器为压差输出，故输出信号有正、负两种。

　　（18）进行"气敏传感器特性"实验，观察输出电压变化。

　　（19）进行"湿敏传感器特性演示"实验。

　　以上气敏与湿敏传感器实验均为演示性质，无定量要求。

　　（20）如果仪器是带微机接口和实验软件的，请参阅数据采集及帮助说明。数据采集卡已装入仪器中，其中 A/D 转换是 12 位转换器，最大容错率 1/2048（即 0.05%），所以建议在做小信号实验（如应变电桥单臂实验）时选用合适的量程（200 mV），以正确选取信号。

　　仪器后部的 RS232 接口与计算机串行口相接，信号采集前请正确设置串口，否则计算机将收不到信号。

　　仪器工作时需良好的接地，以减小干扰信号，并尽量远离电磁干扰源。

　　仪器的型号不同，传感器种类不同，则检查项目也会有所不同。

　　上述检查及实验能够完成则整台仪器各部分均为正常。

　　实验时请阅读指导书中实验内容后的"注意事项"，要在确认接线无误的情况下才可以开启电源，要尽量避免电源短路情况的发生，实验工作台上各传感器部分如位置不太正确，可松动调节螺丝稍作调整，以按下振动梁松手后，各部分能随梁上下振动而无碰擦为宜。

　　附件中的称重平台，是在实验工作台左边的悬臂梁旁边的测微头取开后，装于顶端的永久磁钢上方。实验开始前请检查实验连接线是否完好，以保证实验顺利进行。

　　本实验仪需防尘，以保证实验接触良好，仪器正常工作温度为 0～40℃。

【实验目的】

　　了解金属箔式应变片和单臂电桥的工作原理，测试应变梁变形的应变输出，计算系统灵敏度。

【实验仪器】

　　CSY10A 传感器组合仪，直流稳压电源（置±4V 挡）、电桥、差动放大器、箔式应变片测微头、指针式 mV 表或数字式 V/f 表。

【实验原理】

按实验 36"实验原理"简介内容整理、归纳。

实验电路如图 5.40 所示。

【实验步骤】

预习实验前要求细读仪器说明书,熟悉实验仪的各部分组成,记录正确操作的注意事项。

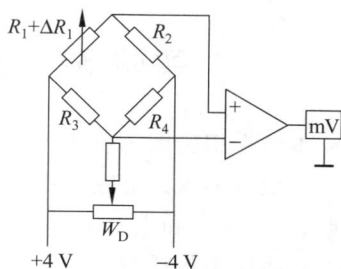

图 5.40 实验电路图

各部分初始位置如下:稳压电源预置 ±4 V 挡;差动放大器增益打到最大(顺时针方向旋到底);V/f 表置 2 V 挡;调节测微头,使梁处于水平位置。

(1) 对差动放大器调零。方法如下:将差动放大器的输出端接至数字电压表 IN 输入端口,并将其正、负输入端接地。接通 ±4 V 电源开关和 ±15 V 电源开关(开关在左下脚),调节差动放大器的调零电位器使输出电压为零。调零完毕后将差动放大器的正负输入端接回测量电路。

(2) 不通电,按图 5.40 连接好线路。注:±4 V 电源线必须正确连接。±15 V 工作电源已由内部加至差动放大器,请勿外接,否则将损坏仪器。

注意:若选择指针式毫伏表,工作前需将其输入端对地短路,调节调零电位器,使指针示值为零,取掉短路线后指针有所偏转是正常现象,不影响测试。调零后关闭仪器电源。

(3) 对电桥进行平衡调节。调整电桥直流平衡电位器 W_D,使测试系统输出为零。

(4) 开始测试,记录数据,填入表 5.12。旋动测微头,每移动 0.500 mm 记录差动放大器一个输出电压值。

(5) 用作图法作出 U-X 关系曲线(表 5.12),拟合直线并计算系统灵敏度 $S_U = |\Delta U/\Delta X|$,其中 ΔU 为电压变化值,ΔX 为相应的梁端位移变化值。

(6) 利用计算机数据采集处理方法,同时记录测量数据,填入表 5.13,比较测量结果。

表 5.12 不同位移时输出电压的测量(从 V/f 表上记录)

位移/mm									
电压/mV									
位移/mm									
电压/mV									

表 5.13 不同位移时输出电压的测量(从计算机上记录)

位移/mm									
电压/mV									
位移/mm									
电压/mV									

(郭悦韶 编写)

实验 37　霍尔式传感器的直流激励特性

本节介绍磁敏传感器的物理机理、实验技术和应用。

磁敏传感器是把磁学物理量转换成电信号的传感器。它广泛地应用在电磁测量、自动控制、信息传递和生物医学等学科领域。它的应用可简单地分为两大类:直接应用和间接应用。直接应用包括测量磁场强度的磁场计,如地磁的测量,磁带和磁盘的读出,漏磁探伤,磁控设备等。间接应用是把磁场作为媒介用来探测非磁信号,如无接触开关、无触点电位器、电流计、线位移和角位移的测量等。

常见磁敏传感器有霍尔器件、磁敏晶体管、磁敏电阻器、核磁共振和超导量子干涉器件等传感器件。目前,磁敏传感器发展的重要方向在于集成化。

【实验目的】

1. 了解霍尔式传感器的结构和工作原理。
2. 学会用霍尔传感器做静态位移测试。
3. 分析霍尔传感器特性(包括灵敏度和线性度)。

【实验仪器】

CSY10A 传感器,直流稳压电源(± 2 V)、电桥、霍尔传感器、差动放大器、电压表、测微头。

【实验原理】

如图 5.41 所示,磁铁由两个半环形磁钢组成,形成梯度磁场,位于梯度磁场中的霍尔元件通过底座连接到振动台上。当霍尔元件通以恒定电流时(± 2 V 电源提供),霍尔元件就有电压输出。当旋动测微头使霍尔元件在梯度磁场中上、下移动时,输出的霍尔电势 U 取决于其在磁场中的位移量 Y,所以测得霍尔电势的大小便可获知霍尔元件的静态位移,其关系曲线如图 5.42 所示。

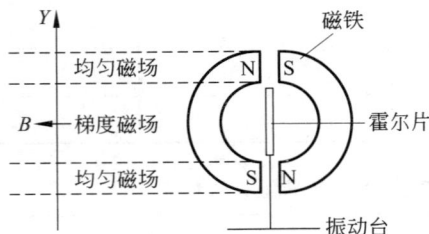

图 5.41　磁场分布示意图

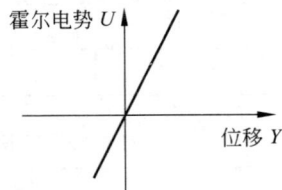

图 5.42　U-Y 关系曲线图

【实验步骤】

1. 按图 5.43 接线,装上测微头,调节振动圆盘上、下位置,使霍尔元件位于梯度磁场中间位置。

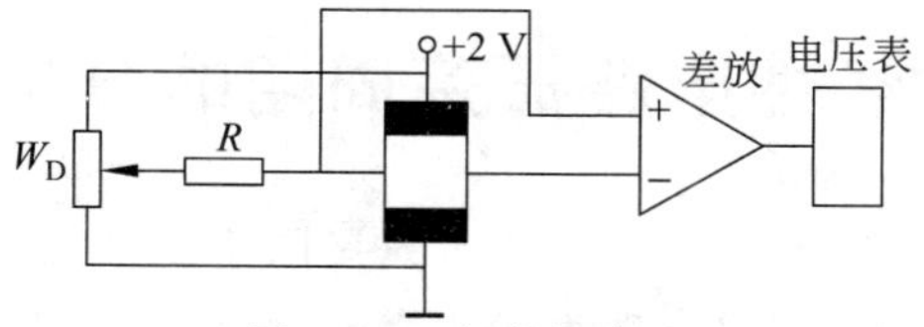

图 5.43 实验电路图

2. 开启电源,调节测微头和电桥 W_D,使差动输出为零。上、下移动振动台,使差动正负电压输出对称。

3. 上、下移动测微头各 0.5 mm,每变化 0.5 mm 读取相应的电压值,并记入表 5.14。

表 5.14 U-Y 关系曲线的测量

Y/mm	U/mV	Y/mm	U/mV	S/(mV/mm) $\left(S = \dfrac{\Delta U}{\Delta Y}\right)$

【数据处理】

1. 描绘输出电压和位移的 U-Y 关系曲线图(用坐标纸)。

2. 计算灵敏度 S。

3. 计算线性度 δ。

$$\delta = \frac{\Delta U_{max}}{U_{max} - U_{min}}$$

【注意事项】

1. 直流激励电压需严格限定在 2 V,绝对不能任意加大,以免损坏霍尔元件。

2. 由于磁路系统空隙较大,霍尔片应全部处于梯度磁场中,以提高线性度和灵敏度,调整好后,测量过程中不再移动。

（郭悦韶　编写）

实验 38 非线性电路振荡周期的分岔与混沌实验

长期以来,人们在认识和描述运动时,大多只局限于线性动力学描述方法,即确定的运动有一个完美确定的分析解。但是自然界在相当多情况下,非线性现象却起着很大的作用。1963 年美国气象学家洛伦茨在分析天气预报模型时,首先发现空气动力学中的混沌现象,该现象只能用非线性动力学来解释。于是,1975 年混沌作为一个新的科学名词首先出现在科学文献中,从此,非线性动力学迅速发展,并成为有丰富内容的研究领域。该学科涉及非常广泛的科学范围,从电子学到物理学,从气象学到生态学,从数学到经济学等。

混沌是非线性系统特有的一种内在随机性的表现,它主要研究非线性系统的时间演化行为,揭示了由时间确定的方程所描述的系统中,长时间行为对初值非常敏感的依赖关系。混沌状态不是完全无序,它可能包含着丰富的内部结构,描述了时间系列与结构的复杂性。它使人们能够把许多复杂的现象看作是有目的的、有结构的,不是简单的无序和混乱。混沌深刻揭示了自然及人类社会中普遍存在的复杂性与简单性的统一,有序性与无序性的统一,确定性与随机性的统一,并以一种全新的方式重新对自然界进行描述,拓宽了人们的视野,加深了人们对客观世界的认识。

对于混沌系统,人们关心的往往是其运动轨道的长时间行为,即其状态的最终归宿问题,而吸引子恰恰表征混沌系统在时间 t 趋于无穷时的渐进行为,这类吸引子称为混沌吸引子,或奇异吸引子。

混沌吸引子的主要特性表现如下:

(1) 对初始条件十分敏感,进入混沌吸引子的部位稍有差异,运动轨道就截然不同;

(2) 混沌吸引子具有无穷嵌套的自相似结构;

(3) 混沌吸引子为一个分形结构,该分形结构往往具有非整数的分形维数。

混沌通常相应于不规则或非周期性,这是由非线性系统产生的。本实验将引导学生自己建立一个非线性电路,该电路包括有源非线性负阻、LC 振荡器和 RC 移相器三部分。采用物理实验方法研究 LC 振荡器产生的正弦波与经过 RC 移相器的正弦波合成的相图(李萨如图),观测振动周期发生的分岔及混沌现象,测量非线性单元电路的电流-电压特性,从而对非线性电路及混沌现象有一深刻了解,学会自己设计和制作一个实用电感器以及测量非线性器件伏安特性的方法。

【实验目的】

1. 了解非线性电路伏安特性的测量方法。
2. 了解几种混沌现象的产生原因。

【实验仪器】

NCE-1 型非线性电路混沌实验仪、电阻箱、电流表、示波器。

【实验原理】

1. 非线性电路与非线性动力学

实验电路如图 5.44 所示,图中只有一个非线性元件 R,它是一个有源非线性负阻器件。电感器 L 和电容器 C_2 组成一个损耗可以忽略的振荡回路,可变电阻 $R_{v1} + R_{v2}$ $\left(图中 G = \dfrac{1}{R_{v1} + R_{v2}}\right)$ 和电容器 C_1 串联将振荡器产生的正弦信号移相输出。较理想的非线性元件 R 是一个三段分段线性元件。图 5.45 所示的是该电阻的伏安特性曲线,特性曲线显示出加在此非线性元件上的电压与通过它的电流极性是相反的。由于加在此元件上的电压增加时,通过它的电流却减小,因而将此元件称为非线性负阻元件。

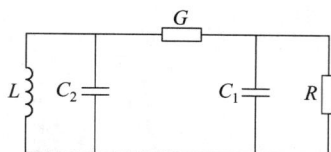

图 5.44　实验电路图

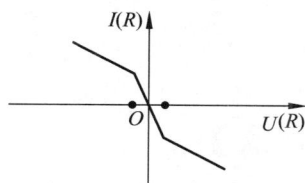

图 5.45　电阻的伏安特性曲线

图 5.44 电路的非线性动力学方程为

$$C_1 \frac{\mathrm{d}V_{C_1}}{\mathrm{d}t} = G(V_{C_2} - V_{C_1}) - g V_{C_1}$$

$$C_2 \frac{\mathrm{d}V_{C_2}}{\mathrm{d}t} = G(V_{C_1} - V_{C_2}) + i_L$$

$$L \frac{\mathrm{d}i_L}{\mathrm{d}t} = -V_{C_2}$$

式中,导纳 $G = 1/(R_{v1} + R_{v2})$;V_{C_1} 和 V_{C_2} 分别表示加在 C_1、C_2 上的电压;i_L 表示流过电感器 L 的电流;g 表示非线性电阻的导纳。

2. 有源非线性负阻元件的实现

有源非线性负阻元件实现的方法有多种,这里使用的是一种较简单的电路:采用两个运算放大器(一个双运放 TL082)和 6 个配置电阻来实现,其电路如图 5.46 所示,它的伏安特性曲线如图 5.47 所示。由于本实验研究的是该非线性元件对整个电路的影响,所以只要知道它主要是一个负阻电路(元件),能输出电流维持 LC_2 振荡器不断振荡,而非线性负阻元件的作用是使振动周期产生分岔和混沌等一系列现象。

实际非线性混沌实验电路如图 5.48 所示。

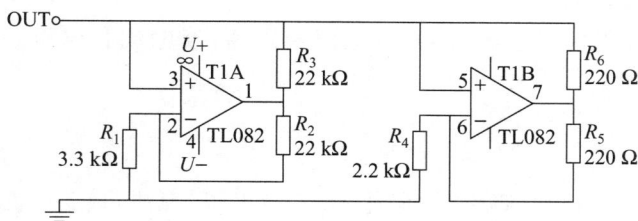

图 5.46　有源非线性电阻电路

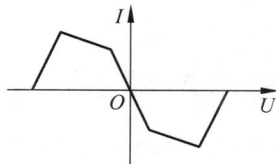

图 5.47　有源非线性电阻伏安特性曲线

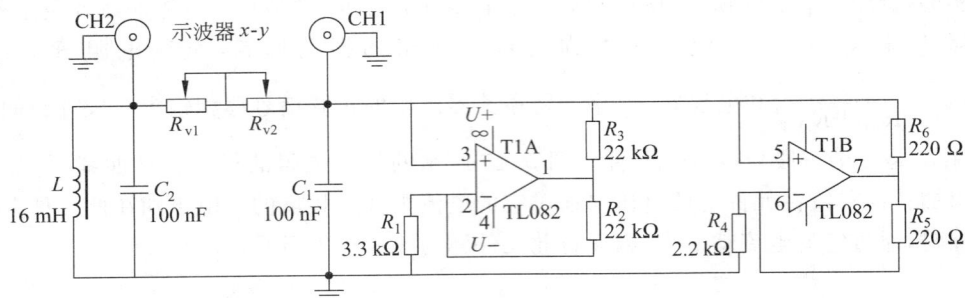

图 5.48 非线性混沌实验电路图

【实验内容】

（1）把自制电感器接入图 5.48 所示电路中，调节 $R_{v1}+R_{v2}$ 阻值。在示波器上观测图 5.48 所示的 CH1-地和 CH2-地所构成的相图（李萨如图），调节电阻 $R_{v1}+R_{v2}$ 值由大至小时，描绘相图周期的分岔及混沌现象。将一个环形相图的周期定为 P，那么要求观测并记录 $2P$、$4P$、阵发混沌、$3P$、单吸引子（混沌）、双吸引子（混沌）共 6 个相图和相应的 CH1-地和 CH2-地两个输出波形。

（2）把有源非线性电阻元件与 RC 移相器连线断开，测量非线性单元电路在电压 $U<0$ 时的伏安特性，作 I-U 关系图。

【实验步骤】

（1）打开机箱，把机箱右下角的铁氧体介质电感连接插孔插到实验仪面板左面对应的香蕉插头上。

（2）实验仪面板上的 CH2 接线柱连接示波器的 Y 输入，CH1 接线柱连接示波器的 X 输入，连接实验仪与示波器的接地，调节示波器的相关旋钮，使示波器的水平方向显示 X 输入的大小，垂直方向显示 Y 输入的大小，并置 X 和 Y 输入为 DC。

（3）把实验仪右上角内的电源九芯插头插入实验仪面板上对应的九芯插座上，注意插头、插座的方向，插上电源，按实验仪面板右边的按钮开关，对应的 ±15 V 指示灯亮。

（4）开启示波器电源，调节 W_1 粗调电位器和 W_2 细调电位器，改变 RC 移向器中 R 的阻值，观测相图周期的变化，观测倍周期分岔、阵发混沌、三倍周期、吸引子（混沌）和双吸引子（混沌）现象，并画出相应的 X 轴和 Y 轴波形。

（5）按图 5.49 接好电路，电压表用仪器上的电表，调电阻箱阻值，读电流和电压并记录。

【数据及处理】

（1）画出倍周期分岔、阵发混沌、三倍周期、吸引子（混沌）和双吸引子（混沌）现象的波形及相应的 X 轴和 Y 轴波形。

（2）画出非线性单元电路 I-U 关系图。

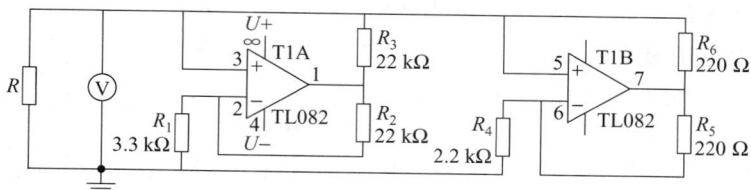

图 5.49　有源非线性电阻伏安特性曲线实验电路

【思考题】

（1）实验中需要自制铁氧体为介质的电感,该电感器的电感量与哪些因素有关? 此电感量可用哪些方法测量?

（2）非线性负阻电路(元件)在本实验中的作用是什么?

（3）为什么采用 RC 移相器,并且用相图来观测倍周期分岔等现象? 如果不用移相器,可用哪些仪器或方法?

（4）通过本实验请阐述:倍周期分岔、混沌、吸引子等概念的物理含义。

（5）讨论 R、L、C 参数及电压信号大小和频率对混沌影响的规律。

（廖坤山　编写）

实验 39　声光效应实验

声光效应是指光通过某一受到超声波扰动的介质时发生衍射的现象,这种现象是光波与介质中声波相互作用的结果。早在 20 世纪 30 年代就开始了声光衍射的实验研究。20 世纪 60 年代激光器的问世为声光现象的研究提供了理想的光源,促进了声光效应理论和应用研究的迅速发展。声光效应为控制激光束的频率、方向和强度提供了一个有效的手段。利用声光效应制成的声光器件,如声光调制器、声光偏转器和可调谐滤光器等,在激光技术、光信号处理和集成光通信技术等方面有着重要的应用。

【实验目的】

1. 了解声光效应的原理。

2. 了解拉曼-纳斯衍射和布喇格衍射的实验条件和特点。

3. 通过对声光效应器件衍射效率和带宽等的测量,加深对其概念的理解。

4. 测量光偏转和光调制曲线。

【实验原理】

当超声波在介质中传播时,将引起介质的弹性应变作时间上和空间上的周期性变化,并且导致介质折射率也发生相应的变化。当光束通过有超声波的介质后就会产生衍射现象,这就是声光效应,如图 5.50 所示。有超声波传播着的介质如同一个相位光栅。

声光效应有正常声光效应和反常声光效应之分。在各向同性介质中,声光相互作用不导致入射光偏振状态的变化,产生正常声光效应。在各向异性介质中,声光相互作用可能导

致入射光偏振状态的变化,产生反常声光效应。反常声光效
应是制造高性能声光偏转器和可调滤光器的物理基础。正常
声光效应可用拉曼-纳斯的光栅假设作出解释,而反常声光效
应不能用光栅假设作出说明。在非线性光学中,利用参量相
互作用理论,可建立起声光相互作用的统一理论,并且运用动
量匹配和失配等概念对正常和反常声光效应都可作出解释。
本实验采用光栅假设对各向同性介质中的声光效应作一简要
的讨论。

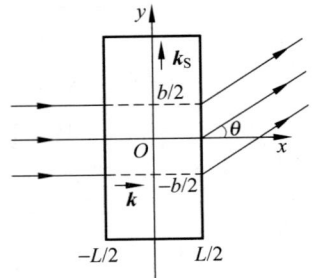

图 5.50 声光衍射

设声光介质中的超声行波是沿 y 方向传播的平面纵波,
其角频率为 ω_S,波长为 λ_S,波矢为 k_S。入射光为沿 x 方向传播的平面波,其角频率为 ω,在
介质中的波长为 λ,波矢为 k。介质内的弹性应变也以行波形式随声波一起传播。由于光
速大约是声波的 10^5 倍,在光波通过的时间内介质在空间上周期变化可看成是固定的。

由于应变而引起的介质折射率的变化由下式决定:

$$\Delta\left(\frac{1}{n^2}\right) \boldsymbol{P} \boldsymbol{S} \tag{5.54}$$

式中,n 为介质折射率;$\boldsymbol{S}$ 为应变;$\boldsymbol{P}$ 为光弹系数。通常,$\boldsymbol{P}$ 和 $\boldsymbol{S}$ 为二阶张量。当声波在各向
同性介质中传播时,$\boldsymbol{P}$ 和 $\boldsymbol{S}$ 可作为标量处理。如前所述,应变也以行波形式传播,所以可
写成

$$S = S_0 \sin(\omega_S t - k_S y) \tag{5.55}$$

当应变较小时,折射率作为 y 和 t 的函数可写作

$$n(y, t) = n_0 + \Delta n \sin(\omega_S t - k_S y) \tag{5.56}$$

式中,n_0 为无超声波时的介质折射率;Δn 为声波折射率变化的幅值,由式(5.54)可求出

$$\Delta n = -\frac{1}{2} n^3 P S_0$$

设光束垂直入射($k \perp k_S$)并通过厚度为 L 的介质,则前后两点的相位差为

$$\Delta\Phi = k_0 n(y, t) L = k_0 n_0 L + k_0 \Delta n L \sin(\omega_S t - k_S y)$$
$$= \Delta\Phi_0 + \delta\Phi \sin(\omega_S t - k_S y) \tag{5.57}$$

式中,k_0 为入射光在真空中的波矢的大小,右边第一项 $\Delta\Phi_0$ 为不存在超声波时光波在介质
前后二点的相位差,第二项为超声波引起的附加相位差(相位调制),$\delta\Phi = k_0 \Delta n L$。可见,当
平面光波入射在介质的前界面上时,超声波使出射光波的波阵面变为周期变化的皱折波面,
从而改变了出射光的传播特征,使光产生衍射。

设入射面 $x = -\dfrac{L}{2}$ 上的光振动为 $E_i = A e^{it}$,A 为一常数,也可以是复数。考虑到在出

射面 $x = +\dfrac{L}{2}$ 上各点相位的改变和调制,在 xy 平面内离出射面很远一点处的衍射光叠加

结果为

$$E \propto A \int_{-\frac{b}{2}}^{\frac{b}{2}} e^{i\left[(\omega t - k_0 n(y,t)L) - k_0 y \sin\theta\right]} \, dy$$

写成一等式时,

$$E = C e^{i\omega t} \int_{-\frac{b}{2}}^{\frac{b}{2}} e^{i\delta\Phi \sin(k_S y - \omega_S t)} e^{-i k_0 y \sin\theta} \, dy \tag{5.58}$$

式中,b 为光束宽度;θ 为衍射角;C 为与 A 有关的常数,为了简单可取为实数。利用一与贝塞耳函数有关的恒等式

$$e^{ia \sin\theta} = \sum_{m=-\infty}^{\infty} J_m(a) e^{im\theta}$$

式中 $J_m(\alpha)$ 为(第一类)m 阶贝塞尔函数,将式(5.58)展开并积分得

$$E = Cb \sum_{m=-\infty}^{\infty} J_m(\delta\Phi) e^{i(\omega - m\omega_S)t} \frac{\sin[b(mk_S - k_0 \sin B)/2]}{b(mk_S - k_0 \sin\theta)/2} \tag{5.59}$$

式中,与第 m 级衍射有关的项为

$$E_m = E_0 e^{i(\omega - m\omega_S)t} \tag{5.60}$$

$$E_0 = Cb J_m(\delta\Phi) \frac{\sin[b(mk_S - k_0 \sin\theta)/2]}{b(mk_S - k_0 \sin\theta)/2} \tag{5.61}$$

因为函数 $\sin x / x$ 在 $x=0$ 时取极大值,因此有衍射极大的方位角 θ_m 由式(5.62)决定:

$$\sin\theta_m = m \frac{k_S}{k_0} = m \frac{\lambda_0}{\lambda_S} \tag{5.62}$$

式中,λ_0 为真空中光的波长;λ_S 为介质中超声波的波长。与一般的光栅方程相比可知,超声波引起的有应变的介质相当于一光栅常数为超声波波长的光栅。由式(5.60)可知,第 m 级衍射光的频率为

$$\omega_m = \omega - m\omega_S \tag{5.63}$$

可见,衍射光仍然是单色光,但发生了频移。由于 $\omega \gg \omega_S$,这种频移是很小的。

第 m 级衍射极大的强度 I_m 可用式(5.60)模数平方表示:

$$I_m = E_0 E_0^* = C^2 b^2 J_m^2(\delta\Phi) = I_0 J_m^2(\delta\Phi) \tag{5.64}$$

式中,E_0^* 为 E_0 的共轭复数,$I_0 = C^2 b^2$。

第 m 级衍射极大的衍射效率 η_m 定义为第 m 级衍射光的强度与入射光强度之比。由式(5.64)可知,η_m 正比于 $J_m^2(\delta\Phi)$。当 m 为整数时,$J_{-m}(\alpha) = (-1)^m J_m(\alpha)$。式(5.62)和式(5.64)表明,各级衍射光相对于零级对称分布。

当光束斜入射时,如果声光作用的距离满足 $l < \lambda_S^2 / 2\lambda$,则各级衍射极大的方位角 θ_m 由式(5.65)决定:

$$\sin\theta_m = \sin i + m \frac{\lambda_0}{\lambda_S} \tag{5.65}$$

式中,i 为入射光波矢 k 与超声波波面之间的夹角。上述的超声衍射称为拉曼-纳斯衍射,有超声波存在的介质起一平面相位光栅的作用。

当声光作用的距离满足 $l > \lambda_S^2 / 2\lambda$,而且光束相对于超声波波面以某一角度斜入射时,在理想的情况下除了 0 级之外,只出现 1 级或者 -1 级衍射,如图 5.51 所示。这种衍射与晶体对 X 光的布喇格衍射很类似,故称为布喇格衍射。能产生这种衍射的光束入射角称为布喇格角。此时的有超声波存在的介质起体积光栅的作用。可以证明,布喇格角满足

$$\sin i_B = \frac{\lambda}{2\lambda_S} \tag{5.66}$$

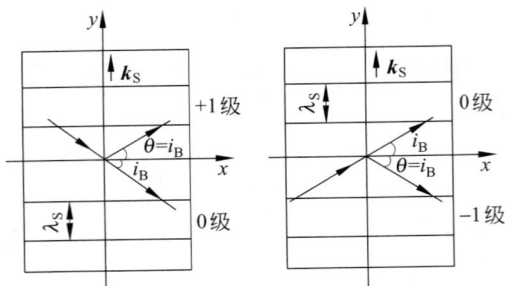

图 5.51　布喇格衍射

式(5.66)称为布喇格条件。因为布喇格角一般都很小,故衍射光相对于入射光的偏转角为

$$\phi = 2i_B \approx \frac{\lambda}{\lambda_S} = \frac{\lambda_0}{n\nu_S} f_S \tag{5.67}$$

式中,ν_S 为超声波波速;f_S 为超声波频率,其他量的意义同前。在布喇格衍射的情况下,一级衍射光的衍射效率为

$$\eta = \sin^2 \left(\frac{\pi}{\lambda_0} \sqrt{\frac{M_2 L P_S}{2H}} \right) \tag{5.68}$$

式中,P_S 为超声波功率;L 和 H 为超声波换能器的长和宽;M_2 为反映声光介质本身性质的一常数,$M_2 = n^6 P^2 / \rho \nu_S^\delta$;$\rho$ 为介质密度;P 为光弹系数。在布喇格衍射下,衍射光的频率也由式(5.63)决定。

　　理论上布喇格衍射的衍射效率可达到 100%,拉曼-纳斯衍射中一级衍射光的最大衍射效率仅为 34%,所以实用的声光器件一般都采用布喇格衍射。

　　由式(5.67)和式(5.68)可看出,通过改变超声波的频率和功率,可分别实现对激光束方向的控制和强度的调制,这是声光偏转器和声光调制器的物理基础。从式(5.63)可知,超声光栅衍射会产生频移,因此利用声光效应还可以制成频移器。超声频移器在计量方面有重要应用,如用于激光多普勒测速仪等。

　　以上讨论的是超声行波对光波的衍射。实际上,介质中也可能出现超声驻波。超声驻波对光波的衍射也产生拉曼-纳斯衍射和布喇格衍射,而且各衍射光的方位角和超声频率关系与超声行波时的相同。不过,各级衍射光不再是简单地产生频移的单色光,而是含有多个傅里叶分量的复合光。

【实验装置】

　　实验设备采用 S02000 声光效应实验仪。该实验仪配有已安装在转角平台上的声光器件、半导体激光器、100 MHz 功率信号源、LM601 CCD 光强分布测量仪。图 5.52 是实验装置俯视示意图。每个器件都带有直径为 10 mm 的立杆,可以安插在通用光具座上。

　　1. 声光器件

　　声光器件的结构示意图如图 5.53 所示。它由声光介质、压电换能器和吸声材料组成。

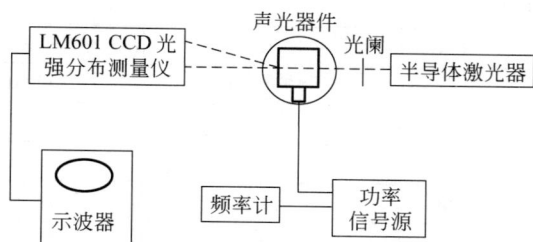

图 5.52 声光效应实验装置

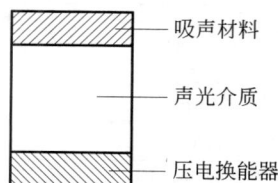

图 5.53 声光器件结构图

本实验采用的声光器件中的声光介质为钼酸铅,吸声材料的作用是吸收通过介质传播到端面的超声波以建立超声行波。将介质的端面磨成斜面成牛角状,也可达到吸声的作用。压电换能器又称超声发生器,由钼酸铅晶体或其他压电材料制成。它的作用是将电功率换成声功率,并在声光介质中建立超声场。压电换能器既是一个机械振动系统,又是一个与功率信号源相联系的电振动系统,或者说是功率信号源的负载。为了获得最佳的电声能量转换效率,换能器的阻抗与信号源内阻应当匹配(注:声光器件折射率:$n_o = 2.386$,$n_e = 2.262$,介质中的声速$=3632$ m/s)。

声光器件有一个衍射效率最大的工作频率,此频率称为声光器件的中心频率,记为 f_c。对于其他频率的超声波,其衍射效率将降低。规定衍射效率(或衍射光的相对光强)下降3 dB(即衍射效率降到最大值的 $1/\sqrt{2}$)时两频率间的间隔为声光器件的带宽。

2. 功率信号源

SO2000 功率信号源专为声光效应实验配套,频率范围为 $80 \sim 120$ MHz,最大输出功率1 W。面板上的毫安表读数作功率指示用,读数值×10 等于毫瓦数。

使用时,为保证声光器件的安全,不要长时间处于功率最大位置。

"等幅/调幅"开关平时应处于"等幅"位置,否则信号源无输出(表头无读数)。处"调幅"位置时,从"调制"端口输入一个 TTL 电平的数字信号,就可以对声功率进行幅值调制,频率范围 $0 \sim 20$ kHz。调制波的解调可用光电池加放大电路组成的"光电接收器"来实现。移去 CCD 光强分布测量仪,安置上"光电接收器",将 1 级衍射光对准"光电接收器"上的小孔,适当调节半导体激光器的功率,就可以用喇叭或示波器还原调制波的信号。

3. CCD 光强分布测量仪

用线阵 CCD 光强分布测量仪而不是用单个光电池来作光电接收器的好处是:可以在同一时刻显示、测量各级衍射光的相对强度分布,不受光源强度跳变、漂移的影响。在衍射角的测量上也有很高的精度。除在示波器上测量外,也可用计算机来采集处理实验数据(需增购一块 CCD 采集卡)。

(1) LM 系列 DDC 光强分布测量仪简介

CCD 器件是一种可以电扫描的光电二极管列阵,有面阵(二维)和线阵(一维)之分。LM 系列各型号的 CCD 光强仪所用的是线阵 CCD 器件,见表 5.15,其结构框图如图 5.54所示。

表 5.15 CCD 器件

参数/型号	LM401	LM501	LM601	SM801B
光敏元/个	1024	2048	2592	5340
光敏元尺寸/μm	14×14	14×14	11×11	7×7
光敏元中心距/μm	14	14	11	7
光敏元线阵有效长/mm	14.34	28.67	28.67	37.38
光谱响应范围/μm	0.4～1.0	0.4～1.0	0.35～0.9	0.35～0.9
光谱响应峰值/μm	0.65	0.65	0.56	0.56

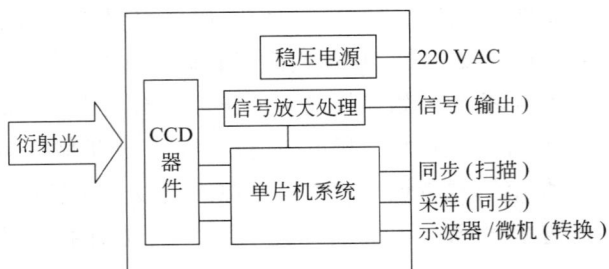

图 5.54 LM 系列 CCD 光强仪内部电路结构框图

LM 系列各型 CCD 光强仪机壳统一尺寸为 150 mm×100 mm×50 mm,CCD 器件的光敏面至光强仪前面板距离为 4.5 mm。

CCD 光强后面板各插孔标记含义是:

"示波器/微机"开关:当光强仪配套的是 CCD 数显示波器或通用示波器时,将此开关打在"示波器"位置,"同步"脉冲频率为 1～5 Hz,"采样"脉冲频率为 10～15 kHz。

"同步":启动 CCD 器件扫描的触发脉冲,主要供示波器 X 轴外同步触发和采集卡同步用。"同步"的含义是"同步扫描"。

"采样":每一个脉冲对应于一个光电二极管,脉冲的前沿时刻表示外接设备可以读取光电管的光电压值,"采样"信号是供 CCD 采集卡"采样"同步和供 CCD 数显示波器作 X 位置记数。

"信号":CCD 器件接收的空间光强分布信号的模拟电压输出端。

（2）CCD 光强分布测量仪使用

用示波器测量时,将光强仪的"信号"插孔接至示波器的 Y 轴,电压挡置 0.1～1 V/格挡,扫描频率一般置 2 ms/格挡;光强仪的"同步"插孔接至示波器的 X 轴,并置于"外触发"挡,极性为"+"。适当调节"触发电平",在示波器上可以看到一个稳定如图 5.55 所示的波形。

如在示波器顶端只有一直线而看不到波形,这是 CCD 器件已饱和所致。可试着减弱环境光强、减小激光器的输出功率、转动 CCD 光强仪上的偏振减光器,问题就可得以解决。

用示波器测量衍射角,先要解决"定标"的问题,即示波器 X 方向上的 1 格等于 CCD 器件上的多少像元,或者示波器上 1 格等于 CCD 器件位置 X 方向上的多少距离。方法是调节示波器的"时基"挡及"微调",使图 5.55"信号"波形一帧正好对应于示波器上的某个刻度数即可。

图 5.56 是用示波器测量时的波形曲线,供参考。

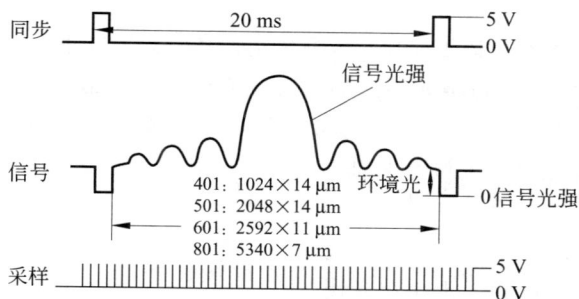

图 5.55　CCD 光强仪后面板各插孔连接示波器输出波形

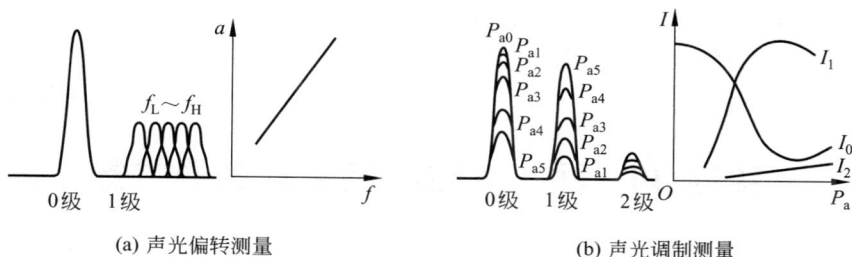

图 5.56　测量衍射角时示波器的输出波形

如果在示波器上看到的波形不怎么光滑,有"毛刺",大多是由 CCD 光强分布测量仪上附加的"偏振光"引起的,或是偏振膜介质不均匀,或是落有灰尘。可移动 CCD 光强分布测量仪或改变光束的照射位置来解决这个问题。

用计算机测量时,将 CCD 采集卡插入计算机的扩展槽内(黑色插槽),并用电缆线将采集卡与 CCD 光强仪连接起来,启动与卡配套的工作软件即可采集、处理实验波形和数据。

【实验内容及注意事项】

1. 观察拉曼-纳斯衍射和布喇格衍射,比较两种衍射的实验条件和特点。

2. 在布喇格衍射下测量衍射光相对于入射光的偏转角 ϕ 和超声波频率(即电信号频率)f_S 的关系曲线,并计算声速 v_S。

测出 6~8 组(ϕ、f_S)值,在课堂上用计算器作直线拟合求出 ϕ 和 f_S 的相关系数,课后作 ϕ 和 f_S 的关系曲线。

注意式(5.66)和式(5.67)中的布喇格角 i_B 和偏转角 ϕ 都是指介质内的角度,而直接测出的角度是空气中的角度,应进行换算。另外,由于实验所用的声光器件性能不够完善,布喇格衍射不是理想的,可能会出现高级次衍射光等现象。调节布喇格衍射时,使 1 级衍射光最强即可。

3. 在布喇格衍射下,固定超声波功率,测量衍射光相对于零级衍射光的相对强度与超声波频率的关系曲线,并定出声光器件的带宽和中心频率。

4. 测定布喇格衍射下的最大衍射效率。

超声波频率固定在声光器件的中心频率上。为测量方便,测量入射光强度时,光电池的位置不必移到声光器件处,放在原处即可。

5. 在布喇格衍射下,将超声波频率固定在中心频率,测出衍射光强度与超声波功率的关系曲线。

6. 在拉曼-纳斯衍射(光垂直入射)下,测量衍射角 θ_m 并与理论值比较。

7. 在拉曼-纳斯衍射下,在声光器件的中心频率处测定 1 级衍射光的衍射效率,并与布喇格衍射下的最大衍射效率比较。超声波功率固定在布喇格衍射最佳时的功率上。在观察和测量以前,应将整个光学系统调至共轴。

【思考与讨论】

1. 为什么说声光器件相当于相位光栅?

2. 声光器件在什么实验条件下产生拉曼-纳斯衍射? 在什么实验条件下产生布喇格衍射? 两种衍射的现象各有什么特点?

3. 调节拉曼-纳斯衍射时,如何保证光束垂直入射?

4. 声光效应有哪些可能的应用?

(王光清 编写)

实验 40 用 PN 结测定玻耳兹曼常数

路德维希·玻耳兹曼(Ludwig Edward Boltzmann,1844—1906 年),奥地利物理学家和哲学家,是热力学和统计物理学的奠基人之一。作为一名物理学家,他最伟大的功绩是发展了通过原子的性质(例如原子量、电荷量、结构等)来解释和预测物质的物理性质(例如黏性、热传导、扩散等)的统计力学,并且从统计意义对热力学第二定律进行了阐释。

玻耳兹曼常数是玻耳兹曼在对热力学第二定律进行统计解释时引入的一个常数,他证明了熵与概率的对数成正比。后来普朗克把这个关系写成 $S = k\ln\Omega$,并且称 k 为玻耳兹曼常数(物理学重要常数之一)。有了这一关系,其他热力学量都可以推导出来。后来,普朗克利用了玻耳兹曼在上述定律推导中使用的能量可以一份一份分开的思想,提出了能量子的概念,克服了经典理论解释黑体辐射规律的困难,为量子理论奠定了基础。

【实验目的】

1. 利用 PN 结伏安特性,测定玻耳兹曼常数 k。

2. 学习用 LF356 运算放大器组成电流-电压变换器,测量弱电流。

3. 测量 PN 结电压与热力学温度 T 的关系,求 PN 结温度传感器灵敏度 S,计算硅材料的近似禁带宽度 $E_g(0)$ 值。学习 PN 结测温方法。

【实验仪器】

HLD-PN-III 型 PN 结物理特性综合测定仪、TIP31 传感器、PN 结传感器、连接线等。

【实验原理】

1. PN 结伏安特性及玻耳兹曼常数测量

由半导体物理学可知,PN 结的正向电流-电压关系满足:

$$I = I_0(e^{\frac{qU}{kT}} - 1) \tag{5.69}$$

式(5.69)中，I 是通过 PN 结的正向电流；I_0 是反向饱和电流，在温度恒定时为常数；T 是热力学温度；q 是电子的电荷量；U 为 PN 结正向压降；k 为玻耳兹曼常数。由于在常温(300 K)时，$kT/q \approx 0.026$ V，而 PN 结正向压降约为十分之几伏，则 $e^{\frac{qU}{kT}} \gg 1$，式(5.69)括号内-1 项完全可以忽略，于是有

$$I = I_0 e^{\frac{qU}{kT}} \tag{5.70}$$

也即 PN 结正向电流随正向电压按指数规律变化。若测得 PN 结 I-U 关系值，则利用式(5.69)可以求出 q/kT。在测得温度 T 后，就可以得到 q/k 常数，把电子电量作为已知值代入，即可求得玻耳兹曼常数 k(理论值 1.38×10^{-23} J/K)。

在实际测量中，二极管的正向 I-U 关系虽然能较好满足指数关系，但求得的常数 k 往往偏小。这是因为通过二极管电流不只是扩散电流，还有其他电流。一般它包括三个部分：①扩散电流，它严格遵循式(5.70)；②耗尽层复合电流，它正比于 $e^{\frac{qU}{2kT}}$；③表面电流，它是由 Si 和 SiO_2 界面中杂质引起的，其值正比于 $e^{\frac{qU}{mkT}}$，一般 $m > 2$。因此，为了验证式(5.70)及求出准确的 q/k 常数，不宜采用硅二极管，而采用硅三极管接成共基极线路，因为此时集电极与基极短接，集电极电流中仅仅是扩散电流。复合电流主要在基极出现，测量集电极电流时，将不包括它。本实验中选取性能良好的硅三极管(TIP31 型)，实验中又处于较低的正向偏置，这样表面电流影响也完全可以忽略，所以此时集电极电流与结电压将满足式(5.70)。实验线路如图 5.57 所示。

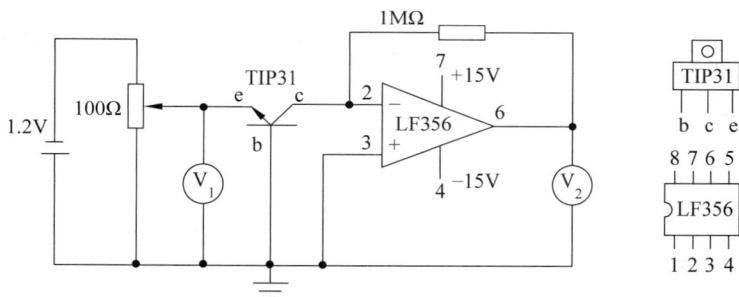

图 5.57 PN 结扩散电流与结电压关系测量线路图

2. 弱电流测量

LF356 是一个高输入阻抗集成运算放大器，用它组成电流-电压变换器(弱电流放大器)，如图 5.58 所示。其中虚线框内电阻 Z_r 为电流-电压变换器等效输入阻抗。由图 5.58 可得，运算放大器的输出电压为

$$U_o = -K_o U_i \tag{5.71}$$

式中，U_i 为输入电压；K_o 为运算放大器的开环电压增益，即图 5.58 中电阻 $R_f \to \infty$ 时的电压增益；R_f 为反馈电阻。因为理想运算放大器的输入阻抗 $r_i \to \infty$，所以信号源输入电流只流经反馈网络构成的通路。因而有

$$I_S = (U_i - U_o)/R_f = U_i(1 - K_o)/R_f \tag{5.72}$$

由式(5.72)可得电流-电压变换器等效输入阻抗为

$$Z_r = U_i/I_S = R_f/(1 + K_o) \approx R_f/K_o \tag{5.73}$$

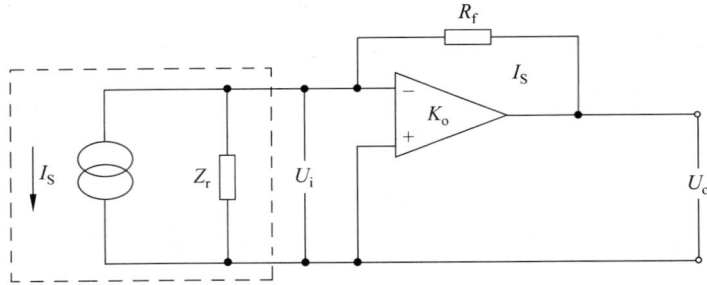

图 5.58 电流-电压变换器

由式(5.72)和式(5.73)可得电流-电压变换器输入电流 I_S 输出电压 U_o 之间的关系式,即

$$I_S = -\frac{U_o}{K_o}(1+K_o)/R_f = -U_o(1+1/K_o)/R_f = -U_o/R_f \tag{5.74}$$

由式(5.74)只要测得输出电压 U_o 和已知 R_f 值,即可求得 I_S 值。以高输入阻抗集成运算放大器 LF356 为例来讨论 Z_r 和 I_S 值的大小。对 LF356 运放的开环增益 $K_o = 2 \times 10^5$,输入阻抗 $r_i \approx 10^{12} \ \Omega$。若取 R_f 为 1.00 MΩ,则由式(5.73)可得

$$Z_r = 1.00 \times 10^6 \ \Omega/(1+2 \times 10^5) = 5\Omega$$

若选用四位半量程 200 mV 数字电压表,它最后一位变化为 0.01 mV,那么用上述电流-电压变换器能显示最小电流值为

$$(I_S)_{\min} = 0.01 \times 10^{-3} \ V/(1 \times 10^6 \ \Omega) = 1 \times 10^{-11} \ A$$

可见,用集成运算放大器组成电流-电压变换器测量弱电流,具有输入阻抗小、灵敏度高的优点。

3. PN 结的电压 U_{be} 与热力学温度 T 关系测量

理想的 PN 结的正向电流 I_F 和正向压降 V_F 存在如下近似关系式

$$I_F = I_S e^{\frac{qV_F}{kT}} \tag{5.75}$$

其中,q 为电子电荷;k 为玻耳兹曼常数;T 为绝对温度;I_S 为反向饱和电流,它是一个与 PN 结材料的禁带宽度以及温度等有关的系数,可以证明

$$I_S = CT^r e^{-\frac{qV_g(0)}{kT}} \tag{5.76}$$

式中,C 是与结面积、掺杂浓度等有关的常数;r 也是常数;$V_g(0)$ 为绝对零度时 PN 结的导带底和价带顶的电势差。

将式(5.76)代入式(5.75),两边取对数可得

$$V_F = V_g(0) - \left(\frac{k}{q}\ln\frac{C}{I_F}\right)T - \frac{kT}{q}\ln T^r = V_1 + V_{n1} \tag{5.77}$$

其中,

$$V_1 = V_g(0) - \left(\frac{k}{q}\ln\frac{C}{I_F}\right)T$$

$$V_{n1} = -\frac{kT}{q}(\ln T^r)$$

方程(5.77)就是 PN 结正向压降作为电流和温度函数的表达式,它是 PN 结温度传感器的

基本方程。令 $I_F =$ 常数，则正向压降只随温度而变化，但是在方程(5.77)中还包含非线性项 V_{n1}。下面来分析 V_{n1} 项所引起的线性误差。

设温度由 T_1 变为 T 时，正向压降由 V_{F1} 变为 V_F，由式(5.77)可得

$$V_F = V_g(0) - [V_g(0) - V_{F1}] \frac{T}{T_1} - \frac{kT}{q} \ln \left(\frac{T}{T_1} \right)^r \tag{5.78}$$

按理想的线性温度响应，V_F 应取如下形式：

$$V_{理想} = V_{F1} + \frac{\partial V_{F1}}{\partial T}(T - T_1) \tag{5.79}$$

$\dfrac{\partial V_{F1}}{\partial T}$ 等于 T_1 温度时的 $\dfrac{\partial V_F}{\partial T}$ 值。

由式(5.77)可得

$$\frac{\partial V_{F1}}{\partial T} = -\frac{V_g(0) - V_{F1}}{T_1} - \frac{k}{q} r \tag{5.80}$$

所以

$$V_{理想} = V_{F1} + \left[-\frac{V_g(0) - V_{F1}}{T_1} - \frac{k}{q} r \right](T - T_1)$$

$$= V_g(0) - [V_g(0) - V_{F1}] \frac{T}{T_1} - \frac{kT}{q}(T - T_1) r \tag{5.81}$$

由理想线性温度响应式(5.81)和实际响应式(5.78)相比较，可得实际响应对线性的理论偏差为

$$\Delta = V_{理想} - V_F = \frac{k}{q} r (T - T_1) + \frac{kT}{q} \ln \left(\frac{T}{T_1} \right)^r \tag{5.82}$$

设 $T = 300$ K，$T_1 = 310$ K，取 $r = 3.4$，由式(5.82)可得 $\Delta = 0.048$ mV，而相应的 V_F 的改变量约为 20 mV，相比之下，误差很小。不过当温度变化范围增大时，V_F 温度响应的非线性误差将有所递增，这主要是由于 r 因子所致。

综上所述，在恒流供电条件下，PN 结的 V_F 对 T 的依赖关系取决于线性项 V_1，即正向压降几乎随温度升高而线性下降，这就是 PN 结测温的理论依据。

在以上的分析中，温度 T 是热力学温度，在实际使用时会有不便之处。为此，我们进行温标转换，采用摄氏温度 t 来表示，即 $T = 273 + t$。

令 V_F 在室温时的值为 $V_F(t_R)$，则在 T_K 时 V_F 的值为

$$V_F = V_F(t_R) + \Delta V \tag{5.83}$$

代入公式(5.77)，有

$$V_F(t_R) + \Delta V = V_g(0) + \frac{k}{q} \ln \frac{C}{I_F}(273.2 + t) \tag{5.84}$$

设温度在 t_R ℃时，$\Delta V = 0$，则有

$$V_F(t_R) = V_g(0) + \frac{k}{q} \ln \frac{C}{I_F}(273.2 + t) \tag{5.85}$$

而对于其他的温度 t，则有

$$\Delta V = -\left(\frac{k}{q} \ln \frac{C}{I_F} \right) t \tag{5.86}$$

定义 S 为 PN 结温度传感器灵敏度,则有 $\Delta V = -St$,或

$$t = -\frac{\Delta V}{S} \tag{5.87}$$

这就是 PN 结温度传感器在摄氏温标下的测温原理公式。必须指出,上述结论仅适用于杂质全部电离、本征激发可以忽略的温度区间(对于通常的硅二极管来说,温度范围为 $-50\sim150\,℃$)。如果温度低于或高于上述范围时,由于杂质电离因子减小或本征载流子迅速增加,$V_F\text{-}T$ 关系将产生新的非线性,这一现象说明 $V_F\text{-}T$ 的特性还随 PN 结的材料而异,对于宽带材料(如 GaAs,E_g 为 1.43 eV)的 PN 结,其高温端的线性区宽;而材料杂质电离能力小(如 Insb)的 PN 结,则低温端的线性范围宽。对于给定的 PN 结,即使在杂质导电和非本征激发温度范围内,其线性度也随温度的高低而有所不同,这是非线性项 V_{n1} 引起的,由 V_{n1} 对 T 的二阶导数 $\dfrac{d^2V}{dT^2} = \dfrac{1}{T}$ 可知,$\dfrac{dV_{n1}}{dT}$ 的变化与 T 成反比,所以 $V_F\text{-}T$ 的线性度在高温端优于低温端,这是 PN 结温度传感器的普遍规律。

此外,由式(5.78)可知,减小 I_F,可以改善线性度,但并不能从根本上解决问题,目前行之有效的方法大致有两种。

(1) 利用对管的两个 be 结(将三极管的基极与集电极短路,与发射极组成一个 PN 结),在不同电流 I_{F1}、I_{F2} 下工作,由此获得两者之差 $V_{F1}-V_{F2}$ 与温度成线性函数关系,即

$$V_{F1}-V_{F2} = \frac{kT}{q}\ln\frac{I_{F1}}{I_{F2}} \tag{5.88}$$

由于晶体管的参数有一定的离散性,实际值与理论值仍存在差距,但与单个 PN 结相比,其线性度与精度均有所提高,这种电路结构与恒流、放大等电路集成一体,便构成集成电路温度传感器。

(2) 采用电流函数发生器来消除非线性误差。由式(5.77)可知,非线性误差来自 T^r 项,利用函数发生器,I_F 正比于绝对温度的 r 次方,则 $V_F\text{-}T$ 的线性理论误差 $\Delta=0$。

【实验内容】

1. 预备,连接线路图。选择合适量程,其中直流电源 V_1 选择 1.2V 挡,直流电表 V_2 选择 20 V 挡,并将电源电压调节旋钮逆时针方向置零。将待测传感器(三极管 TIP31)放入加热井,另一端三孔插座与 TIP31 接口相连。注意:外部一个凹槽对准内部一个凸起。

2. 测量三极管 TIP31 发射极与基极之间电压 U_1 和输出电压 U_2。在室温条件下,电压值 U_1 取值范围为 $0.300\sim0.450$ V,每隔 0.01 V 测量一个实验点,直至 U_2 值达到饱和时停止测量,并将数据记录在表 5.16 中。

表 5.16 U_1、U_2 数据记录表

U_1/V	0.300	0.310	0.320	0.330	0.340	0.350	0.360	0.370
U_2/V								
$\ln U_2$								
U_1/V	0.380	0.390	0.400	0.410	0.420	0.430	0.440	0.450
U_2/V								
$\ln U_2$								

3. 描绘线性曲线 $\ln U_2$-U_1,用作图法计算玻耳兹曼常数。

提示：将式(5.70)变换为 $U_2 = RI_0 e^{qU_1/kT}$,令 $a = RI_0$, $b = \dfrac{q}{kT}$,可得 $U_2 = ae^{bU_1}$,取自然对数后变换为线性函数 $\ln U_2 = \ln a + bU_1$。通过作图法算出 b 值,由 $b = \dfrac{e}{kT}$ 计算出玻耳兹曼常数 k 值。

4. 已知玻耳兹曼常数公认值 $k_0 = 1.381 \times 10^{-23}$ J/K,计算测量结果的百分误差 η。

【数据记录与处理】

1. 测试温度 $t = $ _____℃。

2. 作图 $\ln U_2$-U_1(以下计算过程写在坐标纸上)

计算斜率 $b = $ _____。

计算玻耳兹曼常数 $k = \dfrac{e}{bT} = $ _____ J/K。

百分差 $\eta = $ _____。

【注意事项】

1. 数据处理时,对于扩散电流太小(起始状态)及扩散电流接近或达到饱和时的数据,在处理数据时应删去,因为这些数据可能偏离公式(5.70)。

2. 用本仪器做实验,TIP31 型三极管温度可采用的范围为 $0 \sim 50$℃。

3. 由于运算放大器 LF356 性能差异,饱和电压 U_2 值可能不相同。

【选作内容】

PN 结特性实验

1. 预备,连接线路图。选择全适量程,其中恒流源选择 $100\,\mu$A 挡,直流电压表 V_2 选择 2 V。恒流源输出接入 PN 结实验单元(红对红、黑对黑),V_o 输出接入直流电压表 V_2。将待测传感器(三极管 3DG6)放入加热井,另一端三孔插座与 PN 结实验单元接口相连。

2. 测量三极管 3DG6 发射结电压 U_{be} 及温度 t。温度 t 取值参考范围为 $40 \sim 85$℃,间隔大约 5℃,数据记录在表 5.17 中。

表 5.17　U_{be}-t 实验数据记录表

$t/$℃									
$U_{be}/$V									

PID 控温表使用方法：

设定温度 SV：在表面板上按一下 SET 按键,SV 表头的温度显示个位将会闪烁;按面板上的"▲"或"▼"键调整设置个位的温度;再按"<"键使表头的温度显示十位闪烁,按面板上的"▲"或"▼"键调整设置十位的温度;用同样方法还可设置百位的温度。调好 SV 所需设定的温度后,再按一下 SET 按键即可完成设置。待 20 s 后,打开加热开关,将加热器开关选择为快挡。仪器开始加热,控温表即可自动控制温度。

温控仪稳定地达到设定的温度需要的时间较长,一般需要 $15 \sim 20$ min。为节省时间也可用连续方法测量,不需控温。

3. U_{be}-t 关系曲线的测量值记录在表 5.17 中,求 PN 结温度传感器灵敏度 S,计算硅材料 0(K)时近似禁带宽度 $E_g(0)$ 值。

【数据记录】

1. U_{be}-t 关系曲线拟合求经验公式,计算玻耳兹曼常数。

工作电流 $I_F = \underline{100}$ μA。

实验起始温度 $t_R = $ _____ ℃。

起始温度为 t_R 时的正向压降 $U_F = $ _____ mV。

2. 作 U_{be}-t 曲线,其起始温度实验点切线斜率,即是被测 PN 结正向压降随温度变化的灵敏度。

灵敏度 $S = $ _____ mV/℃。

3. 估算被测 PN 结材料硅的禁带宽度 $E_g(0)$ 电子伏。将实验所得的 $E_g(0)$ 与公认值 $E_g(0) = 1.21$ eV 比较,计算百分差 η。

根据式(5.85),略去非线性项可得 $V_g(0) = V_F(t_R) + S \times (273.2 + t_R) = $ _____。

禁带宽度 $E_g(0) = qU_g(0) = $ _____ eV。

百分差 $\eta = $ _____。

【附录】　HLD-PN-Ⅲ型实验仪器介绍

图 5.59 给出 HLD-PN-Ⅲ型实验仪器面板图。

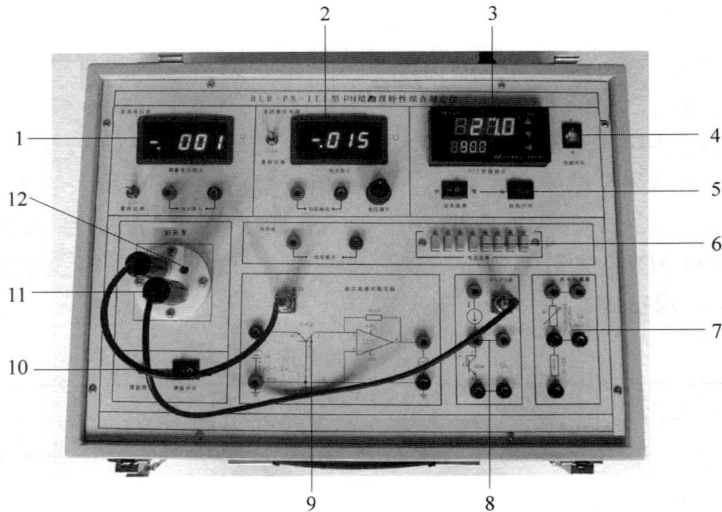

图 5.59　仪器面板

1—直流电压表 U_2;2—直流稳压电源 U_1;3—PID 控温指示及控制温度设置;4—电源总开关;

5—加热开关及加热选择;6—恒流源输出挡电流选择;7—热电传感器实验单元;8—PN 结实验单元模板;

9—玻耳兹曼常数实验单元模板;10—加热井降温开关;11—待测传感器 TIP31 和 PN 结传感器;

12—实验加热井(用于传感器加热,可同时放入 4 个传感器)

(潘光武　编写)

实验 41 PN 结正向特性的研究和应用

PN 结作为最基本的核心半导体器件,得到了广泛的应用,构成了整个半导体产业的基础。在常见的电路中,可作为整流管、稳压管;在传感器方面,可以作为温度传感器、发光二极管、光敏二极管等。所以,研究和掌握 PN 结的特性具有非常重要的意义。

PN 结具有单向导电性,这是 PN 结最基本的特性。本实验通过测量 PN 结正向电流和正向压降的关系,研究 PN 结的正向特性:由可调微电流源输出一个稳定的正向电流,测量不同温度下的 PN 结正向电压值,以此来分析 PN 结正向压降的温度特性。通过这个实验可以测量出玻耳兹曼常数,估算半导体材料的禁带宽度,以及估算通常难以直接测量的极微小的 PN 结反向饱和电流;学习到很多半导体物理的知识,掌握 PN 结温度传感器的原理。

【实验目的】

1. 测量同一温度下,正向电压随正向电流的变化关系,绘制伏安特性曲线。

2. 在同一恒定正向电流条件下,测绘 PN 结正向压降随温度的变化曲线,确定其灵敏度,估算被测 PN 结材料的禁带宽度。

3. 学习运用数据处理软件(如 Excel)处理数据,计算玻耳兹曼常数,估算反向饱和电流。

4. 设计性探究(选做):用给定的 PN 结测量未知温度。

【实验原理】

1. PN 结的正向特性

理想情况下,PN 结的正向电流随正向压降按指数规律变化。其正向电流 I_F 和正向压降 V_F 存在如下近似关系式:

$$I_F = I_S \exp\left(\frac{qV_F}{kT}\right) \tag{5.89}$$

式中,q 为电子电荷;k 为玻耳兹曼常数;T 为绝对温度;I_S 为反向饱和电流,它是一个和 PN 结材料的禁带宽度以及温度有关的系数,可以证明:

$$I_S = CT^r \exp\left(-\frac{qV_g(0)}{kT}\right) \tag{5.90}$$

式中,C 是与结面积、掺质浓度等有关的常数,r 也是常数(r 的数值取决于少数载流子迁移率对温度的关系,通常取 $r = 3.4$);$V_g(0)$ 为绝对零度时 PN 结材料的带底和价带顶的电势差,对应的 $qV_g(0)$ 即为禁带宽度。

将式(5.90)代入式(5.89),两边取对数可得

$$V_F = V_g(0) - \left(\frac{k}{q}\ln\frac{C}{I_F}\right)T - \frac{kT}{q}\ln T^r = V_1 + V_{n1} \tag{5.91}$$

式中,$V_1 = V_g(0) - \left(\frac{k}{q}\ln\frac{C}{I_F}\right)T$,$V_{n1} = -\frac{kT}{q}\ln T^r$。

方程(5.91)就是 PN 结正向压降作为电流和温度函数的表达式,它是 PN 结温度传感

器的基本方程。令 I_F＝常数,则正向压降只随温度而变化,但是在方程(5.91)中还包含非线性项 V_{n1}。下面来分析一下 V_{n1} 项所引起的非线性误差。

设温度由 T_1 变为 T 时,正向电压由 V_{F1} 变为 V_F,由式(5.91)可得

$$V_F = V_g(0) - (V_g(0) - V_{F1})\frac{T}{T_1} - \frac{kT}{q}\ln\left(\frac{T}{T_1}\right)^r \tag{5.92}$$

按理想的线性温度响应,V_F 应取如下形式:

$$V_{理想} = V_{F1} + \frac{\partial V_{F1}}{\partial T}(T - T_1) \tag{5.93}$$

$\frac{\partial V_{F1}}{\partial T}$ 等于 T_1 温度时的 $\frac{\partial V_F}{\partial T}$ 值,由式(5.91)求导,并变换可得到

$$\frac{\partial V_{F1}}{\partial T} = -\frac{V_g(0) - V_{F1}}{T_1} - \frac{k}{q}r \tag{5.94}$$

所以

$$V_{理想} = V_{F1} + \left(-\frac{V_g(0) - V_{F1}}{T_1} - \frac{k}{q}r\right)(T - T_1)$$

$$= V_g(0) - (V_g(0) - V_{F1})\frac{T}{T_1} - \frac{k}{q}(T - T_1)r \tag{5.95}$$

由理想线性温度响应式(5.95)和实际响应式(5.92)相比较,可得实际响应对线性的理论偏差为

$$\Delta = V_{理想} - V_F = -\frac{k}{q}(T - T_1)r + \frac{kT}{q}\ln\left(\frac{T}{T_1}\right)^r \tag{5.96}$$

设 $T_1 = 300℃$,$T = 310℃$,取 $r = 3.4$,由式(5.96)可得 $\Delta = 0.048$ mV,而相应的 V_F 的改变量约为 20 mV 以上,相比之下误差 Δ 很小。不过当温度变化范围增大时,V_F 温度响应的非线性误差将有所递增,这主要由于 r 因子所致。

综上所述,在恒流小电流的条件下,PN 结的 V_F 对 T 的依赖关系取决于线性项 V_1,即正向压降几乎随温度升高而线性下降,这也就是 PN 结测温的理论依据。

2. 求 PN 结温度传感器的灵敏度,测量禁带宽度

由前所述,我们可以得到一个测量 PN 结的结电压 V_F 与热力学温度 T 关系的近似关系式

$$V_F = V_1 = V_g(0) - \left(\frac{k}{q}\ln\frac{C}{I_F}\right)T = V_g(0) + ST \tag{5.97}$$

式中 S(mV/℃)为 PN 结温度传感器灵敏度。用实验的方法测出 V_F-T 变化关系曲线,其斜率 $\Delta V_F/\Delta T$ 即为灵敏度 S。在求得 S 后,根据式(5.97)可知

$$V_g(0) = V_F - ST \tag{5.98}$$

从而可求出温度 0 K 时半导体材料的近似禁带宽度 $E_g(0) = qV_g(0)$。硅材料的 $E_g(0)$ 约为 1.21 eV。

必须指出,上述结论仅适用于杂质全部电离、本征激发可以忽略的温度区间(对于通常的硅二极管来说,温度范围 $-50 \sim 150℃$)。如果温度低于或高于上述范围时,由于杂质电离因子减小或本征载流子迅速增加,V_F-T 关系将产生新的非线性,这一现象说明 V_F-T 的特性还随 PN 结的材料而异,对于宽带材料(如 GaAs,E_g 为 1.43 eV)的 PN 结,其高温端的线

性区宽；而材料杂质电离能小（如 Insb）的 PN 结，则低温端的线性范围宽。对于给定的 PN 结，即使在杂质导电和非本征激发温度范围内，其线性度亦随温度的高低而有所不同，这是非线性项 V_{n1} 引起的，由 V_{n1} 对 T 的二阶导数 $\dfrac{d^2 V}{dT^2} = \dfrac{1}{T}$ 可知，$\dfrac{dV_{n1}}{dT}$ 的变化与 T 成反比，所以 $V_F\text{-}T$ 的线性度在高温端优于低温端，这是 PN 结温度传感器的普遍规律。此外，由式（5.92）可知，减小 I_F，可以改善线性度，但并不能从根本上解决问题，目前行之有效的方法大致有两种。

（1）利用对管的两个 PN 结（将三极管的基极与集电极短路与发射极组成一个 PN 结），分别在不同电流 I_{F1}、I_{F2} 下工作，由此获得两者之差 $V_{F1} - V_{F2}$ 与温度成线性函数关系，即

$$V_{F1} - V_{F2} = \frac{kT}{q} \ln \frac{I_{F1}}{I_{F2}} \tag{5.99}$$

本实验所用的 PN 结也是由三极管的 cb 极短路后构成的。尽管还有一定的误差，但与单个 PN 结相比其线性度与精度均有所提高。

（2）采用电流函数发生器来消除非线性误差。由式（5.91）可知，非线性误差来自 T^r 项，利用函数发生器，I_F 比例于绝对温度的 r 次方，则 $V_F\text{-}T$ 的线性理论误差为 $\Delta = 0$。实验结果与理论值比较一致，其精度可达 0.01℃。

3. 求玻耳兹曼常数

由式（5.99）可知，在保持 T 不变的情况下，只要分别在不同电流 I_{F1}、I_{F2} 下测得相应的 V_{F1}、V_{F2} 就可求得玻耳兹曼常数 k。

$$k = \frac{q}{T} \ln \frac{I_{F2}}{I_{F1}} (V_{F1} - V_{F2}) \tag{5.100}$$

为了提高测量的精度，也可根据式（5.89）指数函数的曲线回归，求得 k 值。方法是以公式 $I_F = A\exp(BV_F)$ 的正向电流 I_F 和正向压降 V_F 为变量，根据测得的数据，用 Excel 进行指数函数的曲线回归，求得 A、B 值，再由 $A = I_S$ 求出反向饱和电流，$B = q/kT$ 求出玻耳兹曼常数 k。

【实验内容】

实验前，请参照仪器使用说明，将 DH-SJ 型温度传感器实验装置上的"加热电流"开关置"关"位置，将"风扇电流"开关置"关"位置，接上加热电源线。插好 Pt100 温度传感器和 PN 结温度传感器，两者连接均为直插式。PN 结引出线分别插入 PN 结正向特性综合试验仪上的 +V、-V 和 +I、-I。注意插头的颜色和插孔的位置。

打开电源开关，温度传感器实验装置上将显示出室温 T_R，记录下起始温度 T_R。

1. 测量同一温度下，正向电压随正向电流的变化关系

为了获得较为准确的测量结果，我们在仪器通电预热 10 min 后进行实验。先以室温为基准，测整个伏安特性实验的数据。

首先将 PN 结正向特性综合试验仪上的电流量程置于 ×1 挡，再调整电流调节旋钮，观察对应的 V_F 值应有变化的读数。可以按照表 1 的 V_F 值来调节设定电流值，如果电流表显示值到达 1000，可以改用大一挡量程，记录下一系列电压、电流值于表 5.18。由于采用了高精确度的微电流源，这种测量方法可以减小测量误差。注意：在整个实验过程中，都是在室

温下测量的。实际的 V_F 值的起、终点和间隔值可根据实际情况微调。

有兴趣的同学也可以再设置一个合适的温度值,待温度稳定后,重复以上实验,测得一组其他温度点的伏安特性曲线。

2. 在同一恒定正向电流条件下,测量 PN 结正向压降随温度的变化关系

选择合适的正向电流 I_F,并保持不变。一般选小于 $100\ \mu A$ 的值,以减小自身热效应。将 DH-SJ 型温度传感器实验装置上的"加热电流"开关置"开"位置,根据目标温度,选择合适的加热电流,在实验时间允许的情况下,加热电流可以取得小一点,如 $0.3\sim0.6\ A$。这时加热炉内温度开始升高,开始记录对应的 V_F 和 T 于表 5.19。为了更准确地记数,可以根据 V_F 的变化,记录 T 的变化。

注意: 在整个实验过程中,正向电流 I_F 应保持不变。设定的温度不宜过高,必须控制在 120℃ 以内。

【实验数据及处理】

1. 同一温度下,测量正向电压随正向电流的变化关系,绘制伏安特性曲线。

表 5.18 同一温度下正向电压与正向电流的关系　　　　$T=$ _____ ℃

序号	1	2	3	4	5	6	7	8
V_F/V	0.350	0.360	0.370	0.380	0.390	0.400	0.410	0.420
$I_F/\mu A$								
序号	9	10	11	12	13	14	15	16
V_F/V	0.430	0.440	0.450	0.460	0.470	0.480	0.490	0.500
$I_F/\mu A$								
序号	17	18	19	20	21	22	23	24
V_F/V	0.510	0.520	0.530	0.540	0.550	0.560	0.570	0.580
$I_F/\mu A$								

2. 在同一恒定正向电流条件下,测量 PN 结正向压降随温度的变化关系。绘制 PN 结正向压降随温度的变化曲线,确定其灵敏度,估算被测 PN 结材料的禁带宽度

表 5.19 同一 I_F 下,正向电压与温度的关系　　　　$I_F=$ _____ μA

序号	1	2	3	4	5	6	7	8
$T/℃$								
V_F/V								
序号	9	10	11	12	13	14	15	16
$T/℃$								
V_F/V								
序号	17	18	19	20	21	22	23	24
$T/℃$								
V_F/V								

3. 计算玻耳兹曼常数,学习用 Excel 应用软件进行指数函数的曲线回归的方法

直接计算法:对表 5.18 测得的数据,用公式(5.100),计算出玻耳兹曼常数 $k=$ _____。

曲线拟合法:借用 Excel 程序拟合指数函数。以公式 $I_F=A\exp(BV_F)$ 的正向电流 I_F 和正向压降 V_F 为变量,根据表 5.18 测得的数据,以 V_F 为 x 轴数据,I_F 为 y 轴数据,用 Excel 进行指数函数的曲线回归,求得 A、B 值,再由 $A=I_S$,估算出反向饱和电流 I_S;利用 $B=q/kT$,求出玻耳兹曼常数 k(该方法具体可参阅附录)。

4. 求被测 PN 结正向压降随温度变化的灵敏度 $S(\text{mV/K})$

以 T 为横坐标,V_F 为纵坐标,作 $V_F\text{-}T$ 曲线,其斜率就是 S。这里的 T 单位为 K。用 Excel 对 $V_F\text{-}T$ 数据按公式 $V_F=AT+B$ 进行直线拟合,方法参阅附录,参数可重新设定,建议 X 轴坐标起始点选 270 K。在添加趋势线时,在类型菜单中选择线性(L)即可。根据得到的公式,可求出

$$A=\underline{\qquad},B=\underline{\qquad},\text{相关系数 } r=\sqrt{R^2}=\underline{\qquad}。$$

(1) 斜率,即传感器灵敏度 $S=A=$ _____ mV/K;

(2) 截距 $V_g(0)=B=$ _____ V(0 K 温度)。

5. 估算被测 PN 结材料的禁带宽度

(1) 由前已知,PN 结正向压降随温度变化曲线的截距 B 就是 $V_g(0)$ 的值。也可根据公式(5.98)进行单个数据的估算,将温度 T 和该温度下的 V_F 代入 $V_g(0)=V_F-ST$ 即可求得 $V_g(0)$,注意 T 的单位是 K。

(2) 将实验所得的 $E_g(0)=qV_g(0)=$ _____ eV,与公认值 $E_g(0)=1.21$ eV 比较,并求其相对误差。

6. 设计性探究(选做):用给定的 PN 结测量未知温度。

实验使用的 PN 结传感器可以方便地取出。根据实验原理,结合实验仪器,将该 PN 结制成温度传感器,试用其测量未知的温度。具体过程请自行设定。

【附录】

Excel 中自动拟合曲线的方法

在 Excel 中选中需要拟合的正向电压和正向电流数据,依次点击 Excel 程序菜单插入—图表—标准类型—xy 散点图—子表类型—无数据点平滑散点图—下一步,出现数据区域、系列选项,在数据区域选项中,可根据实际的数据区域的排列,选择行或列;在系列选项中可填入不同系列的代号,如该曲线测量时的温度值;点击下一步,出现图表选项,在表题项中,可填入图表标题、数值(X)轴、数值(Y)轴内容,如 PN 结伏安特性、正向电压(V)、正向电流(μA),在网格线项中,可选择主要网格线、次要网格线;点击下一步,可完成曲线的图表绘制。

完成后的图表,如果需要更改,还可以继续设置。双击图表区域,在弹出的绘图区格式中,可以选择绘图区的背景色;双击坐标轴,在弹出的坐标轴格式框中,可设置坐标轴的刻度、起始值等,可根据需要自行设置。

完成以上设置后,在已产生图表中,右键单击数据曲线,在右键菜单中,选择添加趋势线,在类型菜单中选择要生成曲线的类型,这里选择指数(X),在选项菜单中选中显示公式、显示 R 平方值点击确定即可显示公式。右键点击公式,点击数据标志格式,选择数字栏的

科学计数,小数位数选择 3 位,点击确定,即可根据此公式可求出

$A=$ _____,$B=$ _____,相关系数 $r=\sqrt{R^2}=$ _____。估算反向饱和电流 $I_S=$
$A=$ _____,玻耳兹曼常数 $k=q/(BT)=$ _____。

(吕 蓬 编写)

实验 42 塞 曼 效 应

1896 年,荷兰物理学家塞曼(P. Zeeman,1865—1943)发现当光源放在足够强的磁场中时,原来的一条光谱线分裂成几条光谱线,分裂的谱线成分是偏振的,分裂的条数随能级的类别而不同,后人称此现象为塞曼效应。

塞曼在洛伦兹及其经典电子论的指导下,解释了正常塞曼效应和分裂后谱线的偏振特性,并且估算出的电子荷质比与几个月后汤姆孙从阴极射线得到的电子荷质比相同。塞曼效应不仅证实了洛伦兹电子论的准确性,而且为汤姆孙发现电子提供了证据,并且还证实了原子具有磁矩和空间取向的量子化。1902 年,塞曼与洛伦兹因这一发现共同获得了诺贝尔物理学奖。直到今日,塞曼效应仍旧是研究原子能级结构的重要方法。

【实验目的】

1. 掌握观测塞曼效应的方法,加深对原子磁矩及空间量子化等原子物理学概念的理解。

2. 学习法布里-珀罗标准具的调节方法。

3. 观察汞原子 546.1 nm 谱线的分裂现象及它们的偏振状态,由塞曼裂距计算电子荷质比。

4. 学习 CCD 器件在光谱测量中的应用以及通过计算机自动处理光谱数据的实验方法。

【实验原理】

1. 原子的总磁矩和总角动量的关系

严格来说,原子的总磁矩由电子磁矩和核磁矩两部分组成,但由于后者比前者小三个数量级以上,所以暂时只考虑电子的磁矩这一部分。原子中的电子由于作轨道运动产生轨道磁矩,电子还具有自旋运动产生自旋磁矩,根据量子力学,电子的轨道磁矩 μ_L 和轨道角动量 P_L 在数值上有如下关系:

$$\mu_L=\frac{e}{2m}P_L, \quad P_L=\sqrt{L(L+1)}\,\eta \tag{5.101}$$

自旋磁矩 μ_S 和自旋角动量 P_S 有如下关系:

$$\mu_S=\frac{e}{m}P_S, \quad P_S=\sqrt{S(S+1)}\,\eta \tag{5.102}$$

式中 e,m 分别表示电子电荷和电子质量,L,S 分别表示轨道量子数和自旋量子数。轨道角动量和自旋角动量合成原子的总角动量 P_J,轨道磁矩和自旋磁矩合成原子的总磁矩 μ,由于 μ 绕 P_J 运动,只有 μ 在 P_J 方向的投影 μ_J 对外平均效果不为零,可以得到 μ_J 与 P_J 数值

上的关系为

$$\mu_J = g\frac{e}{2m}P_J \tag{5.103}$$

其中

$$g = 1 + \frac{J(J+1) - L(L+1) + S(S+1)}{2J(J+1)} \tag{5.104}$$

g 叫做朗德(Lande)因子,它表征原子的总磁矩与总角动量的关系,而且决定了能级在磁场中分裂的大小。

2. 外磁场对原子能级的作用

原子的总磁矩在外磁场中受到力矩 L 的作用

$$L = \mu_J \times B \tag{5.105}$$

式中,B 表示磁感应强度,力矩 L 使角动量 P_J 绕磁场方向作进动,进动引起附加的能量 ΔE 为

$$\Delta E = -\mu_J B\cos\alpha \tag{5.106}$$

将式(5.103)代入式(5.106)得

$$\Delta E = g\frac{e}{2m}P_J B\cos\beta \tag{5.107}$$

由于 μ_J 和 P_J 在磁场中取向是量子化的,也就是 P_J 在磁场方向的分量是量子化的。P_J 的分量只能是 η 的整数倍,即

$$P_J\cos\beta = M\eta, \quad M = J,(J-1),\cdots,-J \tag{5.108}$$

磁量子数 M 共有 $2J+1$ 个值。将式(5.108)代入式(5.107)得到

$$\Delta E = Mg\frac{e\eta}{2m}B \tag{5.109}$$

这样,无外磁场时的一个能级在外磁场作用下分裂为 $2J+1$ 个子能级。由式(5.109)决定的每个子能级的附加能量正比于外磁场 B,并且与朗德因子 g 有关。

3. 能级分裂下的跃迁

设某一光谱线在未加磁场时跃迁前后的能级为 E_2 和 E_1,则谱线的频率 ν 决定于

$$h\nu = E_2 - E_1 \tag{5.110}$$

在外磁场中,上下能级分裂为 $2J_2+1$ 和 $2J_1+1$ 个子能级,附加能量分别为 ΔE_2 和 ΔE_1,并且可以按式(5.109)算出。新的谱线频率 ν' 决定于

$$h\nu' = (E_2 + \Delta E_2) - (E_1 + \Delta E_1) \tag{5.111}$$

所以分裂后谱线与原谱线的频率差为

$$\Delta\nu = \nu' - \nu = \frac{1}{h}(\Delta E_2 - \Delta E_1) = (M_2 g_2 - M_1 g_1)\frac{eB}{4\pi m} \tag{5.112}$$

用波数来表示为

$$\Delta\tilde{\nu} = (M_2 g_2 - M_1 g_1)\frac{eB}{4\pi mc} \tag{5.113}$$

令 $L = eB/(4\pi mc)$,L 称为洛伦兹单位。将有关物理常数代入得

$$L = 46.67B\,(\mathrm{m}^{-1})$$

其中 B 的单位采用 T(特[斯拉])。

但是,并非任何两个能级的跃迁都是可能的。跃迁必须满足以下选择定则

$$\Delta M = M_2 - M_1 = 0, \pm 1 \quad (当 J_2 = J_1 时, M_2 = 0 \rightarrow M_1 = 0 除外)$$

习惯上取较高能级的 M 量子数之差为 ΔM。

(1) 当 $\Delta M = 0$ 时,产生 π 线,沿垂直于磁场的方向观察时,得到光振动方向平行于磁场的线偏振光。沿平行于磁场的方向观察时,光强度为零。

(2) 当 $\Delta M = \pm 1$ 时,产生 σ 线。沿垂直于磁场的方向观察时,得到的都是光振动方向垂直于磁场的线偏振光。当光线的传播方向平行于磁场方向时 σ^+ 线为一左旋圆偏振光,σ^- 线为一右旋圆偏振光。当光线的传播方向反平行于磁场方向时,观察到的 σ^+ 和 σ^- 线分别为右旋和左旋圆偏振光。

沿其他方向观察时,π 线保持为线偏振光,σ 线变为圆偏振光。由于光源必须置于电磁铁两磁极之间,为了在沿磁场方向上观察塞曼效应,必须在磁极上镗孔。

4. 汞绿线在外磁场中的塞曼效应

本实验中所观察的汞绿线 546.1 nm 对应于跃迁 $\{6s7s\}^3S_1 \rightarrow \{6s6p\}^3P_2$。与这两能级及其塞曼分裂能级对应的量子数和 g, M, Mg 值以及偏振态列于表 5.20 及表 5.21。

表 5.20 各光线的偏振态

选择定则	$K \perp B$(横向)	$K // B$(纵向)
$\Delta M = 0$	线偏振光 π 成分	无光
$\Delta M = +1$	线偏振光 σ 成分	右旋圆偏振光
$\Delta M = -1$	线偏振光 σ 成分	左旋圆偏振光

表 5.20 中 K 为光波矢量;B 为磁感应强度矢量;σ 表示光波电矢量 $E \perp B$;π 表示光波电矢量 $E // B$。

表 5.21 两能级对应的量子数

原子态符号	初态 $^3S_1$	末态 $^3P_2$
L	0	1
S	1	1
J	1	2
g	2	$-3/2$
M	1, 0, -1	2, 1, 0, -1, -2
Mg	2, 0, -2	3, 3/2, 0, $-3/2$, -3

这两个状态的朗德因子 g 和在磁场中的能级分裂,可以由式(5.104)和式(5.107)计算得出,并且绘成能级跃迁图,如图 5.60 所示。

由图可见,上下能级在外磁场中分裂为三个和五个子能级。在能级图上画出了选择规则允许的九种跃迁。在能级图下方画出了与各跃迁相应的谱线在频谱上的位置,其波数从左到右增加,并且是等距的。为了便于区分,将 π 线和 σ 线都标在相应的地方,各线段的长度表示光谱线的相对强度。

5. 法布里-珀罗标准具的原理和性能

塞曼分裂的波长差是很小的,普通的棱镜摄谱仪是不能胜任的,应使用分辨本领高的光

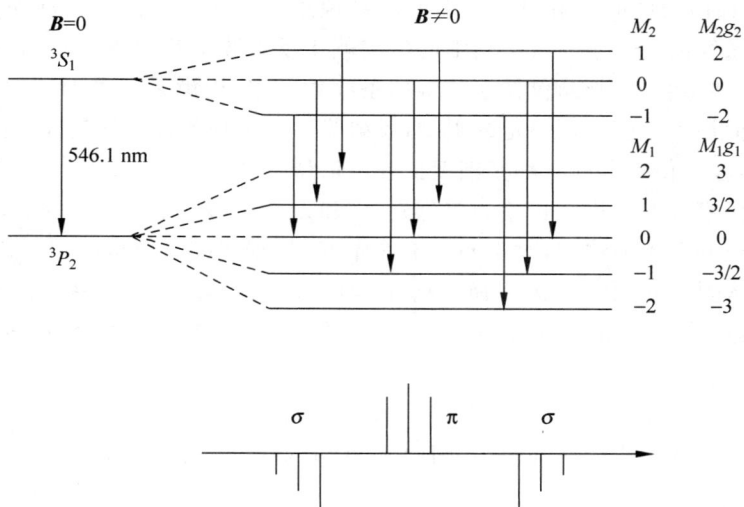

图 5.60 汞绿线的塞曼效应及谱线强度分布

谱仪器,如法布里-珀罗标准具、陆末-格尔克板、迈克耳孙阶梯光栅等。大部分的塞曼效应实验仪器选择法布里-珀罗标准具。

法布里-珀罗标准具(以下简称 F-P 标准具)由两块平行平面玻璃板和夹在中间的一个间隔圈组成。平面玻璃板内表面是平整的,其加工精度要求优于 1/20 中心波长。内表面上镀有高反射膜,膜的反射率高于 90%。间隔圈用膨胀系数很小的熔融石英材料制作,精加工成有一定的厚度,用来保证两块平面玻璃板之间有很高的平行度和稳定间距。

标准具的光路图如图 5.61 所示,当单色平行光束 S_0 以某一小角度入射到标准具的 M 平面上;光束在 M 和 M' 二表面上经过多次反射和投射,分别形成一系列相互平行的反射光束 $1,2,3,\cdots$ 及透射光束 $1',2',3',\cdots$,任何相邻光束间的光程差 Δ 是一样的,即

$$\Delta = 2nd\cos\theta$$

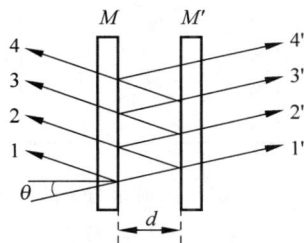

图 5.61 F-P 标准具的多光束干涉

其中 d 为两平行板之间的间距,大小为 2 mm,θ 为光束入射角,n 为平行板介质的折射率,在空气中使用标准具时可以取 $n=1$。当一系列相互平行并有一定光程差的光束(多光束)经会聚透镜在焦平面上发生干涉。光程差为波长整数倍时产生干涉,得到光强极大值

$$2d\cos\theta = K\lambda \tag{5.114}$$

式中,K 为整数,称为干涉序。由于标准具的间隔 d 是固定的,对于波长 λ 一定的光,不同的干涉序 K 出现在不同的入射角 θ 处,如果采用扩展光源照明,在 F-P 标准具中将产生等倾干涉,这时相同 θ 角的光束所形成的干涉条纹是一圆环,整个花样则是一组同心圆环。

由于标准具中发生的是多光束干涉,干涉条纹的宽度非常细锐。通常用精细度(定义为相邻条纹间距与条纹半宽度之比)F 表征标准具的分辨性能,可以证明

$$F = \frac{\pi\sqrt{R}}{1-R} \tag{5.115}$$

其中 R 是平行板内表面的反射率。精细度的物理意义是在相邻的两干涉序的条纹之间能够分辨的干涉条纹的最大条纹数。精细度仅依赖于反射膜的反射率。反射率越大,精细度越大,则每一干涉条纹越锐细,仪器能分辨的条纹数越多,也就是仪器的分辨本领越高。实际上玻璃内表面加工精度受到一定的限制,反射膜层中出现各种非均匀性,这些都会带来散射等耗散因素,往往使仪器的实际精细度比理论值低。

我们考虑两束具有微小波长差的单色光 λ_1 和 λ_2($\lambda_1 > \lambda_2$,且 $\lambda_1 \approx \lambda_2 \approx \lambda$),例如,加磁场后汞绿线分裂成的九条谱线中,对于同一干涉序 K,根据式(5.114),λ_1 和 λ_2 的光强极大值对应于不同的入射角 θ_1 和 θ_2,因而所有的干涉序形成两套条纹。如果 λ_1 和 λ_2 的波长差(随磁场 B)逐渐加大,使得 λ_2 的 K 序条纹与 λ_1 的 $(K-1)$ 序条纹重合,这时以下条件得到满足:

$$K\lambda_2 = (K-1)\lambda_1 \tag{5.116}$$

考虑到靠近干涉圆环中央处 θ 都很小,因而 $K = 2d/\lambda$,于是式(5.116)可以写作

$$\Delta\lambda = \lambda_1 - \lambda_2 = \frac{\lambda^2}{2d} \tag{5.117}$$

用波数表示为

$$\Delta\tilde{\nu} = \frac{1}{2d} \tag{5.118}$$

按以上两式算出的 $\Delta\lambda$ 或 $\Delta\tilde{\nu}$ 定义为标准具的色散范围,又称为自由光谱范围。它是标准具的特征量,它给出了靠近干涉圆环中央处不同波长差的干涉花纹不重序时所允最大波长差。

6. 分裂后各谱线的波长差或波数差的测量

用焦距为 f 的透镜使 F-P 标准具的干涉条纹成像在焦平面上,这时靠近中央各条纹的入射角 θ 与它的直径 D 有如下关系,如图 5.62 所示,

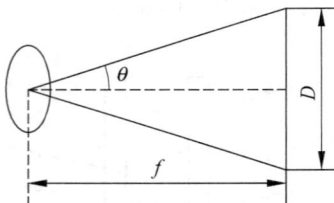

图 5.62 入射角与干涉圆环直径的关系

$$\cos\theta = \frac{f}{\sqrt{f^2 + (D/2)^2}} \approx 1 - \frac{1}{8}\frac{D^2}{f^2} \tag{5.119}$$

代入式(5.114)得

$$2d\left(1 - \frac{D^2}{8f^2}\right) = K\lambda \tag{5.120}$$

由式(5.120)可见,靠近中央各条纹的直径平方与干涉序成线性关系。对同一波长而言,随着条纹直径的增大,条纹越来越密,并且式(5.120)左侧括号内符号表明,直径大的干涉环对应的干涉序低。同理,就不同波长同序的干涉环而言,直径大的波长小。

同一波长相邻两序 K 和 $K-1$ 条纹的直径平方差 ΔD^2 可以从式(5.120)求出,得到

$$\Delta D^2 = D_{K-1}^2 - D_K^2 = \frac{4f^2\lambda}{d} \tag{5.121}$$

可见,ΔD^2 是一个常数,与干涉序 K 无关。

由式(5.120)又可以求出在同一序中不同波长 λ_a 和 λ_b 之差,波长差为

$$\lambda_a - \lambda_b = \frac{d}{4f^2 K}(D_b^2 - D_a^2) = \frac{\lambda}{K}\frac{D_b^2 - D_a^2}{D_{K-1}^2 - D_K^2} \tag{5.122}$$

测量时,通常只利用在中央附近的 K 序干涉条纹。考虑到标准具间隔圈的厚度比波长

大得多,中心条纹的干涉序是很大的。因此,用中心条纹干涉序代替被测条纹的干涉序所引入的误差可以忽略不计,即

$$K = \frac{2d}{\lambda} \tag{5.123}$$

将式(5.123)代入式(5.122)得到

$$\lambda_a - \lambda_b = \frac{\lambda^2}{2d} \frac{D_b^2 - D_a^2}{D_{K-1}^2 - D_K^2} \tag{5.124}$$

用波数表示为

$$\tilde{\nu}_a - \tilde{\nu}_b = \frac{1}{2d} \frac{D_b^2 - D_a^2}{D_{K-1}^2 - D_K^2} = \frac{1}{2d} \frac{\Delta D_{ab}^2}{\Delta D^2} \tag{5.125}$$

其中 $\Delta D_{ab}^2 = D_b^2 - D_a^2$,由式(5.125)得知波数差与相应条纹的直径平方差成正比。

将式(5.125)代入式(5.113)得到电子荷质比为

$$\frac{e}{m} = \frac{2\pi \cdot c}{(M_2 g_2 - M_1 g_1)Bd} \left(\frac{D_b^2 - D_a^2}{D_{K-1}^2 - D_K^2} \right) \tag{5.126}$$

7. CCD 摄像器件

CCD 是电荷耦合器件的简称。它是一种金属氧化物——半导体结构的新型器件,具有光电转换、信息存储和信号传输功能,在图像传感、信息处理和存储等方面有广泛的应用。CCD 摄像器件是 CCD 在图像传感领域中的重要应用。在本实验中,经有 F-P 标准具出射的多光束,经透镜会聚相干涉,呈多光束干涉条纹成像于 CCD 光敏面。利用 CCD 的光电转换功能,将其转换为电信号"图像",由荧光屏显示。因为 CCD 是对弱光极为敏感的光放大器件,所以能够呈现明亮、清晰的干涉图样。

【实验仪器】

该实验主要由实验主机、磁铁电源、氦氖激光器(带调节架)、电磁铁、转台、光学导轨以及偏振片(连光电探测器)、会聚透镜、干涉滤色片、F-P 标准具、成像透镜以及读数显微镜组成。另外,还选配有 CCD 摄像系统、USB 图像采集系统以及塞曼效应实验分析软件。

【实验内容】

1. 实验前仪器连接及调整

(1) 氦-氖激光器通过底部四个定位孔和调节架相配合,旋动调节架上的调节旋钮,可以使激光器的高度平稳调节。

(2) 电磁铁放在转台上,通过限位槽和基准线来定位,以致使电磁铁的转动中心正好和磁间隙中心重合。

(3) 导轨置于电磁铁横向放置时磁芯中心孔的延长线上,注意离开转台一段距离,以使电磁铁转动时不碰到导轨。调节滑块后部制动旋钮,使滑动均匀、顺利。通过激光的准直性调节各光学元件,使它们同轴。本书推荐光学元件安置顺序:刻度盘—聚光透镜—干涉滤光片—法布里-珀罗标准具—成像透镜—读数显微镜。

(4) 按照面板提示连接好主机各线,光功率计上通过一话筒线和刻度盘上的光电转换盒相连。接通电源,分别调节磁感应强度测量和光功率计至零点,注意调节时应使输入信号

为零,即磁感应强度测量应使探头远离磁场,光功率计应使光电转换盒通光量为最小。

2. 塞曼效应实验

(1) 按照图 5.63 所示,依次放置各光学元件(偏振片可以先不放置),并调节光路上各光学元件等高共轴,点燃汞灯,使光束通过每个光学元件的中心。

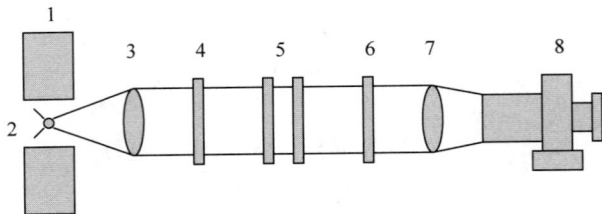

图 5.63 直读法测量塞曼效应实验装置图

1—电磁铁(连电源);2—笔形汞灯;3—会聚透镜;4—干涉滤色片;5—F-P 标准具;6—偏振片;

7—成像透镜;8—读数显微镜

(2) 注意图中会聚透镜和成像透镜的区别:成像透镜焦距大于会聚透镜,而会聚透镜的通光孔径大于成像透镜的通光孔径。用内六角扳手调节标准具上三个压紧弹簧螺丝(一般出厂前,标准具已经调好,学生做实验时,请不要自行调节),使两平行面达到严格平行,从测量望远镜中可观察到清晰明亮的一组同心干涉圆环。

(3) 从测量望远镜中可观察到细锐的干涉圆环发生分裂的图像。调节会聚透镜的高度,或者调节永磁铁两端的内六角螺丝,改变磁间隙,达到改变磁场场强的目的,可以看到随着磁场 B 的增大,谱线的分裂宽度也在不断增宽。放置偏振片(注意,直读测量时应将偏振片中的小孔光阑取掉,以增加通光量),当旋转偏振片为 0°、45°、90°各不同位置时,可观察到偏振性质不同的 π 成分和 σ 成分。

(4) 旋转偏振片,通过读数望远镜能够看到清晰的每级三个的分裂圆环,如图 5.64 所示,旋转测量望远镜读数鼓轮,用测量分划板的铅垂线依次与被测圆环相切,从读数鼓轮上读出相应的一组数据,它们的差值即为被测的干涉圆环直径,测量四个圆的直径 D_c、D_b(即为 D_{K-1})、D_a、D_K,用毫特斯拉计测量中心磁场的磁感应强度 B,代入公式(5.126)计算电子荷质比,并计算测量误差。

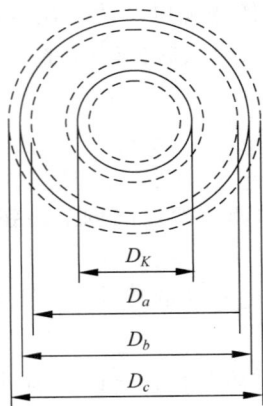

图 5.64 汞 546.1 nm 光谱加磁场后的图像

(5) 利用 CCD 摄像器件、USB 外置图像采集卡和塞曼效应实验分析软件。如图 5.65 所示,可以在前面直读测量的基础上,将读数望远镜和成像透镜去掉,装上 CCD 摄像器件,并连接 USB 外置图像采集卡,安装驱动程序以及塞曼效应实验分析 VCH4.0 软件,进行自动测量。注意这时偏振片上应该加装小孔光阑。具体软件的操作见软件的使用说明。

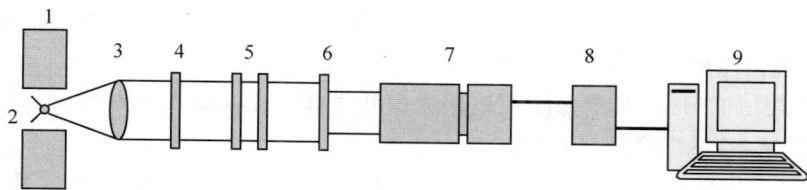

图 5.65 计算机自动测量塞曼效应实验装置

1—电磁铁(连电源);2—笔形汞灯;3—会聚透镜;4—干涉滤色片;5—F-P 标准具;6—偏振片;
7—CCD 摄像器件(配调焦镜头);8—USB 外置图像采集卡;9—计算机

【实验数据及处理】

1. 加磁场后,观察横效应,利用直读法用读数望远镜测量,数据填入表 5.22(单位 mm)。

表 5.22 数 据 记 录

	D_c	$D_b(D_{K-1})$	D_a	D_K
上切读数				
下切读数				
测量直径				

2. 用毫特斯拉计测量中心磁场 $B =$ _____ T;

3. 计算荷质比 $\frac{e}{m}$ 及百分误差（其中：电子荷质比公认参考数值为 $\frac{e}{m} = 1.7588 \times 10^{11}$ C/kg）;

4. 利用 CCD 技术及计算机分析软件测量相关数据,填入表 5.23,计算荷质比及百分误差;要求截屏保留没加磁场与加磁场后的谱线分裂的干涉图像。

表 5.23 数 据 记 录

物理量	测量数据	物理量	测量数据
圆心横坐标 X		$K-1$ 级中心圆直径 D_{K-1}	
圆心纵坐标 Y		$K-1$ 级内测圆直径 $D_{K-1内}$	
K 级中心圆直径 D_K		$K-1$ 级外测圆直径 $D_{K-1外}$	

【注意事项】

1. 笔形汞灯工作时辐射出较强的 253.7 nm 紫外线,实验时操作者请不要直接观察汞灯灯光,如需要直接观察灯光,请佩戴防护眼镜。

2. 为了保证笔形汞灯有良好的稳定性,在振荡直流电源上应用时,对其工作电流应该加以选择。另外将笔形汞灯管放入磁头间隙时,注意尽量不要使灯管接触磁头。

3. 汞灯起辉电压达到 1000 V 以上,所以通电时注意不要触碰笔形汞灯的接插件和连接线,以免发生触电。

4. 仪器应存放在干燥、通风的清洁房间内,长时间不用时请加罩防护。

5. 法布里-珀罗标准具等光学元件应避免沾染灰尘、污垢和油脂,还应该避免在潮湿、过冷、过热和酸碱性蒸汽环境中存放和使用。

6. 光学零件的表面上如有灰尘可以用橡皮吹气球吹去。如表面有污渍可以用脱脂、清洁棉花球蘸酒精、乙醚混合液轻轻擦拭。

7. 电磁铁在完成实验后应及时切断电源,以避免长时间工作使线圈积聚热量过多而破坏稳定性。

8. 汞灯放进磁隙中时,应该注意避免灯管接触磁头。

9. 测量中心磁场磁感应强度时,应注意探头在同一实验中不同次测量时放置于同一位置,以使测量更加准确、稳定。

10. 笔型汞灯工作时会辐射出紫外线,所以操作实验时不宜长时间眼睛直视灯光;另外,应经常保持灯管发光区的清洁,发现有污渍应及时用酒精或丙酮擦洗干净。

11. 因为法拉第效应实验和塞曼效应要求尽量减小外界光的影响,所以实验时最好在暗室内完成,以使实验现象更加明显,实验数据更加准确。

12. 不要把 CCD 摄像机暴露在日光直射、雨天或者灰尘大的恶劣环境中。

13. 严禁用手直接清洁 CCD 感光器,必要时可以用软布浸上酒精擦洗。

14. 使用 CCD 摄像机时,注意轻拿轻放,避免强烈震动或跌落。

(吕 蓬 编写)

实验 43　法拉第效应

法拉第效应于 1845 年由英国著名物理学家 M. 法拉第发现。当线偏振光在介质中传播时,若在平行于光的传播方向上加一强磁场,则光振动方向将发生偏转,偏转角度与磁感应强度和光穿越介质的长度成正比,偏转方向取决于介质性质和磁场方向。上述现象称为法拉第效应或磁致旋光效应。该效应有许多重要的应用,如光纤通信中的磁光隔离器、单通器,激光通信、激光雷达等技术中的光频环行器、调制器以及磁场测量的磁强计等。此外,利用法拉第效应还可研究物质结构、载流子有效质量、能带,比如可用来分析碳氢化合物,因每种碳氢化合物有各自的磁致旋光特性。在光谱研究中,可借以得到关于激发能级的有关知识。

【实验目的】

1. 理解法拉第效应的原理。

2. 会用特斯拉计测量电磁铁磁头中心的磁感应强度,分析励磁电流与磁感应强度的关系。

3. 掌握消光法测量样品的费尔德常数。

4. 运用法拉第效应测算介质的色散率。

【实验原理】

1. 法拉第效应描述

实验表明,在磁场不是非常强时,如图 5.66 所示,偏振面旋转的角度 θ 与光波在介质中

走过的路程 d 及介质中的磁感应强度在光的传播方向上的分量 B 成正比,即

$$\theta = VBd \tag{5.127}$$

比例系数 V 与介质性质及光波频率有关,表征着物质的磁光特性,这个系数称为费尔德(Verdet)常数。对于顺磁、弱磁和抗磁性材料(如重火石玻璃等),V为常数,即 θ 与磁场强度 B 有线性关系;而对铁磁性或亚铁磁性材料(如 YIG 等立方晶体材料),θ 与 B 不是简单的线性关系。进一步研究发现,费尔德常数满足下列关系:

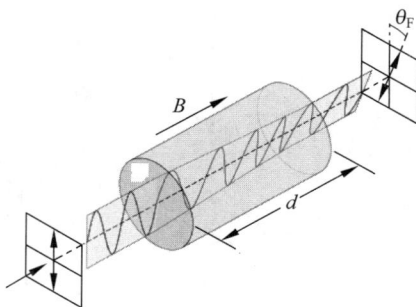

图 5.66　法拉第磁致旋光效应

$$V = -\frac{e}{2mc}\lambda\frac{\mathrm{d}n}{\mathrm{d}\lambda} \tag{5.128}$$

式中,$\frac{e}{m}$ 为电子荷质比,c 为光在真空中的速度,λ 为入射光波长,$\frac{\mathrm{d}n}{\mathrm{d}\lambda}$ 为该入射光在样品介质中传播的色散率。

几乎所有物质(包括气体、液体、固体)都存在法拉第效应,不过一般都不显著。

不同的物质,偏振面旋转的方向也可能不同。习惯上规定,以顺着磁场观察偏振面旋转绕向与磁场方向满足右手螺旋关系的称为"右旋"介质,其费尔德常数 $V>0$;反向旋转的称为"左旋"介质,费尔德常数 $V<0$。

对于每一种给定的物质,法拉第旋转方向仅由磁场方向决定,而与光的传播方向无关(不管传播方向与磁场同向或者反向),这是法拉第磁光效应与某些物质的固有旋光效应的重要区别。固有旋光效应的旋光方向与光的传播方向有关,即随着顺光线和逆光线的方向观察,线偏振光的偏振面的旋转方向是相反的,因此当光线往返两次穿过固有旋光物质时,线偏振光的偏振面没有旋转。而法拉第效应则不然,在磁场方向不变的情况下,光线往返穿过磁致旋光物质时,法拉第旋转角将加倍。利用这一特性,可以使光线在介质中往返数次,从而使旋转角度加大。这一性质使得磁光晶体在激光技术、光纤通信技术中获得重要应用。

与固有旋光效应类似,法拉第效应也有旋光色散,即费尔德常数随波长而变。一束白色的线偏振光穿过磁致旋光介质,则紫光的偏振面要比红光的偏振面转过的角度大,这就是旋光色散。实验表明,磁致旋光物质的费尔德常数 V 随波长 λ 的增加而减小。

2. 法拉第效应的理论解释

如图 5.67 所示,一束平面偏振光可看作由两个等振幅、不同频率的左旋和右旋圆偏振光构成。设线偏振光的电矢量为 E,角频率为 ω,则 E 为左旋圆偏振光 E_L 和右旋圆偏振光 E_R 之和。通过长度 D 的介质后,E_L 和 E_R 之间产生相位差

$$\theta = \omega(t_R - t_L) = \omega\left(\frac{D}{V_R} - \frac{D}{V_L}\right) = \frac{\omega D}{c}(n_R - n_L) \tag{5.129}$$

式中,V_L、t_L、n_L 及 V_R、t_R、n_R 分别为 E_L 及 E_R 通过磁场中磁性介质时的传播速度、时间及介质折射率。出射介质后的线偏振光的转角(法拉第效应旋光角)为

$$\alpha_F = \frac{\theta}{2} = \frac{\omega D}{2c}(n_R - n_L) \tag{5.130}$$

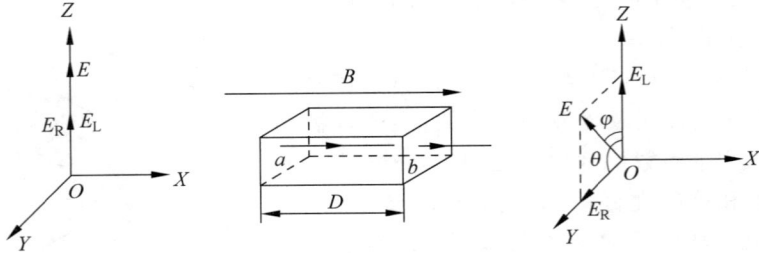

图 5.67　法拉第效应示意图

在磁场 B 中介质中原子的电子具有势能 U, 即

$$U = -\bar{\mu} \cdot \bar{B} = \frac{eB}{2m} L_B \tag{5.131}$$

式中 e 为电子电荷, m 为电子质量, L_B 为电子的轨道角动量在磁场方向的分量。

在磁场 B 的作用下, 当平面偏振光通过介质时, 光子与轨道电子发生相互作用, 使轨道电子从基态跃迁到较高能级, 并获得角动量。跃迁后电子动能不变, 而势能增加 ΔU, 即

$$\Delta U = \pm \frac{eB}{2m} \hbar \quad (\text{+ 对应于左旋光子; − 对应于右旋光子}) \tag{5.132}$$

由于 $n = n(\hbar\omega)$, 因此, 在磁场作用下, 能量为 $\hbar\omega$ 的左旋圆偏振光子所激发的跃迁电子的能级结构与无外磁场时能量为 $\hbar\omega - \Delta U$ 的左旋光子所激发的跃迁电子的能级结构相同。因此

$$n_L(\hbar\omega) = n(\hbar\omega - \Delta U) \tag{5.133}$$

即

$$n_L(\omega) = n\left(\omega - \frac{\Delta U}{\hbar}\right) \approx n(\omega) - \frac{dn}{d\omega} \frac{\Delta U}{\hbar} \approx n(\omega) - \frac{dn}{d\omega} \frac{eB}{2m} \tag{5.134}$$

同理, 对右旋光子, 有

$$n_R(\omega) \approx n(\omega) + \frac{dn}{d\omega} \frac{eB}{2m}$$

则

$$n_R(\omega) - n_L(\omega) = \frac{eB}{m} \frac{dn}{d\omega} \tag{5.135}$$

将式(5.135)代入式(5.130)得

$$\alpha_F = \frac{\omega D eB}{2mc} \frac{dn}{d\omega} = \left(-\frac{e}{2mc}\right) \lambda \frac{dn}{d\lambda} DB = V_{(\lambda)} DB$$

即

$$\alpha_F = V_{(\lambda)} DB \tag{5.136}$$

其中

$$V_{(\lambda)} = \left(-\frac{e}{2mc}\right) \lambda \frac{dn}{d\lambda} \tag{5.137}$$

为费尔德常数, 反映了介质的特性, 其值由介质和工作波长决定。

式(5.136)即为法拉第效应旋转角的计算公式。它表明法拉第旋光角的大小与样品厚度、磁场强度成正比, 并且与入射波光波长及介质的色散有密切关系。

【实验仪器】

本实验采用 FD-FZ-I 型法拉第-塞曼效应综合实验仪,该实验主要由实验主机、磁铁电源、氦氖激光器(带调节架,波长 $\lambda = 632.8$ nm)、电磁铁、转台、光学导轨以及偏振片(连刻度盘)、光电探测器、光功率计、直流稳压电源、特斯拉计等。

【实验过程】

1. 实验前仪器连接及调整:

(1) 氦-氖激光器通过底部四个定位孔和调节架相配合,旋动调节架上的调节旋钮,可以使激光器的高度平稳调节。

(2) 电磁铁放在转台上,通过限位槽和基准线来定位,以致使电磁铁的转动中心正好和磁间隙中心重合。

(3) 导轨置于电磁铁横向放置时磁芯中心孔的延长线上,注意应离开转台一段距离,以使电磁铁转动时不碰到导轨,调节滑块后部制动旋钮,使滑动均匀、顺利。

(4) 打开激光器开关,通过激光的准直性调节各光学元件,使之同轴,该系列实验光学元件安置顺序:刻度盘—聚光透镜—干涉滤光片—法布里-珀罗标准具—成像透镜—读数显微镜。

(5) 按照面板提示连接好主机各线,光功率计上通过一话筒线和刻度盘上的光电转换盒相连,开启励磁电源(直流稳压电源),分别调节磁感应强度测量和光功率计至零点,注意,调节时应使输入信号为零,即磁感应强度测量应使探头远离磁场,光功率计应使光电转换盒通光量为最小。

2. 励磁电流与磁头中心磁感应强度关系的测量

(1) 在激光器和电磁铁间放置遮光屏,遮挡激光穿过电磁铁中心小孔。

(2) 确认开启励磁电源(直流稳压电源),调节它的电流旋钮,使电流值分别调至数据记录表 5.24 设定的电流,每调至一个电流 I,就用磁场测量探头(特斯拉计)测一个磁隙中心的磁感应强度 B,记录于数据表 5.24。

(3) 测完后,把励磁电流缓慢调至 0,然后关闭电流;移开遮光屏。

3. 法拉第效应实验

(1) 做法拉第效应实验时,旋转电磁铁,使之纵向放置。调节氦-氖激光器底部的调节架,使激光器发出的准直光完全通过电磁铁中心的小孔。

(2) 调节刻度盘的高度,使激光器光斑正好打在光电转换盒的通光孔上,此时旋动刻度盘上的旋钮,可以发现光功率计读数发生变化。

(3) 调节样品测试台,并旋动测试台上的调节旋钮,使冕玻璃样品缓慢转动升起,此时光应完全通过样品。

(4) 旋动刻度盘上的旋钮,使刻度盘内偏振片的检偏方向发生变化,因氦-氖激光器激光管内已经装有布儒斯特窗,故不加起偏器,氦-氖激光器出射的光已经是线偏振光,所以转动刻度盘,必定存在一个角度,使光功率计示值最小(光度计可以调节量程,以使测量更加精确),即此时激光器发出的线偏振光的偏振方向与检偏方向垂直,通过游标盘读取此时的角度 θ_1。

（5）开启励磁电源，给样品加上稳定磁场，此时可以看到光度计读数增大，这完全是法拉第效应作用的结果。再次转动刻度盘，使光度计读数最小，读取此时的角度值 θ_2。

（6）关闭氦-氖激光器电源，旋下玻璃样品，移动样品测试台，使磁场测量探头（特斯拉计）正好位于磁隙中心，读取此时的磁感应强度测量值 B。

（7）按照数据表 5.25，通过改变励磁电流 I 来改变中心磁场的场强，测量不同场强下的偏转角 θ_2，记录在数据表 5.25 中。

（8）用游标卡尺测量样品厚度 d（在边缘测一次，注意不要污染样品表面）。

【实验数据及处理】

1. 励磁电流与磁头中心磁感应强度关系

表 5.24　励磁电流与磁头中心磁感应强度关系数据

I/A	0.00	0.20	0.40	0.60	0.80	1.00	1.20	1.40	1.60
B/mT									
I/A	1.80	2.00	2.20	2.40	2.60	2.80	3.00	3.20	3.40
B/mT									

注：在电流为零时，磁头中心磁感应强度可能并不为零，这是磁头材料剩磁引起的。

根据记录表 5.24，作 B-I 间关系图线，拟合计算得出两者间的函数关系式。

在后面的计算旋光玻璃样品费尔德常数 V 时，可以通过上面的拟合公式根据励磁电流（励磁电源表头直接读出）计算得出，而不必再移动特斯拉计探头逐次测量。

2. 费尔德常数 V 的测量

表 5.25　偏转角 θ　　　　　　　　样品厚度：$d =$ ＿＿＿＿＿＿ cm

I/A	0.00	0.50	1.00	1.50	2.00	2.50	3.00
θ_1							
θ_2							
$\theta = \lvert \theta_2 - \theta_1 \rvert /$弧分							
B/mT							

根据记录表 5.25，作 B-θ 间关系图线，计算拟合直线的斜率 k，求出该样品的费尔德常数 V。

3. 查询资料，确定 c、e、电子质量 m，利用公式（5.128）计算该入射光在该样品介质中传播的色散率 $\dfrac{\mathrm{d}n}{\mathrm{d}\lambda}$ 的大小。

【注意事项】

1. 仪器应存放在干燥、通风的清洁房间内，长时间不用时请加罩防护。

2. 光学零件的表面上如有灰尘可以用橡皮吹气球吹去。如表面有污渍可以用脱脂、清洁棉花球蘸酒精、乙醚混合液轻轻擦拭。

3. 电磁铁在完成实验后应及时切断电源,以避免长时间工作使线圈积聚热量过多而破坏稳定性。

4. 测量中心磁场磁感应强度时,应注意探头在同一实验中不同次测量时放置于同一位置,以使测量更加准确、稳定。

5. 因为法拉第效应实验要求尽量减小外界光的影响,所以实验时最好在暗室内完成,以使实验现象更加明显,实验数据更加准确。

（吕　莲　编写）

实验 44　椭圆偏振法测量薄膜的厚度

在近代科学技术中对各种薄膜的研究和应用日益广泛,更加精确和迅速地测定一给定薄膜的光学参数已变得更加迫切和重要。椭圆偏振法(简称椭偏法)就是一种先进的测量纳米级薄膜厚度的方法,具有独特的优点,是一种较灵敏(可探测生长中的薄膜小于 0.1 nm 的厚度变化),精度较高(比一般的干涉法高一至二个数量级),并且是非破坏性测量方法,能同时测定膜的厚度和折射率(以及吸收系数)。因此,这种测量方法已在光学、半导体、生物、医学等诸方面得到较为广泛的应用。这个方法的原理几十年前就已被提出,但由于计算过程太复杂,一般很难直接从测量值求得方程的解析解,直到广泛应用计算机以后,该方法才具有了新的活力,且处在不断的发展中。

【实验目的】

1. 了解椭圆偏振法测量薄膜参数的基本原理。
2. 初步掌握椭圆偏振仪的使用方法,并对纳米量级薄膜厚度进行测量。

【实验原理】

椭偏法测量的基本思路是,起偏器产生的线偏振光经取向一定的 1/4 波片后成为特殊的椭圆偏振光,把它投射到待测样品表面时,只要起偏器取适当的透光方向,被待测样品表面反射出来的将是线偏振光。根据偏振光在反射前后的偏振状态变化,包括振幅和相位的变化,便可以确定样品表面的许多光学特性。

1. 椭偏方程与薄膜折射率和厚度的测量

图 5.68 所示为一光学均匀和各向同性的单层介质膜。它有两个平行的界面,通常上部是折射率为 n_1 的空气(或真空),中间是一层厚度为 d、折射率为 n_2 的介质薄膜,下层是折射率为 n_3 的衬底。介质薄膜均匀地附在衬底上。当一束光射到膜面上时,在界面 1 和界面 2 上形成多次反射和折射,并且各反射光和折射光分别产生多光束干涉。其干涉结果反映了膜的光学特性。

设 φ_1 表示光的入射角,φ_2 和 φ_3 分别为在界面 1 和 2 上的折射角。根据折射定律有

$$n_1\sin\varphi_1 = n_2\sin\varphi_2 = n_3\sin\varphi_3 \tag{5.138}$$

光波的电矢量可以分解成在入射面内振动的 p 分量和垂直于入射面振动的 s 分量。若用 E_{ip} 和 E_{is} 分别代表入射光的 p 和 s 分量,用 E_{rp} 及 E_{rs} 分别代表各束反射光 K_0,K_1,

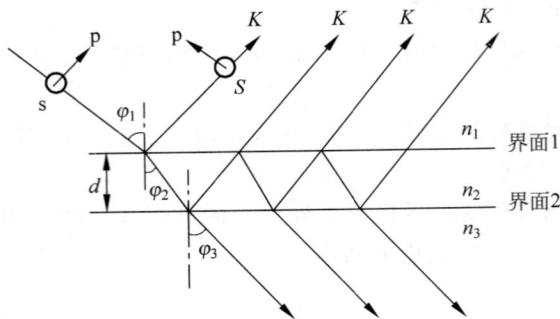

图 5.68 单层介质膜

K_2,…中电矢量的 p 分量之和及 s 分量之和,则膜对两个分量的总反射系数 R_p 和 R_s 定义为

$$R_p = E_{rp}/E_{ip}, \quad R_s = E_{rs}/E_{is} \tag{5.139}$$

经计算可得

$$E_{rp} = \frac{r_{1p} + r_{2p}e^{-i2\delta}}{1 + r_{1p}r_{2p}e^{-i2\delta}}E_{ip}, \quad E_{rs} = \frac{r_{1s} + r_{2s}e^{-i2\delta}}{1 + r_{1s}r_{2s}e^{-i2\delta}}E_{is} \tag{5.140}$$

式中,r_{1p}、r_{1s} 和 r_{2p}、r_{2s} 分别为 p 或 s 分量在界面 1 和界面 2 上一次反射的反射系数,2δ 为任意相邻两束反射光之间的位相差。根据电磁场的麦克斯韦方程和边界条件,可以证明

$$r_{1p} = \tan(\varphi_1 - \varphi_2)/\tan(\varphi_1 + \varphi_2), \quad r_{1s} = -\sin(\varphi_1 - \varphi_2)/\sin(\varphi_1 + \varphi_2);$$

$$r_{2p} = \tan(\varphi_2 - \varphi_3)/\tan(\varphi_2 + \varphi_3), \quad r_{2s} = -\sin(\varphi_2 - \varphi_3)/\sin(\varphi_2 + \varphi_3) \tag{5.141}$$

式(5.141)即著名的菲涅尔(Fresnel)反射系数公式。由相邻两反射光束间的程差,不难算出

$$2\delta = \frac{4\pi d}{\lambda}n_2\cos\varphi_2 = \frac{4\pi d}{\lambda}\sqrt{n_2^2 - n_1^2\sin^2\varphi_1} \tag{5.142}$$

式中,λ 为真空中的波长,d 和 n_2 为介质膜的厚度和折射率。

在椭圆偏振法测量中,为了简便,通常引入另外两个物理量 ψ 和 Δ 来描述反射光偏振态的变化。它们与总反射系数的关系定义为

$$\tan\psi e^{i\Delta} = R_p/R_s = \frac{(r_{1p} + r_{2p}e^{-i2\delta})(1 + r_{1s}r_{2s}e^{-i2\delta})}{(1 + r_{1p}r_{2p}e^{-i2\delta})(r_{1s} + r_{2s}e^{-i2\delta})} \tag{5.143}$$

式(5.143)简称为椭偏方程,其中的 ψ 和 Δ 称为椭偏参数(由于具有角度量纲也称椭偏角)。

由式(5.138)、式(5.141)、式(5.142)和式(5.143)可以看出,参数 ψ 和 Δ 是 n_1、n_2、n_3、λ 和 d 的函数。其中 n_1、n_2、λ 和 φ_1 可以是已知量,如果能从实验中测出 ψ 和 Δ 的值,原则上就可以算出薄膜的折射率 n_2 和厚度 d,这就是椭圆偏振法测量的基本原理。

实际上,究竟 ψ 和 Δ 的具体物理意义是什么,如何测出它们,以及测出后又如何得到 n_2 和 d,均须作进一步的讨论。

2. ψ 和 Δ 的物理意义

用复数形式表示入射光和反射光的 p 和 s 分量

$$E_{ip} = |E_{ip}|\exp(i\theta_{ip}), \quad E_{is} = |E_{is}|\exp(i\theta_{is})$$

$$E_{rp} = |E_{rp}|\exp(i\theta_{rp}), \quad E_{rs} = |E_{rs}|\exp(i\theta_{rs}) \tag{5.144}$$

式中,各绝对值为相应电矢量的振幅,各 θ 值为相应界面处的位相。

由式(5.143)、式(5.139)和式(5.144)可以得到

$$\tan\psi \cdot \mathrm{e}^{\mathrm{i}\Delta} = \frac{|E_{\mathrm{rp}}||E_{\mathrm{is}}|}{|E_{\mathrm{rs}}||E_{\mathrm{ip}}|}\exp\{\mathrm{i}[(\theta_{\mathrm{rp}}-\theta_{\mathrm{rs}})-(\theta_{\mathrm{ip}}-\theta_{\mathrm{is}})]\} \tag{5.145}$$

比较等式两端即可得

$$n\psi = |E_{\mathrm{rp}}||E_{\mathrm{is}}| / |E_{\mathrm{rs}}||E_{\mathrm{ip}}|$$
$$\Delta = (\theta_{\mathrm{rp}}-\theta_{\mathrm{rs}})-(\theta_{\mathrm{ip}}-\theta_{\mathrm{is}}) \tag{5.146}$$

式(5.145)表明,参量 ψ 与反射前后 p 和 s 分量的振幅比有关。而式(5.146)表明,参量 Δ 与反射前后 p 和 s 分量的位相差有关。可见,ψ 和 Δ 直接反映了光在反射前后偏振态的变化。一般规定,ψ 和 Δ 的变化范围分别为 $0\leqslant\psi<\pi/2$ 和 $0\leqslant\Delta<2\pi$。

当入射光为椭圆偏振光时,反射后一般为偏振态(指椭圆的形状和方位)发生了变化的椭圆偏振光(除开 $\psi<\pi/4$ 且 $\Delta=0$ 的情况)。为了能直接测得 ψ 和 Δ,须将实验条件作某些限制以使问题简化,也就是要求入射光和反射光满足以下两个条件:

(1) 要求入射在膜面上的光为等幅椭圆偏振光(即 p 二分量的振幅相等)。这时,$|E_{\mathrm{ip}}|/|E_{\mathrm{is}}|=1$,式(5.146)则简化为

$$\tan\psi = |E_{\mathrm{rp}}| / |E_{\mathrm{rs}}| \tag{5.147}$$

(2) 要求反射光为线偏振光,也就是要求 $\theta_{\mathrm{rp}}-\theta_{\mathrm{rs}}=0$(或 π)。式(5.146)则简化为

$$\Delta = -(\theta_{\mathrm{ip}}-\theta_{\mathrm{is}}) \tag{5.148}$$

满足后一条件并不困难。因为对某一特定的膜,总反射系数比 $R_{\mathrm{p}}/R_{\mathrm{s}}$ 是一定值,式(5.143)决定了 Δ 也是某一定值,根据式(5.146)可知,只要改变入射光二分量的位相差 $(\theta_{\mathrm{ip}}-\theta_{\mathrm{is}})$,直到其大小为一适当值(具体方法见后面的叙述),就可以使 $(\theta_{\mathrm{ip}}-\theta_{\mathrm{is}})=0$(或 π),从而使反射光变成一线偏振光。利用一检偏器可以检验此条件是否已满足。

以上两条件都得到满足时,式(5.147)表明,$\tan\psi$ 恰好是反射光的 p 和 s 分量的幅值比,ψ 是反射光线偏振方向与 s 方向间的夹角,如图 5.69 所示。式(5.148)则表明,Δ 恰好是在膜面上的入射光中 p 和 s 分量间的位相差。

3. ψ 和 Δ 的测量

实现椭圆偏振法测量的仪器称为椭圆偏振仪(简称椭偏仪),它的光路原理如图 5.70 所示。氦氖激光管发出的波长为 632.8 nm 的光,先后通过起偏器 Q,1/4 波片 C 入射到待测薄膜 F 上,反射光通过检偏器 R 射入光电接收器 T。如前所述,

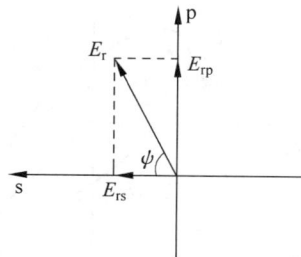

图 5.69 光分量

p 和 s 分别代表平行和垂直于入射面的两个方向。快轴方向 f,对于负晶体是指平行于光轴的方向,对于正晶体是指从 Q、C 和 R 用虚线引出的三个插图迎光线看去的垂直于光轴的方向。t 代表 Q 的偏振方向,f 代表 C 的快轴方向,t_r 代表 R 的偏振方向。慢轴方向 l,对于负晶体是指垂直于光轴的方向,对于正晶体是指平行于光轴方向。无论起偏器的方位如何,经过它获得的线偏振光再经过 1/4 波片后一般成为椭圆偏振光。为了在膜面上获得 p 和 s 二分量等幅的椭圆偏振光,只须转动 1/4 波片,使其快轴方向 f 与 s 方向的夹角 $\alpha=\pm\pi/4$ 即可。为了进一步使反射光变成为间一线偏振光 E,可转动起偏器,使它的偏振方向 t 与 s 方向的夹角 P_1 为某些特定值。

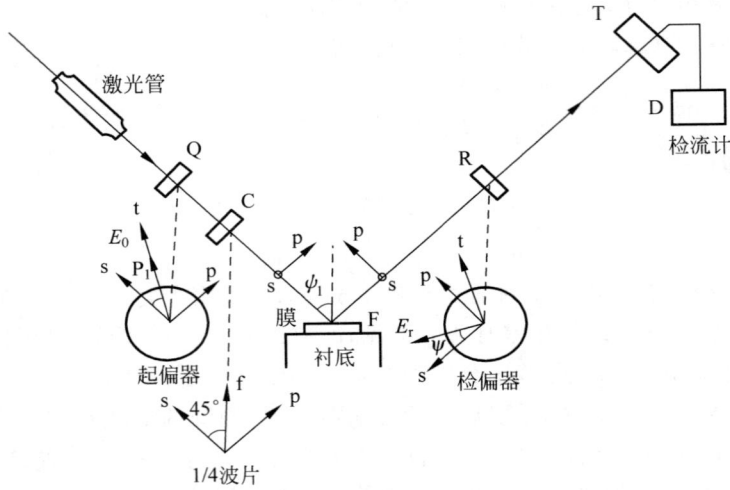

图 5.70 椭偏仪的光路原理图

这时,如果转动检偏器 R 使它的偏振方向 t_r 与 E_r 垂直,则仪器处于消光状态,光电接收器 T 接收到的光强最小,检流计的示值也最小。本实验中所使用的椭偏仪,可以直接测出消光状态下的起偏角 P_1 和检偏方位角 ψ。从式(5.148)可见,要求出 Δ,还必须求出 P_1 与 $(\theta_{ip} - \theta_{is})$ 的关系。

下面就上述的等幅椭圆偏振光的获得及 P_1 与 Δ 的关系作进一步的说明。如图 5.71 所示,设已将 1/4 波片置于其快轴方向。f 与 s 方向间夹角为 $\pi/4$ 的方位。E_0 为通过起偏

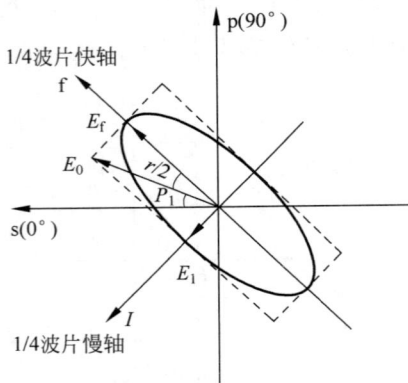

图 5.71 等幅椭圆偏振光

器后的电矢量,P_1 为 E_0 与 s 方向间的夹角(以下简称起偏角)。令 γ 表示椭圆的开口角(即两对角线间的夹角),由晶体光学可知,通过 1/4 波片后,E_0 沿快轴的分量 E_f 与沿慢轴的分量 E_1 比较,位相上超前 $\pi/2$,用数学式可以表达成

$$E_f = E_0 \cos\left(\frac{\pi}{4} - P_1\right) e^{i\frac{\pi}{2}} = iE_0 \cos\left(\frac{\pi}{4} - P_1\right)$$

$$(5.149)$$

$$E_1 = E_0 \sin\left(\frac{\pi}{4} - P_1\right) \tag{5.150}$$

从它们在 p 和 s 两个方向的投影可得到 p 和 s 的电矢量分别为

$$E_{ip} = E_f \cos\frac{\pi}{4} - E_1 \cos\frac{\pi}{4} = \frac{\sqrt{2}}{2} E_0 e^{i\left(\frac{3\pi}{4} - P_1\right)} \tag{5.151}$$

$$E_{is} = E_f \sin\frac{\pi}{4} - E_1 \sin\frac{\pi}{4} = \frac{\sqrt{2}}{2} E_0 e^{i\left(\frac{\pi}{4} + P_1\right)} \tag{5.152}$$

由式(5.151)和式(5.152)看出,当 1/4 波片放置在 $+\pi/4$ 角位置时,的确在 p 和 s 二方向上得到了幅值均为 $\sqrt{2} E_0/2$ 的椭圆偏振入射光,p 和 s 的位相差为

$$\theta_{ip} - \theta_{is} = \pi/2 - 2P_1 \tag{5.153}$$

另一方面,从图 5.71 上的几何关系可以得出,开口角 γ 与起偏角 P_1 的关系为

$$\gamma/2 = \pi/4 - P_1$$
$$\gamma = \pi/2 - 2P_1 \tag{5.154}$$

则式(5.153)变为

$$\theta_{ip} - \theta_{is} = \gamma \tag{5.155}$$

由式(5.152)可得

$$\Delta = -(\theta_{ip} - \theta_{is}) = -\gamma \tag{5.156}$$

至于检偏方位角 ψ,可以在消光状态下直接读出。

在测量中,为了提高测量的准确性,常常不是只测一次消光状态所对应的 P_1 和 ψ_1 值,而是将四种(或两种)消光位置所对应的四组 (P_1, ψ_1)、(P_2, ψ_2)、(P_3, ψ_3) 和 (P_4, ψ_4) 值测出,经处理后再算出 Δ 和 ψ 值。其中,(P_1, ψ_1) 和 (P_2, ψ_2) 所对应的是 1/4 波片快轴相对于 s 方向置 $+\pi/4$ 时的两个消光位置(反射后 p 和 s 光的位相差为 0 或为 π 时均能合成线偏振光)。而 (P_3, ψ_3) 和 (P_4, ψ_4) 对应的是 1/4 波片快轴相对于 s 方向置 $-\pi/4$ 的两个消光位置。另外,还可以证明下列关系成立:$|P_1 - P_2| = 90°$,$\psi_2 = -\psi_1$;$|P_3 - P_4| = 90°$,$\psi_4 = -\psi_3$。求 Δ 和 ψ 的方法如下所述。

(1) 计算 Δ 值。将 P_1、P_2、P_3 和 P_4 中大于 $\pi/2$ 的减去 $\pi/2$,不大于 $\pi/2$ 的保持原值,并分别记为 $\{P_1\}$、$\{P_2\}$、$\{P_3\}$ 和 $\{P_4\}$,然后分别求平均。计算中,令

$$P_1' = \frac{\{P_1\} + \{P_2\}}{2}, \quad P_3' = \frac{\{P_3\} + \{P_4\}}{2} \tag{5.157}$$

椭圆开口角 γ 与 P_1' 和 P_3' 的关系为

$$\gamma = |P_1' - P_3'| \tag{5.158}$$

(2) 计算 ψ 值。应按公式(5.159)进行计算:

$$\psi = \frac{(|\psi_1| + |\psi_2| + |\psi_3| + |\psi_4|)}{4} \tag{5.159}$$

由式(5.159)算得 ψ 后,再按表 5.26 求得 Δ 值。利用类似于图 5.71 的作图方法,分别画出起偏角 P_1 在表 5.26 所指范围内的椭圆偏振光图,由图上的几何关系求出与公式(5.155)类似的 γ 与 P_1 的关系式,再利用式(5.157)就可以得出表 5.26 中全部 Δ 与 γ 的对应关系。

表 5.26 P_1 与 Δ 的对应关系

P_1	$\Delta = -(\theta_{ip} - \theta_{is})$
$0 \sim \pi/4$	$-\gamma$
$\pi/4 \sim \pi/2$	γ
$\pi/2 \sim 3\pi/4$	$\pi - \gamma$
$3\pi/4 \sim \pi$	$-(\pi - \gamma)$

4. 折射率 n_2 和膜厚 d 的计算

尽管在原则上由 ψ 和 Δ 能算出 n_2 和 d,但实际上要直接解出 (n_2, d) 和 (Δ, ψ) 的函数关系式是很困难的。一般在 n_1 和 n_2 均为实数(即为透明介质),并且已知衬底折射率 n_3(可以为复数)的情况下,将 (n_2, d) 和 (Δ, ψ) 的关系制成数值表或列线图而求得 n_2 和 d 值,编制数值表的工作通常由计算机来完成。制作的方法是,先测量(或已知)衬底的折射率 n_3,取

定一个入射角 φ_1，设一个 n_2 的初始值，令 δ 从 0 变到 $180°$（变化步长可取 $\pi/180°$，$\pi/90°$，$\cdots$），利用式（5.141），式（5.142）和式（5.143），便可分别算出 d，Δ 和 ψ 值，然后将 n_2 增加一个小量进行类似计算。如此继续下去便可得到 $(n_2, d) \sim (\Delta, \psi)$ 的数值表。为了使用方便，常将数值表绘制成列线图。用这种查表（或查图）求 n_2 和 d 的方法，虽然比较简单方便，但误差较大，故目前日益广泛地采用计算机直接处理数据。

另外，求厚度 d 时还需要说明一点：当 n_1 和 n_2 为实数时，式（5.141）中的 φ_2 为实数，两相邻反射光线间的位相差亦为实数，其周期为 2π。2δ 可能随着 d 的变化而处于不同的周期中，若令 $2\delta = 2\pi$ 时对应的膜层厚度为第一个周期厚度 d_0，由式（5.141）可以得到

$$d_0 = \frac{\lambda}{2\sqrt{n_2^2 - n_1^2 \sin^2 \varphi_1}} \tag{5.160}$$

由数值表、列线图或计算机算出的 d 值均是第一周期内的数值。若膜厚大于 d_0，可用其他方法（如干涉法）确定所在的周期数 j，则总膜厚是

$$D = (j-1)d_0 + d \tag{5.161}$$

【实验仪器设备】

SGC-I 型椭圆偏振光测厚仪（见图 5.72），直流放大器及激光光源，计算机及处理软件。

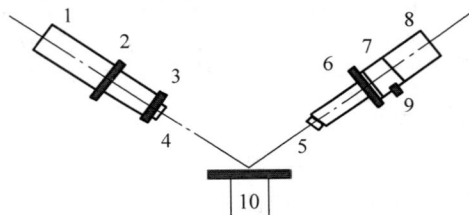

图 5.72　椭偏仪装置简图

1—He-Ne 激光器；2—起偏器；3—1/4 波片；4，5—光阑；6—检偏器；7—观察窗；8—光电倍增管；
9—光路转换旋钮；10—样品台

【实验内容及步骤】

测硅衬底上二氧化硅膜的厚度。

1. 实验准备（入射角已设置为 $70°$ 不变）

（1）打开电源，点亮 He-Ne 激光器，预热半个小时再进行测量。

（2）将样品光面朝上轻轻放在样品台上（注意手不要触碰其光面，以避免污染）。

（3）通过样品台下面的螺钉调节样品台的高度并保持水平。先粗调水平，使从样品上反射的光在观察窗中（手轮转至"目视"位置）呈亮斑点；再细调，调节平台高度调节钮，使观测窗中的光点最亮最圆，且居于视窗中间，当转动样品台时，亮斑不会转动或变形。

（4）当调节起偏方位角 P 和检偏方位角 A 的大小时，对应消光状态和非消光状态，斑点亮度出现明显变化。

2. 实验过程

（1）把起偏器、检偏器的方位先置零。然后，转动起偏器、检偏器刻度盘手轮，目测光强变化，当光强最小时，将观测窗盖严，然后将转镜手轮转到"光电接收"位置，观察放大器指示

表（10^{-11} 挡），反复交迭转动起偏器、检偏器手轮使表的示值最小，这就是第一个消光位置。从起偏刻度盘及游标盘上读出起偏器方位角 P_1，从检偏刻度盘及游标盘上读出检偏方位角 A_1，并记入表 5.27。

（2）把起偏器转到大约 $-P_1$ 处，与第一次转动检偏器相反的方向转动检偏器（同时微微转动起偏器），找出第二个消光位置，将起偏角 P_2 及检偏角 A_2 记入表 5.27。

（3）反复多次（至少三组）测量 (A_1,P_1) 和 (A_2,P_2) 的值，以减小 1/4 波片不精确造成的 A 值偏差。

（4）将两组 (P,A) 换算，求平均值，方法见【数据记录及处理】部分。

（5）利用应用软件处理膜厚计算的操作方法。

① 在参数设置栏中对已存在各项的默认值调整为当前测试样品及所用参数的正确值；

② 根据两次测得的结果，用上述方法算出 $\overline{P}$（Δ 会自动算出），φ（就是 Δ）填入表 5.27 中右侧相应位置，并设置（起偏角与检偏角的偏差值范围在 1.0～2.0），单击查表按键，即可在其上方的表格中显示出与真值偏差在 ε（此处的 ε 为厚度的均方差）范围内的厚度值表，选取表内 ε 最小值对应的厚度值 d 作为测得的厚度；

③ 也可以在第①步的值填写完成后直接单击建表按键，在右侧的表格中即会显示此条件下所有厚度对应的起偏角、检偏角的计算值。

【数据记录及处理】

表 5.27 数 据 记 录

入射角	测量次数	1	2	3	平均值
	P_1				
70°	A_1				
	P_2				
	A_2				

1. 膜厚周期判断问题

当光源波长为 6328 Å 时，SiO_2 膜的一个周期为 283 nm 左右，在膜厚大于一个周期时，本仪器无法判断周期。建议选用下述方法：与色板比较法、用干涉显微镜看膜层台阶处干涉条纹的移动、根据形成膜层的条件（生长时间、溅射时间、蒸发时间等）判定。

2. 使用 $(P,A)\sim(d,n)$ 关系表或图，由 P 和 A 求出 d 和 n。求折射率问题，本方法原则上可以定出 n，但在某些膜厚范围内 (P,A) 位置随 n 值的变化比较迟钝，因此从个别样品定出的 n 值随具体生长条件的变化较小，建议可采用 $n=1.46$。

3. 用下列公式和方法，计算得到 Δ 和 ψ，再用计算机软件处理得出膜厚 d。

（1）区分 (A_1,P_1) 和 (A_2,P_2)

当 $0° \leqslant A \leqslant 90°$，为 A_1，对应 A_1 的为 P_1，另一组为 A_2，对应 A_2 的为 P_2。

（2）根据下式把 (A_2,P_2) 换算成 (A_2',P_2')

$$A_2' = 180° - A_2$$
$$P_2' = P_2 + 90° \quad （当 0° \leqslant A \leqslant 90°）$$

$$P'_2 = P_2 - 90° \quad (当 90° < A \leqslant 180°)$$

（3）把(A_1, P_1)和(A'_2, P'_2)求平均值

$$\overline{A} = \frac{1}{2}(A_1 + A'_2)$$

$$\overline{P} = \frac{1}{2}(P_1 + P'_2)$$

则

$$\psi = \overline{A}$$

$$\Delta = 270° - 2\overline{P} \quad (当 0° \leqslant \overline{P} \leqslant 135°)$$

$$\Delta = 630° - 2\overline{P} \quad (当 \overline{P} > 135°)$$

【注意事项】

1. 激光光源点亮后会发出较强的激光，对人眼能造成一定的伤害，故在使用中，绝对禁止直视光源。

2. 仪器在使用过程中各部件会产生热量，为了能够更有效地使用本仪器。工作时应尽量选择在阴凉、通风好的地方，以免影响仪器的使用寿命。

3. 长时间不使用时，应将仪器置于防尘、隔热，相对湿度低于 70% 的环境。

（吕 蓬 编写）

实验 45　微波光学特性实验

微波波长从 1 m 到 0.1 mm，其频率范围从 300 MHz 到 3000 GHz，是无线电波中波长最短的电磁波。微波波长介于一般无线电波与光波之间，因此微波有似光性。由于微波的波长比光波的波长在量级上大 10 000 倍左右，因此用微波进行波动实验比光学方法更简便和直观。

【实验目的】

1. 了解与学习微波产生的基本原理以及传播和接收等基本特性。
2. 观测微波干涉、衍射、偏振等实验现象。
3. 观测模拟晶体的微波布喇格衍射现象。
4. 通过迈克耳孙实验测量微波波长。

【实验原理】

1. 微波的产生和接收

实验使用的微波发生器是采用电调制方法实现的，优点是应用灵活，参数调配方便，适用于多种微波实验，其工作原理框图见图 5.73。微波发生器内部有一个电压可调控的 VCO，用于产生一个 4.4~5.2GHz 的信号，它的输出频率可以随输入电压的不同作相应改变，经过滤波器后取二次谐波 8.8~9.8GHz，经过衰减器作适当的衰减后，再放大，经过隔离器后，通过探针输出至波导口，再通过 E 面天线发射出去。

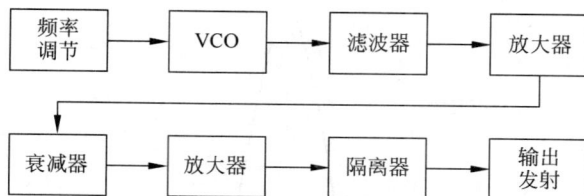

图 5.73 微波产生的原理框图

接收部分采用检波/数显一体化设计。由 E 面喇叭天线接收微波信号,传给高灵敏度的检波管后转化为电信号,通过穿心电容送出检波电压,再通过 A/D 转换,由液晶显示器显示微波相对强度。

2. 微波光学实验

微波是一种电磁波,它和其他电磁波如光波、X 射线一样,在均匀介质中沿直线传播,都具有反射、折射、衍射、干涉和偏振等现象。

(1) 微波的反射实验

微波的波长较一般电磁波短,相对于电磁波更具方向性,因此在传播过程中遇到障碍物,就会发生反射。如当微波在传播过程中,碰到一金属板,则会发生反射,且同样遵循和光线一样的反射定律:反射线在入射线与法线所决定的平面内,反射角等于入射角。

(2) 微波的折射实验

微波同光波一样,当它在两种不同物质中传播时,将会发生折射现象,如图 5.74 所示。当微波由折射率为 n_1 的介质传播到折射率为 n_2 的介质中时,将会在两种物质的接触面上发生折射,根据斯涅耳折射定律: $n_1\sin\alpha_1 = n_2\sin\alpha_2$,其中 α_1、α_2 分别为入射角和折射角。

(3) 微波的单缝衍射实验

当一平面微波入射到一宽度和微波波长可比拟的

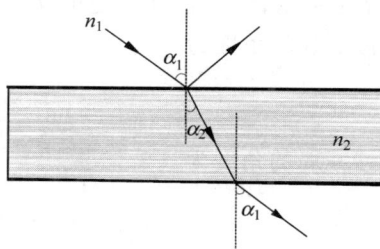

图 5.74 折射原理示意图

狭缝时,在缝后就要发生如光波一般的衍射现象。同样中央零级最强,也最宽,在中央的两侧衍射波强度将迅速减小。根据光的单缝衍射公式推导可知,如为一维衍射,微波单缝衍射图样的强度分布规律为

$$I = I_0 \frac{\sin^2\mu}{\mu^2}, \quad \mu = \frac{\pi\alpha\sin\varphi}{\lambda} \tag{5.162}$$

式中,I_0 是中央主极大中心的微波强度,α 为单缝的宽度,λ 是微波的波长,φ 为衍射角。$\frac{\sin^2\mu}{\mu^2}$ 常叫做单缝衍射因子,表征衍射场内任一点微波相对强度的大小。一般可通过测量衍射屏上从中央向两边微波强度变化来验证公式(5.162)。同时与光的单缝衍射一样,当

$$\alpha\sin\varphi = \pm k\lambda, \quad k = 1, 2, 3, \cdots \tag{5.163}$$

时,相应的 φ 角位置衍射度强度为零。如测出衍射强度分布如图 5.75 则可依据第一级衍射最小值所对应的 φ 角度,利用公式(5.163),求出微波波长 λ。

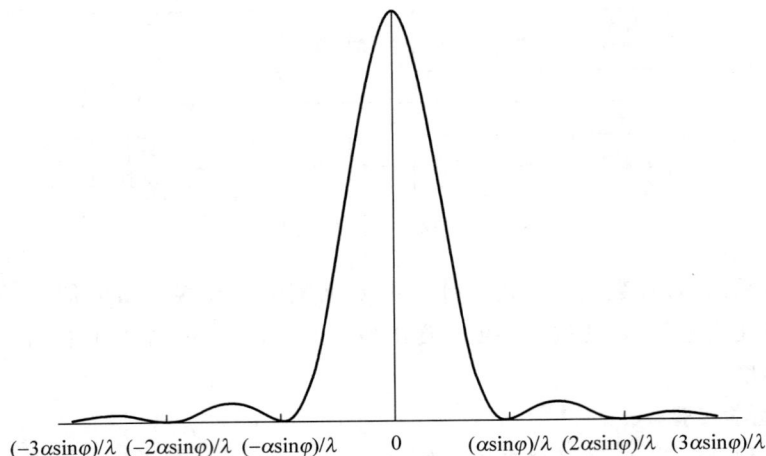

图 5.75　单缝衍射强度分布

$(-3\alpha\sin\varphi)/\lambda$ $(-2\alpha\sin\varphi)/\lambda$ $(-\alpha\sin\varphi)/\lambda$　0　$(\alpha\sin\varphi)/\lambda$ $(2\alpha\sin\varphi)/\lambda$ $(3\alpha\sin\varphi)/\lambda$

（4）微波的双缝干涉实验

当一平面波垂直入射到一金属板的两条狭缝上,狭缝就成为次级波波源。由两缝发出的次级波是相干波,因此在金属板的背后面空间中,将产生干涉现象。当然,波通过每个缝都有衍射现象,因此实验将是衍射和干涉两者结合的结果。为了只研究主要来自两缝中央衍射波相互干涉的结果,令双缝的缝宽 α 接近 λ,例如: $\lambda=3.2$ cm, $\alpha=4$ cm。当两缝之间的间隔 b 较大时,干涉强度受单缝衍射的影响小,当 b 较小时,干涉强度受单缝衍射的影响大。干涉加强的角度为

$$\varphi=\arcsin\left(\frac{k\cdot\lambda}{\alpha+b}\right),\quad k=1,2,3,\cdots \tag{5.164}$$

干涉减弱的角度为

$$\varphi=\arcsin\left(\frac{2k+1}{2}\cdot\frac{\lambda}{\alpha+b}\right),\quad k=1,2,3,\cdots \tag{5.165}$$

（5）微波的偏振实验

电磁波是横波,它的电场强度矢量 E 和波的传播方向垂直。如果 E 始终在垂直于传播方向的平面内某一确定方向变化,这样的横电磁波叫线极化波,在光学中也叫偏振光。如一线极化电磁波以能量强度 I_0 发射,而由于接收器的方向性较强（只能吸收某一方向的线极化电磁波）,相当于一光学偏振片,如图 5.76 所示。发射的微波电场强度矢量 E 如在 P_1 方

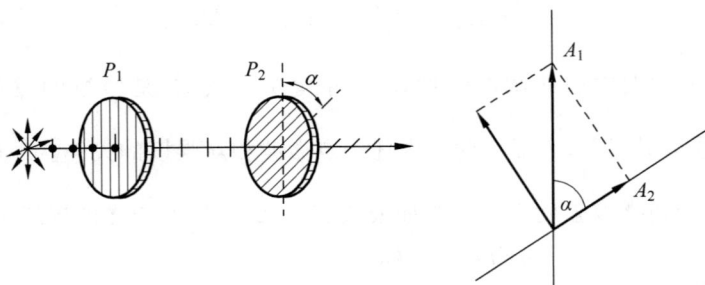

图 5.76　光学中的马吕斯定律

向,经接收方向为 P_2 的接收器后(发射器与接收器类似起偏器和检偏器),其强度 $I = I_0 \cos^2\alpha$,其中 α 为 P_1 和 P_2 的夹角。这就是光学中的马吕斯(Malus)定律,在微波测量中同样适用。

(6) 模拟晶体的布喇格衍射实验

布喇格衍射是用 X 射线研究微观晶体结构的一种方法。因为 X 射线的波长与晶体的晶格常数同数量级,所以一般采用 X 射线研究微观晶体的结构。用微波模拟 X 射线照射到放大的晶体模型上,产生的衍射现象与 X 射线对晶体的布喇格衍射现象与计算结果都基本相似。所以通过此实验对加深理解微观晶体的布喇格衍射实验方法是十分直观的。

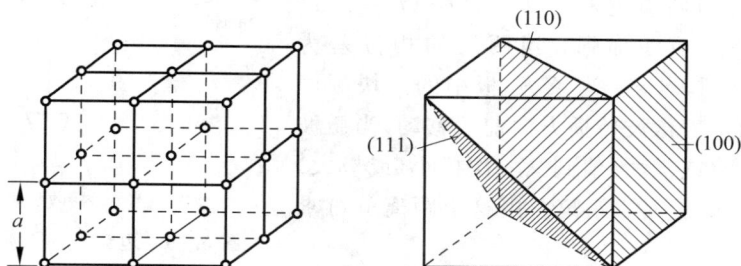

图 5.77 晶体结构模型

固体物质一般分晶体与非晶体两大类,晶体又分单晶与多晶。组成晶体的原子或分子按一定规律在空间周期性排列,而多晶体由许多单晶体的晶粒组成。其中最简单的晶体结构如图 5.77 所示,在直角坐标中沿 X、Y、Z 三个方向,原子在空间依序重复排列,形成简单的立方点阵。组成晶体的原子可以看作处在晶体的晶面上,而晶体的晶面有许多不同的取向。如图 5.77 左方为最简立方点阵,右方表示的就是一般最重要也是最常用的三种晶面。这三种晶面分别为(100)面、(110)面、(111)面,圆括号中的三个数字称为晶面指数。一般而言,晶面指数为 $(n_1 n_2 n_3)$ 的晶面族,其相邻的两个晶面间距 $d = \alpha/\sqrt{n_1^2 + n_2^2 + n_3^2}$。显然其中(100)面的间距 d 于晶格常数 α;相邻的两个(110)面的晶面间距 $d = \alpha/\sqrt{2}$;而相邻两个(111)面的晶面间距 $d = \alpha/\sqrt{3}$,实际上还有许多更复杂的取法形成其他取向的晶面族。

因微波的波长可在几厘米,所以可用一些铝制的小球模拟微观原子,制作晶体模型。具体方法是将金属小球用细线串联在空间有规律地排列,形成如同晶体的简单立方点阵。各小球间距 d 设置为 4cm(与微波波长同数量级)左右。当如同光波的微波入射到该模拟晶体结构的三维空间点阵时,因为每一个晶面相当于一个镜面,入射微波遵守反射定律,反射角等于入射角,如图 5.78 所示。而从间距为 d 的相邻两个晶面反射的两束波的程差为 $2d\sin\alpha$,其中 α 为入射波与晶面的夹角。显然,只有当满足

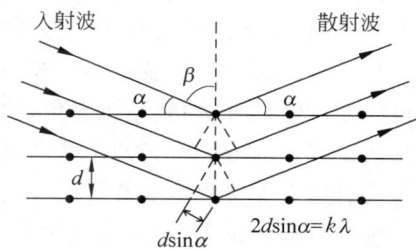

图 5.78 布喇格衍射原理图

$$2d\sin\alpha = k\lambda, \quad k = 1,2,3,\cdots \quad (5.166)$$

时,出现干涉极大。方程(5.166)称为晶体衍射的布喇格公式。

如果改用通常使用的入射角 β 表示,则式(5.166)为

$$2d\cos\beta = k\lambda, \quad k = 1, 2, 3, \cdots \tag{5.167}$$

（7）微波的迈克耳孙干涉实验

在微波前进的方向上放置一个与波传播方向成 45°角的半透射半反射的分束板（如图 5.79）。将入射波分成一束向金属板 A 传播，另一束向金属板 B 传播。由于 A、B 金属板的全反射作用，两列波再回到半透射半反射的分束板，会合后到达微波接收器处。这两束微波同频率，在接收器处将发生干涉，干涉叠加的强度由两束波的程差（即位相差）决定。当两波的相位差为 $2k\pi(k=\pm1, \pm2, \pm3, \cdots)$ 时，干涉加强；当两波的相位差为 $(2k+1)\pi$ 时，干涉最弱。当 A、B 板中的一块板固定，另一块板可沿着微波传播方向前后移动，当微波接收信号从极小（或极大）值到又一次极小（或极大）值，则反射板移动了 $\lambda/2$ 距离。由这个距离就可求得微波波长。

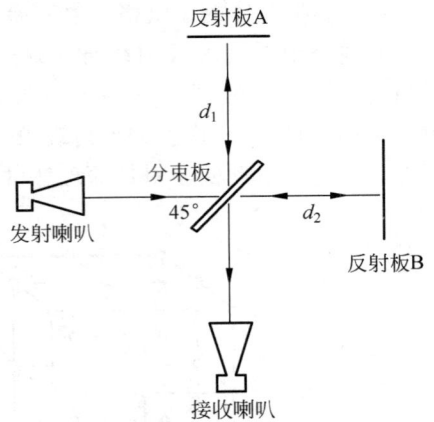

图 5.79　迈克耳孙干涉原理示意图

【实验仪器与用具】

DHMS-1 型微波光学综合实验仪一套，包括：X 波段微波信号源、微波发生器、发射喇叭、接收喇叭、微波检波器、检波信号数字显示器、可旋转载物平台和支架以及实验用附件（反射板、分束板、单缝板、双缝板、晶体模型、读数机构等）。

【实验内容】

将实验仪器放置在水平桌面上，调整底座四只脚使底盘保持水平。调节保持发射喇叭、接收喇叭、接收臂、活动臂为直线对直状态，并且调节发射喇叭、接收喇叭的高度相同。

连接好 X 波段微波信号源、微波发生器间的专用导线，将微波发生器的功率调节旋钮逆时针调到底，即微波功率调至最小，通电并预热 10 min。

1. 微波的反射

将金属反射板安装在支座上，安装时板平面法线应与载物小平台 0°位一致，并使固定臂指针、接收臂指针都指向 90°，这意味着小平台零度方向即是金属反射板法线方向。

打开检波信号数字显示器的按钮开关。接着顺时针转动小平台，使固定臂指针指在某一角度处，这角度读数就是入射角，然后顺时针转动活动臂在液晶显示器上找到一最大值，此时活动臂上的指针所指的小平台刻度就是反射角。做此项实验，入射角最好取 30°～65°，因为入射角太大接收喇叭有可能直接接收入射波，同时应注意系统的调整和周围环境的影响。按照数据记录表 5.28 采集数据并记录。

2. 微波的折射

首先将折射装置放置于载物圆台上，调节折射装置位置，使其一腰的法线和 0°刻度线一致，此时另一腰的法线和 150°刻度线一致，固定臂指针指向 0°刻度，接收臂指向 180°刻度，如图 5.80 所示。顺时针转动载物圆台一定角度，此时的入射角即为固定臂指示值（为了防止入射波直射的影响，一般取入射角小于 40°），然后转动接收臂，使其指针指示数最大时接收臂指针所指的刻度减去 $150°$ 的差值与入射角不等,则重新设定入射角,直至当入射角和折射角相等时出现最大值,此时有最小偏向角为

$$\beta = (i_1 - i_5) + (i_2 - i_4) = (i_1 + i_2) - (i_4 + i_5) = (i_1 + i_2) - \alpha$$

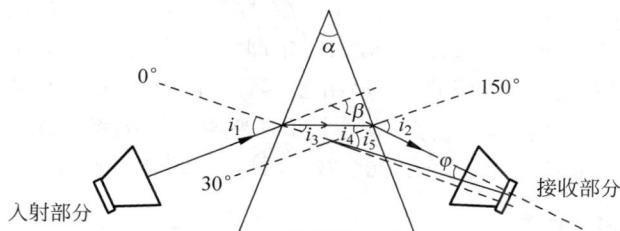

图 5.80 折射实验示意图

图 5.80 中折射角 $i_2 = i_5 + \varphi$,由于 φ 很小,可以忽略不计,近似认为折射角 $i_2 = i_5$。待测定出最小偏向角后,代入公式(5.168),求出折射率 n。数据记录于表 5.29 中。

$$n = \frac{\sin \dfrac{\alpha + \beta_{\min}}{2}}{\sin \dfrac{\alpha}{2}} \qquad (5.168)$$

3. 微波的单缝衍射

按需要调整单缝衍射板的缝宽。将单缝衍射板安置在支座上时,应使衍射板平面与载物圆台上 $90°$ 指示线一致。转动载物圆台使固定臂的指针在载物圆台的 $180°$ 处,此时相当于微波从单缝衍射板法线方向入射。这时让活动臂置小平台 $0°$ 处,调整微波发生器的功率使液晶显示器显示较大值,然后在 $0°$ 线的两侧,每改变 $3°$ 读取一次液晶显示器读数,并记录在记录表 5.30 中。

4. 微波的双缝干涉

按需要调整双缝干涉板的缝宽。将双缝干涉板安置在支座上时,应使双缝板平面与载物圆台上 $90°$ 指示线一致。转动小平台使固定臂的指针在小平台的 $180°$ 处。此时相当于微波从双缝干涉板法线方向入射。这时让活动臂置小平台 $0°$ 处,调整信号使液晶显示器显示较大,然后在 $0°$ 线的两侧,每改变 $2°$ 读取一次液晶显示器的读数,并记录在数据表 5.31。

5. 微波的偏振干涉实验

按实验要求调整喇叭口面相互平行正对共轴。调整信号使显示器接近满度,然后旋转接收喇叭短波导的轴承环(相当于偏转接收器方向),每隔 $10°$ 记录液晶显示器的读数,记在表 5.32,直至 $90°$。就可得到一组微波强度与偏振角度关系数据,验证马吕斯定律。

6. 迈克耳孙干涉实验

在微波前进的方向上放置一玻璃板,使玻璃板面与载物圆台 $45°$ 线在同一面上,固定臂指针指向 $90°$ 刻度线,接收臂指针指向 $0°$ 刻度线(如图 5.79)。按实验要求如图安置固定反射板、可移动反射板、接收喇叭。使固定反射板固定在大平台上,并使其法线与接收喇叭的轴线一致。可移动反射板装在一旋转读数机构上后,然后移动旋转读数机构上的手柄,使可移反射板移动,测出 $n+1$ 个微波极小值。并同时从读数机构上读出可移动反射板的移动距离 L(注意:旋转手柄要慢,并注意回程差的影响),数据记录在表 5.33。波长满足:$\lambda = 2L/n$。

7. 布喇格衍射

实验时将支架从载物台上取下,模拟铝球要调节,使上下应成为一方形点阵,各金属球点阵间距相同。将模拟晶体架插在载物平台上的 4 颗螺柱上,这样便使所研究的晶面(100)法线正对小平台上的 90°线,固定臂指针对准一侧的 0°线,接收臂指针对准另一侧 180°线。顺时针转动载物台一定刻度(如 30°),此时入射角即为 90°减去 30°,为 60°,同时把接收臂顺时针转动 60°,这样便满足入射角和反射角相等,都为 60°。实验时每隔 3°~5°记录一次数据,记录在表 5.34 中,在估计发生衍射极大处可适当增加测试点。为了避免两喇叭之间波的直接入射,入射角 β 取值范围最好在 30°~70°,寻找一级衍射最大。

【数据记录及处理】

1. 微波的反射

表 5.28　反射角数据

入射角/(°)	30	32	34	36	38	40	⋯	64
反射角/(°)								

根据测得的数据分析得出相应的结论。

2. 微波的折射

表 5.29　微波折射数据

次数	1	2	3
$\alpha/(°)$			
$\beta_{min}/(°)$			
n			

利用公式(5.168)计算折射率 n,求 3 次的平均值。

3. 微波的单缝衍射

表 5.30　微波单缝衍射数据

$\varphi/(°)$	0	3	6	9	12	15	⋯
$U_{左}/mV$							
$U_{右}/mV$							

根据记录数据,画出单缝衍射强度与衍射角度的关系曲线。并根据微波衍射强度一级极小角度和缝宽 α,计算微波波长 λ 和其百分误差(表中 $U_{左}$、$U_{右}$ 是相对于 0°刻度两边对应角度的电压值)。

4. 微波的双缝干涉

表 5.31　微波双缝干涉

$\varphi/(°)$		0	2	4	6	8	10	12	14	16	⋯	80
U/mV	左侧											
	右侧											

画出双缝干涉强度与角度的关系曲线。并根据微波衍射强度一级极大角度和缝宽 a，计算微波波长 λ 和其百分误差。

5. 微波的偏振干涉实验

表 5.32 偏振干涉数据

转角/(°)	0	10	20	30	40	50	60	70	80	90
理论	200	193.97	176.6	150.0	117.4	82.64	50.0	23.4	6.03	0
实验										

根据测得的数据分析得出相应的结论。

6. 迈克耳孙干涉实验

表 5.33 最小点读数

最小点读数/mm							

测得移动距离 $L=$ _____ ；计算该微波波长 λ，计算百分误差。

7. 布喇格衍射

表 5.34 数据记录

入射角/(°)	30	33	36	39	42	45	48	...	70
反射角/(°)									
U/mV									

寻找一级衍射最大时入射角 β 的值。计算金属球架点阵晶面(100)间距 d 的大小，并与标准值比较，计算百分误差。

（吕　蓬　编写）

实验 46　微波电子顺磁共振

电子自旋的概念是泡利(Pauli)1924 年首先提出来的。1954 年开始，电子自旋共振(ESR)逐渐发展成为一项新技术。电子自旋共振是研究具有未耦合电子的物质(如具有奇数个电子的原子、分子以及内电子壳层未被充满的离子，受辐射作用产生的自由基及半导体、金属等)。电子顺磁共振谱仪(又名电子自旋共振仪)正是基于电子自旋磁矩在磁场中的运动与外部高频电磁场相互作用下对电磁波共振吸收的原理而设计的。因为电子顺磁共振具有极高的灵敏度、测量时对样品无破坏作用，所以电子顺磁共振谱仪广泛应用于物理、化学、生物、医学和生命科学等领域。

【实验目的】

1. 了解电子自旋共振现象。
2. 学习用微波频段检测电子自旋共振信号的方法；并且测量电子的朗德因子 g。

3. 观察吸收或色散波形。

4. 用计算机记录实验结果。

【实验原理】

原子的磁性来源于原子磁矩,由于原子核的磁矩很小,可以忽略不计,所以原子的总磁矩由原子中各电子的轨道磁矩和自旋磁矩所决定。

1. 电子的轨道磁矩和电子的自旋磁矩

由原子物理可知,原子中电子的轨道磁矩大小为

$$\mu_L = -\frac{e}{2m_e}P_L \tag{5.169}$$

其中 P_L 轨道角动量,e 为电子电荷量,m_e 为电子质量。轨道角动量的数值大小为

$$P_L = \sqrt{L(L+1)}\,\hbar \tag{5.170}$$

电子具有自旋,由量子力学可知,自旋磁矩大小为

$$\mu_S = -\frac{e}{m_e}P_S \tag{5.171}$$

其中自旋角动量为

$$P_S = \sqrt{S(S+1)}\,\hbar \tag{5.172}$$

式中 S 为自旋量子数,$S = \frac{1}{2}$,自旋时电子具有自旋磁矩。

原子中电子的轨道磁矩和自旋磁矩合成原子的总磁矩,对于单电子原子来说,总磁矩 μ_J 与总角动量 P_J 的关系为

$$\mu_J = -g\frac{e}{2m_e}P_J = -g\frac{\mu_B}{\hbar}P_J = \gamma P_J \tag{5.173}$$

式中 $\gamma = -\frac{ge}{2m_e} = -\frac{g\mu_B}{\hbar}$ 称为回旋比,$\hbar$ 为约化普朗克常量,μ_B 为玻尔磁子,$\mu_B = \frac{e}{2m}\hbar$,其值为 $0.927 \times 10^{-23} \mathrm{JT}^{-1}$。$g$ 为朗德因子,根据量子理论,电子的 LS 耦合,其朗德因子为

$$g = 1 + \frac{J(J+1) - L(L+1) + S(S+1)}{2J(J+1)} \tag{5.174}$$

2. 外磁场中电子的能级

若电子处于外磁场 B(沿 z 方向)中,由于 B 与磁矩 μ_J 的作用,据量子力学的观点,μ_J 与 P_J 的空间取向是量子化的,P_J 在外磁场 z 方向的投影 P_z 为

$$P_z = m\hbar, \quad m = J, J-1, \cdots, -J \tag{5.175}$$

相应的磁矩 μ_J 在外磁场 z 方向的投影为

$$\mu_z = -mg\mu_B = \gamma P_z \tag{5.176}$$

既然总磁矩 μ_J 的空间取向是量子化的,磁矩与外磁场 B 相互作用能也是不连续的,其相应的能量为

$$E = -\frac{\gamma mhB}{2\pi} = -mg\mu_B B \tag{5.177}$$

不同量子数 m 所对应的状态上电子具有不同的能量,各能级是等距分裂的,相邻磁能级的能量差为

$$\Delta E = \gamma\hbar B \tag{5.178}$$

3. 电子自旋共振

若在垂直外磁场 B 的平面上施加一频率为 ν_1（角频率为 ω_1）的旋转磁场 B_1，且 ν_1 或 ω_1 满足

$$h\nu_1 = \gamma \hbar B = h\nu_0 \quad \text{或} \quad \omega_1 = \gamma B = \omega_0 \qquad (5.179)$$

时，电子吸收 B_1 的能量，发生从低能级到高能级的共振跃迁，这就是**电子自旋共振**，ω_0 为共振角频率。从上述分析可知，这种共振跃迁现象只发生在原子的固有磁矩不为零的顺磁材料中，故也称为**电子顺磁共振**。

为了用示波器观测共振吸收信号，须对共振条件式（5.179）中的量进行扫描，使共振信号交替出现。观察磁共振信号有两种方法：扫场法，即旋转场 B_1 的频率 ω_1 固定，而让磁场外 B 随时间周期性变化以通过共振区域；扫频法，即保持外磁场 B 固定，让旋转磁场 B_1 的频率 ω_1 随时间周期性变化使之满足共振条件。该实验中，是沿永磁铁所形成的恒定均匀磁场 B_0 的方向上，加一个与之平行、幅度可调的扫描磁场 B_1，在扫描线圈中通以 50 Hz 交流电，即 $B_1(t) = B_m \sin(\omega t)$，其结果加在样品上的外磁场 $B(t) = B_0 + B_m \sin(\omega t)$。

示波器用内扫描时，当旋转磁场的角频率 ω_1 调节到 ω_0 附近，且 $B_0 - B_m \leqslant B \leqslant B_0 + B_m$ 时，则磁场变化曲线在一周期内能观察到两个共振吸收信号。当对应射频磁场频率发生共振的磁场 B 的值不等于稳恒磁场 B_0 时，出现间隔不等的共振吸收信号，如图 5.81(a) 所示。若间隔相等，则 $B = B_0$。信号相对位置与 B_m 的幅值无关，如图 5.81(b) 所示。改变 B 的大小或 B_1 的频率 ω_1，均可使共振吸收信号的相对位置发生变化，出现"相对走动"的现象。这也是区分共振信号和干扰信号的依据。

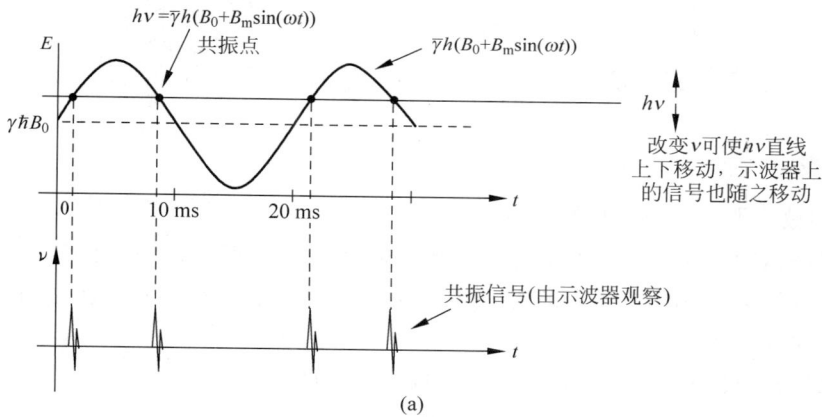

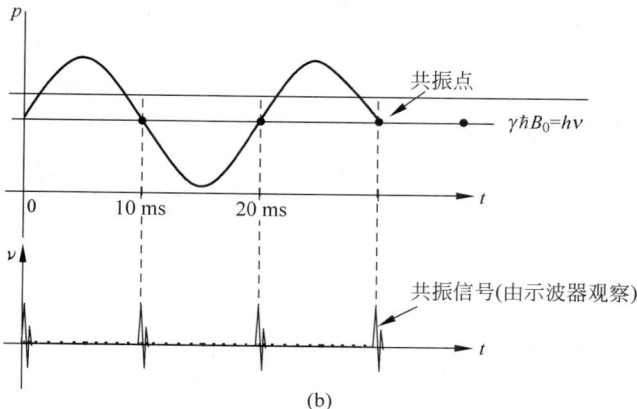

图 5.81　扫场法检测共振吸收信号

当示波器用外扫描时,即从扫场分出一路,通过移相器接到示波器的水平输入轴,作为外触发信号。当磁场扫描到共振点时,可在示波器上观察到如图 5.82 所示的两个形状对称的信号波形,它对应于磁场 B 一周内发生两次核磁共振,再细心地把波形调节到示波器荧光屏的中心位置并使两峰重合,此时共振频率和磁场满足 $\omega = \gamma B$。根据该式子,可以得旋磁比:$\gamma = \dfrac{2\pi f}{B}$,又因为 $\gamma = -g\dfrac{e}{2m_e}$,所以可得朗德因子 g 计算公式:

$$g = -\frac{4\pi m_e f}{eB}$$

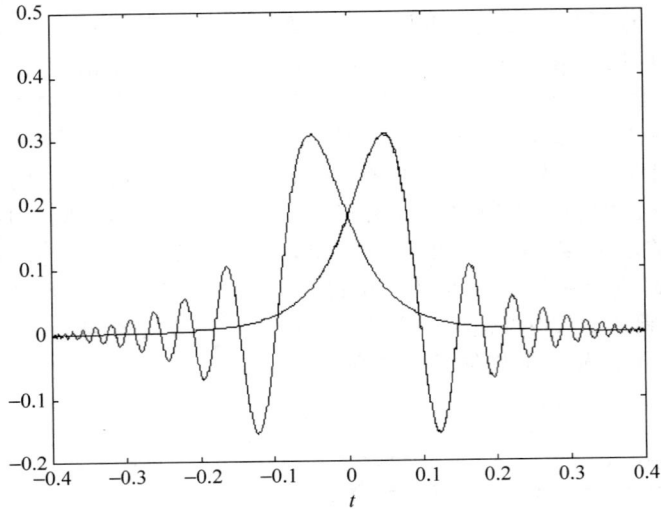

图 5.82 李萨如图形

4. 锁相放大器和计算机控制部分

为了提高信噪比我们根据大型电子顺磁共振的工作原理引进锁相放大器。关于顺磁共振的基本原理详见 ESR-I 电子顺磁共振说明书。以下我们介绍锁相放大器和计算机控制部分的工作原理。

现在已知输出信号 $I = I(B)$,我们可以按多项式展开

$$I = I(B_0) + I'(B_0)(B - B_0) + \frac{I''(B_0)(B - B_0)^2}{2!} + \frac{I'''(B_0)(B - B_0)^3}{3!} + \cdots$$

$$(5.180)$$

如果我们在缓慢变化的 B_0 上加上一余弦调制 $B = B_0 + B_s\cos(kt)$,式(5.180)变为

$$I = I(B_0) + I'(B_0)B_s\cos(kt) + \frac{I''(B_0)B_s^2\cos^2(kt)}{2!} + \frac{I'''(B_0)B_s^3\cos^3(kt)}{3!} + \cdots$$

$$(5.181)$$

如图 5.83 所示。

如果 B_s 较 0 小那么可以将高次项忽略不计。

$$I = I(B_0) + I'(B_0)B_s\cos(kt) \tag{5.182}$$

因为噪声存在则

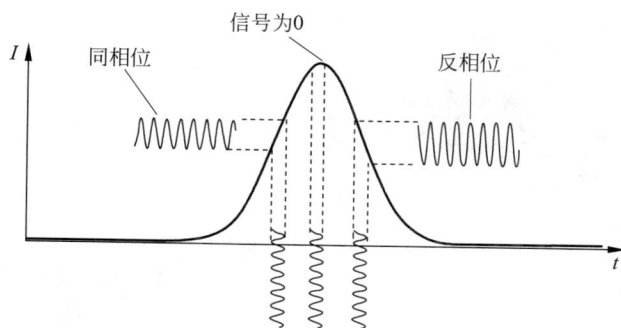

图 5.83　波形

$$I = I(B_0) + I'(B_0)B_s\cos(kt) + N(t) \tag{5.183}$$

$N(t)$ 为噪声项,根据傅里叶变换积分公式

$$\int_{-\infty}^{+\infty}\cos(at)\cos(bt)\mathrm{d}t = \delta(a-b) \tag{5.184}$$

我们可以将信号通过锁相放大器处理

$$\int_{-\infty}^{+\infty}\big[I(B_0) + I'(B_0)B_s\cos(kt) + N(t)\big]\cos(kt)\mathrm{d}t$$

将以上各式分别积分

$$\int_{-\infty}^{+\infty}I(B_0)\cos(kt)\mathrm{d}t = 0$$

$$\int_{-\infty}^{+\infty}N(t)\cos(bt)\mathrm{d}t = 0$$

$$\int_{-\infty}^{+\infty}I'(B_0)\cos(kt)\cos(bt)\mathrm{d}t = I'(B_0)\cdot\infty$$

从而得到微分线形,如图 5.84 所示。

　　因为积分时间不可能是无穷大,所以噪声不会是 0,信号也不会是无穷大。因此可以得出选用足够大的积分时间和足够高的频率即可大幅度提高信噪比。

　　实验样品选用自由基对苯基苦味酸基联氨 DPPH 固体粉末,分子式为 $(C_6H_5)_2N-NC_6H_2(NO_2)_3$,结构式如图 5.85 所示。

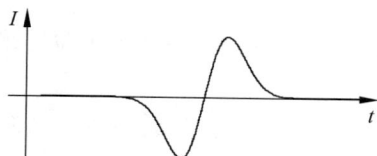

图 5.84　波形

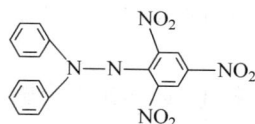

图 5.85　DPPH 结构式

【实验装置】

　　微波传输部分的实物装配如图 5.86 所示。

　　系统的原理如图 5.87 所示。

　　由微波传输部件把 X 波段的微波信号传输给谐振腔内的样品,样品处于恒定磁场中,

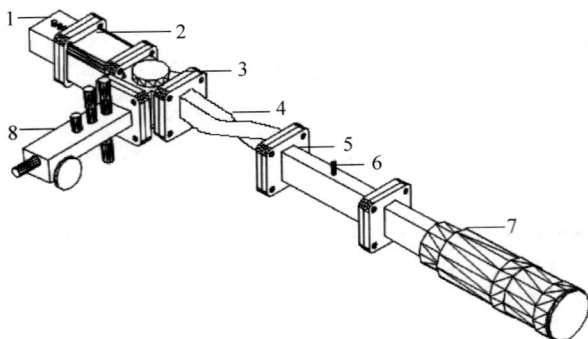

图 5.86 微波传输部分

1—微波源；2—隔离器；3—环型器；4—扭波导；5—直波导；6—样品；7—短路活塞；8—检波器

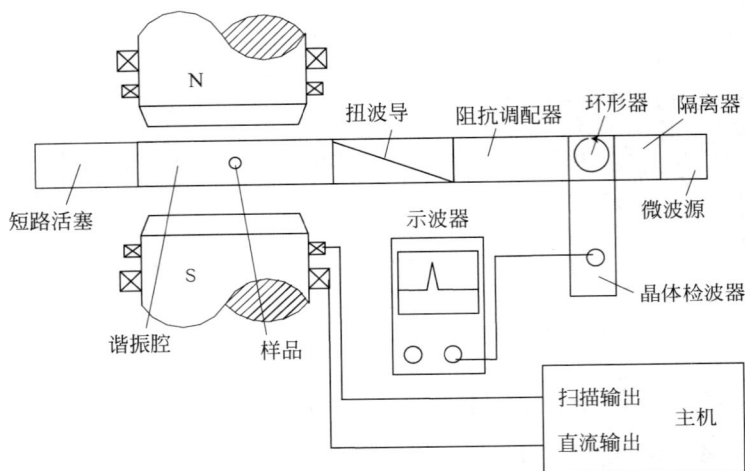

图 5.87 系统的原理图

在磁铁中由 50 Hz 交流电对磁场提供扫描,当满足共振条件时输出共振信号,信号由示波器直接检测。

图 5.88 面板图显示了仪器主机结构。

1. 直流输出：此输出端会输出 0~600 mA 的电流,通过直流调节电位器来改变输出电流的大小。

2. 扫描输出：此输出端会输出 0~1000 mA 的交流电流,其大小由扫描调节电位器来改变。

3. 扫频开关：用来改变扫描信号的频率。

4. IN 与 OUT：此两个接头是一组放大器的输入和输出端,放大倍数为 10 倍,IN 端为放大器的输入端,OUT 端为放大器的输出端。

5. X-OUT：此输出端为一组正弦波的输出端,X 轴幅度为正弦波的幅度调节电位器,X 轴相位为正弦波的相位调节电位器。

6. 仪器后面板上的五芯航空头为微波源的输入端。

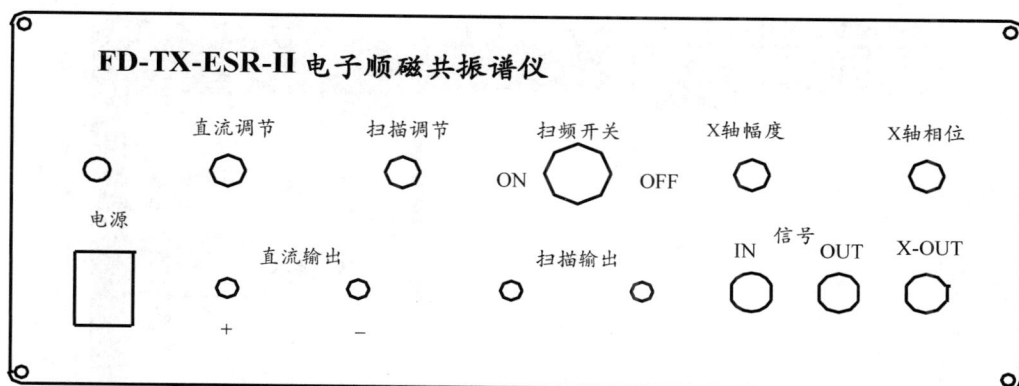

图 5.88 仪器主机结构

【实验步骤】

1. 连线方法

（1）通过连接线将主机上的"扫描输出"端连接到磁铁的一端。

（2）将主机上的"直流输出"端连接在磁铁的另一端。

（3）通过 Q9 连接线将检波器的"输出"连到示波器上。

2. 操作步骤

1）用示波器观察吸收或色散波形

（1）将 DPPH 样品插在直波导上的小孔中。

（2）打开电源,将示波器的输入通道打在直流(DC)挡上。

（3）调节检波器中的旋钮,使直流(DC)信号输出最大。

（4）调节短路活塞,再使直流(DC)信号输出最小。

（5）将示波器的输入通道打在交流(AC)挡上,幅度为 5 mV 挡。

（6）这时在示波器就可以观察到电子顺磁共振信号,但此时的信号不一定为最强,可以再小范围地调节短路活塞与检波器,也可以调节样品在磁场中的位置(样品在磁场中心处为最佳状态),使信号达到一个最佳的状态。

（7）用特斯拉计可以测定磁铁磁感应强度 B。

（8）信号调出以后,关机,将阻抗匹配器接在环型器中的(Ⅱ)端与扭波导中间,开机,通过调节阻抗匹配器上的旋钮,就可以观察到吸收或色散波形。

2）用计算机自校采样(选做)(相关软件使用方法详见《计算机的软件说明》)

（1）先用通信连接线,将锁相放大器与计算机联接。

（2）打开锁相放大器的电源,将采样/自校开关打在自校上。

（3）打开仪器的工作软件,点击运行按钮,即进行自校采样,如图 5.89 所示。

3）用计算机记录(选做)(相关软件使用方法详见《计算机的软件说明》)

（1）将连接在主机上的"扫描输出"上的信号线换到锁相放大器上的"电流输出"端。

（2）调节锁相放大器中的"电流调节"电位器,使输出到线圈上的电流为 80 mA 左右,将示波器的幅度调节在最灵敏挡。

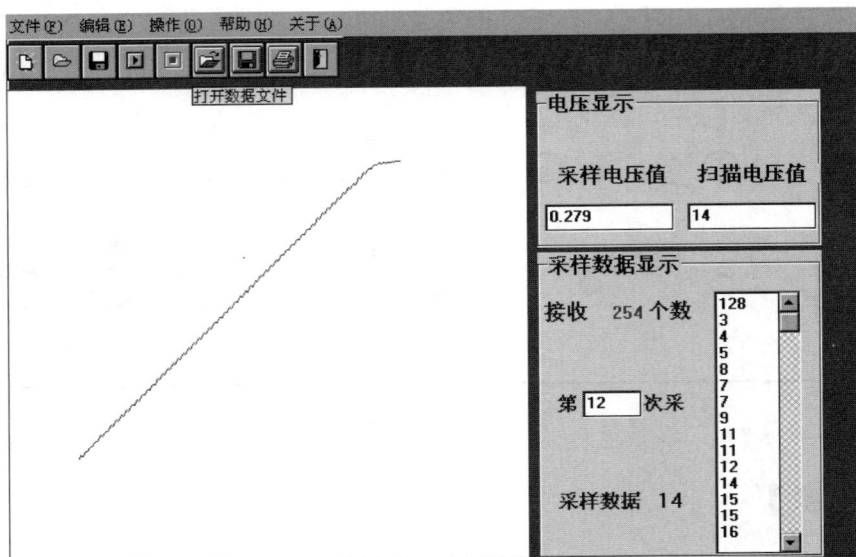

图 5.89　采样界面

（3）锁相放大器上的"调制输出"接在高频线圈（在谐振腔的两侧）的输入端。

（4）调节锁相放大器上调制幅度为最大，输入/手调开关打在手调上，通过改变主机上的直流输出的大小，观察示波器，可以看到幅度为 $1\sim2$ mV 的正弦波，如没有发现，可能是锁相放大器上的电流方向接反了，此调节过程需要很细心地去调节。

（5）在示波器上出现正弦波后，将此信号送到锁相放大器上的 IN 端，再调节主机上的直流调节电位器，可以看到表针在中心点附近来回摆动。

（6）把灵敏度开关打到最灵敏挡（5 mV）上，把积分时间开关打在最短时间（10 ms）上，指针摆动的幅度最大，积分时间最短，信号看得最明显。

（7）将锁相放大器上的输入/手调开关打在输入上，点击软件上的运行按钮，即可看出实验采样到的数据与图形。

（8）实验数据采集完后，可对实验的数据及图形进行保存或打印。

【数据记录与处理】

1. 画出观察到的共振信号波形图。
2. 画出观察到的李萨如图形。
3. 画出观察到的色散图。
4. 利用电子顺磁共振现象，计算出旋磁比 γ 以及电子的朗德因子 g。

【思考题】

1. 外磁场 B 和旋转磁场 B_1 是如何产生的？作用是什么？
2. 不加扫描电压能否观察到共振信号？
3. 能否用固定 B，改变 ν 的方法观察到共振信号，请说明理由。

【注意事项】

1. 由于仪器的样品是使用玻璃管封装,故在放置样品的时候,防止玻璃管折断后破碎。

2. 本实验在操作的过程中,要严格按照操作步骤去做,实验中的每一步都需要细心地完成。

3. 实验完毕后要将仪器上所有电位器都旋到零位,以防止下次开机时的冲击电流将电位器损坏。

【性能及指标】

1. 灵敏度:10^{18} 个自旋数(信噪比为 5)
2. 频率:$9.37\,GHz$(对应磁场为 $0.338T$)
3. 扫描频率:$50\,Hz$
4. 供电条件:市电 $220\,V \pm 10\%$
5. 样品空间:$\Phi 5 \times 6\,mm$
6. 直流电流调节:$0 \sim 600\,mA$
7. 调制幅度:$0 \sim 50\,mV$
8. 调制相位:$0° \sim 180°$

(吕 蓬 编写)

实验 47 X 射线衍射实验

【实验目的】

1. 测量 X 射线通过 NaCl 单晶的布喇格衍射曲线。
2. 测量 X 射线通过 LiF 单晶的布喇格衍射曲线。

【实验原理】

当具有一定能量的电子和原子相碰撞时,可把原子的外层电子撞击到高能态(称为激发)甚至击出原子(称为电离)。当被激发电子从高能态回归到低能态,或被电离的原子(离子)与电子复合时,就会发光。这是一般气体放电光源(如生活中常用的日光灯、实验室常用的汞灯、钠灯等)的基本发光过程。如果撞击电子能量高达几万电子伏($\sim 10^{14}\,J$),它就有可能把原子的内层电子撞击到高能态,甚至击出原子,原子的外层电子就会向内层跃迁,其所能发出的光子能量较大,即波长较短,通常为 X 光。例如,钼原子内主要有两对电子可在其间跃迁的能级,其能量差分别为 $17.4\,keV$ 和 $19.6\,keV$,电子从该能级跃迁到低能级时,分别发出波长为 $7.11 \times 10^{-2}\,nm$ 和 $6.31 \times 10^{-2}\,nm$ 的两种 X 光。这两种 X 光在光谱图上表现为两个尖峰(如图 5.90 中两尖峰曲线所示),在理想情况下则为两条线,故称为线光谱。这种线光谱反映了该物质(钼)的特性,称为"标识 X 射线谱"或"X 射线特征光谱"。此外,高速电子接近原子核时,原子核的库仑场要使它偏转并急剧减速,同时产生电磁辐射,这种辐射称为"轫致辐射",它的能量分布是连续的,在光谱图上表现为很宽的光谱带,称为连续谱,如图 5.90 中的宽带曲线所示。总之,只要让高速电子撞击金属,就可以产生 X 光。图 5.90 中,钼阳极靶 X 光管施加不同的高压,其产生的 X 射线强度不同,但 X 射线特征光谱的位置是一样的。特征光谱的产生示意于图 5.91。不同靶的发射示意于图 5.92。

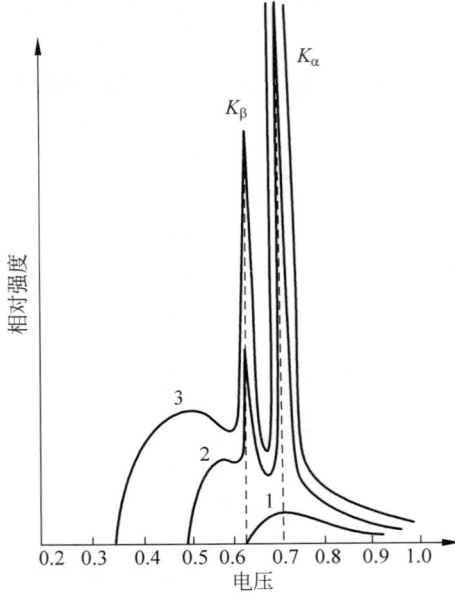

图 5.90　钼靶 X 射线辐射

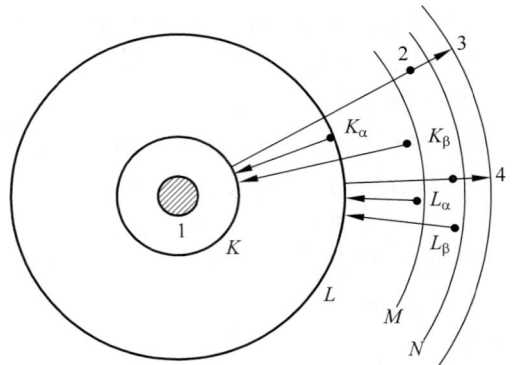

图 5.91　特征 X 射线谱产生的示意图

由于 X 光的波长与一般物质中原子间距同数量级。因此 X 光成为研究物质微粒结构的有力工具。当 X 光射入原子有序排列的晶体时,会发生类似于可见光入射到光栅时的衍射现象。1913 年,英国科学家布喇格父子证明了 X 光在晶体上衍射的基本规律满足

$$2d\sin\theta = k\lambda \qquad (5.185)$$

其中,d 是晶体的晶面间距,即相邻晶面之间的距离,θ 是衍射光的方向与晶面的夹角,λ 是 X 光的波长,k 是一个整数,为衍射级次数。式(5.185)就称为布喇格公式。

根据布喇格公式,既可以利用已知的晶体(d 已知)通过测量 θ 角来研究未知 X 光的波长,也可以利用已知 X 光(λ 已知)来测量未知晶体的晶面间距。本实验利用已知钼的 X 光特性谱线来测量 LiF 晶体和 NaCl 晶体的晶面间距。

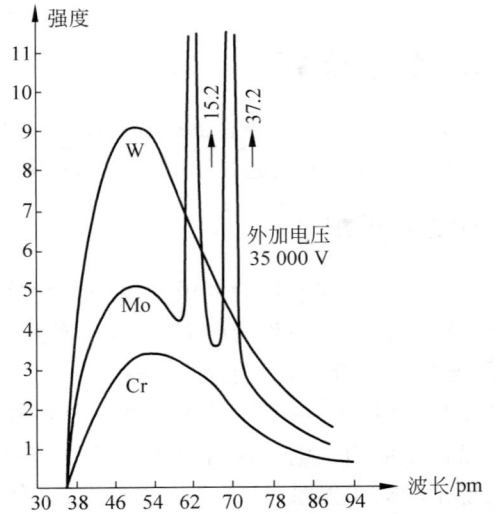

图 5.92　不同靶发射的 X 射线谱

【实验装置】

德国莱宝教具公司生产的 X 射线装置是用微处理器控制的可进行多种实验的小型 X 射线装置。该装置的高压系统、X 光管和实验区域被完全密封起来。正面装有两扇铅玻璃门,当它们其中任意一扇被打开时会自动切断高压,具有较大的安全性。其测量结果通过计算机进行实时采集和处理,使用极其方便。X 射线装置如图 5.93 所示。

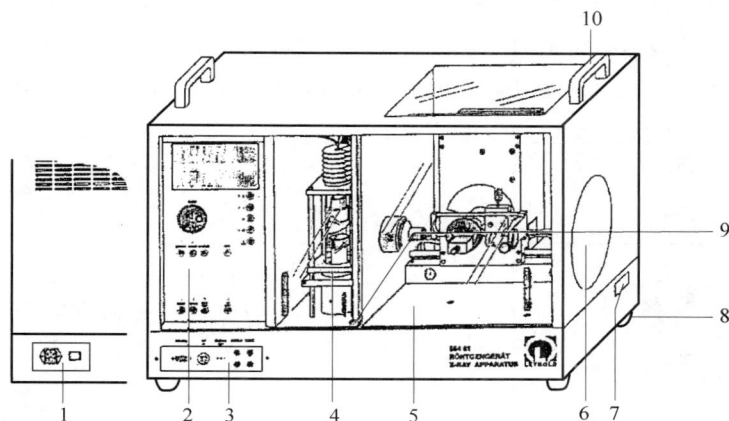

图 5.93　莱宝 X 射线装置示意图

1—电源开关;2—控制面板;3—连接面板;4—X 光管室;5—实验区域;6—荧光屏;
7—空通道;8—锁定杆;9—底脚;10—提手柄

在图 5.93 所示的 X 射线装置中,左侧上方是控制面板,其下方是连接面板。中间是 X 光管室,装有 Mo 阳极的 X 光管,其高度可通过底部的调节螺杆进行调整。右面是实验区域,其中左边装有准直器和锆滤片;中间是靶台,NaCl 和 LiF 单晶就装在靶台上;右边是测角器,松开锁定杆可调整测角器的位置,端窗型 G-M 计数管也安装在测角器上。X 射线装置的左侧面是主电源开关,右侧面是有一圆形的荧光屏,它是一种表面涂有荧光物质的铅玻璃平板,用于在"透照法"实验中观察 X 光线,平时用盖板罩起来以避免损坏荧光物质。其下方是空通道,它构成实验区域内外沟通的渠道,被设计成迷宫,以不使 X 射线外泄。装置的底部有四个脚,上方有两个提手柄。

图 5.94 为控制面板的示意图。其中 1 是显示区域,其顶部显示当前计数率,底部显示所用键的设置参数。在"耦合"模式下,靶的角度位置显示在显示区域的底部,而顶部则显示传感器的计数率和角度位置。2 为调节旋钮,所有的参数设置均通过它来调节。3 是参数选择区域,它们是:U(管电压)、I(管电流)、Δt(测量时间)、$\Delta \beta$(测角器转动的角步幅)、βLIMITS(测角器的转动范围,即上限角~下限角)。4 是扫描模式区域,共有 SENSOR(传感器)、TARGET(靶)和 COUPLED(耦合,即传感器和靶以 2:1 的方式运动)三种模式,ZERO 按钮用于系统复位到系统的零位置。5 是操作键区域,主要有 RESET(复位到系统的缺省值)、REPLAY(将最后的测量数据传送至 XY 记录仪或 PC 机)、SCAN On/Off(开启/关闭自动扫描)、(开启声音脉冲)、HV On/Off(开启/关闭高压),当开启高压时,其上方

的指示灯 6 将发出闪烁的红光,表示正在发射 X 射线。

图 5.95 为 X 射线衍射测角仪与探测器结构示意图,图中 X 光管产生的 X 射线 S 经发散狭缝 DS 入射到靶台 H 上。分析样品 P 置于靶台上。靶台和探测器 E 以 2:1 的角度耦合,因此当靶台旋转角 θ 时,探测器需旋转 2θ 角,才能使 X 光准确射入到探测器。在高压电源作用下,X 光光子转化成电脉冲,进入前装置放大器 F,放大之后进入线性放大器 C 过滤,之后为单道分析器进行分析,排除靶产生的荧光和散射光子,空气、滤片、狭缝边缘、索拉狭缝以及探测器窗口的散射光子等干扰因素。这样分析出来的脉冲进入两个通道,一个经过定标器(又称计数器),将通过单道脉冲数,一般可用数码管显示,从而得到衍射线的强度;另一个进入记数率计,通过记录仪记录脉冲数。本实验仪器全部用计算机处理。

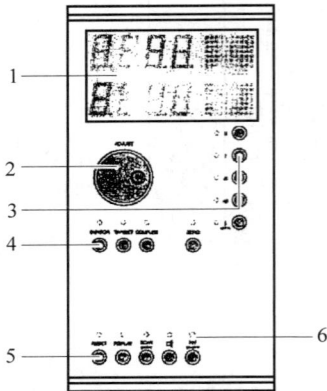

图 5.94 控制面板的示意图

1—显示区域;2—调节旋钮;3—参数选择区域;4—扫描模式区域;5—操作键区域;6—高压指示灯

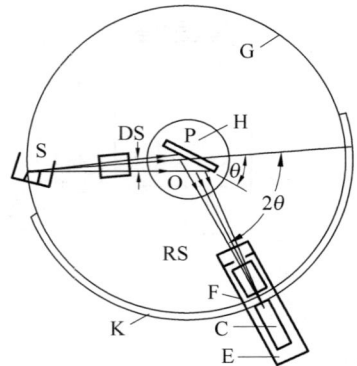

图 5.95 X 射线衍射测角仪与探测器结构示意图

【实验内容】

1. 测量 X 射线通过 NaCl 单晶的衍射曲线

(1)将 NaCl 单晶固定在靶台上,注意 NaCl 单晶易潮、易碎,安装时要小心。

(2)关闭铅玻璃门后开启 X 射线装置,启动软件"X-ray Apparatus"(使用请参阅附录软件简介)。

(3)设置 X 光管的高压 $U = 35.0\,\text{kV}$,电流为 $I = 1.0\,\text{mA}$。测量时间 $\Delta t = 5\,\text{s}$,角步幅 $\Delta\beta = 0.1°$,下限角为 $2.5°$,上限角 $30°$。

(4)按"COUPLED"键。

(5)按"SCAN"键进行自动扫描。

(6)曲线测量完毕后,存储文件,然后打印曲线并附在实验报告中。

2. 测量 X 射线通过 LiF 单晶的衍射曲线

(1)在靶台上用 LiF 单晶替换 NaCl 单晶,同样 LiF 单晶也是易潮、易碎的,安装要小心。

(2)关闭铅玻璃门后开启 X 射线装置,启动软件"X-ray Apparatus"(使用请参阅附录软件简介)。

(3)设置 X 光管的高压 $U = 35.0\,\text{kV}$,电流为 $I = 1.0\,\text{mA}$。测量时间 $\Delta t = 10\,\text{s}$,角步幅

$\Delta\beta=0.1°$，下限角为 2.5°，上限角 35°。

（4）按"COUPLED"键。

（5）按"SCAN"键进行自动扫描。

（6）曲线测量完毕后，存储文件，然后打印曲线并附在实验报告中。

【附录】

一、软件"X-ray Apparatus"简介

软件"X-ray Apparatus"的界面如图 5.96 所示。

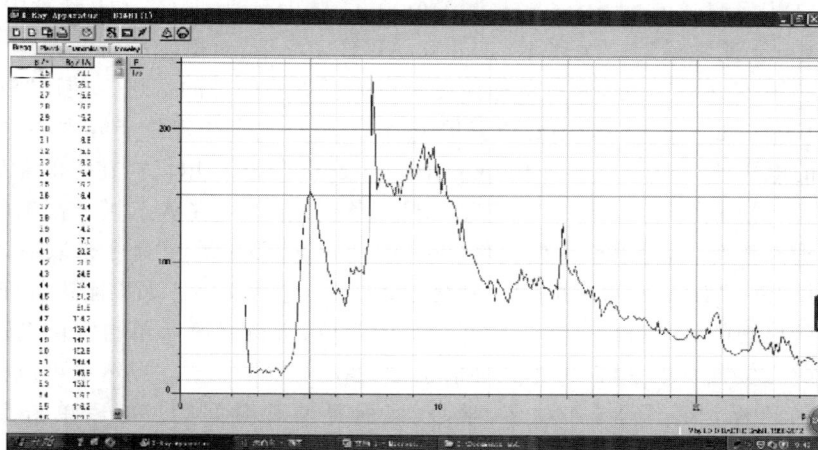

图 5.96　软件"X-ray Apparatus"的界面

它具有标题栏、菜单栏和工作区域。在菜单栏中，自左至右分别是：Delete Measurement or Settings（删除测量或装置）、Print Diagram（打印）、Settings（设置）、Large Display & Status Line（wgkq 状态行信息以大字显示）、显示 X 射线装置参数设置信息、Help（帮助信息）、About（显示版本信息）。工作区域的左侧是所采集数据列表，右侧是与这些数据相对应的图。

数据采集是自动的，当在 X 射线装置中按下"SCAN"键自动扫描时，软件将自动采集数据，并同时在工作区域右侧分别显示数据和画出相应图。

若需对参数进行设置，可单击"Settings"按钮，这是将显示如图 5.97 所示的"Settings"对话框。

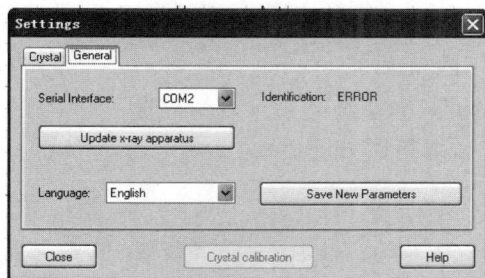

图 5.97　"Settings"对话框

其中有两个选项卡：Crystal 和 General。后者用于设置连接计算机串口地址和语言，单击"Save New Parameters"按钮将新设置存储为系统的缺省值。"Crystal"选项卡用于设置晶体参数，如单击"Enter NaCl"或"Enter LiF"按钮将输入 NaCl 或 LiF 晶体的晶面间隔数值，要删除已输入晶面间隔数值，可单击"Delete Spacing"按钮。若选中"Convert Energies"复选框，可将所画出图的 X 轴坐标转换成能量坐标，这时将得到一副 X 射线的能谱图，在连续能谱上叠加有特征 X 射线线谱。

在"X-ray Apparatus"软件中，用鼠标右击作图区域将显示快捷菜单。在本实验中常用的功能有：Zoom（放大）、Zoom Off（缩小）、Set Maeker（标记，还具有子命令 Text（文本）、Vertical Line（垂直线）以及 Measure Difference（测量值））、Calculate Peak Center（计算中心）、Delete Last Evaluations（删除最近一次计算）、Delete All Evaluations（删除所有的计算）。

例如我们用"Zoom"功能，通过鼠标拖曳来放大所需处理的区域。使用"Set Maeker"菜单的"Vertical Line"命令在峰中心位置单击，将一条竖直直线定位于峰中心，并在状态栏读出峰中心的电压值。也可使用"Calculate Peak Center"命令，用鼠标在峰的左侧单击并拖动到峰的右侧，这时将自动在峰中心位置出现一条竖线，并可在状态栏上读出峰中心的数值。如果发现操作有误，可以双击或使用"Delete Last Evaluations"命令来取消该操作。

可以使用"Set Maeker"菜单的"Text"命令，在图上标记文字。如果刚进行峰的定位，使用该命令时所出现的文本框内包含有状态栏上的数值，进行修改后单击"OK"按钮，并使用鼠标拖曳到所需位置后松手，即可将文字信息标记在这个位置上。当然也可以使用这个功能将自己的信息标记在图上，如姓名、学号、实验日期和时间等。最后单击菜单栏上的"Print Diagram"按钮，即可把图打印出来。

二、X 射线衍射实验测量参考

1. NaCl 晶体布喇格 X 射线衍射测量

样品要求（图 5.98）：

(1) 表面：平行

(2) 阵点间距：282 pm

(3) 晶体结构：立方体 Na(0,0,0)、Cl(1/2,1/2,1/2)

(4) 尺寸：25 mm×25 mm×4 mm

参数设置：

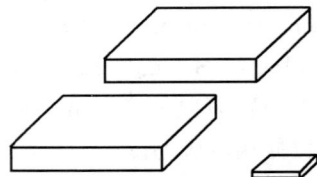

图 5.98 样品

管压 U 为 35 kV

发射电流 I 为 1 mA

Δt 为默认值 1 s

$\Delta\beta$ 设置为 0.2°

β 的上限角设为 50°，下限角为 3°

实验测量数据和图表见图 5.99。

2. LiF 晶体布喇格 X 射线衍射测量

样品要求：

(1) 表面：平行

(2) 阵点间距：201 pm

(3) 晶体结构：立方体 Li(0,0,0)、F(1/2,1/2,1/2)

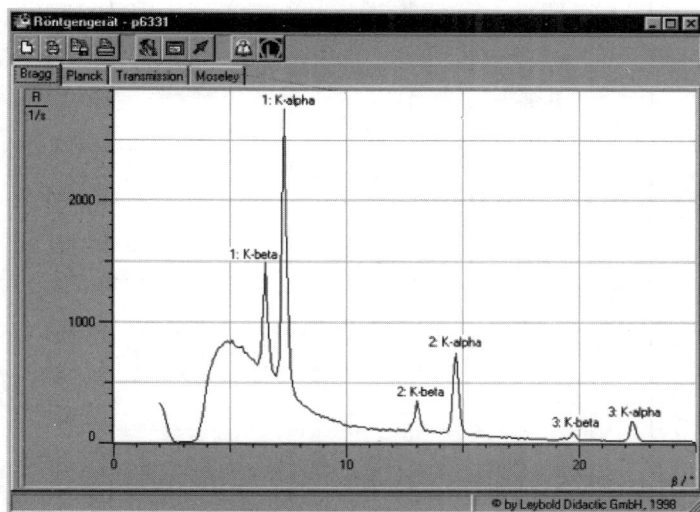

图 5.99

（4）尺寸：25 mm×25 mm×4 mm

参数设置：

管压 U 为 35 kV

发射电流 I 为 1 mA

Δt 为默认值 1 s

$\Delta \beta$ 设置为 0.2°

β 的上限角设为 50°，下限角为 3°

实验测量数据和图表见图 5.100，表 5.35。

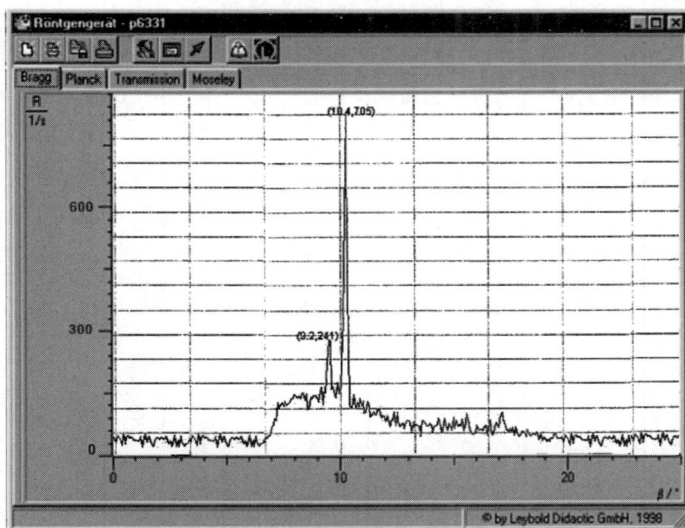

图 5.100

表 5.35　常用特征辐射有关数据

靶子元素	原子序数	$K_{\alpha 1}$/nm	$K_{\alpha 2}$/nm	K_{α}/nm	K_{β}/nm	λ_K/nm	V_K/kV	适宜工作电压	滤　波　器			
									材料	λ_K/nm	厚度*/mm	$I/I_0(K_\alpha)$
Cr	24	0.228962	0.229351	0.22909	0.208480	0.20701	5.98	20~25	V	0.22690	0.016	0.50
Fe	26	0.193597	0.193991	0.19373	0.175653	0.17433	7.10	25~30	Mn	0.18964	0.016	0.46
Co	27	0.178892	0.179278	0.17902	0.162075	0.16081	7.71	30	Fe	0.17433	0.018	0.44
Ni	28	0.165784	0.166169	0.16591	0.150010	0.14880	8.29	30~35	Co	0.16081	0.013	0.53
Cu	29	0.154051	0.154433	0.15418	0.139217	0.13804	8.86	35~40	Ni	0.14880	0.021	0.40
Mo	42	0.070926	0.071354	0.07107	0.063225	0.06198	20.0	50~55	Zr	0.06888	0.108	0.31
Ag	47	0.055941	0.056381	0.05609	0.049701	0.04855	25.5	55~60	Rh	0.5338	0.079	0.29

*　使穿透后的 K_α 和 K_β 强度比为 600：1。

（吕　蓬　编写）

实验 48 空气动力学实验

空气动力学是流体力学的一个分支,它主要研究物体在同气体作相对运动情况下的受力特性、气体流动规律和伴随发生的物理化学变化。它是在流体力学的基础上,随着航空工业和喷气推进技术的发展而成长起来的一门学科。

最早对空气动力学的研究,可以追溯到人类对鸟或弹丸在飞行时的受力和力的作用方式的种种猜测。17 世纪后期,荷兰物理学家惠更斯和英国物理学家牛顿先后运用力学原理和演绎方法研究物体在空气中运动的阻力问题。这一工作可以看作是空气动力学经典理论的开始。现代,随着风洞等各种实验设备和实验理论、实验方法、测试技术的发展,空气动力学得到了迅速发展,在航空航天领域中的飞行器、人造卫星的研制上起着极为重要的作用。另外,它还在交通、运输、建筑、气象、环境保护和能源利用等多方面都有广泛应用,已成为现代人类一项科技含量高、应用范围广、战略地位重要的学科。

【实验目的】

1. 学习、了解整套实验仪器的基本结构和使用方式。
2. 验证流体力学的基本规律。
3. 了解机翼的动力学效应。

【实验原理】

1. 连续性方程

如图 5.101 所示的细管中,不可压缩流体作温恒流动。取两个横截面,其面积分别为

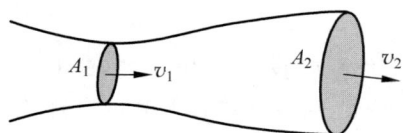

图 5.101 流体的连续性原理图

A_1 和 A_2。设 v_1 和 v_2 是这两个横截面处流体的流速。令流体的密度为 ρ,则在 dt 时间内,流进 A_1 的流体质量为 $\rho A_1 v_1 dt$,流出 A_2 的流体质量为 $\rho A_2 v_2 dt$。由于质量守恒,则

$$\rho A_1 v_1 dt = \rho A_2 v_2 dt \tag{5.186}$$

这就是流体的连续性方程。

理想流体是指决不可压缩、完全没有黏性的流体。虽然气体的可压缩性很大,但是就流动的气体而言,很小的压缩改变就足以导致气体的流动,不会引起密度的明显变化,所以式(5.186)可简化为

$$A_1 v_1 = A_2 v_2 \tag{5.187}$$

2. 伯努利方程

利用功能原理可证明,在封闭的细流管中,流体内任一点恒满足

$$p + \rho g y + \frac{1}{2}\rho v^2 = 恒量 \tag{5.188}$$

其中 p 为绝对压力,y 为距重力势能零点的高度。

3. 流体的压力(即压强)测量

流动流体中压力可采用图 5.102 所示的方法进行测量。由图 5.102(a)和(b)所测得的

p 为静压力；由图 5.102(c)所测得的 p' 为总压力，即 $p' = p + \dfrac{1}{2}\rho v^2$；由图 5.102(d)所测得的压力一般称为动压力，即 $\Delta p = p' - p = \dfrac{1}{2}\rho v^2$；由伯努利方程可推得，此时流体的流速为

$$v = \sqrt{\frac{2\Delta p}{\rho}} \tag{5.189}$$

本实验的测量装置放置在风洞中，故 ρ 为风洞中空气的密度，在标准状况下，干燥空气的密度为 $\rho = 1.26\ \text{kg/m}^3$。$p$ 为传感头测得的动压力，v 为传感头所在的风速。

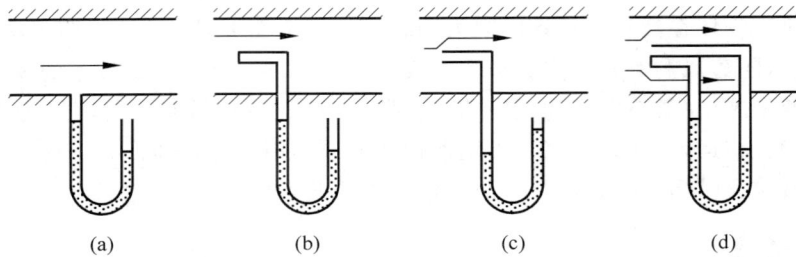

(a)　　　　　　(b)　　　　　　(c)　　　　　　(d)

图 5.102　流动流体压力测量

4. 升力和阻力

无论什么时候，当一个物体被置于运动流体中（或在流体中运动）时，在流体运动的方向上，流体对物体施加一个力（阻力 F_W）以及在垂直于流体方向上流体对物体施加一个力（升力 F_A）。阻力和升力由作用在物体表面上的切向力和法向力之和产生。这些力可以表示为

$$F_W = C_W\left(\frac{1}{2}\rho v^2\right)A \tag{5.190}$$

$$F_L = C_L\left(\frac{1}{2}\rho v^2\right)A \tag{5.191}$$

这里 A 是特征面积，通常为垂直于流体方向的物体表面积或投影面积。式（5.190）和式（5.191）定义了阻力系数 C_W 和升力系数 C_L。一般情况下，这些系数必须由实验测定，它们通常取决于雷诺数。

【实验仪器介绍】

1. 吹气和吸气风扇

该装置如图 5.103 所示。

做开放动力学配套实验和凡托利流体管组合实验时，风扇处于吸气状态并且还要与直径为 100 mm 喷嘴连用，喷嘴与风箱相连，如图 5.104 所示。若风扇与风洞一起工作时处于吸气状态。

2. 测力计

该仪器是专门为本实验组合设计的量程为 0.6 N 的测力计。仪器的正面为仪表板，背面的旋钮和螺丝用于调整零点（见图 5.105）。

3. 流体气压计

背面的挂钩 8 用于固定装置于一竖直杆上，通过观察气泡 6，可使气压计处于水平，再用配用的细管 9，调整气泡 1 中的液体容量，使得液体刚好溢至 0 刻度上（见图 5.106）。

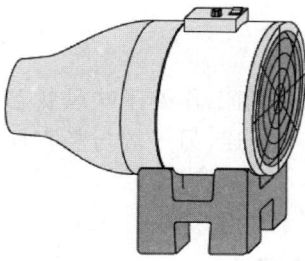

图 5.103 风扇

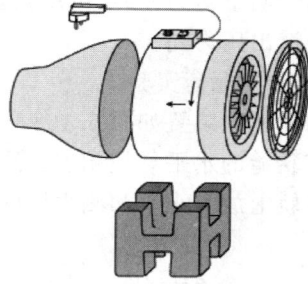

图 5.104 风扇结构

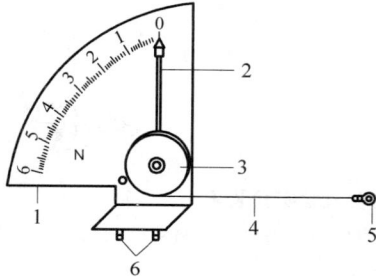

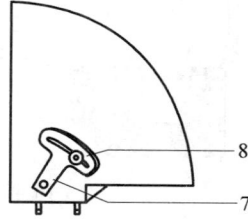

图 5.105 测力计

1—力刻度盘；2—指针；3—转盘；4—细线；5—钩圈；6—固定螺母；7—旋钮；8—螺丝

本装置还配有测量气压的弯管(图 5.107)，弯管由两个管组成，图中 1 直接指向气流测出总压，2 的孔水平于气流方向，测量静压。这两孔用于定位要测所需压力的空间位置。

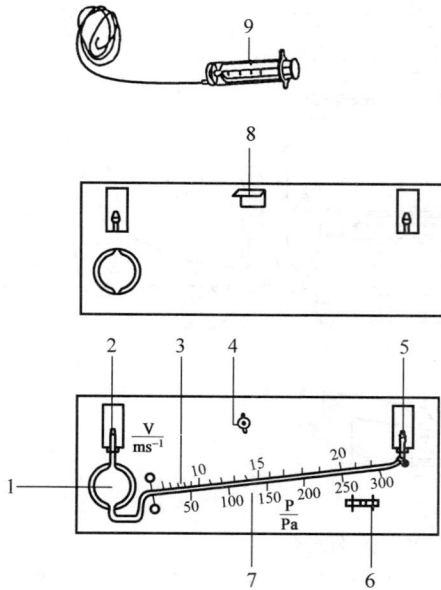

图 5.106 流体气压计

1—液泡；2—液泡口；3—液泡管；4—固定螺母；5—液泡管口；
6—水准气泡；7—读数盘；8—挂钩；9—塑料细管

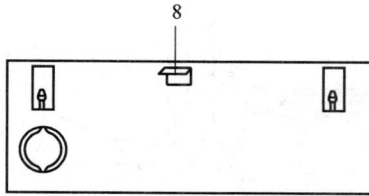

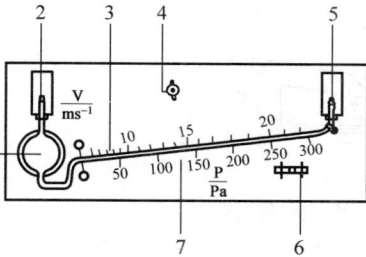

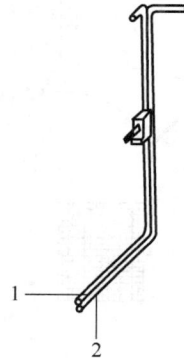

图 5.107 弯管

1—总压管； 2—静压管

当弯管用于测量压力差时,可用软管使图 5.106 中的 2、5 分别和图 5.107 的 1、2 相连,就可从液体中读出压力差。

4. 开放动力学配套实验

开放动力学实验装置如图 5.108 所示。该组合使风扇工作处于吹风状态,并与一个长 50 cm、中间有狭缝的水平导轨相连,导轨一端与喷嘴 6 相连,另一端与竖直杆相连,并使导轨水平。在导轨上放上小车和测力计的基座 3。

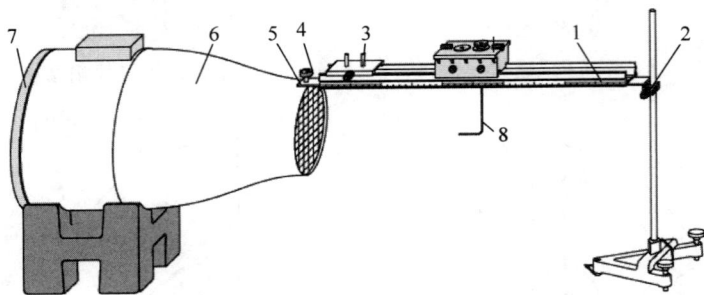

图 5.108　开放动力学实验装置

1—导轨;2—固定夹;3—测力计基座;4—固定螺母;5—夹片;6—喷嘴;7—风扇;8—直角挂杆

5. 风洞组合

风洞组合装置如图 5.109 所示。

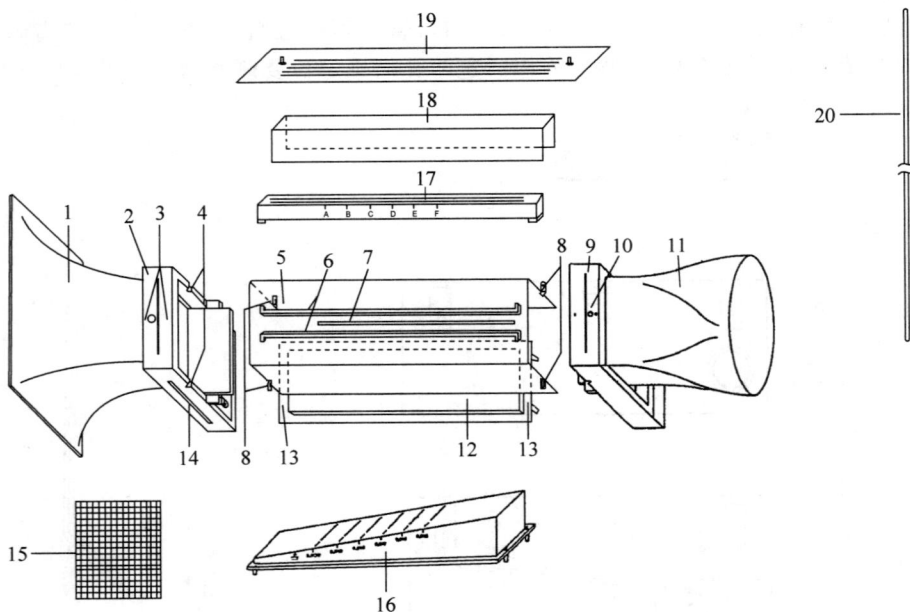

图 5.109　风洞组合

1—壶嘴;2—静压管;3—固定螺母;4—连接板框;5—透明风罩;6—导轨杆;7—狭缝;8—固定螺母;9—板缝;10—固定螺母 ;11—风扇罩;12—水平底板;13—托板;14—板缝;15—金属网;16—伯努利斜板;17—密封导轨;18—塑料罩;19—背景板;20—长细杆

该装置组合主要由吸气壶嘴 1，透明风罩 5（风罩带有润滑过的且中间有狭缝的导轨）和风扇 11（此时工作于吸气状态）通过中间的一些附属物相连。

根据不同的实验目的，风罩下面配有两种不同的底板：一是水平底板 12，用于空气阻力学和测量机翼的水平力和竖直力的测量实验。二是伯努利斜板 16，用于验证伯努利方程。

【实验步骤与数据处理】

1. 空气阻力和风速的关系

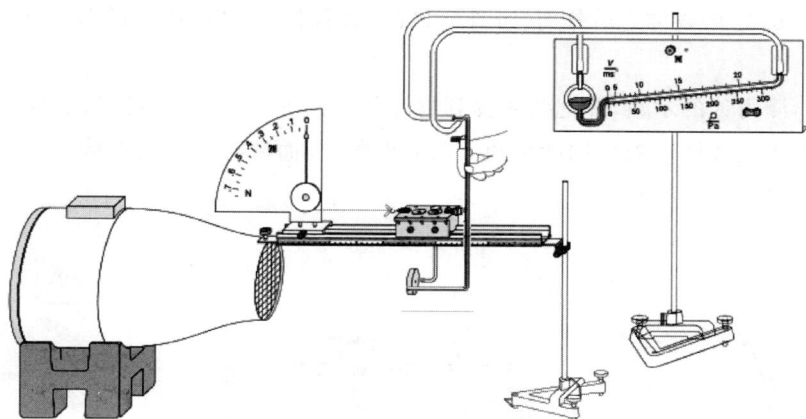

图 5.110　实验装置图

步骤如下：

（1）按照图 5.110 的图示安装好实验装置。

（2）选择一个**圆盘**，固定在小车上。

（3）将风扇的**风速**旋到最小位置，打开风扇。

（4）使风速**提**到合适的位置，读出测力计的示数，并把弯管提到物体（圆盘）处，待气压计稳定后，读出示数。

（5）改变不同的**风速**，重复步骤（4），得出 5 组（F_W, Δp, v）值，数据记录于表 5.36 中。

表 5.36　数据记录表

$i=$	1	2	3	4	5
F_W/N					
$\Delta p/\text{Pa}$					
$v/\text{m}\cdot\text{s}^{-1}$					

作 $F_W\text{-}\Delta p$ 关系图、$F_W\text{-}v$ 关系图。

2. 空气阻力与物体面积的关系

步骤如下：

（1）如图 5.110 安装好实验装置（只是要改变圆盘的面积）。

（2）把直径为 80 mm 的圆盘固定在小车上。

（3）打开风扇电源，固定风速（可将风速固定在旋到最大位置），读出并记录测力计的示数。

（4）分别换上直径为 56 mm 和 40 mm 的圆盘，重复第（3）步。

数据记录表自行设计，作 F_W-A 关系图。

3. 测量不同形状物体的阻力系数 C_W

步骤如下：

（1）实验装置按图 5.111 的图示安装好。

（2）打开风扇开关，将风扇的风速旋到最大位置。

（3）把表 5.37 各物体先后分别（如图 5.111 右图部件，物体截面直径都为 56 mm）固定在弯杆上。

（4）读出测力计的示数，并把弯管提到物体处，待气压计稳定后，读出示数。

注意：对于流线体应先后把钝头和尖头对准气流，而后测出不同的数据，因而本实验有5 组数据。

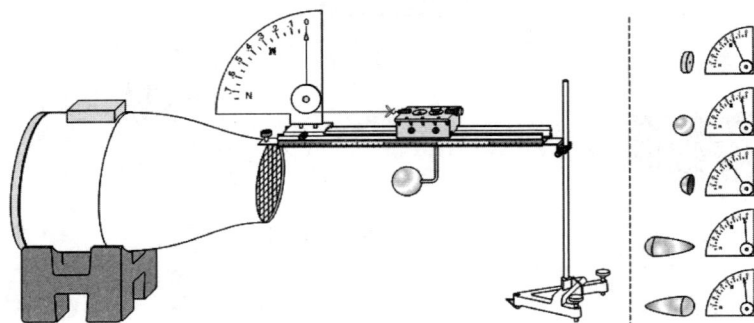

图 5.111　实验装置图

表　5.37

阻力体	F_W/N	C_W（实验值）	C_W（理论值）
圆盘			
球			
半球壳			
流线体（钝头）			
流线体（尖头）			

以上四个物体的横截面积都为 2.463×10^{-3} m^2，如控制风速，使得 $\Delta p = p_{dyn} = 103$Pa，则根据

$$C_W = \frac{F_W}{A \cdot p_{dyn}} \tag{5.192}$$

自己选择合适的风速进行测试。按表 5.39 数据记录并计算。

4. 用流体管测流体管中部分气流的速度

步骤如下：

（1）实验装置按图 5.112 的图示安装好。

（2）打开风扇开关，将风扇的风速缓慢旋到一定大小，并固定不再调整。

（3）读出测力计对于流体管 a、b 两点的压力差 Δp。

（4）流体管位置 1 不变，改变另一个管子的接口至其他几个接口上，分别测压力差 Δp。

自己设计表格，记录该实验的数据，并利用公式（5.193）分别计算风速 v_i（该公式可自行推导）。

$$v_i = \sqrt{\dfrac{2\Delta p}{\rho \cdot \left(1 - \dfrac{A_i^2}{A_1^2}\right)}} \tag{5.193}$$

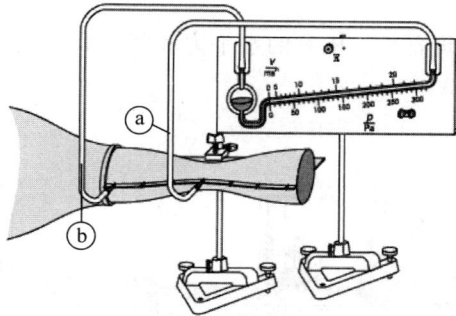

图 5.112　实验装置图

5. 伯努利方程的验证

步骤如下：

（1）实验装置按图 5.113 的图示安装好。

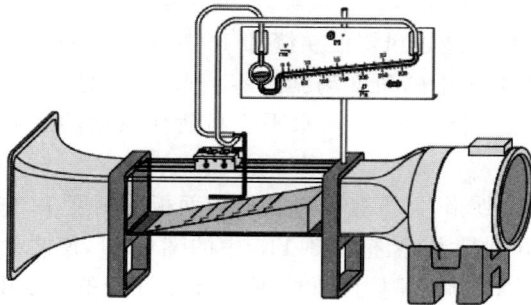

图 5.113　实验装置图

（2）先把吸气壶嘴 1，透明风罩 5 和风扇 11（此处标号为图 5.109）组合起来，再把与压力计相连的弯管固定在小车上，并使弯管穿过密封导轨 17 中间的海绵，按照如图 5.109 的样子把密封导轨 17 放在狭缝 7 上，并用伯努利斜板 16 封住透明风罩 5 的底部，于是就可以移动小车，改变弯管端部的位置测量不同截面的压强差 Δp。

（3）将风速开到最大，移动小车使弯管端部正好对到伯努利斜板上的刻度线（该刻度线说明相应横截面的面积），从而得出此处的 Δp，S 的值。

（4）移动小车测出多组数据，记录于表 5.38 中。

表 5.38　数据记录

$i=$	1	2	3	4	5	6
S_i/cm^2						
$\Delta p_i/\text{Pa}$						
$v_i/\text{m} \cdot \text{s}^{-1}$						
S^{-1}						

根据实验所得的数据作 v-S^{-1} 图线,判断拟合图线的线性化特征,求斜率 $k=vS$,得出相应的实验结论。

6. 机翼的动力学效应研究——机翼的水平力和竖直升力的测量

步骤如下:

(1)实验装置按照图 5.114 的图示安装好。

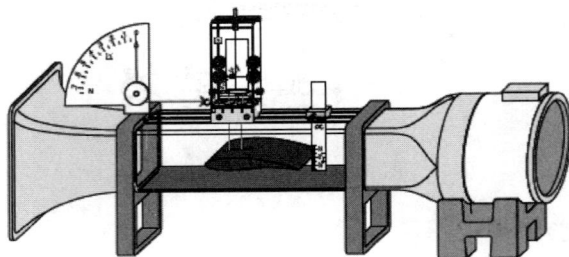

图 5.114　实验装置图

(2)先把吸气壶嘴 1,透明风罩 5 和风扇 11 组合起来,把图 5.109 的透明盒子通过 9 与小车相连,并如图 5.115 所示通过风罩的狭缝和 14 的两根针使透明盒子的机翼相连,调整 14 的高度,使它们与透明盒子中的角度刻度线零点重合,并把标尺 23 放入风罩内,调整使标尺的零点与机翼的边缘重合。之后,用水平底板封住风罩的底部。安上测力计,与小车相连。

(3)通过 2 调整弹簧,使指针 10 指向升力秤前面板的刻度 12 中的零点。

(4)把风扇的风速开到最大,调整图 5.115 中的螺母 11,使之处于不同的刻度位置,机翼就受到水平和垂直的力,分别从测力计和透明盒子前面板的刻度中读出这两个力的大小。通过螺母 11 改变机翼的角度,得出多组水平力 F_W 和垂直升力 F_L 的大小,把它们记录下来,同时也把机翼的角度 α 记录下来,填入表 5.39 中。

表 5.39　数据记录

$i=$	1	2	3	4	5	6
α						
F_W						
F_L						

根据实验所得的数据作 F_W-α 和 F_L-α 关系图线。

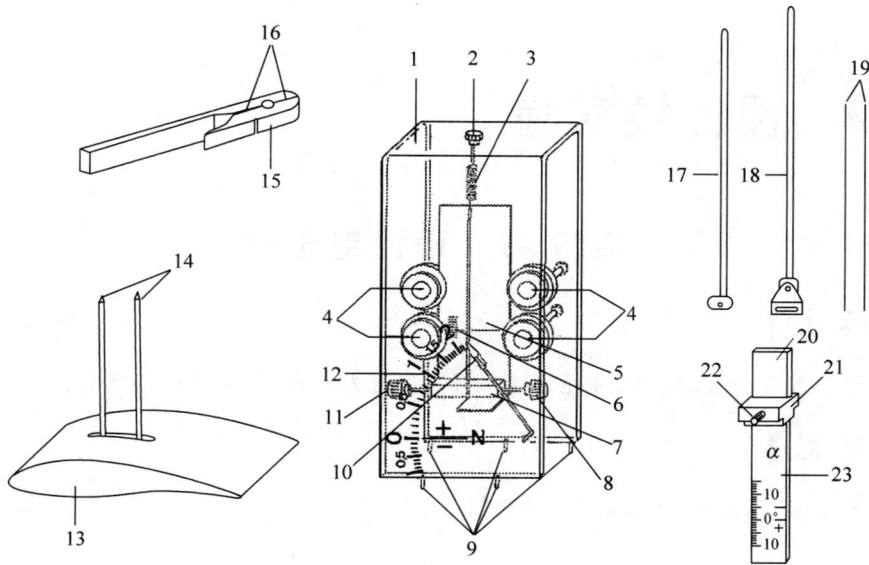

图 5.115 实验装置图

1—升力天平；2—零点设置螺母；3—升力弹簧；4—平行导向轮；5—有机玻璃托架；6—角刻度；7—撑杆附属块；8—撑杆螺钉；9—插头(用于连接小车)；10—升力指针；11—螺钉(用于固定机翼前撑杆)；12—升力秤；13—机翼；14—撑杆；15—夹持器；16—夹紧孔；17—前撑杆；18—后撑杆；19—横杆；20—刻度板；21—固定架；22—固定螺钉；23—角刻度(−16°～＋16°)

（吕　莲　编写）

6 设计性实验

实验 49　设计电子秤

【实验要求】

利用传感器实验仪,选择合适的灵敏元件,设计电子秤,测量物体的质量。

【实验仪器】

传感器实验仪,砝码,待测物体,计算机。

实验 50　电子温度计的设计

【实验要求】

设计并组装一个电子温度计。

【实验仪器】

可选择热电偶、热敏电阻、PN 结等元器件,电压表或电流表,非平衡电桥实验仪或传感器实验仪或自制电路板。

实验 51　用光纤位移传感器测量位移

【实验要求】

利用光纤位移传感器测量位移。

【实验仪器】

传感器实验仪,光纤,光电传感器,光电变换器,低频振荡器,示波器,电压表,支架,反射片,测微头。

实验 52　用光电传感器测量电机转速

【实验要求】

用光电传感器测量电机转速。

【实验仪器】

传感器实验仪,光电传感器,光电变换器,测速电机与转盘,电压/频率表 2 kHz 挡,示波器。

实验 53　巨磁阻效应实验研究

【实验要求】

1. 学习巨磁阻效应原理,了解巨磁阻传感器的原理及其使用方法。
2. 学习巨磁阻传感器定标方法,用巨磁阻传感器测量弱磁场。
3. 测量巨磁阻传感器敏感轴与被测磁场间夹角与传感器灵敏度的关系。
4. 测量巨磁阻传感器的灵敏度与其工作电压的关系。
5. 用巨磁阻传感器测量通电导线的电流大小。

【实验仪器】

FD-GMR-A 巨磁阻效应实验仪,包括实验主机、亥姆霍兹线圈实验装置、连接导线等。

实验 54　液晶电光效应实验研究

【实验要求】

1. 测定液晶样品的电光曲线,计算样品的阈值电压 U_{th}、饱和电压 U_r、对比度 D_r、陡度 β 等电光效应的主要参数。
2. 测定液晶样品的电光响应曲线,计算液晶样品的响应时间。

【实验仪器】

FD-LCE-Ⅰ液晶电光效应实验仪,数字存储示波器。

实验 55　多普勒效应综合实验研究

【实验要求】

1. 学习多普勒效应原理及应用。
2. 测量空气中声音的传播速度及物体的运动速度。
3. 测量超声接收器运动速度与接收频率之间的关系,验证多普勒效应,并由 f-v 关系的直线斜率求声速。

提示:利用多普勒效应测量物体运动过程中多个时间点的速度,查看 V-t 关系曲线,或调阅有关测量数据,即可得出物体在运动过程中的速度变化情况,可研究下列内容:匀加速直线运动,测量力、质量与加速度之间的关系,验证牛顿第二定律;自由落体运动,并由 V-t 关系曲线的斜率表示重力加速度;简谐振动,可测量简谐振动的周期等参数,并与理论值比较;其他变速直线运动。

【实验仪器】

DH-DPL(ZKY-DPL-3)多普勒效应声速综合测试仪,示波器。

实验 56　研究激励频率对交流全桥的影响

【实验要求】

通过改变交流全桥的激励频率以提高和改善测试系统的抗干扰性和灵敏度。测绘不同频率 f 下的电压位移 U-x 关系曲线,比较灵敏度,观察系统工作的稳定性,分析系统工作在哪个频率段中较为合适。

【实验仪器】

电桥、音频振荡器、差动放大器、移相器、相敏检波器、低通滤波器、电压表、螺丝测微器。

参 考 文 献

[1] 肖苏,任红.实验物理教程[M].合肥:中国科学技术大学出版社,1998.

[2] 陆廷济,等.物理实验教程[M].上海:同济大学出版社,2000.

[3] 丁慎训,张连芳.物理实验教程[M].2版.北京:清华大学出版社,2002.

[4] 林杼,龚镇雄.普通物理实验[M].北京:人民教育出版社,1981.

[5] 程守洙,江之永.普通物理学[M].北京:高等教育出版社,1994.

[6] 褚圣麟.原子物理学[M].北京:高等教育出版社,1979.

附录 A 基本物理常数表

量	符号	数　　值	单　　位	相对不确定度/10^{-6}
真空中光速	c	299 792 458	$\text{m} \cdot \text{s}^{-1}$	（精确）
真空磁导率	μ_0	$4\pi \times 10^{-7}$	$\text{N} \cdot \text{A}^{-2}$	（精确）
真空电容率	ε_0	$1/\mu_0 c^2 = 8.854\,187\,817\cdots$	$10^{-12}\text{F} \cdot \text{m}^{-1}$	（精确）
牛顿引力常数	G	6.672 59(85)	$10^{-11}\text{m}^3 \cdot \text{kg}^{-1} \cdot \text{s}^{-2}$	128
普朗克常量	h	6.626 075 5(40)	$10^{-34}\text{J} \cdot \text{s}$	0.60
以 eV 为单位	$h/\{e\}$	4.135 669 2(12)	$10^{-15}\text{eV} \cdot \text{s}$	0.30
$h/(2\pi)$	$\hbar$	1.054 572 66(63)	$10^{-34}\text{J} \cdot \text{s}$	0.60
以 eV 为单位	$\hbar/\{e\}$	6.582 122 0(20)	$10^{-16}\text{eV} \cdot \text{s}$	0.30
基本电荷	e	1.602 177 33(49)	10^{-19}C	0.30
	e/h	2.417 988 36(72)	$10^{14}\text{A} \cdot \text{J}^{-1}$	0.30
磁通量子				
$h/(2e)$	Φ_0	2.067 834 61(61)	10^{-15}Wb	0.30
约瑟夫森频率-电压比	$2e/h$	4.835 976 7(14)	$10^{14}\text{Hz} \cdot \text{V}^{-1}$	0.30
量子化霍尔电导	e^2/h	3.874 046 14(17)	10^{-5}S	0.045
量子化霍尔电阻 $h/e^2 = \frac{1}{2}\mu_0 c/\alpha$	R_H	25 812.805 6(12)	Ω	0.045
玻尔磁子				
$e\hbar/(2m_\text{e})$	μ_B	9.274 015 4(31)	$10^{-24}\text{J} \cdot \text{T}^{-1}$	0.34
以 eV 为单位	$\mu_\text{B}/\{e\}$	5.788 382 63(52)	$10^{-5}\text{eV} \cdot \text{T}^{-1}$	0.089
核磁子				
$e\hbar/(2m_\text{p})$	μ_N	5.050 786 6(17)	$10^{-27}\text{J} \cdot \text{T}^{-1}$	0.34
以 eV 为单位	$\mu_\text{N}/\{e\}$	3.152 451 66(28)	$10^{-8}\text{eV} \cdot \text{T}^{-1}$	0.089
精细结构常数 $\frac{1}{2}\mu_0 ce^2/h$	α	7.297 353 08(33)	10^{-3}	0.045
精细结构常数的倒数	α^{-1}	137.035 989 5(61)		0.045
里德伯常数 $\frac{1}{2}m_\text{e}c\alpha^2/h$	R_∞	10 973 731.534(13)	m^{-1}	0.0012
以 Hz 为单位	$R_\infty c$	3.289 841 949 9(39)	10^{15}Hz	0.0012
以 J 为单位	$R_\infty hc$	2.179 874 1(13)	10^{-18}J	0.60
以 eV 为单位	$R_\infty hc/\{e\}$	13.605 698 1(40)	eV	0.30
玻尔半径 $\alpha/4\pi R_\infty$	a_0	0.529 177 249(24)	10^{-10}m	0.045
电子质量	m_e	0.910 938 97(54)	10^{-30}kg	0.59
		5.485 799 03(13)	10^{-4}u	0.023
以 eV 为单位	$m_\text{e}c^2/\{e\}$	0.510 999 06(15)	MeV	0.30
电子荷质比	$-e/m_\text{e}$	$-1.758\,819\,62(53)$	$10^{11}\text{C} \cdot \text{kg}^{-1}$	0.30
电子磁矩	μ_e	9.284 770 1(31)	$10^{-24}\text{J} \cdot \text{T}^{-1}$	0.34
以玻尔磁子为单位	$\mu_\text{e}/\mu_\text{B}$	1.001 159 652 193(10)		1×10^{-5}

续表

量	符号	数 值	单 位	相对不确定度/10^{-6}
以核磁子为单位	μ_e/μ_N	1 838.282 000(37)		0.020
电子 g 因子				
$2(1+a_e)$	g_e	2.002 319 304 386(20)		1×10^{-5}
质子质量	m_p	1.672 623 1(10)	10^{-27} kg	0.59
		1.007 276 470(12)	u	0.012
以 eV 为单位	$m_p c^2/\{e\}$	938.272 31(28)	MeV	0.30
质子-电子质量比	m_p/m_e	1 836.152 701(37)		0.020
质子荷质比	e/m_p	95 788 309(29)	$C\cdot kg^{-1}$	0.30
质子磁矩	μ_p	1.410 607 61(47)	$10^{-26}J\cdot T^{-1}$	0.34
以玻尔磁子为单位	μ_p/μ_B	1.521 032 202(15)	10^{-3}	0.010
以核磁子为单位	μ_p/μ_N	2.792 847 386(63)		0.023
质子旋磁比	γ_p	26 752.212 8(81)	$10^4 s^{-1}\cdot T^{-1}$	0.30
	$\gamma_p/(2\pi)$	42.577 469(13)	$MHz\cdot T^{-1}$	0.30
中子质量	m_n	1.674 928 6(10)	10^{-27} kg	0.59
		1.008 664 904(14)	u	0.014
以 eV 为单位	$m_n c^2/\{e\}$	939.565 63(28)	MeV	0.30
中子-电子质量比	m_n/m_e	1 838.683 662(40)		0.022
中子-质子质量比	m_n/m_p	1.001 378 404(9)		0.009
中子磁矩(标量大小)	μ_n	0.966 237 07(40)	$10^{-26}J\cdot T^{-1}$	0.41
以玻尔磁子为单位	μ_n/μ_B	1.041 875 63(25)	10^{-3}	0.24
以核磁子为单位	μ_n/μ_N	1.913 042 75(45)		0.24
阿伏伽德罗常数	N_A,L	6.022 136 7(36)	10^{23} mol^{-1}	0.59
法拉第常数	F	96 485.309(29)	$C\cdot mol^{-1}$	0.30
摩尔气体常数	R	8.314 510(70)	$J\cdot mol^{-1}\cdot K^{-1}$	8.4
玻耳兹曼常数				
R/N_A	k	1.380 658(12)	$10^{-23}J\cdot K^{-1}$	8.5
以 eV 为单位	$k/\{e\}$	8.617 385(73)	10^{-5} $eV\cdot K^{-1}$	8.4
斯忒藩-玻耳兹曼常数				
$(\pi^2/60)k^4/(\hbar^3 c^2)$	σ	5.670 51(19)	$10^{-8}W\cdot m^{-2}\cdot K^{-4}$	34

附录 B　国际单位制简介

1. 基本单位、辅助单位和某些导出单位

量的名称	单位名称	英　文	单位符号	其他表示示例
基本单位				
长度	米	meter	m	
质量	千克(公斤)	kilogram	kg	
时间	秒	second	s	
电流	安[培]	Ampere	A	
热力学温度	开[尔文]	Kelvin	K	
物质的量	摩[尔]	mole	mol	
发光强度	坎[德拉]	candela	cd	
辅助单位				
平面角	弧度	radian	rad	
立体角	球面度	steradian	sr	
具有专门名称的导出单位				
频率	赫[兹]	Hertz	Hz	s^{-1}
力;重力	牛[顿]	Newton	N	$kg \cdot m/s^2$
压力,压强;应力	帕[斯卡]	Pascal	Pa	N/m^2
能量;功;热	焦[耳]	Joule	J	$N \cdot m$
功率;辐射通量	瓦[特]	Watt	W	J/s
电荷量	库[仑]	Coulomb	C	$A \cdot s$
电位;电压;电动势	伏[特]	Volt	V	W/A
电容	法[拉]	Farad	F	C/V
电阻	欧[姆]	Ohm	Ω	V/A
电导	西[门子]	Siemens	S	A/V
磁通量	韦[伯]	Weber	Wb	$V \cdot s$
磁通量密度,磁感应强度	特[斯拉]	Tesla	T	Wb/m^2
电感	亨[利]	Henry	H	Wb/A
摄氏温度	摄氏度	degree Celcius	℃	
光通量	流[明]	lumen	lm	$cd \cdot sr$
光照度	勒[克斯]	lux	lx	lm/m^2
放射性活度	贝可[勒尔]	Becquerel	Bq	s^{-1}
吸收剂量	戈[瑞]	Gray	Gy	J/kg
剂量当量	希[沃特]	Sievert	Sv	J/kg

注:()内的字为前者的同义语。[ ]内的字,是在不致混淆的情况下,可以省略的字。

2. 用于构成十进倍数和分数单位的词头

因　数	词　头		符　号	因　数	词　头		符　号
	中文	英文			中文	英文	
10^{1}	十	deca	da	10^{-1}	分	deci	d
10^{2}	百	hecto	h	10^{-2}	厘	centi	c
10^{3}	千	kilo	k	10^{-3}	毫	milli	m
10^{6}	兆	mega	M	10^{-6}	微	micro	μ
10^{9}	吉［咖］	giga	G	10^{-9}	纳［诺］	nano	n
10^{12}	太［拉］	tera	T	10^{-12}	皮［可］	pico	p
10^{15}	拍［它］	peta	P	10^{-15}	飞［母托］	femto	f
10^{18}	艾［可萨］	exa	E	10^{-18}	阿［托］	atto	a
10^{21}	泽［它］	zetta	Z	10^{-21}	仄［普托］	zepto	z
10^{24}	尧［它］	yotta	Y	10^{-24}	幺［拉托］	yocto	y